土木工程测量

张　豪　主编

中国建筑工业出版社

图书在版编目(CIP)数据

土木工程测量/张豪主编. —北京：中国建筑工业出版社，2019.4（2022.2重印）

ISBN 978-7-112-23405-9

Ⅰ.①土… Ⅱ.①张… Ⅲ.①土木工程-工程测量 Ⅳ.①TU198

中国版本图书馆CIP数据核字(2019)第041687号

本书既有较完整的理论，又注重工程实用性：既有基本测绘技术与方法，又力求反映当代测量学科的最新技术。内容包括水准测量、角度测量、距离测量与直线定向、全站仪及其使用、全球定位系统的定位技术、测量误差及数据处理的基本知识、小区域控制测量、地形图测绘、地形图的应用、施工测量的基本知识、建筑施工测量、道路施工测量、桥隧及水利施工测量和无人机测量等。本书可供土木建筑类等专业测量学或工程测量课程使用，也可供工程勘察设计、工程施工等技术人员学习参考。

责任编辑：石枫华　胡明安

责任校对：芦欣甜

土 木 工 程 测 量

张　豪　主编

*

中国建筑工业出版社出版、发行(北京海淀三里河路9号)

各地新华书店、建筑书店经销

北京佳捷真科技发展有限公司制版

北京建筑工业印刷厂印刷

*

开本：787×1092毫米　1/16　印张：21¾　字数：543千字

2019年6月第一版　2022年2月第二次印刷

定价：68.00元

ISBN 978-7-112-23405-9

(33715)

本书编者名单

主　编：张　豪（浙江工业大学）

副主编：陈竹安（东华理工大学）

张立亭（东华理工大学）

参　编：许四法（浙江工业大学）

罗亦泳（东华理工大学）

洪志强（南昌工学院）

姚天予（浙江工业大学）

俞旻韬（浙江工业大学）

张利莎（浙江工业大学）

谢明君（浙江工业大学）

钱　超（浙江工业大学）

陈　韵（浙江工业大学）

姚歆怡（南昌工程学院）

前　　言

随着现代测绘科学技术的发展，涌现出许多新的测绘理论、技术、方法和设备。土木工程测量作为土建类专业必修的专业基础课，是一门实践性强，理论和实际应用紧密结合的课程，应紧跟测绘科技的发展进行调整和更新。本着与时俱进和紧密结合专业两个原则进行编写，主要编写内容和特色包括：

1. 坚持理论联系实际的原则，理论性较强章节，如水准测量成果计算、导线测量计算、测量误差及测量平差等部分，均增加实习案例、减少学生理论学习难度。且在简要介绍理论基础上，尽可能结合实际项目以点带面讲解实际应用，既加强基础理论知识，又突出能力的培养。但碍于教材要求，详细使用需参考相关软硬件教程。

2. 认真贯彻国家的测绘新规范、新细则、新规定、新图式等，如在地理空间信息基本知识介绍中，将地形图图式更新到最新的 2017 版。

3. 将一般的地形图知识、地形图采集、成图及应用提高到地理空间信息层次，包括地理空间信息基本知识、地理空间信息采集、成图及应用。

4. 突出测绘新技术、新仪器、新方法在土木工程测量中的应用，保持教材的现势性。

包括：

（1）第 4 章距离测量与直线定向部分，介绍了激光测距仪在建筑施工测量中的应用。

（2）第 6 章控制测量部分，借助中海达 GPS 硬件及中海达静态数据处理软件 HGO，介绍 GPS 在建筑工程施工控制网外业测量及内业解算等实际操作。

（3）第 8 章地理空间信息采集及成图部分，充实测绘新技术、新仪器、新方法在地理空间信息采集及成图的应用。结合全站仪、GPS、轻型无人机、三维激光扫描仪等地理空间信息数据采集硬件及 CASS、Pix4D、EPS2016 及 SouthLiDAR 等地理空间信息数据采集处理软件扩充数字测图、模拟地形图数字化测图、航空摄影测量测图及三维激光扫描测图等地理空间信息数据采集方法，用于采集、处理建筑工程领域 4D 产品。

（4）第 9 章地理空间信息的应用部分，结合 CASS 等数字地图成图软件讲解地形图基本应用、地形图面积量算与应用、地形图按路线绘制断面图和地形图在场地平整中的应用。结合 ArcGIS 等专业 GIS 软件及 Revit 等 BIM 软件，介绍地理空间信息在建筑工程中的应用。

（5）第 10 章建筑工程施工测量部分，介绍了全站仪及 GPS 测设点的平面位置，以及直线放样及场地高程控制等其他 GPS 在建筑工程施工测量的应用。

（6）第 11 章线路工程测量部分，介绍了 GPS 在线路工程中的应用以及数字地形图在线路工程中的应用。

本书在编写过程中得到了南方测绘集团、武汉合众思壮电子商务有限公司、中海达卫星导航技术股份有限公司等多家测绘公司的大力支持。同时得到了浙江工业大学重点教材建设项目（JC1806）资助，在此一并表示感谢！

本书可作为高等学校土建、市政、规划、交通、港航等专业的配套教材，供课堂教学和实验实习使用。也可用于电大、职大、函大、自学考试及各类培训班的教学，以及相关的设计、技术人员的参考书。

由于作者水平所限，教材中的缺点、问题在所难免，请读者不吝指正。

编　者

2019 年 1 月

目　录

第 1 章　绪　　论

1.1　测绘学与测量学

测绘学是测量学与制图学的统称，研究的对象是地球整体及其表面和外层空间中的各种自然体、人造物体的有关空间信息，研究的任务是对这些与地理空间有关的信息进行采集、处理、管理、更新和利用。测量学是研究测定地面点的几何位置、地形形状、地球重力场，以及地球表面自然形态和人工设施的几何形态的科学；制图学是结合社会和自然信息的地理分布，研究绘制全球和局部地区各种比例尺的地形图和专题地图的理论和技术的科学。由此可见，测量学与制图学是测绘学的两个组成部分，其中测量学是它的重要组成内容。

1.1.1　测量学的基本内容

测量学是一门综合性的学科，根据其研究对象和工作任务的不同可分为大地测量学、地形测量学、摄影测量与遥感学、工程测量学等学科。

大地测量学是研究和确定地球形状、大小、重力场、整体与局部运动和地表面点的几何位置以及它们的变化的理论和技术的学科。其基本任务是建立国家大地控制网，测定地球的形状、大小和重力场，为地形测图和各种工程测量提供基础起算数据；为空间科学、军事科学及研究地壳变形，地震预报等提供重要资料。按照测量手段的不同，大地测量学又分为常规大地测量学、卫星大地测量学及物理大地测量学。

普通测量学是研究地球表面较小区域内测绘工作的基本理论、技术、方法和应用的学科，是测量学的基础。主要研究内容有图根控制网的建立、地形图的测绘及一般工程的施工测量。具体工作内容有距离测量、角度测量、定向测量、高程测量、观测数据的处理和绘图等。

摄影测量与遥感学是研究利用电磁波传感器获取目标物的影像数据，从中提取语义和非语义信息，并用图形、图像和数字形式表达的学科。其基本任务是通过对摄影相片或遥感图像进行处理、量测、解译，以测定物体的形状、大小和位置进而制作成图。根据获得影像的方式及遥感距离的不同，该学科又分为地面摄影测量学、航空摄影测量学和航天遥感测量学。

海洋测量学是以海洋和陆地水域为研究对象进行测量和海图编制工作的学科。主要研究港口、航道、江河、湖泊、海洋及水下范围内的控制测量、地形测量、水深测量等各种测量工作的理论、技术和方法。

工程测量学是研究各种工程在规划设计、施工建设和运营管理各阶段所进行的各种测量工作的学科。工程测量是测绘科学与技术在国民经济和国防建设中的直接应用。

地图制图学是利用测量所得的资料，研究如何编绘成图以及地图制作的理论，方法和应用等方面的学科。

1.1.2 工程测量学的任务

工程测量学，按其对象分为工业建设工程测量、城市建设工程测量、公路铁路工程测量、桥梁工程测量、隧道与地下工程测量、水利水电工程测量、管线工程测量等。在工程建设过程中，工程项目一般分规划与勘测设计、施工、营运管理三个阶段，测量工作贯穿于工程项目建设的全过程，根据不同的施测对象和阶段，工程测量学的主要任务包括测定、测设两方面。

测定是指使用测绘仪器，按照一定的方法测定地面点的位置，将测区的地形缩绘成地形图，供国民经济建设使用。

测设主要针对施工放样而言，即按照设计图纸上工程建筑物的平面位置和高程，用一定的测量仪器和方法测设到实地上去的测量工作。

此外，施工中各工程工序的交接、检查、校核和验收工程质量的施工测量，工程竣工后的竣工测量，监视重要建筑物或构筑物在施工、运营阶段的沉降、位移和倾斜所进行的变形观测等，也是工程测量的主要任务。

1.1.3 工程测量学在建筑工程中的作用

将测量技术应用于建筑工程领域，产生了建筑工程测量。建筑工程测量是建筑工程施工中一项非常重要的工作，在建筑工程建设中有着广泛的应用，它服务于建筑工程建设的每一个阶段，贯穿于建筑工程的始终。在工程勘测阶段，测绘地形图为规划设计提供各种比例尺的地形图和测绘资料；在工程设计阶段，应用地形图进行总体规划和设计；在工程施工阶段，要将图纸上设计好的建筑物、构筑物的平面位置和高程按设计要求测设于实地，以此作为施工的依据；在施工过程中进行土方开挖、基础和主体工程的施工测量；在施工中还要经常对施工和安装工作进行检验、校核，以保证所建工程符合设计要求；施工竣工后，还要进行竣工测量，施测竣工图，供日后扩建和维修之用；在工程管理阶段，对建筑和构筑物进行变形观测，以保证工程的安全使用。因此，在工程建设的各个阶段都需要进行测量工作，而且测量的精度和速度直接影响到整个工程的质量和进度。

1.2 我国测绘学发展概况

我国是世界四大文明古国之一，测绘科学技术有着悠久的历史。工程测量学是从人类生产实践中逐渐发展起来的。在古代它与测量学并没有严格的界限。《史记·夏本记》中所记载的“左准绳”、“右规矩”，就是对大禹治水时测量情景的描述。战国时期发明的指南针，促进了古代测绘技术的发展。1973年长沙马王堆西汉古墓出土的3幅《帛地图》是目前世界上保存最早的地图。西晋裴秀所著的《制图六体》，是一部世界最早系统的测绘地图的规范。唐朝张遂等人，在河南滑县至上蔡之间实测了一段长达351里80步（唐代1里为300步）的子午线弧长，并用日圭测量太阳的阴影来确定纬度，是世界上最早的子午线弧长测量，计算的地球半径与现代测量的地球半径接近。宋代的沈括曾用水平尺、罗盘进行地形测量，创立了分层筑堰的方法，并且制作了表示地形的立体模型，比欧洲最早的地形模型早 700 余年。元代郭守敬创造了多种天文测量仪器，在全国进行了大规模的天文观测，共实测了 72 个点，并首创以海平面为基准来比较不同地点的地势高低。明代郑和 7 次下西洋，绘制了中国第一部《航海图》。清康熙于 1781 年完成了《皇舆全图》。

到 20 世纪，我国开始采用了一些新的测量技术，测量作为一门现代科学，还是在新中国成立后才得以迅速发展。50 余年来，我国测绘工作的主要成就有：

（1）在全国范围内（除台湾省），建立了统一的全国坐标系统和高程系统，建立了全国的大地控制网、国家水准网、基本重力网以及 GPS 大地控制网，并完成了大地网和水准网的整体平差。美国全球定位系统（GPS）、俄罗斯格洛纳斯卫星导航系统（GLONASS）、欧洲伽利略卫星导航系统（Galileo satellite navigation system）之后，建立了第四个成熟的卫星导航系统——中国北斗卫星导航系统（BeiDou Navigation Satellite System，BDS）是中国自行研制的全球卫星导航系统。进行了两次（1975 年和 2005 年）珠峰测量、南极长城站的地理位置和高程的测量。

（2）完成了国家基本地形图的测绘，测图比例尺也随着国民经济建设的发展而不断增大，城市规划、工程设计都使用了大比例尺的地形图。测图方法也从常规经纬仪、平板仪模拟测图发展到全站仪（结合 GPS、测距仪等）数字成图、航空摄影测量测图及三维激光扫描测图等技术。编制并出版了各种地图、专题图。

（3）制定了各种测绘技术规范（规程）和法规，统一了技术规格及精度指标。

（4）测绘仪器制造方面，从无到有，发展迅速，已生产出多种不同等级、不同型号的电磁波测距仪、经纬仪、水准仪、全站仪，同时研发了大量现代测绘仪器，包括 GPS 接收机、三维激光扫描仪、低空轻型无人机。涌现出一批世界领先的测绘仪器制造企业，如南方测绘、中海达测绘、华测导航、合众思壮、大疆创新等测绘相关企业，测绘产品的性能和易用性均得到国内测绘用户的任何，部分产品如大疆无人机甚至领先全球。

（5）测绘数据处理方面，研制了一批具有世界先进水平的测绘软件，如全数字摄影测量系统 Virtuo Zo，面向对象的地理信息系统 SuperMap、GeoStar（吉奥之星），地理信息系统软件平台 MapGIS，数字测图系统清华三维 EPSW、南方测绘 CASS 等，三维激光数据处理软件南方测绘 SouthLiDAR、中海达测绘 HD PTCLOUD VECTOR（AutoCAD 版或 ArcGIS 版）及数字绿土 LiDAR360，使测绘数字化、自动化的程度越来越高。

（6）测绘技术及手段不断发展，随着 3S 技术（全球定位系统 GPS，遥感技术 RS，地理信息系统 GIS，简称“3S”技术）集成和信息化测绘技术发展，测绘产品应用范围不断拓宽，并可向用户提供“4D”数字产品（数字高程模型 DEM，数字正射影像 DOM，数字栅格地图 DLG，数字线划地图 DRG）。

1.3 地球的形状和大小

测量工作的主要研究对象是地球的自然表面，地球表面是不规则的，比如我国西藏与尼泊尔交界处的珠穆朗玛峰高达 8844.43m，而在太平洋西部的马里亚纳海沟深达 11022m，两者高度差近 2 万 m。尽管有这样大的高差，但相对于半径为 6371km 的地球来说还是很小的。因此，人们设想以一个静止不动的海水面延伸穿越陆地，形成一个闭合的曲面包围整个地球，这个闭合的曲面称之为水准面。水准面有无穷多个，其中与平均海水面重合的一个水准面称为大地水准面（如图 1-1（*a*））。大地水准面是测量工作的基准面。大地水准面所包围的形体叫大地体。

铅垂线方向又称重力方向，而重力又是地球引力与离心力的合力。铅垂线可用悬挂垂球的细线方向表示（如图 1-2），它是测量工作的基准线。水准面与铅垂线方向具有处处正交的特性。

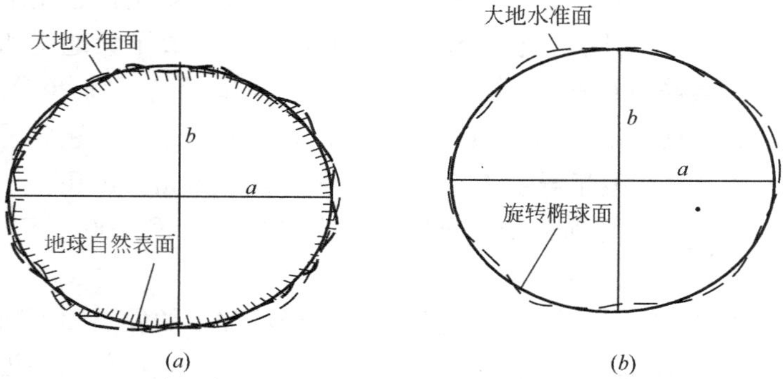

图 1-1　大地水准面

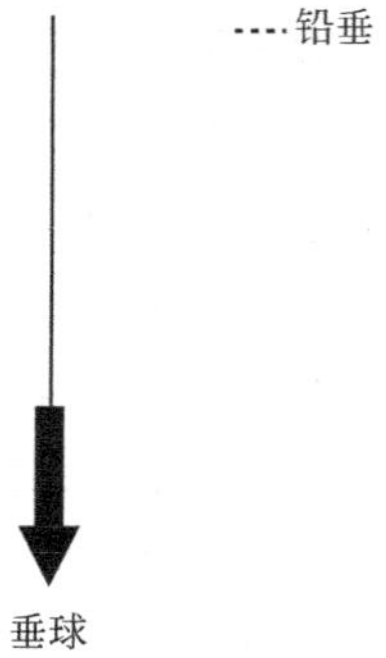

图 1-2　铅垂线

由于地球内部的质量分布不均匀，使得地面上各点铅垂线方向产生不规则的变化，而且地球各处引力的大小不同，这将造成大地水准面实际上是略有起伏、不规则的、很难用数学方程表示的复杂曲面，如图 1-3 所示。如果将地球表面上的物体投影到这个复杂的曲面上，计算起来非常困难。为了解决投影计算及制图的问题，通常选择一个与大地体十分接近的、能用数学方程表示的旋转椭球体来代替大地体，称为地球椭球体（如图 1-1（*b*））。其中与大地体最为接近的地球椭球体称之为地球椭球体，局部与大地体密合最好的地球椭球体称之为参考椭球体。在测量学中将地球椭球面代替大地水准面作为测量内业计算和制图的基准面，其对应的基准线为由地面任一点向地球椭球面所作的垂线——法线。

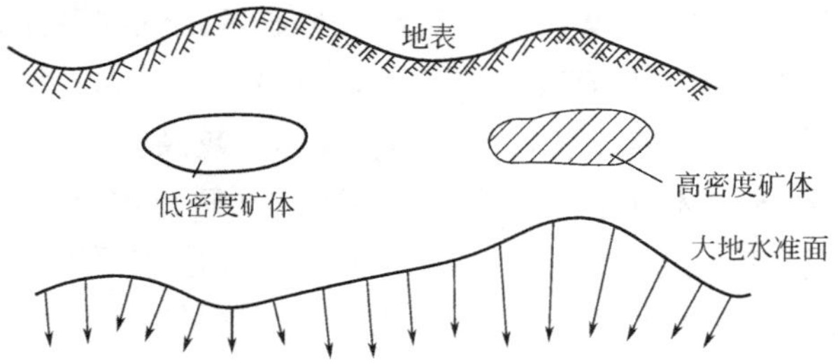

图 1-3　复杂的曲面

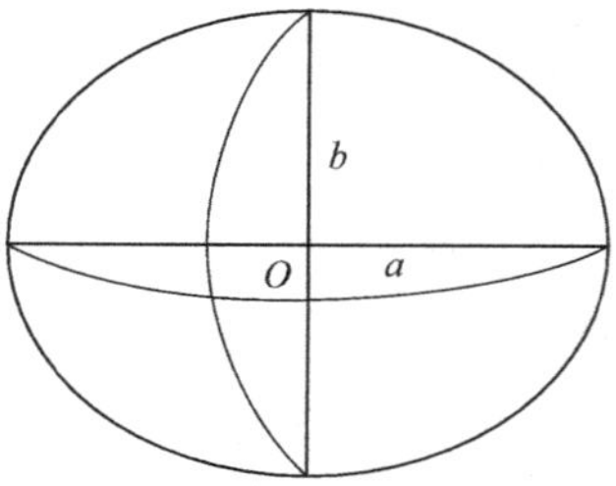

图 1-4　地球椭球体

地球椭球体是一个数学曲面，如图 1-4 所示，用 a 表示椭球体的长半轴，b 表示短半轴，则地球椭球体的扁率 f 可表示为式（1-1）：

$$f=\frac{a-b}{a} \tag{1-1}$$

随着科学技术的发展，椭球元素的测定将越来越精确。中华人民共和国成立后所建立的 1954 年北京坐标系采用的是苏联的克拉索夫斯基椭球，其参数为：

$a=6378245\text{m}$，$f=1/298.3$。

目前我国采用的1980年国家大地坐标系，所采用的椭球参数为1975年“国际大地测量与地球物理联合会”（IU-GG）通过推荐的值为：

$$a=6378140\text{m}, b=6356755\text{m}, f=1/298.257$$

由于地球椭球的扁率 f 很小，当测量面积不大时，可以吧地球当作圆球来对待，其圆球半径 $R=\frac{1}{3}(2a+b)$，R 的近似值可取6371km。

1.4 测量坐标系统与地面点位的确定

由于地表高低起伏不平，所以一般是用地面某点投影到参考曲面上的位置和该点到大地水准面的铅垂距离来表示该点在地球上的位置。测量上通常采用地理坐标系、高斯平面坐标系、独立平面坐标系。

1.4.1 地理坐标系

按坐标系所依据的基本线和基本面的不同以及求坐标方法的不同，地理坐标系又可分为天文地理坐标系和大地地理坐标系两种。

1. 天文地理坐标系

天文地理坐标又称天文坐标，表示地面点在大地水准面上的位置，它的基准是铅垂线和大地水准面，它用天文经度 λ 和天文纬度 φ 两个参数来表示地面点在球面上的位置。

如图1-5所示，过地面上任一点 P 的铅垂线与地球旋转轴NS所组成的平面称为该点的天文子午面。该子午面与经过英国格林尼治天文台的首子午面间的二面角为天文经度 λ。从首子午面向东或向西计算，取值范围是0°～180°，在首子午线以东为东经，以西为西经。过 P 点的铅垂线与赤道平面的夹角为天文纬度 φ。自赤道起向南或向北计算，取值范围为0°～90°，在赤道以北为北纬，以南为南纬。

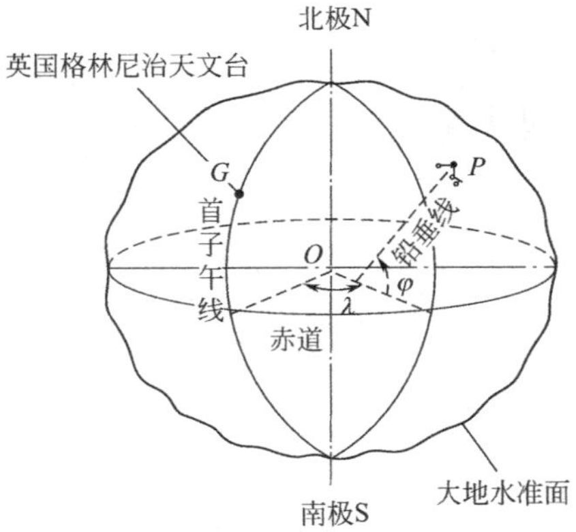

图1-5 天文地理坐标系

地面点的天文坐标可以用天文测量方法测定。例如，广州地区的概略天文地理坐标为东经113°18′，北纬23°07′。由于天文测量定位精度不高，并且天文坐标之间在大地水准面上推算困难，使它在精确定位中较少使用，常用于导弹发射、天文大地网或独立工程控制网的起始点定向。

2. 大地地理坐标系

大地地理坐标又称大地坐标，是表示地面点在参考椭球面上的位置，它的基准是法线和参考椭球面，它用大地经度 L 和大地纬度 B 表示。如图1-6所示，P 点的大地经度 L 是过 P 点的大地子午面和首子午面所夹的两面角，P 点的大地纬度 B 是过 P 点的法线与赤道面的夹角。大地经度 L、纬度 B 是根据起始大地点（又称大地原点，该点的大地经纬度与天文经纬度一致）的大地坐标系，按大地测量所得的数据推算而得。

目前我国使用的是“1980 年国家大地坐标系”，也称为“1980 西安坐标系”；中华人民共和国成立初期使用的坐标系称“1954 北京坐标系”，其大地原点位于苏联列宁格勒天文台中央。

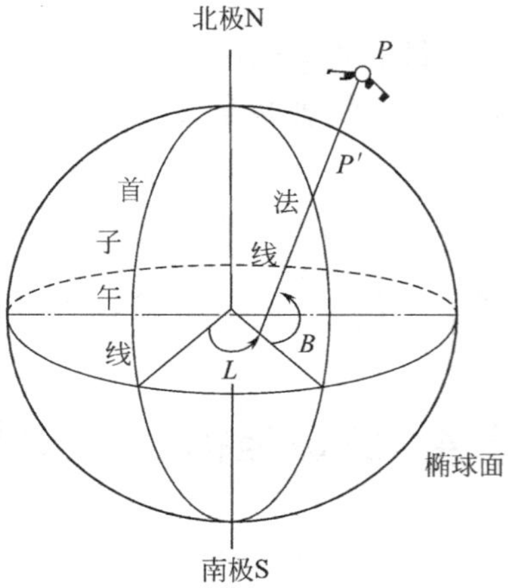

图 1-6　大地地理坐标系

1.4.2　高斯平面直角坐标系

在实际进行测量时，量距、测角或高程都是在水准面上以铅垂线为准，因此，所测得的数据若以大地坐标表示，必须精确地换算成大地坐标系。实践证明，在它上面进行计算是相当复杂和烦琐的，若将其直接用于工程建设规划、设计、施工等，则很不方便。为了便于测量计算和生产实践，要将椭球面上大地坐标按一定数学法则归算到平面上，并在平面直角坐标系中采用人们熟知的简单计算公式计算平面坐标。由椭球面上的大地坐标向平面直角坐标转化时采用地图投影理论，我国采用高斯-克吕格投影，简称高斯投影。

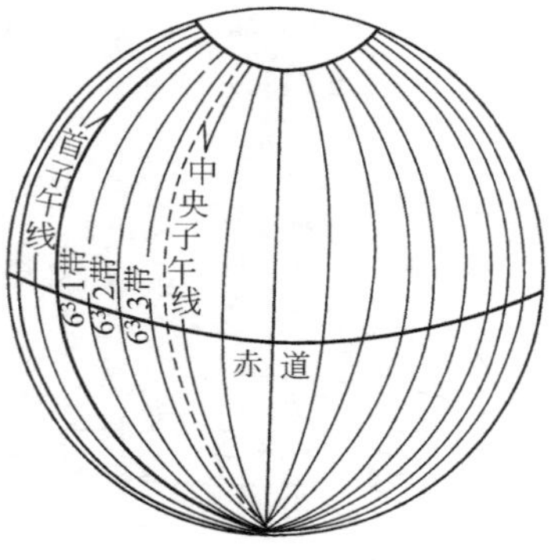

图 1-7　高斯投影

高斯投影首先是将地球按经线分为若干带，称为投影带。国际上统一把椭球体分为 6°和 3°，如图 1-7 所示，从首子午线开始，自西向东每隔 6°划为一带，每带均有统一编排的带号，用 N 表示。从 0°起算往东划分，0°～6°为第 1 带，6°～12°为第 2 带，…，全球依次划分为 60 个投影带，分带进行投影。各带中央的一条经线，例如第 1 带的 3°经线，第 2 带的 9°经线，称为中央子午线。6°带任一带的中央子午线经度 L 与投影带 N 的关系见式（1-2）：

$$L=6N-3 \tag{1-2}$$

当要求变形更小时，还可以按经差 3°或 1.5°划分投影带。3°带是在 6°的基础上划分的，其中央子午线在奇数带时与 6°带中央子午线重合，每隔 3°为一带，共 120 带。任一带的中央子午线精度 L'与投影带 N 的关系见（1-3）：

$$L'=3N \tag{1-3}$$

如图 1-8，投影时是设想将一个空心的椭圆柱横套在地球椭球外面，使椭圆柱的中心轴线位于赤道面内并通过球心，并使投影带中央子午线与椭圆柱面相切，将椭球面上的图形按等角投影的原理投影到椭圆柱面上，然后将椭圆柱沿着过南北两极的母线切开，展成平面即可在该平面上定义平面直角坐标系。

图 1-9 为高斯投影分带情况，图中上半部为 6°带分带情况，下半部为 3°带分带情况，我国领土 6°带是从第 13 带～第 23 带。

其中高斯投影的特点：

（1）等角

椭球面上图形的角度投影到平面之后，其角度相等，无角度变形，但距离与面积稍有

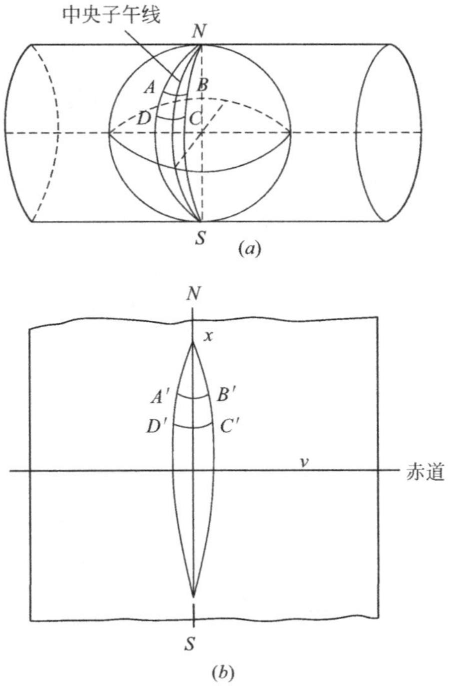

图 1-8　投影分析

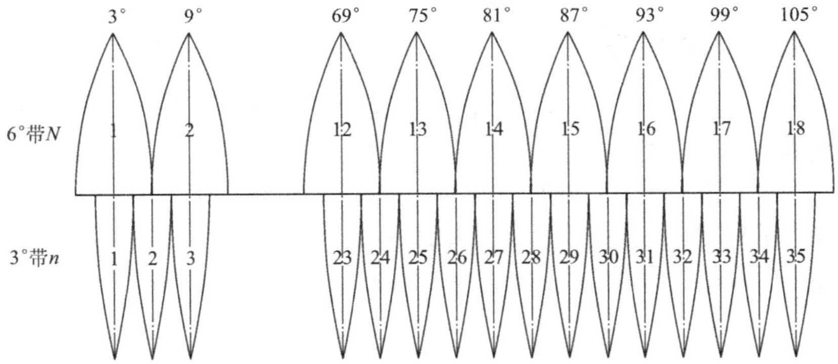

图 1-9　高斯投影分带

变形。

(2) 中央经线投影后仍是直线，且长度不变形

如图 1-9 所示，把中央经线作为平面直角坐标系的纵轴：x 轴。而两侧其他经线投影后呈向两极收敛的曲线，并与中央经线对称，距中央经线越远长度变形越大。

(3) 赤道投影也为直线

把赤道投影线作为平面直角坐标的横轴：y 轴。南北纬线投影后呈离向两极的曲线，且与赤道投影对称。

高斯平面直角坐标系是以各带的中央子午线投影为 x 轴，赤道投影为 y 轴，两轴的交点为坐标原点，构成各带独立的坐标系。我国位于北半球，所以纵坐标 x 均为正。横坐标 y 有正有负，如图 1-10（a）所示。

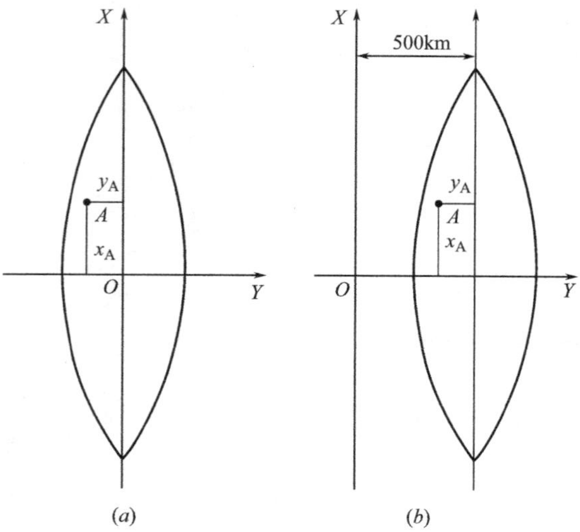

图 1-10　高斯平面直角坐标系

为了使横坐标不出现负值，通常将实际横坐标值加 500km，称为通用横坐标。它与实际横坐标的关系见式（1-4）：

$$y_{通用}=y_{实际}+500000\text{m} \tag{1-4}$$

例如：设 $y_A=+137680\text{m}$，$y_B=-274240\text{m}$。为了避免横坐标出现负值，相当于把坐标纵轴向西移 500km。如图 1-10（*b*）所示。这时

$$y_A=500000+137680=637680\text{m}$$

$$y_B=500000-274240=225760\text{m}$$

为了区分横坐标位于哪一个 6°带内，还要在横坐标值前冠以带号。例如 *A* 点位于 20 带内，则 *A* 点通用横坐标 $y_{A通用}=20637680\text{m}$，*B* 点通用横坐标 $y_{B通用}=20225760\text{m}$。因此实际横坐标换算为通用横坐标的公式可表示为式（1-5）：

$$y_{通用}=带号+y_{实际}+500000\text{m} \tag{1-5}$$

由于我国领土 6°带是从第 13 带～第 23 带，通用横坐标换算为实际横坐标时，通用横坐标数中前两位均为带号。当通用横坐标换算为实际横坐标时，首先应先去掉前两位带号，再减去 500km。

1.4.3　独立平面直角坐标系

当测区范围较小（半径≤10km）时，可将地球表面视作平面，直接将地面点沿铅垂线方向投影到水平面上，用平面直角坐标系表示该点的投影位置。以测区子午线方向（真子午线或磁子午线）为纵轴（x 轴），北方向为正；横轴（y 轴）与 x 轴垂直，东方向为正。这样就建立了独立平面直角坐标系，如图 1-11 所示。实际测量中，为了避免出现负值，一般将坐标原点选在测区的西南角，故又称假定平面直角坐标系。

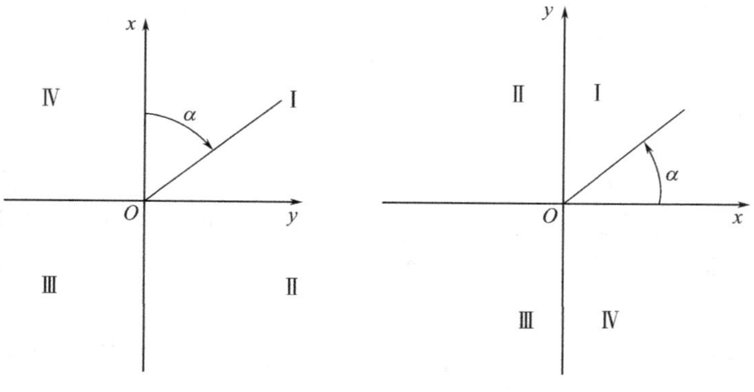

图 1-11　独立平面直角坐标系

两种平面直角坐标系，与数学坐标系相比较，区别在于纵横轴互换，且象限按顺时针方向Ⅰ、Ⅱ、Ⅲ、Ⅳ排列，如图 1-11 所示，目的是便于将数学中的三角和几何公式不作

任何改变，直接应用于测量学中。

1.4.4 高程系统

地面点至高程基准面的铅垂距离称为高程。在测量中，高程基准面通常为大地水准面，我们把地面点至大地水准面的铅垂距离称为绝对高程，也叫海拔，简称高程，用 H 表示。如图 1-12 所示，地面点 A、B 两点的绝对高程分别为 H_A、H_B

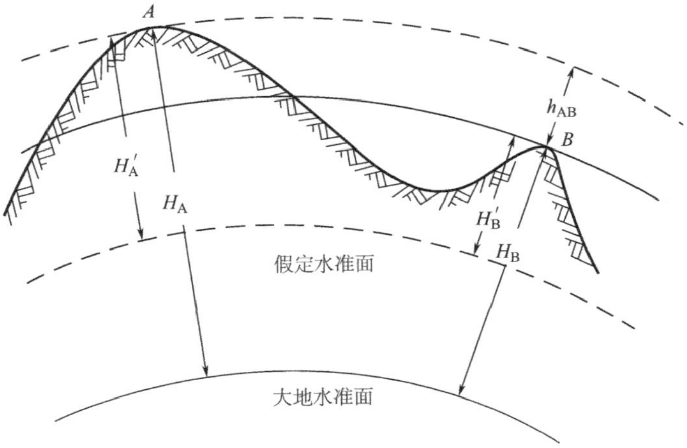

图 1-12 高程系统

我国以在青岛观象山验潮站 1952～1979 年验潮资料确定的黄海平均海水面作为起算高程的基准面，称为“1985 国家高程基准”。以该大地水准面为起算面，其高程为零。为了便于观测和使用，在青岛建立了我国的水准原点（国家高程控制网的起算点），其高程为 72.260m，全国各地的高程都以它为基准进行推算。

1.4.5 地面点位的确定

欲确定地面点的位置，必须求得它在椭球面或投影平面上的坐标（λ、φ 或 x、y）和高程 H 三个量，这三个量称为三维定位参数。而将 λ、φ 或 x、y 称为二维定位参数。无论采用何种坐标系统，都需要测量出地面点间的距离 D、相关角度 β 和高程 H，则 D、β 和 H 称为地面点的定位元素。

欲确定地面上某特征点 P 的位置，在工程建设中，通常采用卫星定位和几何测量的定位方法。卫星定位是利用卫星信号接收机，同时接收多颗定位卫星的信号，解算出待定点 P 的定位元素。如图 1-13（a）所示，设各卫星的空间坐标为 x_i、y_i、z_i，P 的空间坐标为 x_P、y_P、z_P，P 点接收机与卫星间的距离为 D_i，则

$$D_i=\sqrt{(x_P-x_i)^2+(y_P-y_i)^2+(z_P-z_i)^2} \tag{1-6}$$

由式（1-6）解得 x_P、y_P、z_P。在解算过程中通过高斯投影即可转化为平面直角坐标系。如图 1-13（b）所示，几何测量定位地面上有 A、B、C 三点，其中已知 A 点的三维坐标 x_A、y_A、H_A，B、C 为待定点，若测定 A、B 间的距离 D_{AB}，AB 边与坐标纵轴 x 间的夹角 α_{AB}（称为方位角）和 h_{AB}，则有

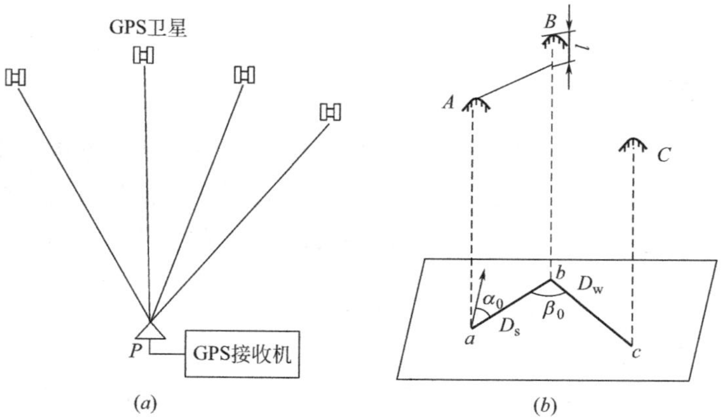

图 1-13　地面点位的确定

$$\begin{cases} x_B = x_A + D_{AB}\cos\alpha_{AB} \\ y_B = y_A + D_{AB}\sin\alpha_{AB} \\ H_B = H_A + h_{AB} \end{cases} \tag{1-7}$$

同理，若 A 点、B 点的坐标已知，只要测定 AB 边和 BC 边的夹角 β 和距离 D_{BC}、高差 h_{BC}，推算出 α_{BC} 后，即可按式（1-7）求得 C 点的空间坐标。

地面点定位的方法除上述之外，还有极坐标法、直角坐标法、角度交会法、距离交会法、边角交会法等。

1.5　用水平面代替水准面的限度

当测区范围较小时，可将大地水准面近似为水平面，这样，既可以简化测量计算工作，又不致因曲面和平面的差异过大而产生较大的测量误差。那么，测区范围小到何值时，用水平面代替大地水准面所产生的距离和高差变形才会不超过测图误差的允许范围。

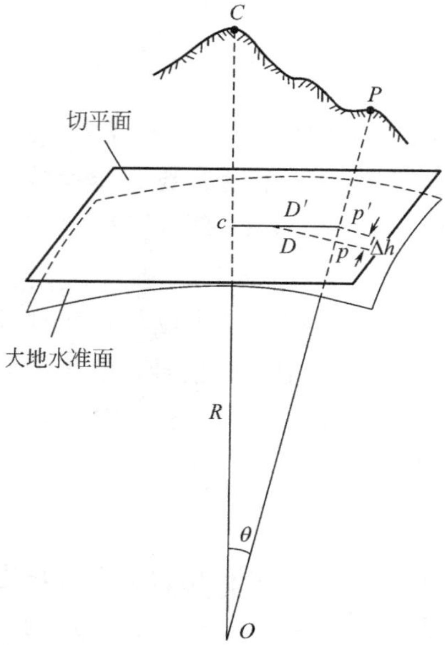

图 1-14　距离的测量

如图 1-14 所示，设地面 C 点为测区中心点，P 点为测区内任一点，两点沿铅垂线投影到大地水准面上的点分别为 c 点和 p 点。过 c 点做大地水准面的切平面，p 点在切平面上的投影为 p' 点。图 1-14 中大地水准面的曲率对水平距离的影响为 $\Delta D = D' - D$，对高程的影响为 $\Delta h = \overline{pp'}$，下面讨论它们的计算公式。

1.5.1　对距离测量的影响

由图 1-14 可知：

$$\Delta D = D' - D = R\tan\theta - R\theta = R(\tan\theta - \theta) \tag{1-8}$$

式中 θ——弧长 D 所对的圆心角，弧度；

R——地球的平均曲率半径。

将 $\tan\theta$ 按三角级数展开并略去高次项，得：

$$\tan\theta=\theta+\frac{1}{3}\theta^3+\cdots\approx\theta+\frac{1}{3}\theta^3 \tag{1-9}$$

将式（1-9）代入式（1-8）并顾及 $\theta=\frac{D}{R}$，得：

$$\Delta D=R\left[\left(\theta+\frac{1}{3}\theta^3\right)-\theta\right]=R\frac{\theta^3}{3}=\frac{D^3}{3R^2} \tag{1-10}$$

则有

$$\frac{\Delta D}{D}=\frac{D^2}{3R^2} \tag{1-11}$$

以不同的 D 值代入式（1-11），求出距离误差 ΔD 及其相对误差 $\Delta D/D$ 列于表 1-1。

水平面代替水准面的距离误差及其相对误差 **表 1-1**

距离 D(km)	距离误差 ΔD(cm)	距离相对误差 $\frac{\Delta D}{D}$
10	0.8	1/120 万
25	12.8	1/20 万
50	102.7	1/4.9 万
100	821.2	1/1.2 万

由表 1-1 可知，当距离 D 为 10km 时，所产生的相对误差为 1/120 万，这样小的误差，即使是精密量距，也是允许的。因此，在 10km 为半径的范围之内进行距离测量时，可以用水平面代替大地水准面，而不必考虑地球曲率对距离的影响。

1.5.2 对水平角测量的影响

根据球面三角学原理可知，球面上多边形内角之和与平面上多边形内角之和要大一个角超值 ε。其值可按式（1-12）计算：

$$\varepsilon=\frac{P}{R^2}\rho'' \tag{1-12}$$

式中 P——球面多边形的面积；

R——地球半径；

$\rho''\approx206265''$。

水平面代替球面对角度的影响 **表 1-2**

球面多边形面积 P(km^2)	10	100	400	1 000	2 000
球面角超 ε(″)	0.05	0.51	2.03	5.08	10.16

由表 1-2 表明，当测区面积为 100km² 时，以水平面代替水准面，地球曲率对球面多边形内角的影响仅为 0.51″。所以在测区面积不大于 100km² 时，水平角测量可不考虑地球曲率的影响。

1.5.3 对高程测量的影响

由图 1-14 可知：

$$\Delta h = \overline{op'} - \overline{op} = R\sec\theta - R = R(\sec\theta - 1) \tag{1-13}$$

将 $\sec\theta$ 按三角级数展开并略去高次项，得：

$$\sec\theta = 1 + \frac{1}{2}\theta^2 + \frac{5}{24}\theta^4 + \cdots \approx 1 + \frac{1}{2}\theta^2 \tag{1-14}$$

将式（1-14）代入式（1-13），得：

$$\Delta h = R\left(1 + \frac{1}{2}\theta^2 - 1\right) = \frac{R}{2}\theta^2 = \frac{D^2}{2R} \tag{1-15}$$

用不同的距离 D 代入式（1-15），则的相应的高程误差值，如表 1-3 所示。

水平面代替水准面的高程误差 **表 1-3**

距离 D（km）	0.1	0.2	0.3	0.4	0.5	1	2	5	10
Δh(mm)	0.8	3	7	13	20	80	310	1960	7850

由表 1-3 可知，当用水平面代替水准面时，对高程的影响是较大的，如在 500m 的距离时高程误差就有 2cm。而我们进行高程测量时，观测精度要比之高得多。因此，对高程测量来说，必须顾及地球曲率对高程的影响，不得用水平面代替水准面。

1.6 测量的基本工作与原则

1.6.1 测量的基本工作

地面点的坐标和高程通常不是直接测定的，而是观测其他要素后计算而得。实际工作中，通常根据测区内或测区附近已知坐标和高程的点，测出这些已知点与待定之间的几何关系，然后再确定待定点的坐标和高程。

1. 平面直角坐标的测定

如图 1-15，在△ABP 中，除 AB 边外，只要测出一边一角或两个边长或角度，就可推算出 P 点的坐标。因此，测定点的坐标的主要工作是量边和测角。

必须注意，点的坐标是地面点投影在水平面的位置，所以量边及测角时，所测边及角度也应为地面点投影到水平面上的边长和角度，如图 1-16 所示，即水平距离和水平角，而不是地面点之间所组成的空间距离和角度。

2. 高程的测定

如图 1-17 所示，设 A 点的高程已知，P 点位待定点，这时，只要测出 AP 之间的高差 h_{AP}，即可推算出 P 点的高程 $H_P = H_A + h_{AP}$。所以，测定点的高程的主要工作是测量高差。

综上所述，确定地面点位的三个基本要素是水平距离、水平角及高差。

我们将距离测量、角度测量及高程测量作为测量的基本工作。

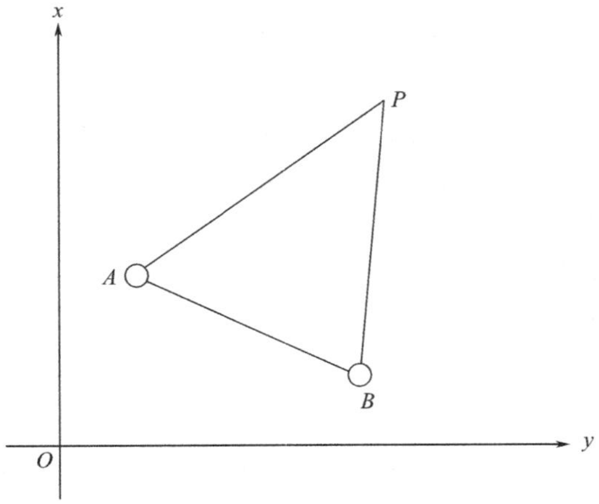

图 1-15　平面直角的测定

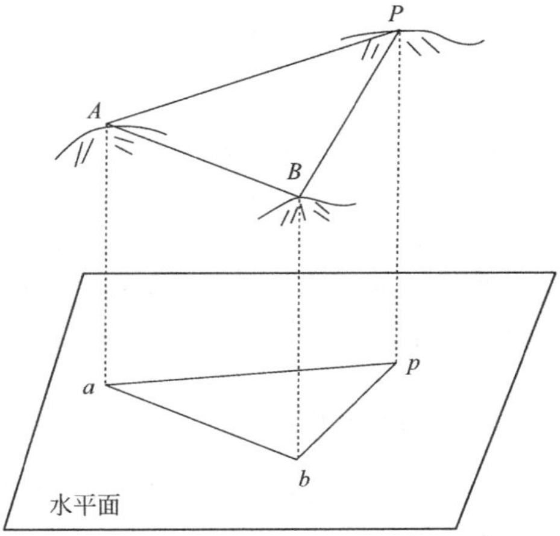

图 1-16　投影

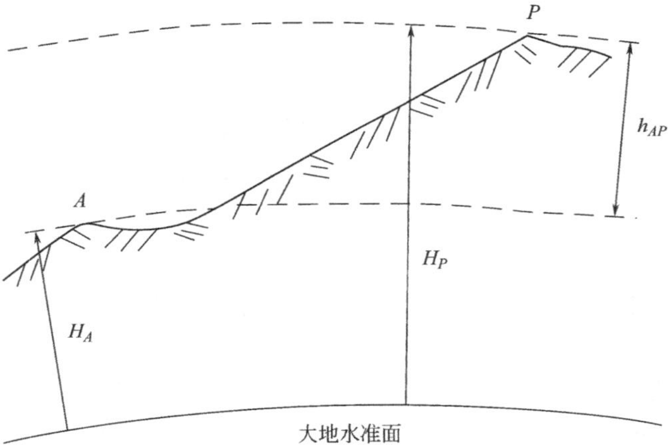

图 1-17　高程的测定

1.6.2　控制测量

在地面上按一定规范布设并进行测量而得到的一系列互相联系的控制点所构成的网状结构成为测量控制网，控制测量就是在一定区域内，为地形测图和工程测量建立控制网所进行的测量工作。

控制测量分为平面控制测量、高程控制测量和三维控制测量。

1. 平面控制测量

确定控制点平面坐标的测量工作，称为平面控制测量。按照控制点之间所组成的几何图形及施测方法，平面控制测量可分为导线测量、三角形网测量（包括三角测量、三边测量和边角测量）、全球定位系统（GPS）测量等几类。

2. 高程控制测量

确定控制点的高程测量工作，称为高程控制测量。高程控制测量分为水准测量、三角高程测量及 GPS 高程测量等。

3. 三维控制测量

建立测量控制网一般将平面和高程单独布设。同时确定控制点平面坐标及高程的测量工作，称为三维控制测量。

在目前由于建网的手段和技术的发展可以布设三维控制网。利用卫星全球定位系统建立的测量控制网就是目前常用的三维控制网。由于卫星定位速度快、精度均匀、不需要站间通视、对控制网图形要求低等特点，已被广泛用于各种类型的工程控制网，特别是随着大地水准面精化的深入开展，工程控制网从二维发展到三维，改变了传统的将平面和高程控制网分别布设、分别施测、分别数据处理的状况。

1.6.3 碎部测量

碎部测量是根据临近控制点来确定碎部点相对于控制点的位置关系的测量工作。在地形图测绘中，碎部测量的工作就是测定地物和地貌的特征点，然后以相应的符号在图上描绘出来；在施工放样中，碎部测量的工作则是放样工程建筑物的详细点位。

1.6.4 测量工作的基本原则

在测绘地形图时，要把测区范围的地物、地貌按一定比例缩绘成地形图。作业时，将测量仪器设置在某个地面点上，测出该点附近的地物、地貌。通常在一个测站上不可能测出测区全部地形，因此，只能连续地逐个测站施测，然后拼接出完整的地形图。当一幅图纸不能包括测区范围时，还必须将测区分成若干幅图，最后拼接该测区的整个地形图。

由于测量过程中不可避免地会产生误差，如果从一个测站点开始，不加任何控制地依次逐点施测，前一点的误差将传递到后一点，逐点积累，点位误差将越来越大，最后将满足不了测绘地形图的精度要求，所测地形图将是不合格的地形图。

为了保证精度，要求先在测区范围内建立一系列控制点，精确测出这些点的位置，然后再分别根据这些控制点进行实测地物、地貌的碎部测量工作。这就是测量工作的基本原则，即从整体到局部，先控制后碎部。

遵循“从整体到局部，先控制后碎部”的原则，可使测量误差在整个测区内分布均匀，以保证测图精度，而且可以在分幅测绘时平行作业，加快测图进度。

在施工放样时，为了保证精度，同样必须先进行控制测量，然后进行碎部放样。

测量工作的另一项基本原则是“步步检核”，即只有在前一项工作检核，正确无误后，才能进行下一步工作。只有这样，才能更好地保证测绘成果的可靠性。

习题与思考题

1. 建筑工程测量的任务是什么？其内容包括哪些？
2. 如何表示地球的形状和大小？
3. 何谓绝对高程（海拔）？何谓相对高程（假定高程）？何为标高？
4. 什么是测量工作的基准面和基准线？
5. 测量中所使用的高斯平面直角坐标系与数学上使用的笛卡尔坐标系有何区别？

6. 某地面点的经度为东经 114°10′，试计算该点所在 6°带和 3°带的带号与中央子午线的经度为多少？

7. 已知在 21 带中有 A 点，位于中央子午线以西 206579.21m，试写出其不含负值的高斯平面直角坐标系。

8. 测量上常用的坐标系统有几种？各有什么特点？

9. 水准面曲率对观测量有何影响？

10. 测量工作的基本原则是什么？

第 2 章　水　准　测　量

测定地面点高程的工作为高程测量。高程测量按所使用的仪器及原理不同，一般可分为水准测量、三角高程测量、GPS 高程测量和气压高程测量等。其中水准测量是最常用的一种方法且精度较高。

2.1　水准测量原理

水准测量的原理是利用水准仪提供一条水平视线，借助带有分划的水准尺，读取两测站的相应读数，计算出两点间的高差，然后根据已知点高程，推算出待定点高程。

如图 2-1，在 A、B 两测站分别竖立水准尺，利用水准仪提供的水平视线分别在尺上读取数据 a、b，则两点之间的高差如式（2-1）所示：

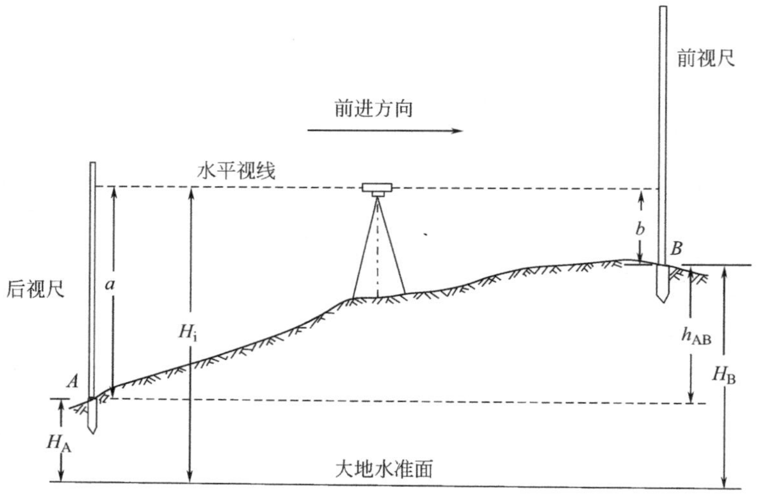

图 2-1　水准测量

$$h_{AB}=a-b \tag{2-1}$$

在水准测量中，A 点为已知高程点，B 点为待测高程点，且由 A 点向 B 点为前进方向，则称 A 点为后视点，B 点为前视点；a 为后视读数，b 为前视读数。故公式（2-1）又可表示为：

高差＝后视读数－前视读数

有时亦简称为高差等于后视减前视。

由式（2-1）可知，高差有正、负之分：当 h_{AB} 为正值时，即表示前视点 B 比后视点 A 高；h_{AB} 为负值时，表示 B 点比 A 点低。在计算高差 h_{AB} 时，一定要注意 h_{AB} 下标 AB 的写法：h_{BA} 表示 A 点至 B 点的高差，h_{AB} 则表示 B 点至 A 点的高差，两点高差应该是绝对值相同而符号相反。上述利用高差法计算未知点高程的方法，称为高差法。

在测得两点之间的高差 h_{AB} 后，则未知点 B 的高程 H_B 如式（2-2）所示：

$$H_B = H_A + h_{AB} = H_A + (a - b) \tag{2-2}$$

【例 2-1】 设 A 点的高程为 41.156m，若后视点 A 的读数为 1.264m，前视点 B 的读数为 1.789m，求 B 点的高程。

【解】 A、B 两点的高差为：

$$h_{AB} = a - b = 1.246\text{m} - 1.789\text{m} = -0.525\text{m}$$

则 B 点的高程为：

$$H_B = H_A + h_{AB} = 41.156\text{m} + (-0.525\text{m}) = 40.631\text{m}$$

由图 2-1 可以看出，B 点高程也可以通过水准仪的视线高程 H_i（仪器高程）来计算，视线高程 H_i 等于 A 点的高程加上 A 点水准尺上的读数 a，即：

$$H_i = H_A + a \tag{2-3}$$

将式（2-3）代入式（2-2）得：$H_B = H_i - b$。这种利用仪器高程计算未知点高程的方法称为仪高法。

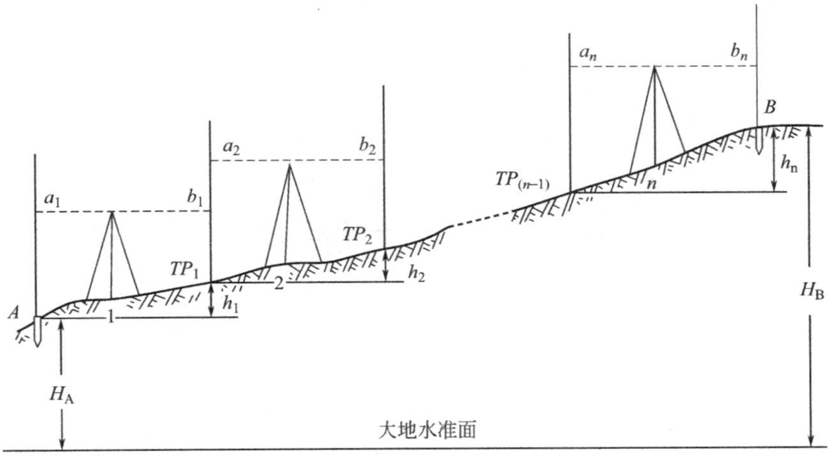

图 2-2 ［例 2-1］图

在实际水准测量中，A、B 两点之间的高差可能较大、视线受阻或者相距较远，超过了允许的视线长度，安置一次水准仪不能测定两点之间的高差。那么此时可以根据实际需要在沿 A 点至 B 点的水准路线中间设置多个测站，从而求得高差 h_{AB}。由图 2-2 知：

$$h_1 = a_1 - b_1$$

$$h_2 = a_2 - b_2$$

$$\cdots\cdots$$

$$h_n = a_n - b_n$$

$$h_{AB} = h_1 + h_2 + \cdots + h_n = \sum_{i=1}^{n} h_i \doteq \sum_{i=1}^{n} a_i - \sum_{i=1}^{n} b_i \tag{2-4}$$

图中的临时立尺点 TP_1、TP_2……是高程传递点，称为转点。将式（2-4）代入式（2-2）得：

$$H_B = H_A + h_{AB} = H_A + \sum_{i=1}^{n} a_i - \sum_{i=1}^{n} b_i \tag{2-5}$$

2.2 水准仪和水准尺

2.2.1 微倾式水准仪

水准仪是水准测量的主要仪器，按其精度的不同，我国水准仪的型号可分为 DS_{05}、DS_1、DS_3、DS_{10}、DS_{20} 等型号。在建筑测量中应用最广泛的是 DS_3 型微倾水准仪。其中“D”和“S”分别是“大地测量”和“水准仪”的汉语拼音的第一个字母。下标数字表示该型号仪器每公里往返测得高差中数的中误差。例如“3”表示为该仪器进行水准测量时，每公里往、返测得高差中数的偶然中误差值为±3mm。所以下标数字越小，仪器精度越高。本节主要介绍 DS_3 型微倾水准仪的基本构造。

水准仪的主要功能是精确的提供一条水平视线。如图 2-3 所示为 DS_3 型微倾水准仪的外形。它主要由望远镜、水准器和基座三部分组成。

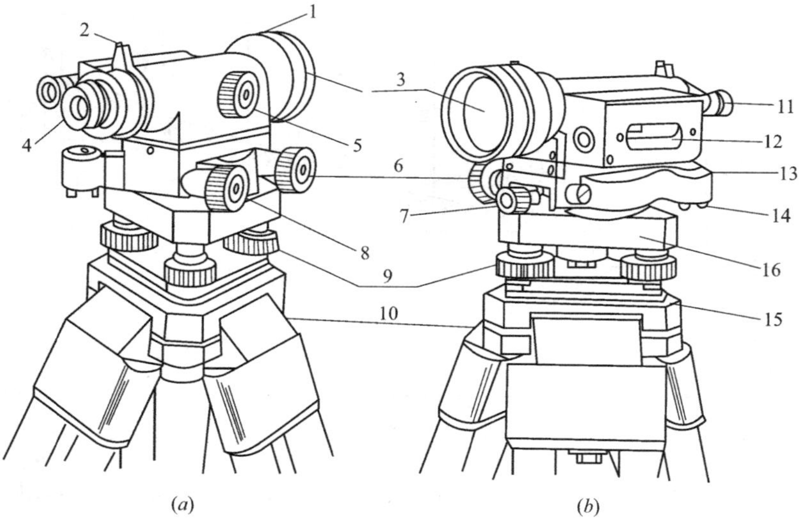

图 2-3 DS_3 型微倾水准仪

1—准星；2—照门；3—物镜；4—目镜；5—物镜对光螺旋；6—微动螺旋；7—制动螺旋；8—倾螺旋；9—脚螺旋；10—三脚架；11—符合水准器观察镜；12—管水准器；13—圆水准器；14—圆水准器校正螺钉；15—三角形底板；16—轴座

1. 望远镜

望远镜是用来精确瞄准目标以及提供一条水平视线的设备，并且刻有进行读数的标志。

如图 2-4（*a*）所示，它主要由物镜、目镜、调焦透镜及十字丝分划板组成；图 2-4（*b*）是从目镜中看到的经过放大后的十字丝分划板上的像。十字丝分划板的作用是瞄准目标进行读数，中间一根长横丝称为中丝，与中丝平行的上下对称的两根短横丝称为上、下

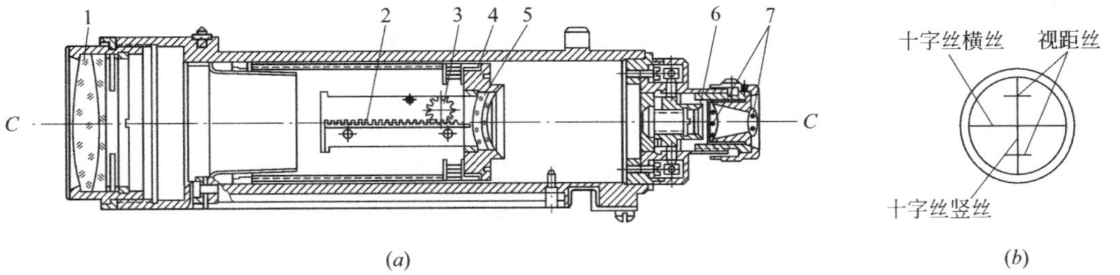

图 2-4 望远镜

1—物镜；2—齿条；3—调焦齿轮；4—调焦镜座；5—物镜调焦螺旋；6—十字丝分划板；7—目镜组

丝（统称为视距丝），与横丝垂直的丝称为竖丝。在水准测量时，读取中丝在水准尺上前、后视读数，用以计算高差；读取上、下丝在水准尺上的读数，用以计算水准仪到水准尺的距离【(上丝读数−下丝读数）×100】。

望远镜成像原理如图 2-5 所示，当目标 AB 经过物镜和调校透镜的折射后，形成一个缩小而倒立的实像 ab，在调节调焦螺旋时，远近不同的目标就能清晰地成像在十字丝分划板上，再调节目镜调焦螺旋可使十字丝成像清晰，通过目镜便可看到清晰的十字丝和目标虚像 $a'b'$。

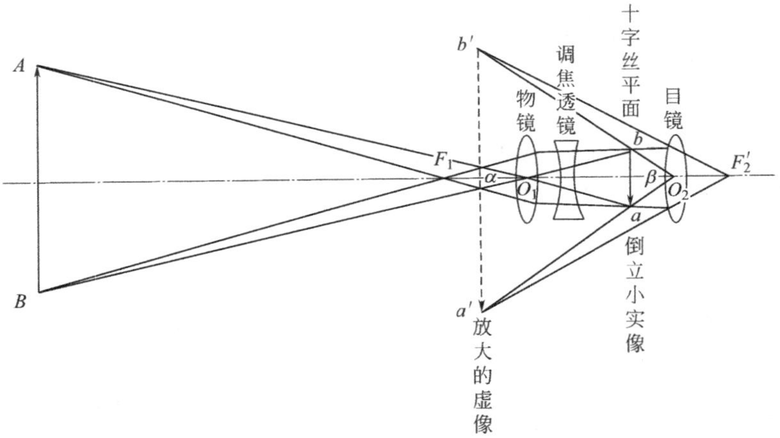

图 2-5 望远镜成像原理

由图 2-5 可知，从望远镜中观察到虚像 $a'b'$的张角 β 远大于直接观测实像 AB 张角 α，我们把 $\gamma=\beta/\alpha$ 称为望远镜的放大率。一般 DS_3 型水准仪的望远镜放大率一般为 28～32 倍。

十字丝交点与物镜光心的连线，称为视准轴。视准轴的延长线就是我们通过望远镜瞄准远处目标的视线。因此，想要得到原理中提到的水平视线只要满足视准轴水平。

2. 水准器

水准器是利用液体受重力作用后使气泡居于最高处的特性，来反映水准器的竖轴是否铅垂或者视准轴是否水平。水准器分管水准器和圆水准器两类。

（1）管水准器

管水准器又称水准管，是精确指示视准轴是否处于水平位置的重要装置。

如图 2-6（a）所示，管水准器两端封闭，其纵向内壁研磨成具有一定半径的圆弧（一般圆弧半径为 7～20m），内装有酒精和乙醚的混合液，加热融封，冷却后管内形成一个气泡。

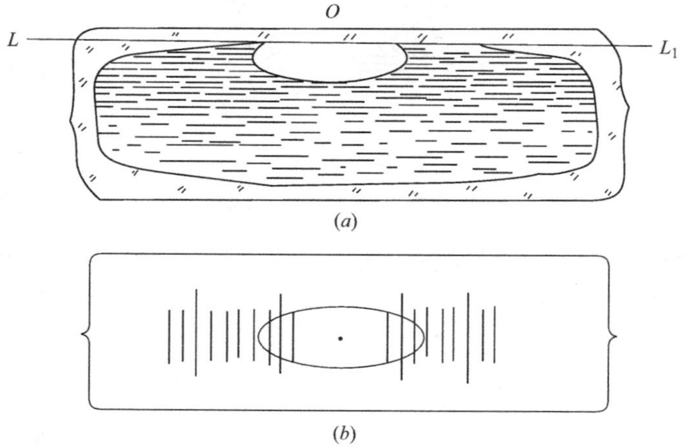

图 2-6 管水准器

在水准管表面刻有相距 2mm 的分划线，且关于圆弧中点 O 对称，如图 2-6（b）所示。若气泡中点与圆弧中点重合时，称为气泡居中。通过 O 点作圆弧的切线 LL_1，称为水准管轴。当气泡居中时，表示水准管轴处于水平位置，同时水准管轴与视准轴平行，则说明视准轴也位于水平位置。

水准管上相邻分划线间的圆弧（弧长为 2mm）所对的圆心角值称为水准管分划值 τ，又称为灵敏度。用公式（2-6）表示：

$$\tau''=\frac{2}{R}\rho'' \tag{2-6}$$

式中 ρ''——度弧所对应的角度秒值，$\rho''\approx 206265''$；

R——水准管圆弧半径，mm。

水准管分划值的实际意义可以理解为：以 DS_3 型水准仪为例，当气泡中心偏离圆弧中点 1 小格时，说明水准管轴 LL_1 倾斜 20″（DS_3 型水准仪水准管分划值为 20″）。显然 R 越大，τ 值越小，精度也越高，即水准管的灵敏度也就越高。

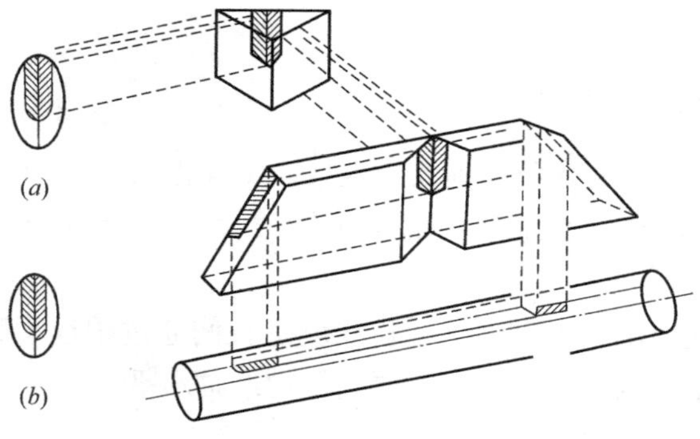

图 2-7 棱镜组

为了方便观测水准管气泡和居中精度，在水准管的上方装有一组符合棱镜，如图 2-7 所示。通过棱镜组的反射作用，将气泡两端的半个影像在望远镜目镜左侧的水准管气泡观察窗上。当气泡两端的影像符合一个圆弧时，表示气泡居中。

管水准器的精度较高，用于精确整平，称为精平。

(2) 圆水准器

如图 2-8 所示，圆水准器是一封闭的圆柱形玻璃盒，且置于一金属框内，顶面内表面研磨成球面，球面中心刻有小圆圈，通过其圆心的球面法线称为圆水准轴。当气泡居中时，圆水准器轴处于铅垂位置。圆水准器的分划值 τ 一般为 8′/2mm。其精度较低，用于粗略整平仪器，称为粗平。

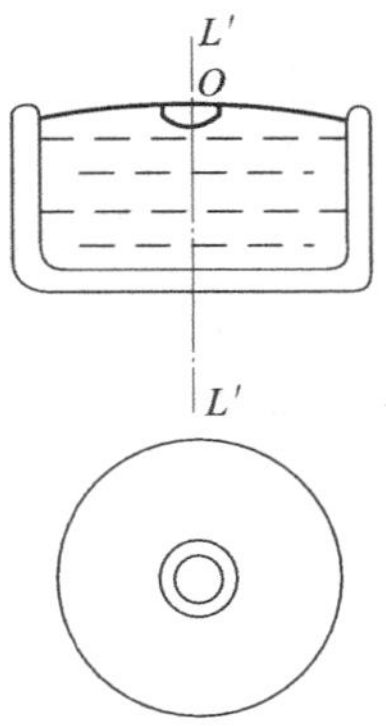

图 2-8　圆水准器

3. 基座

基座的作用是支承仪器的上部同时连接三脚架，主要由轴座、三个脚螺旋、三角形压板和连接板构成。转动脚螺旋主要是调节圆水准器是气泡居中。

2.2.2　水准尺和尺垫

水准尺是水准测量中使用的标尺，其质量好坏直接影响水准测量的精度。因此制作水准尺的材料以不易变形且干燥的优良木材或玻璃钢。常用的水准尺有双面尺和塔尺。

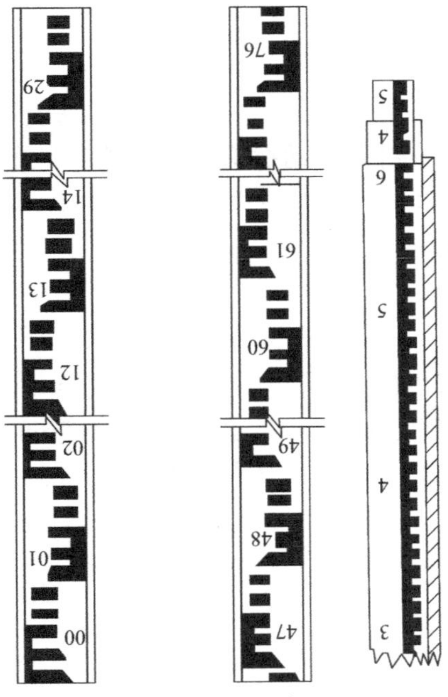

(*a*)　(*b*)　(*c*)

图 2-9　水准尺

双面尺多用于三等、四等水准测量。如图 2-9 (*a*)、(*b*) 所示，双面的刻划均为 1cm，在分米处注有数字。一面为黑白相间，称为黑面尺；另一面为红白相间，称为红面尺。红面尺分为两种，一种尺底从 4.687m 开始，另一种尺底从 4.787m。因此在视线高度不变的情况下，同一根水准尺的红面和黑面读数之差应等于 4.687m 或 4.787m，这个常数称为尺常数，用 K 来表示。通常会在尺的两侧面装有把手和圆水准器，以便于扶尺和竖直，从而使在水准测量作业时读数的正确性。

如图 2-9 (*c*) 所示，塔尺是由三节小尺套接而成，尺的底部为零点，尺面上黑白格相间，每格宽度为 1cm，也有为 0.5cm。塔尺拉出使用时，一定要注意接合处的卡簧是否卡紧，数值是否连续。

2.2.3　水准仪的使用

水准仪使用的基本程序为：安置仪器、粗略整平、对光与照准、精确整平和读数等。

1. 安置仪器

选择正确的三脚架，在测站处打开三脚架，调节高度适中，架顶面大致水平，三个脚尖在地面的位置大致成等边三角形。将三脚架踩实，使脚架稳定。然后将水准仪平稳地安放在三脚架架头上，一手握住仪器，一手将三脚架上的连接螺旋旋紧，使仪器与三脚架连接牢固。

2. 粗略整平（粗平）

粗平是通过调节三个脚螺旋是圆水准器气泡居中，使仪器的竖轴大致铅垂。

具体操作步骤：如图 2-10 所示，首先用双手按箭头方向转动脚螺旋 1、2，使气泡移到这两个脚螺旋连线中间，如图 2-10（a）；然后用左手按箭头方向转动脚螺旋 3，使气泡居中，如图 2-10（b）。在粗平的过程中，气泡移动的方向与左手大拇指转动脚螺旋的方向相同，称之为左手大拇指规则。

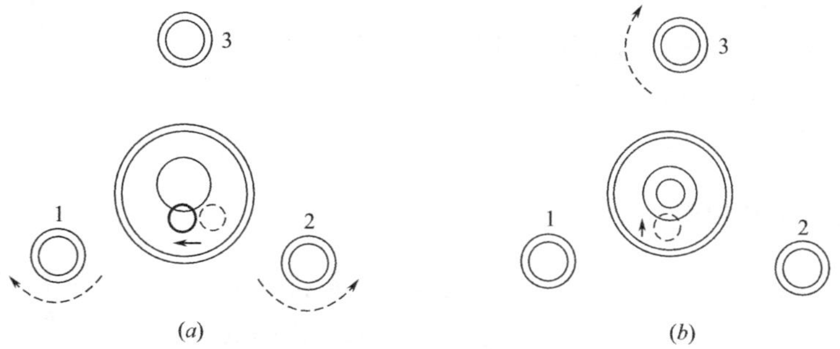

图 2-10 粗平

3. 对光与照准

首先调节目镜对光螺旋，使十字丝像达到最清晰；然后松开制动螺旋，转动望远镜，通过镜筒上的缺口和准星瞄准水准尺，粗略瞄准目标。拧紧制动螺旋，转动微动螺旋，使十字丝的竖丝对准水准尺，如图 2-11 所示，可检查水准尺在左右方向是否倾斜。再转动物镜调焦螺旋使水准尺的分化像十分清晰，消除视差。

4. 精平与读数

转动微倾螺旋，使水准器气泡两端的像相吻合，如图 2-12 所示，此时视线为水平视线（精平）。精平后，在水准尺上读取横丝的位置，包括 m、dm、cm 和估读 mm。读数时要按照从小到大数值增加方向读。如图 2-11 中读数为 1.259m，也可记作 1259mm。读数后还须再检查气泡是否仍然居中，若居中，则读数有效，否则应重新精平再读数。

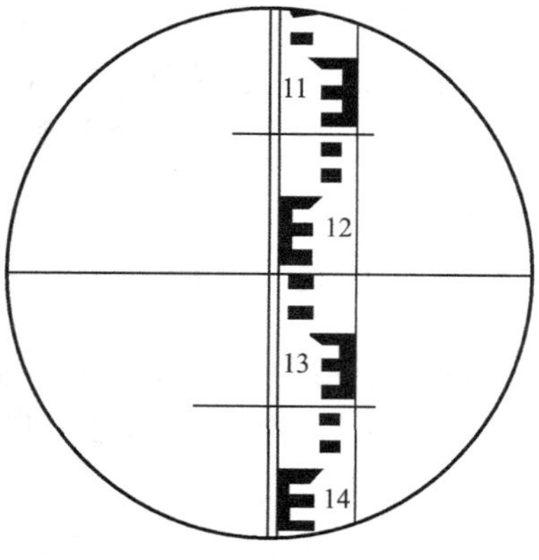

图 2-11 对光与照准

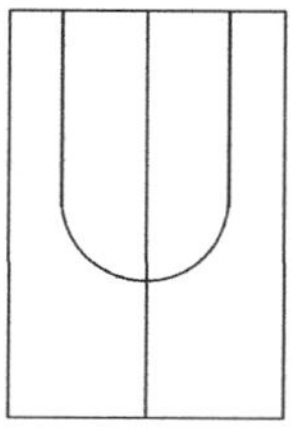

图 2-12 精平

2.3 水准测量方法

2.3.1 水准点和水准路线

1. 水准点

埋设稳固并通过水准测量测定的高程控制点称为水准点。按照水准测量精度，水准点可分为一等、二等、三等、四等水准点；按埋设时间长短，水准点分为永久性和临时性两种。

永久性水准点一般采用混凝土制成，顶面嵌入半球形金属标志，如图 2-13 所示，金属顶部高程就是该水准点的高程位置。水准点标志的埋设地点必须便于长期保存又利于观测与寻找。有时永久性水准点金属标志也可以直接埋设在坚固稳定的永久性建筑物的墙角上，称为墙上水准点，如图 2-14 所示。

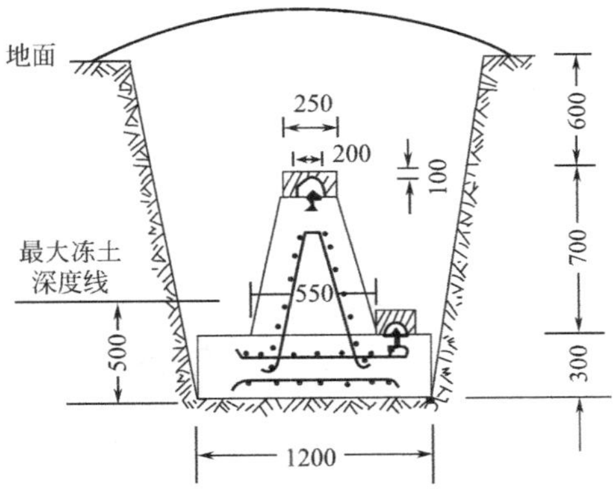

图 2-13　永久性水准点

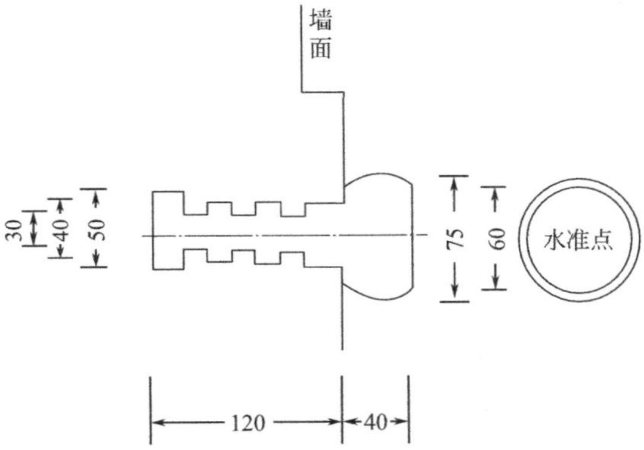

图 2-14　墙上水准点

临时性水准点一般将大木桩打入地下，在桩顶打入半球状钉子，也可以利用稳固的物体上突出且便于立尺的地方。

2. 水准路线

在一系列水准点之间进行水准测量所经过的路线，称为水准路线。根据测区已有水准点的实际情况，同时保证有足够的测量精度，水准路线一般可布设三种水准路线：附合水准路线、闭合水准路线、和支水准路线。

（1）附合水准路线

如图 2-15（*a*）所示，从已知水准点 BM_1 出发，沿各待测高程点 1、2、3 进行水准测量，最后附合到另一个水准点 BM_2。这种在两个已知水准点之间布设的路线，称为附合水准路线。

（2）闭合水准路线

如图 2-15（*b*）所示，从已知水准点 BM_5 出发，沿各待测高程点 1、2、3、4、5 进行水准测量，最后又回到原水准点 BM_5，这种形成环形的路线，称为闭合水准路线。

（3）支水准路线

如图 2-15（*c*）所示，从已知水准点 BM_8 出发，沿各待测高程点 1、2 进行水准测量，这种从一个已知水准点出发到另一个未知点的路线，称为支水准路线。

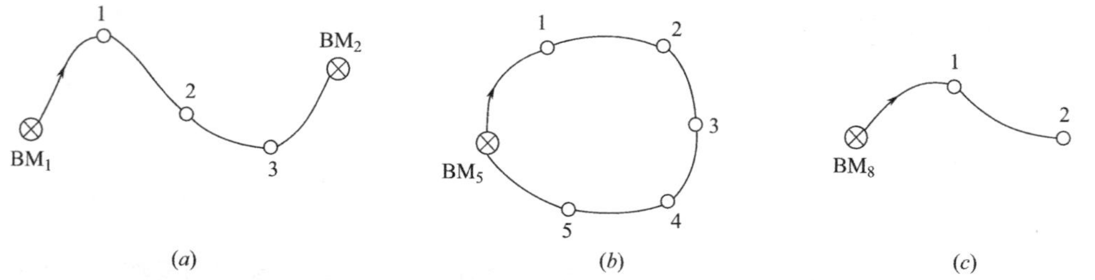

图 2-15 水准线路

2.3.2 普通水准测量

当已知高程点与待测高程点之间的距离较远或高差较大时，需要布设多个测站。如图 2-16 所示，已知水准点 A 的高程 $H_A=19.153$m，为了测得 B 点高程，需要在 AB 测线上布设五个测站，观测步骤如下：

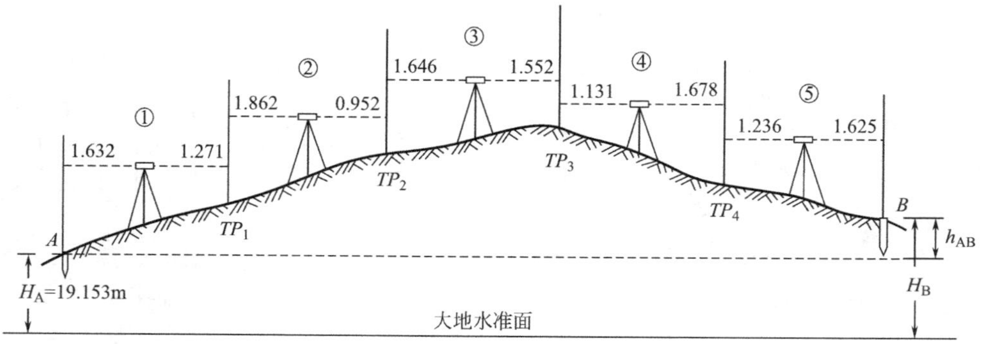

图 2-16 普通水准测量

在距离 A 点适当的位置处布设转点 TP_1，在 A，TP_1 两点分别竖立水准尺，同时在距离 A 点和 TP_1 点大致相等距离的地方安置水准仪。观测者经过“粗平—瞄准—精平—读数”的操作步骤，读取后视水准尺上的后视读数为 1.632，照准 TP_1 点水准尺上，进行精平使水准管气泡居中，读取 TP_1 点前视水准尺上的前视读数为 1.271。记录者将观测数据记录在表 2-1 相应水准尺读数的后视与前视栏内，计算求得该站高差为+0.361m，至此完成了第一站的测量工作。然后将 A 点水准尺安放在适当的位置 TP_2 上，保持 TP_1 点不动，将水准仪安置在 TP_1，TP_2 之间，同上述方法观测并记录，直至测到 B 点为止。

2.3.3 三、四等水准测量

三等、四等水准测量常用于小地区测绘地形图和施工测量的高程基本控制。

1. 观测程序

以 DS_3 型随准一及双面水准尺在一个测站上的观测步骤：

（1）瞄准后视水准尺黑面，精平，读取上、下视距丝和中丝读数，记入记录表 2-2 中（1）、（2）、（3）；

（2）瞄准前视水准尺黑面，精平，读取上、下视距丝和中丝读数，记入记录表中（4）、（5）、（6）；

水准测量手簿 表 2-1

观测日期 仪器型号 观测者
天 气 工程名称 记录者

测站	测点	水准尺读数(m)		高差(m)	高程(m)	备注
		后视读数	前视读数			
1	A	1.632		0.361	19.153	已知
	TP_1		1.271		19.514	
2	TP_1	1.826		0.910		
	TP_2		0.952		20.424	
3	TP_2	1.646		0.094		
	TP_3		1.552		20.518	
4	TP_3	1.131		−0.547		
	TP_4		1.678		19.971	
5	TP_4	1.236		−0.389		
	B		1.625		19.582	已知
计算检核	Σ	7.507	7.078	0.429		
	$\Sigma a-\Sigma b=+0.429$ $\Sigma h=+0.429$					

(3) 瞄准前视水准尺红面，读取中丝读数，记入记录表中 (7)；

(4) 瞄准后视水准尺红面，读取中丝读数，记入记录表中 (8)；

这样的观测顺序简称为“后-前-前-后”，其优点是可以减弱仪器下沉误差的影响。概括起来，每个测站共需读取 8 个读数，并立即进行测站计算与检核，满足三、四等水准测量的有关限差要求后方可迁站。

2. 测站的计算与校核

(1) 视距部分

视距等于下丝读数与上丝读数的差乘以 100。

后视距：(9) =100× [(1) − (2)]

前视距：(10) =100× [(4) − (5)]

计算前、后视距差 (11)：(11) = (9) − (10)，对于四等水准测量，(11) 不得超过 5m。

计算前、后视距离累积差 (12)：(12) =上站 (12) +本站 (11)，对于四等水准测量，(12) 不得超过 10m。

(2) 水准尺读数检核

同一水准尺黑面与红面读数差的检核：

$$K_1=(13)=(7)-(6) \qquad K_1=(14)=(8)-(3)$$

K_i 为双面水准尺的红面分划与黑面分划的零点差（常数为 4.687m 或 4.787m）。三等水准测量不得大于 2mm，对于四等水准测量不得大于 3mm。

(3) 高差计算与校核

按前、后视水准尺红、黑面中丝读数分别计算该站高差：

黑面高差：(15) = (3) − (6)

红面高差：(16) ＝ (8) － (7)

红黑面高差之差：(17) ＝ (15) － (16) ＝ (14) － (13)

如果观测没有误差，(17) 应为 100mm（原因是：使用配对的水准尺，尺常数相差 100mm）。对于四等水准测量，(17) 与 100mm 的误差不得超过 5mm。红黑面高差之差在容许范围以内时取其平均值，作为该站的观测高差：

$$(18)=\{(15)+[(16)\pm100\text{mm}]\}/2$$

上式计算时，当 (15) ＞ (16)，100mm 前取正号计算；当 (15) ＜ (16)，100mm 前取负号计算。总之，平均高差 (18) 应与黑面高差 (15) 很接近。

(4) 水准测量记录计算检核

水准测量记录应作总的计算检核：

高差检核：$\sum(3)-\sum(6)=\sum(15)$

$\sum(8)-\sum(7)=\sum(16)$

$\sum(15)-\sum(16)=2\sum(18)$（偶数站）

或：$\sum(15)-\sum(16)=2\sum(18)\pm100\text{mm}$（奇数站）

水准路线总长度：　　$L=\sum(9)+\sum(10)$

三、四等水准测量手簿　　　　**表 2-2**

测站编号	后视尺 下丝 / 上丝	前视尺 下丝 / 上丝	方向及尺号	标尺读数		黑＋k－红	高差中数	备注
	后视距 / 视距差 d	前视距 / $\sum d$		黑面	红面			
	(1)	(4)	后	(3)	(8)	(14)		
	(2)	(5)	前	(6)	(7)	(13)		
	(9)	(10)	后－前	(15)	(16)	(17)	(18)	
	(11)	(12)						
1	1.614	0.774		1.384	6.171	0		
	1.156	0.326		0.551	5.239	－1		
	45.8	44.8		0.833	0.932	1	0.833	
	1	1						
2	2.188	2.252		1.934	6.622	－1		
	1.682	1.758		2.008	6.796	－1		
	50.6	494.4		－0.074	－0.174	0	－0.074	
	1.2	2.2						
3	1.922	2.066		1.726	6.512	1		
	1.529	1.668		1.866	6.554	－1		
	39.3	39.8		－0.14	－0.042	2	－0.141	
	－0.5	1.7						
4	2.041	2.220		1.832	6.520	－1		
	1.622	1.790		2.007	6.793	1		
	41.9	43		－0.175	－0.273	－2	－0.174	
	－1.1	0.6				$\sum(18)=0.4435$		

2.3.4 水准测量的检核

水准测量的连续性很强，未知点高程是通过转点将已知点水准点高程传递过来的，若其中任何一个后视或前视读数出现错误，都会影响最后测量成果。所以水准测量的检核是非常重要的。检核工作有如下几项：

1. 计算检核

计算检核的目的是及时检核记录手簿中的高差和高程计算中是否有错误。$\sum h=\sum a-\sum b=H_{终}-H_{始}$为观测记录中的计算检核式，若等式成立时，表示计算正确，否则说明计算有误。

2. 测站检核

测站检核的目的是及时发现和纠正施测过程中因观测、读数、记录等原因导致的高差错误。为保证每个测站观测高差的正确性，必须进行测站检核。测站检核的方法有双仪器高法和双面尺法两种。

（1）改变仪器高的方法

在每一测站测得高差后，改变仪器高度重新架设，再测一次高差，当两次测得高差的差值在±5mm以内时，取两次高差平均值作为该站测得的高差值。否者需要检查原因，重新观测。

（2）双面尺法

仪器高度不变，读取每一根双面尺的黑面与红面的读数，分别计算双面尺的黑面与红面读数之差及两个黑面尺的高差$h_{黑}$与两个红面尺的高差$h_{红}$，若同一水准尺红面与黑面（加常数后）读数之差在±3mm以内，且黑面尺高差$h_{黑}$与红面尺高差$h_{红}$之差不超过±5mm，则取黑、红面高差平均值作为该站测得的高差值。当两根尺子的红黑面零点差相差100mm时，两个高差也应相差100mm，此时应在红面高差中加或减100mm后再与黑面高差比较。

3. 成果检核

测站检核只能检核一个测站上是否存在错误或误差是否超限。仪器误差、估计误差、转点位置变动的错误、外界条件影响等，虽然在一个测站上反映不明显，但随着测站数的增多，就会使误差积累，就有可能是误差超限。因此为了正确评定一条水准路线的测量成果精度，应该进行整个水准路线的成果检核。水准测量成果的精度是根据闭合条件来衡量的。

成果检核的方法，因水准路线布设形式不同而异，主要有以下几种：

（1）闭合水准路线

从理论上讲，闭合水准路线各段高差代数和值应等于零，即$\sum h_{理}=0$。

（2）附合水准路线

从理论上讲，附合水准路线各段实测高差的代数和值应等于两端水准点间的已知高差值，即$\sum h_{理}=H_{终}-H_{始}$。

（3）支水准路线

支水准路线本身没有检核条件，通常是用往、返水准测量方法进行路线成果的检核。从理论上讲，往测高差与返测高差，应大小相等，符号相反，即$|\sum h_{往}|=|\sum h_{返}|$。

实际上，由于测量值含有不可避免的误差。因此，观测的高差代数和值不能等于高差的理论值，这种不符合的差值称为高差闭合差，用 f_h 表示。高差闭合差的大小是用来确定错误和评定水准测量成果精度的标准。若 f_h 在容许限差之内，表示观测结果精度合格，否则应返工重测。

2.4 水准测量成果计算

普通水准测量外业结束后，要先检查观测手簿，检查无误后进行水准测量成果计算。待计算校核无误后，则根据外业采集数据计算水准路线的高差闭合差。若闭合差在容许范围内，认为精度合格、成果可用，否则应找出原因并纠正，必要时需返工重测，直到达到精度为止。在精度合格的情况下，再调整高差闭合差，计算改正后的高差，最后计算各点的高程。

2.4.1 高差闭合差的计算

由于水准测量中仪器误差、观测误差以及外界的影响，使水准测量中不可避免地存在误差，使得测量值 $\sum h_{测}$ 与理论值 $\sum h_{理}$ 存在差值，即 $\sum h_{测} \neq \sum h_{理}$，将

$$f_h = \sum h_{测} - \sum h_{理} \tag{2-7}$$

称为高差闭合差

（1）闭合水准路线

在理论上，闭合水准路线的各段高差代数和值应等于零，即 $\sum h_{理}=0$，根据式（2-7）得：

$$f_h = \sum h_{测} - \sum h_{理} = \sum h_{测} \tag{2-8}$$

（2）附合水准路线

在理论上，附合水准路线所测得的各测段高差的总和应等于起终点高程差，即

$$\sum h_{理} = H_B - H_A \tag{2-9}$$

根据式（2-7）得：

$$f_h = \sum h_{测} - \sum h_{理} = \sum h_{测} - (H_B - H_A) \tag{2-10}$$

（3）支水准路线

根据支水准路线的测量方法可知，往返观测的高差绝对值相同而符号相反，即 $\sum h_{理}=0$，根据式（2-7）得：

$$f_h = \sum h_{往} + \sum h_{返} \tag{2-11}$$

2.4.2 水准测量容许闭合差

高差闭合差就是水准测量观测误差中上述各误差影响的综合反映。为了保证观测精度，对高差闭合差应作出一定的限制，即计算所得高差闭合差 f_h 应在规定的容许范围内。计算高差闭合差 f_h 不超过容许值（即 $f_h \leqslant f_{h容}$）时，认为外业观测合格。否则应查明原因返工重测，直至符合要求为止。

对于不同等级的水准测量，对高差闭合差的限差规定不同，工程测量规范中对限差 $f_{h容}$ 的规定见表 2-3。

高差闭合差的限差规定 **表 2-3**

等级	容许高差闭合差	主要应用范围举例
三等	$f_{h容}=12\sqrt{L}$(mm)平地	场区的高程控制网
	$f_{h容}=4\sqrt{n}$(mm)山地	
四等	$f_{h容}=20\sqrt{L}$(mm)平地	普通建筑工程、河道工程、用于立模、填筑放样的高程控制点
	$f_{h容}=6\sqrt{n}$(mm)山地	
图根	$f_{h容}=40\sqrt{L}$(mm)平地	小测区地形图测绘的高程控制、山区道路、小型农田水利工程
	$f_{h容}=12\sqrt{n}$(mm)山地	

注：1. 表中图根通常是普通（或等外）水准测量；
2. 表中 L 为路线单程长度，以 km 计；n 为单程测站数；
3. 每公里测站数多于 15 站时，用相应项目后面的公式。

2.4.3 高差闭合差的调整

根据误差理论，高差闭合差的调整原则是：将闭合差 f_h 以相反的符号，按与测段长度（或测站数）成正比的原则进行分配到各段高差中去。公式表示见式（2-12）、式（2-13）：

$$V_i=f_h/\sum L\times L_i \tag{2-12}$$

或

$$V_i=f_h/\sum n\times N_i \tag{2-13}$$

式中 V_i——第 i 段的高差改正数；
f_h——高差闭合差；
$\sum L$——路线总长度；
$\sum n$——路线总测站数；
L_i——第 i 段的长度；
N_i——第 i 段的测站数。

对于图根水准测量计算中取值，精确度为 0.001m。

然后将计算改正后的高差 $h_{i改}$，等于第 i 测段观测高差 $h_{i测}$ 加上其相应的高差改正数 V_i，即

$$h_{i改}=h_{i测}+V_i \tag{2-14}$$

最后根据已知水准点高程和各测段改正后的高差 $h_{i改}$，按顺序逐点计算各待测点的高程。

【例 2-2】 在 A、B 两点间进行往返水准测量，已知 $H_A=8.475$m，$\sum h_{往}=+0.028$m，$\sum h_{返}=-0.018$m，A、B 间线路长 $L=3$km，求改正后的 B 点高程。

【解】 实际高程闭合差 $f_h=\sum h_{往}+\sum h_{返}=0.028+0.018=+0.046$m

容许高程闭合差 $F_h=\pm30\sqrt{L}=\pm30\sqrt{3}=\pm52$mm，$f_h<F_h$，故精度符合要求。

改正后往测高差 $\sum h'_{往}=\sum h_{往}+\dfrac{-f_h}{2}=+0.028-\dfrac{0.046}{2}=+0.005$m

改正后返测高差 $\sum h'_{返}=\sum h_{返}+\dfrac{-f_h}{2}=+0.018-\dfrac{0.046}{2}=-0.005$m

故 B 点高程 $H_B=H_A+\sum h'_{往}=8.475+0.005=8.480$m。

表 2-4 为一附合水准路线的闭合差检核和分配以及高程计算的实例。附合水准路线上共设置了 5 个水准点，各水准点间的距离和实测高差均列于表中。起点和终点的高程为已知，实际高程闭合差为+0.075m 小于容许高程闭合差±0.105m。表中高差的改正数是按 (2-12) 式计算的，改正数总和必须等于实际闭合差，但符号相反。实测高差加上高差改正数得各测段改正后的高差。由起点Ⅳ21 的高程累计加上各测段改正后的高差，就得出相应各点的高程。最后计算出终点Ⅳ22 的高程应与该点的已知高程完全符合。

水准路线的高程计算 **表 2-4**

点号	距离 (km)	高差 (m)	改正数 (mm)	改正后高差 (m)	高程 (m)
Ⅳ21					63.475
	1.9	+1.241	−12	+1.229	
BM1					64.704
	2.2	+2.781	−14	+2.767	
BM2					67.471
	2.1	+3.244	−13	+3.231	
BM3					70.702
	2.3	+1.078	−14	+1.064	
BM4					71.766
	1.7	−0.062	−10	−0.072	
BM5					71.694
	2.0	−0.155	−12	−0.167	
Ⅳ22					71.527
Σ	12.2	+8.127	−75	+8.052	

$$f_h = \Sigma h - (H_{终} - H_{起}) = +8.127 - (71.527 - 63.475) = +0.075\text{m}$$

$$F_h = \pm 30\sqrt{L} \pm 30\sqrt{12.2} = \pm 105\text{mm} \qquad f_h < F_h$$

对于水准支线，应将高程闭合差按相反的符号平均分配在往测和返测所得的高差值上。

2.5 微倾式水准仪的检验与校正

水准仪的检验是为了确定仪器各轴线之间是否满足设计的几何条件，只有这样水准仪才能提供一条水平视线。当仪器的轴线之间的几何关系发生变化时，就需要对水准仪进行校正，使仪器满足应有的几何条件。

2.5.1 水准仪的轴线及其应满足的条件

如图 2-17 所示水准仪的轴线，CC_1 为视准轴，LL_1 为水准管轴，$L'L'_1$ 为圆水准轴，VV_1 为仪器的竖轴。

根据水准测量基本原理要求，水准仪能够提供一条水平视线，就必须满足视准轴水平，而视线水平与否又是根据水准管气泡是否居中来判断的。因此，水准仪的轴线应满足水准管轴平行于视准轴，且这是水准仪应满足的主要条件。

此外，仪器的粗平是根据圆水准器的气泡居中，使仪器竖轴基本处于铅垂位置，故应满足圆水准器轴平行于仪器竖轴。同时，为了能使按十字丝的横丝在水准尺上的正确读数，横丝应水平，即横丝应垂直仪器竖轴。

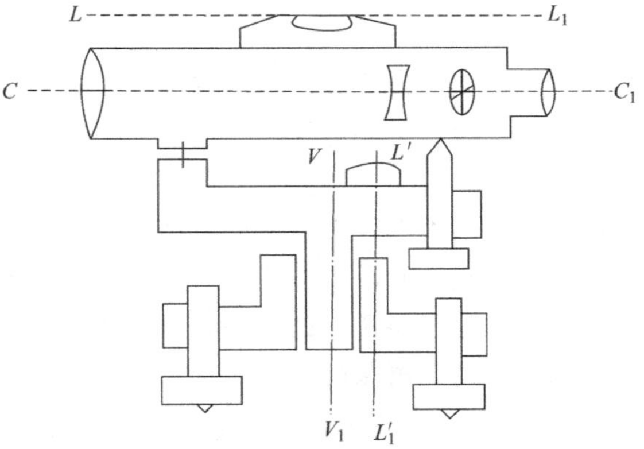

图 2-17 水准仪的轴线

综上所述，水准仪轴线应满足一下几何条件：

（1）水准管轴应平行于视准轴（LL_1/CC_1）；

（2）圆水准轴应平行仪器竖轴（$L'L'_1/VV_1$）；

（3）十字丝应垂直于仪器竖轴。

2.5.2 水准仪的检验和校正

水准仪的检验与校正应按下列顺序进行，以保证前面检验的项目不受后面检验项目的影响。

1. 圆水准器的检验和校正

（1）检验方法

安置水准仪后，旋转脚螺旋使圆水准气泡居中，如图 2-18（*a*）所示，然后将仪器绕竖轴旋转 180°，如果圆气泡仍旧居中，则表示该几何条件满足，不必校正。若气泡偏离中心，如图 2-18（*b*）所示，则表示该几何条件不满足，需要进行校正。

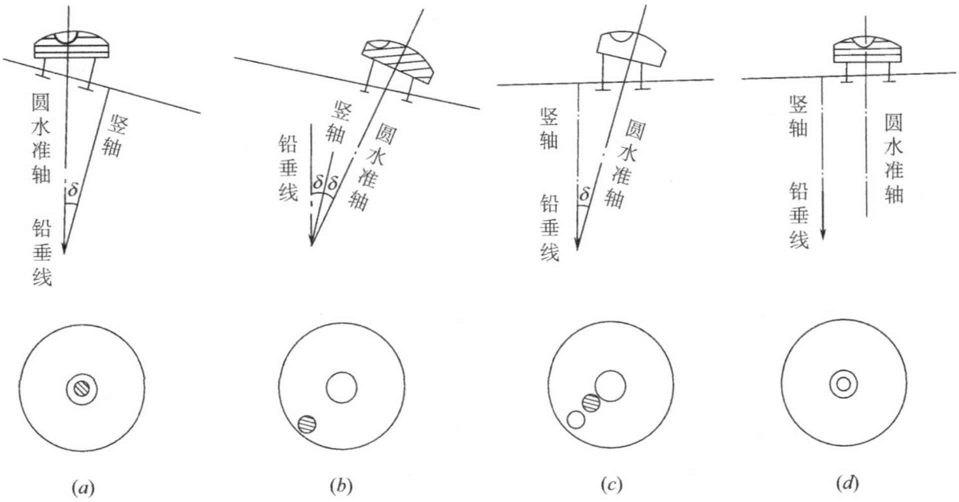

图 2-18 圆水准器的检验和校正

（2）校正方法

保持水准仪不动，旋转脚螺旋，使气泡向圆水准器中心移动偏离值的一半，如图 2-18（*c*）所示，然后用校正针拨转圆水准底下的三个校正螺丝，使气泡居中，如图 2-18（*d*）所示。校正结束后，应记住把中间一个连接螺丝再旋紧。

（3）校正原理

设圆水准轴不平行于竖轴且两者的夹角为 δ。当转动脚螺旋使圆水准气泡居中，即圆水准轴处于铅垂方向，而竖轴则倾斜 δ 角，如图 2-18（*a*）所示。当仪器绕竖轴旋转 180°后，竖轴仍处于倾斜 δ 角的位置，而气泡始终处于最高处，圆水准轴已转到竖轴的另一边，且与竖轴的夹角保持不变，此时圆水准轴相对于铅垂方向的夹角就变成了 2δ 角，如图 2-18（*b*）所示。因为仪器竖轴相对于铅垂方向仅倾斜了 δ 角，所以需调节脚螺旋使气泡向中心移动偏距的一半，此时竖轴就处于了铅垂位置，如图 2-18（*c*）所示。最后，拨动圆水准器校正螺丝，使气泡居中，则圆水准轴也处于铅垂位置，如图 2-18（*d*）所示。最终达到使圆水准轴平行竖轴的目的。

2. 十字丝的检验和校正

（1）检验方法

安置整平水准仪后，用十字丝交点瞄准一个清晰目标点 P，如图 2-19 所示，转动水平微动螺旋，如果目标点始终沿着中丝移动，则表示中丝水平，否则需要校正。

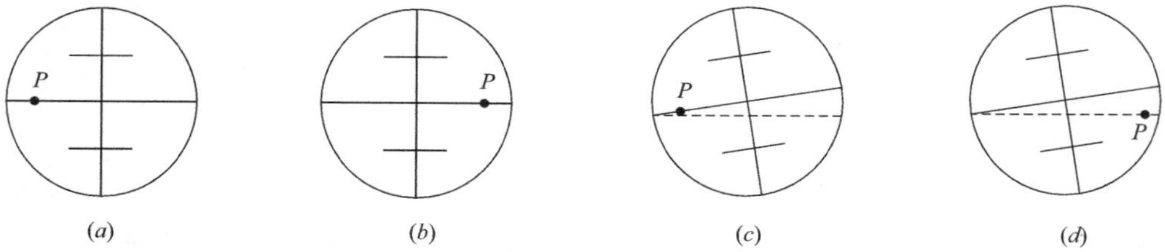

图 2-19　十字丝的检验方法

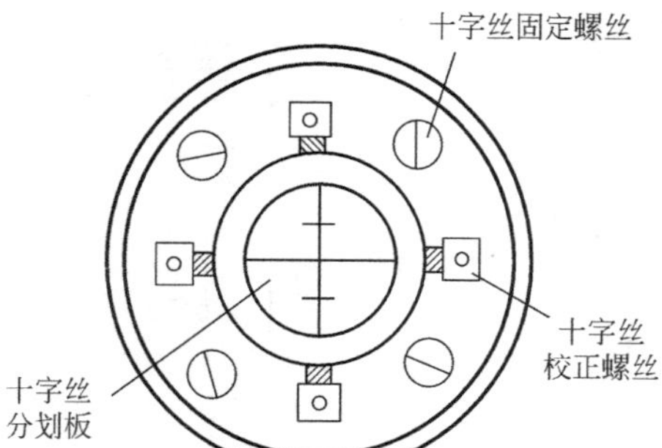

图 2-20　十字丝的校正方法

（2）校正方法

旋下目镜端的十字丝环外罩，用螺丝刀旋松开十字丝环的四个固定螺丝，如图 2-20 所示。按中丝倾斜的反方向小心地转动十字丝环，直到转动水平微动螺旋时，目标点始终在横丝上移动。最后，旋紧十字丝的固定螺丝，旋上十字丝环外罩。

3. 水准管轴平行于视准轴的检验和校正

水准管轴是否平行于视准轴的检验方法如下：

若水准管轴不平行于视准轴，设两者的夹角为 i，如图 2-21 所示。当水准管气泡居中时，视准轴相对于水平线方向向上倾斜了 i 角，则视线在尺上读数偏差 x，且随着视距的增大，读数误差也越大。当仪器至前、后视距相等时，则在两支尺上的读数误差 x 也相等，因此对两点间的高差计算无影响。前后视距的差距增大，则 i 角误差对高差的影响也

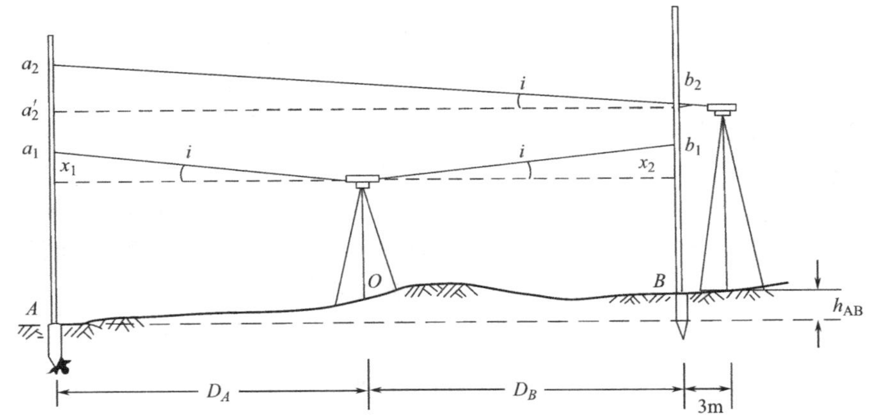

图 2-21 水准管轴平行于视准轴的检验

会随之增大。水准管轴不平行于视准轴的误差称为水准仪的 i 角误差。

检验时，在平坦地面上选定 A、B 两点，打下木桩标定位置并立上水准尺。丈量出 AB 中点C，精平仪器后，分别读取A、B 两点上水准尺的读数a_1 和b_1。计算出A、B 两点的高差，$h_{AB}=a_1-b_1$。若两次测得高差之差不超过 3mm，则取平均值作为最后结果。

将仪器搬到离 B 点相距约 3m 处的第二测站，精平仪器后，分别读数A、B 点水准尺的读数a_2 和 b_2，计算求得两点高差 $h'_{AB}=a_2-b_2$。若 $h_{AB}=h'_{AB}$，则表示随准管轴平行于视准轴，满足几何条件。若 $h_{AB}\neq h'_{AB}$，则按式（2-16）计算第二个测站上视准轴水平时的 A 尺的读数a_2 及水准管轴与视准轴的夹角 i，即

$$a'_2=h_{AB}+b_2 \tag{2-15}$$

$$i=\frac{a_2-a'_2}{D_{AB}}\rho'' \tag{2-16}$$

对于 DS_3 水准仪，当 $i\geqslant 20''$时，则需要进行水准管轴平行于是视准轴的校正。校正的方法一般有以下两种：

（1）校正水准管

在第二个测站上，瞄准 A 尺，旋转微倾螺旋，使十字丝中丝对准 A 尺上的正确读数 a'_2，此时视准轴已水平，但是水准气泡没有居中。用校正针拨动水准管位于目镜一段的上、下两个校正螺丝，如图 2-22 所示，使水准管气泡居中。此时水准管轴也处于水平位置，达到了水准管轴平行视准轴的要求。

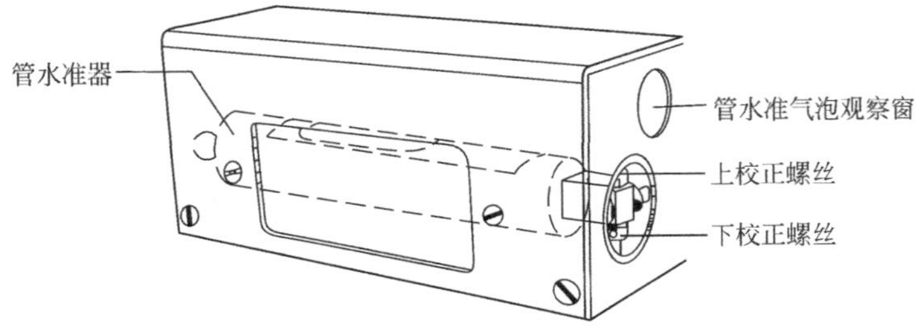

图 2-22 校正水准管

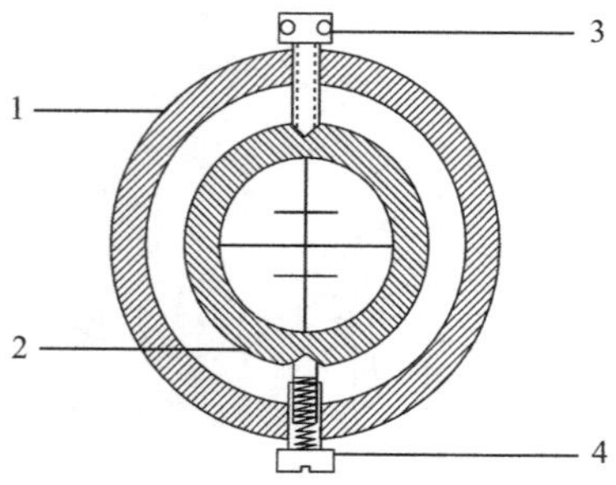

图 2-23 校正十字丝
1—望远镜筒；2—十字丝环；3—十字丝校正螺丝；4—弹簧筒

校正前，先稍松动左右两个校正螺丝，再根据气泡偏离情况，遵循“先松后紧”规则，拨动上、下两个校正螺丝，使气泡居中，校正完毕后，再重新旋紧左右两个校正螺丝。

(2) 校正十字丝

在第二个测站上，使水准管气泡始终居中，即水准管轴水平。旋下十字丝环外罩，转动十字丝环的上、下两个校正螺丝，如图 2-23 所示，十字丝就会上、下移动，使横丝对准 A 尺上的正确读数 a'_2，使视准轴水平。

2.6 水准测量误差分析及注意事项

由于在水准测量的过程中，不可避免地存在着误差。因此，需要找出误差产生的原因，并且尽量避免或减少在施测过程中各类误差，从而提高水准测量成果的质量。

水准测量按其误差来源可分为：仪器误差、观测误差和外界条件影响三个方面。

2.6.1 仪器误差

水准仪在使用前虽然按照规定对其进行了检验和校正，但是仍然会存在一些残余误差，使得水准管轴不完全平行于视准轴，即存在 i 角残余误差。

一般在观测中采用前、后视距相等的方法就可以消除或削弱此项误差的影响。国家工程测量规范规定，三等、四等水准测量，水准仪视准轴与水准管轴之间的夹角 i，DS_3 型不应该超过 20″。

水准尺是水准测量的重要工具，它的误差也将影响水准测量精度。当水准尺刻划不准确，尺身弯曲而引起的尺长变化时，将直接给读数带来误差。在水准测量精度要求较高的工程中，必须对水准尺进行检定，对不合格规定要求的水准尺应停止使用。

当水准尺底端磨损，导致尺底的零点位置发生变化，而且在施测过程中，是同时使用一对尺，尺底磨损情况又不相同。为了消除或削弱此项误差，一般在测量过程中两根尺交替作为后视尺或前视尺，同时在一个测段内采用偶数站的方法施测。

2.6.2 观测误差

1. 水准管气泡居中误差

在水准测量时，水平视线是通过水准器气泡两端的像完全吻合进行判断的。由于观测者自身的原因，在判断气泡是否居中时可能会存在误差，这一项是不可避免的偶然误差。对于 DS_3 型水准仪水准管分划值 $\tau=20''/2\text{mm}$，水准尺离仪器 100m，如果水准管气泡居中误差为 0.2 格，则由于气泡不居中而引起的读数误差为：

$$\frac{0.2\tau D}{\rho''}=\frac{0.2\times20''\times100}{206265}\times10^3=1.94\text{mm}$$

消除或减少这种误差的唯一办法就是在每次读尺前仔细进行精平操作，使水准管气泡严格居中。

2. 仪器下沉误差

有时，水准仪或尺垫处地面土质松软，使仪器在测站上随安置时间的增加而下沉，导致水准尺读数偏小。为消除或减小此类误差，观测者应将水准仪安置在较坚实地地面上，并将脚架踩实，观测时力求迅速，以减少安置时间；在每一测站上采取“后——前——前——后”或“前——后——后——前”的观测程序。

3. 水准尺倾斜误差

根据水准测量原理，水准尺必须竖直。如果水准尺在仪器视线方向倾斜，观测者不可能发觉，水准尺读数会偏大。在水准尺上安装圆水准器时，可以通过气泡居中来保证水准尺的竖直。如果水准尺上没有圆水准器时，可采用摇尺法：在进行水准尺读数时，使水准尺缓缓地向前、后倾斜，当观测者读取最小读数时，即为水准尺竖直时的读数。

2.6.3 外界条件影响

1. 地球曲率和大气折光的影响

由于地面上空气密度不同，因此光线通过时会产生折射，使得视线并不是水平的。根据分析与研究发现，地球曲率和大气折光对水准尺读数的总和影响 f 如式（2-17）所示：

$$f=(1-K)\frac{D^2}{2R}\approx 0.43\frac{D^2}{R} \tag{2-17}$$

式中 D——水准仪至水准尺的距离；

R——地球半径；

K——大气折光系数，一般取 $K=0.14$。

由式（2-17）可知，当前后视距相等时，地球曲率和大气折光对前、后视读数误差是相等的，从而可以消除此项误差对水准测量高差的影响。

2. 温度和风力的影响

因为大气温度变化和日光直射影响，水准仪受热不均匀，从而影响仪器轴线间的正常几何关系，如水准仪气泡偏离中心或三脚架扭转等现象，所以烈日下作业应打伞遮阳。当风力较大时，应暂停水准测量。

2.7 精密水准仪和自动安平水准仪

2.7.1 精密水准仪

精密水准仪主要用于国家或城市一、二等水准测量、大型工程建筑物施工测量以及构造物的沉降观测等。我国目前常用的精密水准仪主要用 DS_{05} 和 DS_1 型，精密水准仪必需配有相应的精密水准尺。

1. 精密水准尺

精密水准尺的分划线条是印制在因瓦钢带上的，由于这种合金钢受温度影响较小，因此尺的长度分划基本不受气温变化的影响。将因瓦合金带以一定的拉力引张在木质尺身的沟槽内，以减小其受木质尺身伸缩的影响。精密水准尺的分划为线条式，与普通水准尺不同，其分划值有 10mm 和 5mm 两种，如图 2-24 所示。

如图 2-24（*a*）所示为 10mm 分划的精密水准尺。因瓦合金带上有两排分划，右边一排注记从 0～300cm，称为基本分划；左边一排注记 300～600cm，称为辅助分划。同一高度的基本分划与辅助分划相差一个尺常数 301.55cm。在水准测量时用尺常数来检查读数中可能存在的错误。

如图 2-24（*b*）所示为 5mm 分划的精密水准尺。尺面上有两排分划。且彼此错开，左边是单数分划，右边是双数分划；左边注记分米数，右边注记米数。分划注记值是实际数值的 2 倍，因此，用这种水准尺读数应除以 2 才是实际高差。

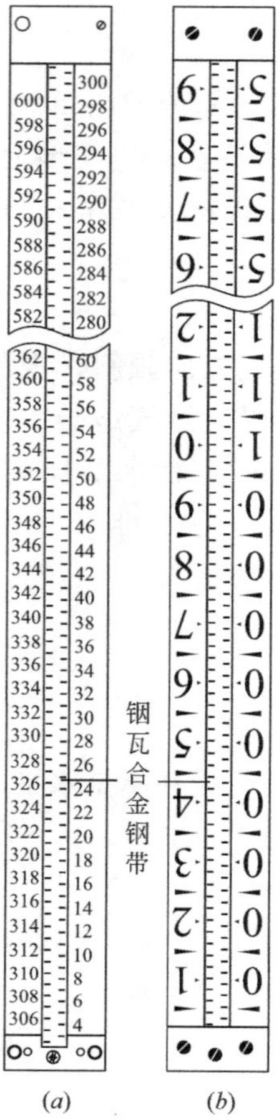

图 2-24　精密水准尺

2. 精密水准仪

精密水准仪的望远镜放大倍率和水准管灵敏度要求较高，增大望远镜倍率可以提高视线在水准尺上的读数精度，减小水准管分划值可以提高仪器的整平精度。因此这两项是精密水准仪的主要技术指标。

在对水准尺进行读数时，为了提高读数精度，精密水准仪上装有平行玻璃板测微器，如图 2-25 所示为 N3 平行玻璃测微器结构示意图。

图 2-26 所示为 DS_1 型精密水准仪，望远镜的放大倍率为 40 倍，水准管分划值为 10″/2mm；配合使用的为 5mm 分划的精密水准尺。作业时，先转动微倾螺旋，使水准气泡居中，再转动测微螺旋夹住水准尺上某一分划，如图 2-27 所示，读取水准尺上整分划读数为 197（即 197cm），然后从测微器读数显微镜中读出尾数值为 152（0.152cm），则水准尺完整读数应为 197.152cm。由于这种水准尺的基本分划为 5mm，注字比实际长度大一倍。因此，视线的高度应为 197.152÷2＝98.576cm＝0.98576m。

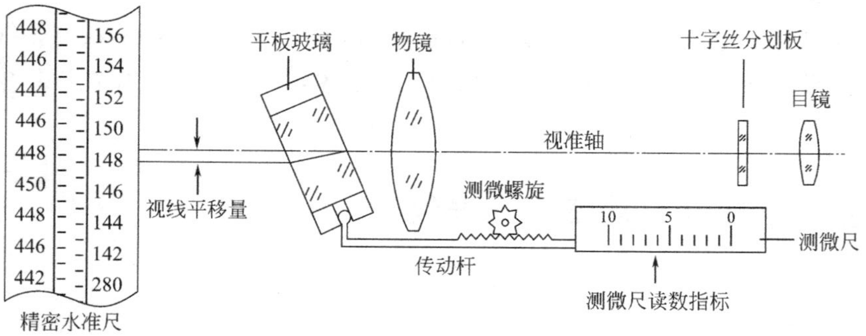

图 2-25　N3 平行玻璃测微器结构示意图

图 2-26 DS_1 型精密水准尺

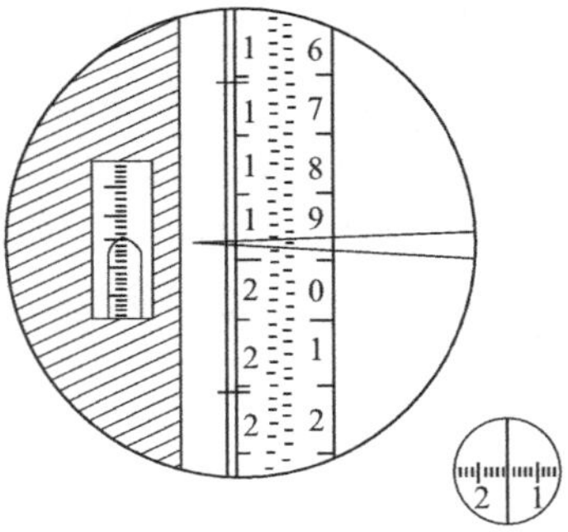

图 2-27 水准尺读数

2.7.2 自动安平水准仪

目前，自动安平水准仪已广泛应用于工程测量中，它的构造与普通水准仪的区别在于：在结构上没有水准管和微倾螺旋，而是利用自动安平补偿器代替水准管和微倾螺旋。使用时只需圆水准器气泡居中，在十字丝交点上读取读数即可。它不但可以缩短水准测量的观测时间，而且对于施工现场地面的微小振动、松软土地的仪器沉降以及风吹刮时造成的视线不水平等情况，能迅速自动地安平仪器，有效的减小外界的影响，提高观测成果的精度。

1. 视线自动安平的原理

如图 2-28 所示，视准轴水平时在水准尺上读数为 a，当视准轴倾斜 α 角后，此时视线读数为 a'。为了使读数仍为水平视线时的读数 a，在望远镜的光路上增设一个补偿装置，使水平方向的光线通过补偿器后偏转 β 角，光线仍然通过十字丝交点。由于 α 和 β 都很小，若满足 $f \cdot \beta = D \cdot \beta$，就能达到补偿的目的。式中，$f$ 为物镜到十字丝分划板的距离；D 为补偿装置到十字丝分划板的距离。

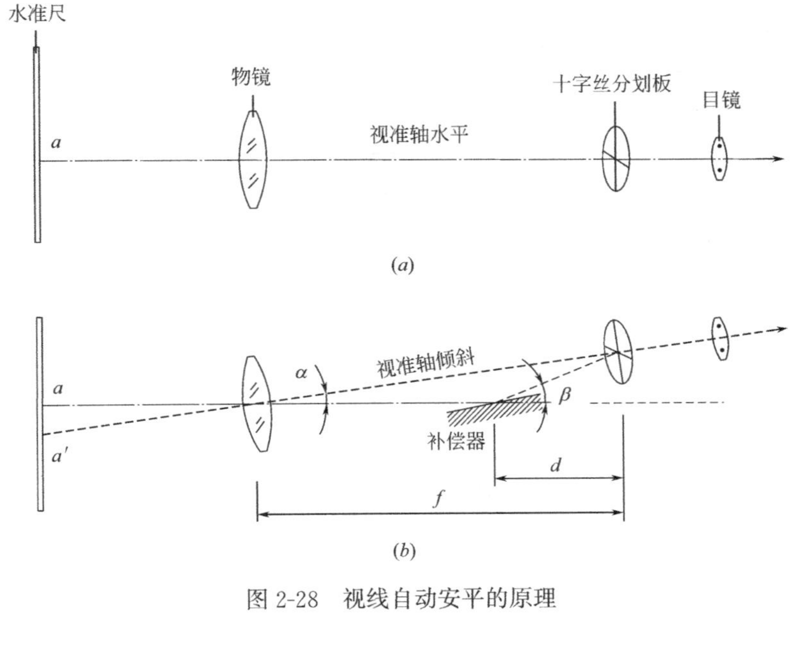

图 2-28 视线自动安平的原理

2. 自动安平水准仪的使用

使用自动安平水准仪时，只要将仪器圆水准器气泡居中即可进行读数，操作步骤一般为：安置与粗平、瞄准与调焦、读数。

为使补偿器的正常工作，必须使圆水准器气泡居中并不越出圆水准器中央的黑圆圈，否则会致使仪器的倾斜超过补偿器的工作范围或补偿器本身失效。

习题与思考题

1. 用水准仪测定 A、B 两点间高差，已知 A 点高程为 $H_A=8.106$m，A 尺上读数为 1.120m，B 尺上读数为 1.439m，求 A、B 两点间高差 h_{AB} 为多少？B 点高程 H_B 为多少？

2. 进行水准测量时，为何要求前、后视距大致相等？

3. 什么叫视差？视差产生的原因？如何消除视差？

4. 水准仪有哪些主要几何轴线？它们之间应满足哪些条件？其中什么是主要条件？为什么？

5. 何谓水准路线？何谓高差闭合差？如何计算容许的高差闭合差？

6. 试述使用水准仪时的操作步骤。

7. 说明用水准仪进行等外水准测量时的一个测站上的操作步骤与高差计算方法。

8. 计算表 2-5 中水准测量观测高差及 B 点高程。

水准测量观测记录手簿 **表 2-5**

测站	测点	水准尺读数(m)		高差(m)	高程(m)	备注
		后视读数	前视读数			
1	A	1.764			5.002	已知
	TP_1		0.897			
2	TP_1	1.897				
	TP_2		0.935			
3	TP_2	1.126				
	TP_3		1.765			
4	TP_3	1.612				
	B		0.711			
计算检核	Σ					
	$\Sigma a-\Sigma b=$			$\Sigma h=$		

9. 调整图 2-29 的符合水准路线等外水准测量观测成果，并求出各点高程（要求列表计算）。

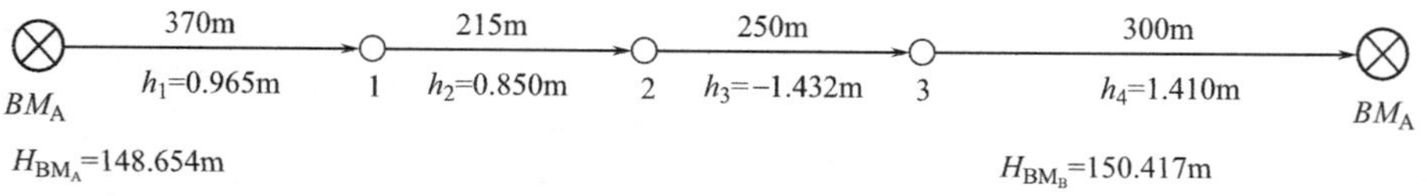

图 2-29 题 9 图

10. 精密水准仪的水准管轴平行于视准轴的条件如何进行检验和校正？

第3章　角　度　测　量

角度测量是测量工作的基本内容之一，包括水平角测量和竖直角测量。本章涉及的内容主要有角度测量的基本原理、光学经纬仪的构造及测角方法、经纬仪的检验与校正、角度测量的误差分析及测量过程中的注意事项等内容。

3.1　角度测量原理

3.1.1　水平角测量原理

水平角是指空间一点到两个目标点的方向线在水平面上的垂直投影所夹的角度，或者是分别过两条方向线的竖直面所夹的二面角。如图 3-1 所示，*A*、*B*、*C* 为地面上的任意三点，将三点沿铅垂方向投影到水平面上，得到对应的 *a*、*b*、*c* 三点，则直线 *ab* 与直线 *ac* 所成的夹角 β，即为点 *A*、*C* 两点对 *B* 点所形成的水平角。由此可见，β 为过 *AB*、*BC* 作两个铅垂面所形成的二面角。

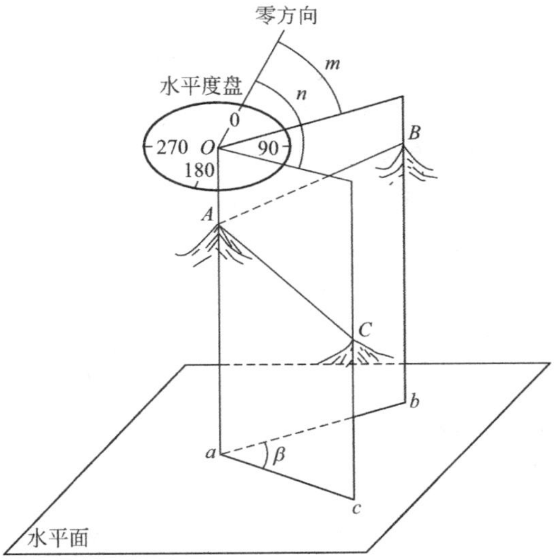

图 3-1　水平角测量

根据水平角的概念，为测量水平角，设想在 *B* 点架设一种仪器。这种仪器上有一个水平安置的刻有度数的圆度盘（称之为水平读盘），度盘中心 *O* 在过 *B* 点的铅垂线上。此外，仪器上还需具瞄准设备，能瞄准 *A*、*C* 两点，且在水平读盘上可读出相应于 *AB*、*BC* 的水平方向值为 *m*、*n*，则$\angle nom$ 即为点 *A*、*C* 两点对 *B* 点所形成的水平角。一般水平度盘是顺时针刻划，则：$\angle mon=m-n=\beta$。水平角的取值范围为 0°～360°。

3.1.2　竖直角测量原理

竖直角是指观测目标的方向线与其同在一个竖直平面内的水平线的夹角。测量上又称之为倾斜角或垂直角，用 α 表示，有俯角和仰角之分。如图 3-2 所示，视线 *OM* 与水平线的夹角在水平线以上，为仰角，符号为正，角值为 0°～+90°；视线 *ON* 与水平线的夹角在水平线以下，为俯角，符号为负，角值为 0°～−90°。

竖直角与水平角一样，其角值也是度盘上两个方向的读数之差，不同的是，这两个方

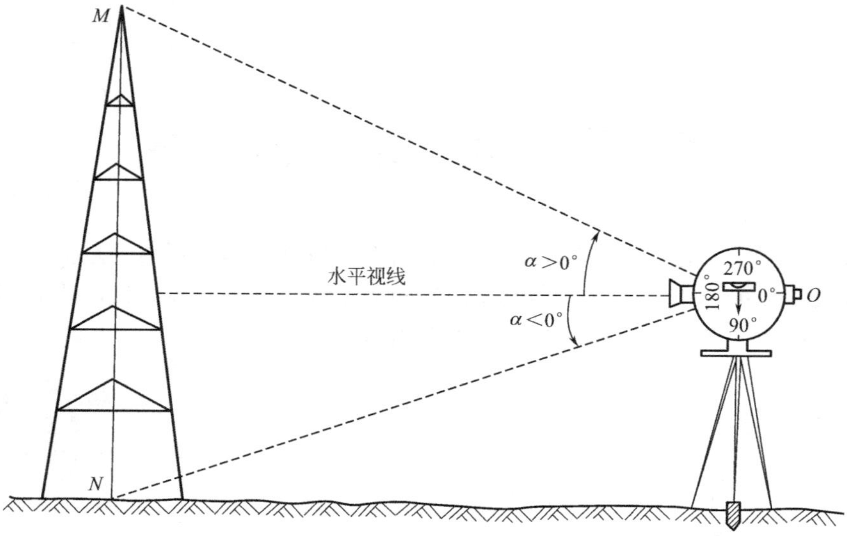

图 3-2 竖直角测量

向必有一个是水平方向。但任何经纬仪，当视线水平时，其竖角读数均应是一固定值，即0°、90°、180°、270°四个数值中的一个。因此，在观测竖直角时，只需观测目标点一个方向，并读取竖盘读数，便可算得竖直角。

根据上述水平角及竖直角的测量原理，用于角度测量的仪器，应具备带有刻度的水平度盘、竖直度盘。以及瞄准设备、读数设备等。经纬仪就是能符合这些要求的测角仪器。它既可用于测量水平角，也可用于测量竖直角。

经纬仪按测角原理不同，可分为光学经纬仪和电子经纬仪。前者较后者具有原理简单、性能稳定等特点，广泛应用于地形测量和工程测量。光学经纬仪按不同测量精度又分为多种等级，如 DJ_{07}、DJ_1、DJ_2、DJ_6、DJ_{15} 等型号。其中，"D"、"J"为"大地测量"和"经纬仪"的汉语拼音的第一个字母。右下角的数字代表仪器测量精度。如 DJ_6 表示一测回方向观测中误差不超过 6″。在工程中常用的经纬仪有 DJ_2 和 DJ_6。其主要技术参数如表 3-1 所示。

DJ_2、DJ_6 光学经纬仪的主要技术参数 **表 3-1**

项目 \ 型号		DJ_2	DJ_6
水平方向测量一测回中误差不超过(″)		±2	±6
物镜有效孔径不小于(mm)		40	35
望远镜放大倍率不小于(倍)		28	25
水准管分划值不大于(″/2mm)	水平度盘	20	30
	竖直度盘	20	30
主要用途		三、四等三角测量及精密工程测量	一般工程测量、图根及地形测量

不同的厂家生产的经纬仪的部件和构造略有区别，但是基本原理一样。本章重点介绍级 DJ_6 光学经纬仪的构造和使用方法。

3.2　DJ_6 型光学经纬仪及其使用

3.2.1　DJ_6 型光学经纬仪的基本构造

DJ_6 型光学经纬仪如图 3-3 所示。仪器主要由基座、水平度盘、照准部三部分组成。

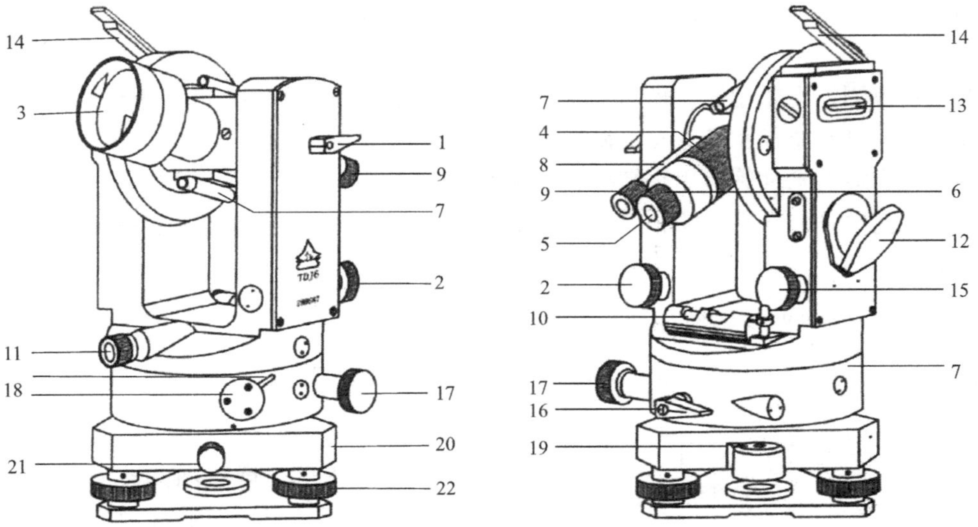

图 3-3　DJ_6 型光学经纬仪

1—望远镜制动螺旋；2—望远镜微动螺旋；3—物镜；4—物镜调焦螺旋；5—目镜；6—目镜调焦螺旋；7—光学瞄准器；8—度盘读数显微镜；9—度盘读数显微镜调焦螺旋；10—照准部管水准器；11—光学对中器；12—度盘照明反光镜；13—竖盘指标管水准器；14—竖盘指标管水准器观察反光镜；15—竖盘指标管水准器微动螺旋；16—水平制动螺旋；17—水平微动螺旋；18—水平度盘变换螺旋与保护卡；19—基座圆水准器；20—仪器基座；21—轴套固定螺旋；22—脚螺旋

1. 基座

基座位于仪器的下部，用于支撑整个仪器。与水准仪基座的组成基本相同，由轴座、脚螺旋、底板等部件构成。利用中心螺旋使经纬仪照准部紧固在三脚架上，三个脚螺旋则用于整平仪器。基座上还设有轴座固定螺旋，拧紧该螺旋，可将照准部固定在基座上，所以使用仪器时切勿随意松动此螺旋，以免照准部与基座分离而坠落。

中心螺旋下有一个挂钩，用于挂垂球。当垂球尖对准地面测点，水平度盘水平时，水平度盘中心位于测点的铅垂线上。

2. 水平度盘

水平度盘由光学玻璃刻制而成，度盘全圆周顺时针刻划 0°～360°的等角距分划线。在水平角测角过程中，水平度盘固定不动，不随照准部转动。可利用度盘变换手轮将度盘转至所需要的位置，并及时盖好护盖，以防测量中碰动。为了改变水平度盘装置，仪器设有水平度盘转动装置。某些型号的经纬仪采用复测器装置，复测器控制水平度盘与照准部之间的连接。当复测扳手扳下时，照准部转动将带动水平度盘一起转动，度盘读数不变；若将复测扳手扳上时，照准部转动不会带动水平度盘，读数窗中的读数随之改变。所以在测角过程中，复测扳钮应始终保持在向上的位置。

3. 照准部

照准部是基座之上能绕竖轴旋转的整体的总称。主要包括望远镜、望远镜制动与微动螺旋、支架、竖直度盘、读数设备、水平制动与微动螺旋、水准器、照准部旋转轴等。

经纬仪望远镜和水准器构造及作用与水准仪基本相同。望远镜可绕仪器横轴上下转动，望远镜制动与微动螺旋用于控制其转动。利用水平和竖直制动和微动螺旋，可以使望远镜固定在任一位置。望远镜边上设有光学读数显微镜，通过它可以读出水平角和竖直角。

竖直度盘固定在望远镜横轴的一侧，随望远镜旋转而转动，用于观测竖直角，与之配套的还有竖直度盘指标水准管及其调节螺旋。

照准部上设有水准管，用于精确整平仪器，使仪器竖轴处于铅直位置，并由仪器内部应具备的几何关系使水平度盘和横轴处于水平位置。此外，照准部上还设有光学对中器用于光学对中。

3.2.2 DJ_6 型光学经纬仪的读数

DJ_6 级光学经纬仪的读数设备多用分微尺测微器。

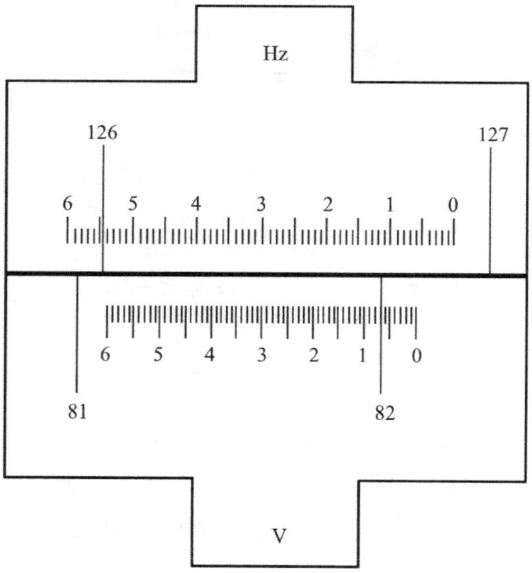

图 3-4 DJ_6 型光学经纬仪读数

如图 3-4 所示，这种读数方法的主要设备有读数窗上的分微尺和读数显微镜。光线通过反光镜，照亮度盘和读数窗，由读数显微镜就可得到同时放大的水平度盘（Hz）、竖直度盘（V）和分微尺的影像。成像后的分微尺全长正好与度盘分划的最小间隔相等，即 1°。分微尺被细分成 60 等份，故最小分划为 1′，可估读至 0.1′。分微尺的零线为指标线。读数时，首先读取被分微尺覆盖的度盘分划注记，即为度数；再由该度盘分划线在分微尺上截取不足 1°的角值，两者相加即得到完整的读数。

图 3-4 上方的水平度盘读数为 126°＋54.2′＝126°5412″

同理，图 3-4 下方的竖盘读数为 82°＋06.5′＝82°06′30″

3.2.3 DJ_6 型光学经纬仪的安置

在进行角度测量时，应先将经纬仪安置在测站（角顶点）上，然后再进行观测。经纬仪的使用包括对中、整平、瞄准、读数四个操作步骤。

1. 对中

对中就是使仪器水平度盘中心与测站点的标志位于同一铅垂线上。对中可用垂球对中或光学对点器对中。

（1）垂球对中

垂球对中精度一般在 30mm 之内。

如图 3-5 所示，首先在测站点安放三脚架，调整至高度适中，架头大致水平，架腿与地面约成 75°角。旋紧连接螺旋，悬挂垂球。移动脚架，使垂球尖基本对准站点，并使脚架稳固地架在地面上。如果垂球中心离测站点较远，可平移三脚架使垂球大致对准点位，并固定脚架；如果还有较小的偏离，可将仪器大致整平，稍松连接螺旋，用双手扶住仪器基座，在架头上平移仪器，使垂球尖精确对准测站点，最后将连接螺旋拧紧。

（2）光学对中

光学对中精度可达到 1mm。

如图 3-6 所示，光学对点器是由一组折射棱镜组成（装在经纬仪内轴中心的小望远镜，中间有一个反光镜，可以使用铅垂的光线折射成水平方向，以便观察）。

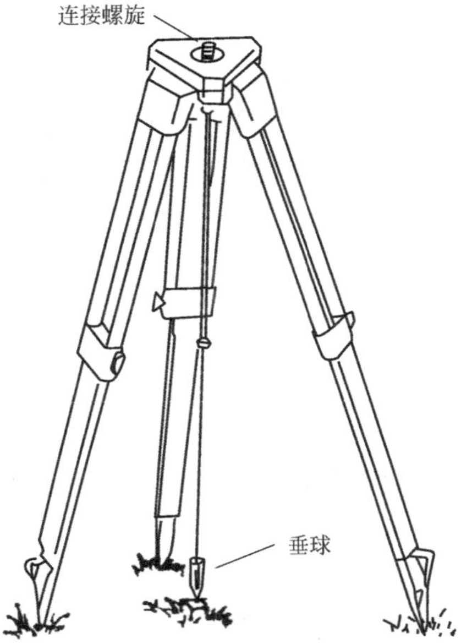

图 3-5　垂球对中

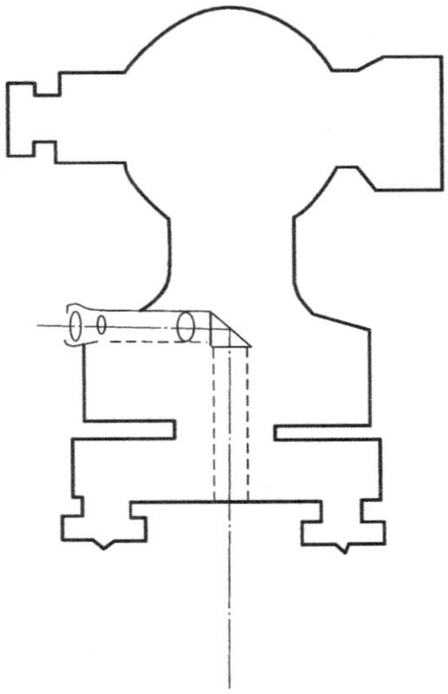

图 3-6　光学对中

光学对中的方法为：

1）将仪器安置在三脚架上，用对点器调焦螺旋，调节光学对中器目镜，使视场中的分划板刻画圈清晰。再拉动整个对中器镜筒进行调焦，使地面标志点的影像清晰。如果测站点偏离光学对中器中心圆较远，可根据地形安置好三脚架的一支腿，两手分别持其他两条腿，眼睛对光学对中器目镜观察，移动这两支腿，使对中器的分划板小圆圈对准标志为止，再将三脚架固定。

2）调节伸缩脚架，使圆水准气泡居中。

3）观察对中器分划刻板小圆圈中心是否与测站点标志对准，如果尚未对准，稍松仪器连接螺旋，在架头上移动仪器，使小圆圈精确对准测站点，旋紧连接螺旋。

4）调整脚螺旋，精确整平仪器

5）再检查是否精确对中，如有偏离重复 3）、4）步骤，直至小圆圈精确对准测站点标志，同时仪器整平。

2. 整平

整平是使仪器竖轴在铅垂位置，水平度盘处在水平位置。

操作步骤为：首先转动照准部，使水准管与任意两个角螺旋连线平行见图 3-7。双手相向转动这两个角螺旋使气泡居中，气泡移动方向与左手大拇指移动方向相同。再将照准部旋转 90°，使照准部水准管垂直于原来两个角螺旋的连线，调整第三个脚螺旋使气泡居中。按上述方法反复操作，直到仪器旋至任意位置气泡均居中为止。在观测水平角过程中，可允许气泡偏离中心位置不超过 1 格。

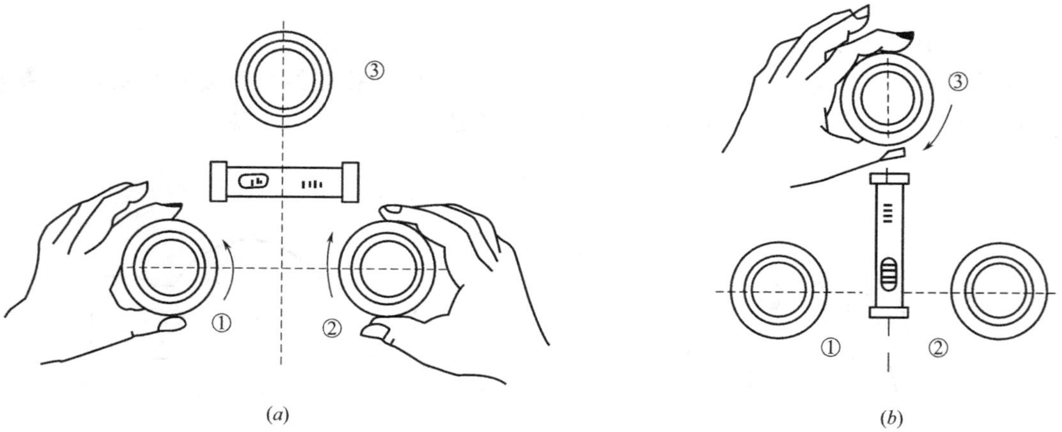

图 3-7 整平

3. 瞄准

瞄准方法与水准仪操作相同，只是测量水平角时，应使目标影像夹在双纵丝内且与双纵丝对称，或单纵丝平分目标，如图 3-8（*a*）；观测竖直角时，应使十字丝中丝与目标顶部相切，如图 3-8（*b*）。

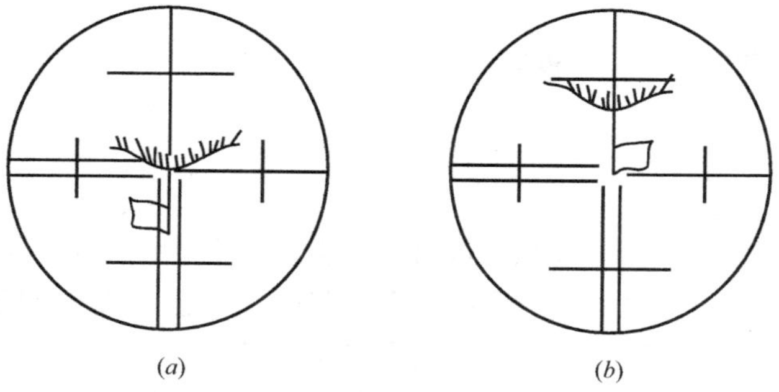

图 3-8 瞄准

4. 读数

读数时应先打开度盘照明反光镜，调节反光镜的开度和方向，使读数窗亮度适中，旋转显微镜调焦螺旋，使刻划板数字清晰，然后读数。

若仪器采用的是分微尺读数装置，可直接读数。

若仪器采用平行玻璃测微器，应先旋转测微手轮，使度盘上的某分划线位于双丝指标线中间后再进行读数。

另外应注意，在竖直角读数前，应调节竖盘水准气泡微动螺旋，使气泡居中或竖盘归零补偿器打开后再读数。

3.3 水平角和竖直角测量

3.3.1 水平角测量

水平角测量的方法，一般根据观测目标的多少和测角的精度要求来确定，主要有测回法和方向观测法两种。

1. 测回法

当观测只有两个方向的单个角度时，通常选用测回法进行观测。该方法也是水平角观测的基本方法。如图 3-9 所示，A、O、B 为地面上的三个点，要测定 OA、OB 两方向之间的水平角，其具体操作步骤如下：

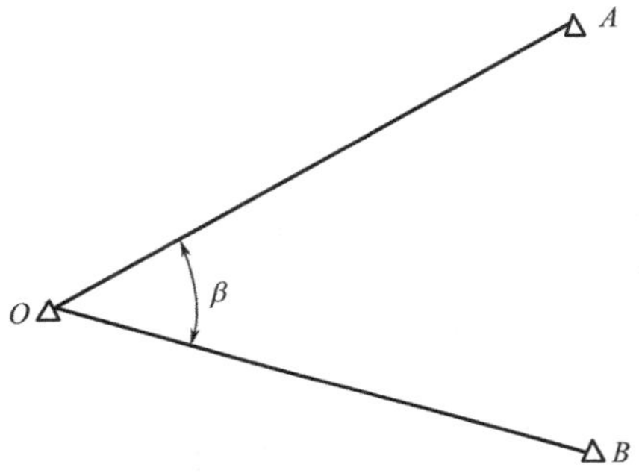

图 3-9 测回法

（1）在角顶 O 上安置经纬仪，对中、整平。

（2）将经纬仪安置成盘左位置（即从望远镜目镜向物镜方向看，竖盘在望远镜左边，也称正镜）。转动照准部，利用望远镜准星初步瞄准 A 目标，调节目镜和望远镜调焦螺旋，使十字丝和目标成像清晰，消除视差。再用水平微动螺旋和竖直微动螺旋，使十字丝交点照准目标。将水平度盘读数设置为零或略大于零，读取读数 $a_{左}$，并记录，见表 3-2。

测回法测角记录 **表 3-2**

观测日期：2001 年 7 月 10 日　　天气：晴　　仪器：DJ_6

测站：O　　观测者：张晓　　记录者：李浩

测站	测回	垂直度盘位置	目标	度盘读数 (° ′ ″)	半测回角值 (° ′ ″)	一测回角值 (° ′ ″)	各测回平均角值 (° ′ ″)	备注
O	1	左	A	0 02 00	65 30 18	65 30 21	65 30 22	
			B	65 32 18				
		右	A	180 02 00	65 30 24			
			B	245 32 36				
O	2	左	A	90 01 24	65 30 24	65 30 24		
			B	155 31 48				
		右	A	270 01 48	65 30 24			
			B	355 22 12				

（3）松开水平制动扳钮和望远镜制动扳钮，顺时针转动照准部，同上操作，照准 B 点，读数 $b_{左}$，记录。

则盘左所测水平角为：

$$\beta_{左}=b_{左}-a_{左} \tag{3-1}$$

称上半测回。

（4）松开水平制动扳钮和望远镜制动扳钮，倒转望远镜称盘右位置（即从望远镜目镜向物镜方向看，竖盘位于望远镜右边，或称倒镜）。先瞄准 B 点，读取读数 $b_{右}$，再逆时针转动照准部，瞄准 A 点，读取读数 $a_{右}$，记录。

则盘右所测水平角为：

$$\beta_{R}=b_{R}-a_{R} \tag{3-2}$$

称为下半测回。

上、下半测回合称为一测回。取盘左、盘右的平均值作为结果，最后计算一测回角值 β 为：

$$\beta=\frac{\beta_{左}+\beta_{右}}{2} \tag{3-3}$$

测回法用盘左、盘右观测水平角（即正、倒镜观测），可以消除仪器某些系统误差对测角的影响，校核观测结果和提高观测成果精度。对于 DJ_6 型光学经纬仪，采用测回法测角盘左、盘右观测值之差应不大于 $\pm 40''$，若超过此限，应找明原因，并重新观测。

当测角精度要求较高时，往往需要对某角度观测多个测回，取其平均值作为水平角测量的最后结果。此时，为了减少由于度盘刻划不均匀造成的误差，各测回起始方向的读盘读数应均匀变换，其预定值可按下式进行计算：

$$\delta=(i-1)\frac{180^{\circ}}{n} \tag{3-4}$$

式中，n 为总测回数，$i=1, 2, \cdots, n$ 为测回顺序数。如测三个测回，即 $n=3$，则分别设置成略大于 $\delta_1=(1-1)\frac{180^{\circ}}{3}=0^{\circ}$，$\delta_2=(2-1)\frac{180^{\circ}}{3}=60^{\circ}$ 和 $\delta_3=(3-1)\frac{180^{\circ}}{3}=120^{\circ}$。

测回法观测记录见表 3-2。

2. 全圆测回法

当一个测站需测量的方向数为三个或三个以上时，通常采用全圆观测法（又称为全圆方向法或全圆测回法）。它是以一个选定的目标为起始方向（称为零方向）开始观测，依次观测所需的各个目标相对于起始方向的方向值，则每个角度的角值即为组成该角度的两个方向的方向值之差。

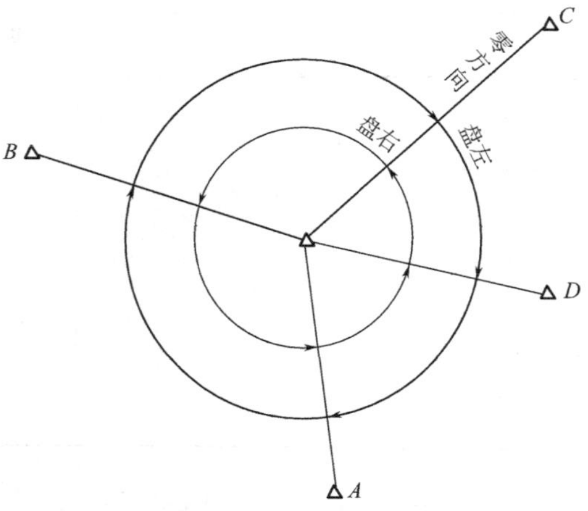

图 3-10 全圆测回法

现以图 3-10 为例，说明要在测站 O 上观测 A、B、C、D 四个方向，测出它们的方向值并计算它们之间的水平角，所需的观测步骤及记录、计算方法。

（1）观测步骤

1）首先将经纬仪安置于测站点 O 点对中，整平。

2）用盘左位置，将度盘设置成略大于

0°。选择一个明显目标为起始方向 A，读水平度盘读数，记入如表 3-3 所示观测手簿中。

全圆测回法观测手簿　　表 3-3

测站	测回	目标	水平度盘读数		2C (″)	平均读数 (° ′ ″)	归零方向值 (° ′ ″)	各测回归零方向值的平均值 (° ′ ″)	角值 (° ′ ″)
			盘左 (° ′ ″)	盘右 (° ′ ″)					
O	1	A	0 01 00	180 01 12	−12	(0 01 09) 0 01 06	0 00 00	0 00 00	62 14 23
		B	62 15 24	242 15 48	−24	62 15 36	62 14 27	62 14 23	45 23 23
		C	107 38 42	387 39 06	−22	107 38 54	107 37 45	107 37 46	77 35 16
		D	185 29 06	5 29 12	−6	185 29 09	185 28 00	185 28 02	174 46 58
		A	0 01 06	180 01 18	−12	0 01 12			
O	2	A	90 01 36	270 01 42	−6	(90 01 41) 90 01 39	0 00 00		
		B	152 15 54	232 16 06	−12	152 16 00	62 14 19		
		C	197 39 24	17 39 30	−6	197 39 27	107 37 46		
		D	275 29 42	95 29 48	−6	275 29 45	185 28 04		
		A	90 01 36	270 01 48	−12	90 01 42			

3）松开水平和竖直制动螺旋，顺时针方向转动照准部，依次瞄准 B、C、D 各点，分别读数、记录。最后再次瞄准起始点 A 并读数，称为归零。A 方向两次读数差称为半测回归零差。对于 DJ_6 经纬仪，归零差不应超过±18″，可参见表 3-4 中相关技术要求。如超过，则说明观测过程中仪器度盘位置有变动，应重新观测。

方向观测法技术要求　　表 3-4

仪器	光学测微器两次重合读数差 (″)	半测回归零差 (″)	一测回内 2C 互差 (″)	同一方向值各测回互差 (″)
DJ_2	3	8	13	9
DJ_6	—	18	—	24

上述观测称为上半测回。

4）倒转望远镜成盘右位置，逆时针方向依次瞄准 A、C、D、B，最后回到 A 点，并读数记录，该操作称为下半测回。

当观测方向为三个时，可以不归零，超过三个时必须归零。如要提高测角精度，须观测多个测回。各测回仍按 $180°/n$ 的角度间隔变换水平度盘的起始位置。

（2）方向观测法成果计算

1）$2C$ 的计算

$2C$ 是指两倍照准误差，在数值上等于同一测回同一方向的盘左、盘右读数±180°之差。即：

$$2C=\text{盘左读数}-(\text{盘右读数}\pm 180^\circ) \tag{3-5}$$

通常，对于同一台经纬仪，在同一测回内，测得的各目标大致在水平方向，则 $2C$ 值应为常数。但在实际观测过程中，由于观测误差不可避免，因此各个方向 $2C$ 值不可能相等。各方向 2C 变化值（互差）的大小可作为衡量观测质量的标准之一。规范规定，对于 DJ_2 型经纬仪的 2C 变动范围不应超过 13″；对于 DJ_6 型经纬仪，没有限差规定。

2）计算个方向的平均数

取每一方向盘左读数与盘右读数±180°的平均值，作为该方向的平均读数，公式为：

$$各方向平均数=\frac{1}{2}[盘左读数+(盘右读数\pm180°)] \tag{3-6}$$

由于存在归零读数，则起始方向有两个平均值。将这两个值再取平均，作为起始方向的平均方向值，表 3-3 中加括号。

3）计算归零后的方向值

将各方向的平均读数减去括号内的起始方向平均值，即得各方向的归零后的方向值。即：

$$归零方向值=平均方向值-起始方向平均值$$

如果进行多个测回观测，同一方向各测回观测得到的归零方向值理论上应该相等，但实际上，它们之间存在差值，称为同一方向各测回互差。规范规定，对于 DJ_6 型经纬仪同一方向各测回互差不应大于 24″，DJ_2 型经纬仪不应大于 9″。

4）计算各测回归零后方向值的平均值

将各测回同一方向的归零方向值相加并除以测回数，即得到该方向各测回平均方向值。

5）计算各目标间的水平角

将组成该角度两个方向的方向值相加减即可求得各目标间的水平角。

表 3-4 为《城市测量规范》CJJ/T 8—2011 中规定的方向观测法技术要求。在水平角观测过程中，要及时检查，发现超限，应重测。

（3）观测中应注意的问题

1）观测规定：仪器安置的高度应适中，脚架踩实，中心螺旋拧紧，观测时手不扶脚架，转动照准部及调节各个螺旋时，用力要轻；当观测目标的高度相差较大时，仪器要严格整平；测角要求越高，或边长越短，则对中要求越严格；观测时尽量用十字丝交点照准目标地或桩上小钉，以消除视差；在测角前应将水准管气泡调好，一测回过程中不允许再调，若气泡偏离中心超过两格，应再次整平重测该测回。

2）记录规定：应按照观测顺序记录水平度盘读数，注意检查限差，一经超限，立即重测。记录中，不得同时改动观测值与半测回方向值的分、秒；不得就字改字，允许改动的数字应用横线整齐划去，在上面写正确的数字；不得使用橡皮；不得转抄结果；水平角观测结果中间不得留空页；不得改动零方向。

3）重测（即指因超限而重测完整的测回）规定：对于由于对错度盘、测错方向、读记错误、上半测回归零差超限、碰动仪器、气泡偏离过大及其他原因造成的误差，都应重测。

4）补测规定：2C 差超限或各测回互差超限时，应补测该方向并联测零方向。零方向 2C 差超限，或补测方向数超过总方向数一半时重测整个测回。

3.3.2 竖直角测量

1. 经纬仪竖盘结构构造

经纬仪竖直度盘固定在横轴一端，竖盘包括竖盘度盘、竖盘指标（读数窗内的零分划线)、竖盘指标水准管和竖盘指标水准管微动螺旋。竖直度盘可随望远镜在竖直面内转动，而用来读取竖直度盘的指标，并不随望远镜转动。分微尺的零刻划线是竖盘读数的指标线，可看成与竖盘指标水准管固连在一起，指标水准管气泡居中时，指标就处于正确位置。故在观测竖直角时，每次读取竖直度盘读数之前，都应先调节竖直度盘指标水准管的微动螺旋，使竖直度盘指标水准管气泡居中。当望远镜上下转动瞄准不同高度的目标时，竖盘随之转动，而指标线不动，因而可读得不同位置的竖盘读数，用以计算不同高度目标的竖直角，见图 3-11。

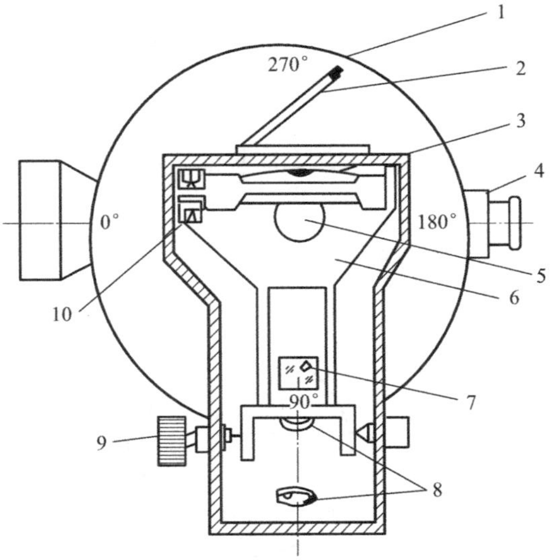

图 3-11 经纬仪竖盘结构

1—垂直度盘；2—水准管反射镜；3—垂直度盘水准管；4—望远镜；5—横轴；6—支架；7—转向棱镜；8—透镜组；9—垂直度盘水准管微动螺旋；10—水准管矫正螺丝

光学经纬仪竖盘是由光学玻璃制成的圆盘，其刻划有多种形式。对于 DJ_6 型经纬仪，其刻划有顺时针方向和逆时针方向两种，见图 3-12，不同刻划的经纬仪其竖直角公式不同。当望远镜视线水平且指标水准器气泡居中时，盘左位置竖直读盘读数为 90°，盘右位置竖直读盘读数为 270°。

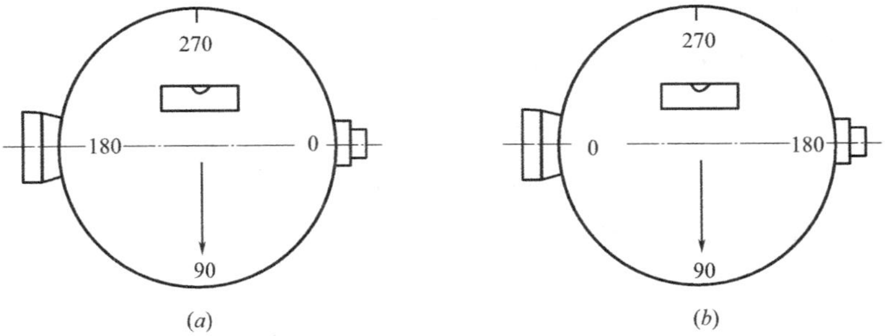

图 3-12 经经仪竖盘

2. 竖直角的观测和计算

(1) 竖直角计算公式

由竖直角的定义和竖直度盘构造可知：竖直角的大小可由瞄准目标时的竖直度盘读数和望远镜视线水平时竖盘读数之差求得（望远镜视线水平时的竖直度盘读数为一定值）。

如图 3-13 所示，竖直度盘采用顺时针刻划（我国目前生产的经纬仪大多采用这种形式）。图 3-13（*a*）为盘左位置望远镜视准轴水平时的情况，此时竖直度盘读数为 90°。当望远镜上仰瞄准目标时竖直度盘读数为 L，如图 3-13（*b*）所示，可见，竖直度盘读数减小，则盘左位置竖直角 α_L

$$\alpha_L = 90° - L \tag{3-7}$$

图 3-13（*c*）为盘右位置望远镜视准轴水平时的情况，此时竖直度盘读数为 270°。当

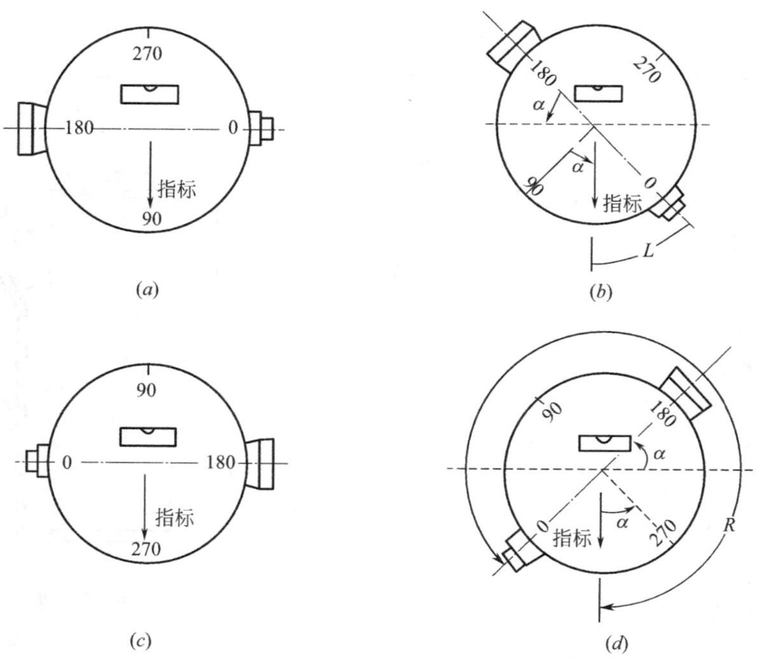

图 3-13 竖直度盘

望远镜上仰瞄准目标时竖直度盘读数为 R，如图 3-13（d）所示，可见，竖直度盘读数增大，则盘左位置竖直角 α_R

$$\alpha_R = R - 270° \tag{3-8}$$

由于观测过程中存在误差，盘左、盘右所获得的竖直角 α_L、α_R 不完全相等，故应取盘左、盘右竖直角的平均值，作为竖直角的一测回角值观测结果，即

$$\alpha = \frac{1}{2}(\alpha_L + \alpha_R) = \frac{1}{2}[(R-L) - 180°] \tag{3-9}$$

以上公式是竖直度盘按顺时针刻划时竖直角计算公式。如果竖直度盘采用逆时针刻划，则用类似的方法可得其竖直角计算公式为

$$\alpha_L = L - 90° \tag{3-10}$$

$$\alpha_R = 270° - R \tag{3-11}$$

由以上公式推导可知，在竖直角时，对于不同注记形式度盘，应正确判读视线水平时的竖盘读数。竖直角计算公式的通用判别式为：

1）望远镜视线上仰，竖盘读数逐渐减少，则：

竖直角＝视线水平时的读数－瞄准目标时的读数

2）望远镜视线上仰，竖盘读数逐渐增加，则

竖直角＝瞄准目标时的读数－视线水平时的读数

（2）竖盘指标差

由于长期使用及运输，会使经纬仪在望远镜视线水平、竖盘水准管气泡居中时，其读数指标不在 90°或 270°的位置，而是偏离了正确位置，使读数增大或者减小了一个小角度 δ，δ 即为竖盘指标差。

如图 3-14（a）所示，此时进行竖直角测量，望远镜视线水平时，盘左读数为 $90°+\delta$。

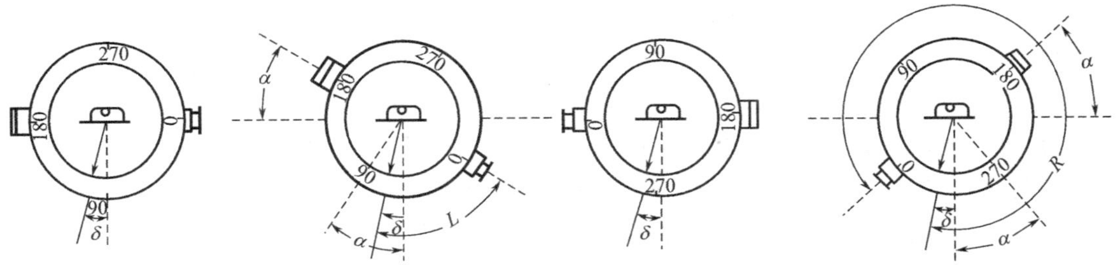

(a)　　　　(b)

图 3-14　竖盘指标差

根据竖直角的计算公式，此时正确的竖直角为：

$$\alpha = (90° + \delta) - L = \alpha_L + \delta \tag{3-12}$$

视线水平时，盘右读数为 $270° + \delta$，此时正确的竖直角为：

$$\alpha = R - (270° + \delta) = \alpha_R - \delta \tag{3-13}$$

由式（3-12）、式（3-13）两式可得

$$\alpha = \frac{1}{2}[(R - L) - 180°] = \frac{1}{2}(\alpha_L + \alpha_R) \tag{3-14}$$

$$\delta = \frac{1}{2}[(L + R) - 360°] = \frac{1}{2}(\alpha_L - \alpha_R) \tag{3-15}$$

式（3-14）与式（3-9）相同，说明通过盘左、盘右进行竖直角观测，取平均值，可以消除指标差的影响。

但是作为检查竖直角观测质量的一个指标，《城市测量规范》CJJ/T 8—2011 对指标差变化的容许范围予以如表 3-5 所示规定。如果超限，则应重测。

竖直角观测技术要求　　　　**表 3-5**

控制等级	一、二、三级导线		图根控制
	DJ_2	DJ_6	DJ_6
测回数	1	1	1
竖直角测回差(″)	1	2	1
指标差较差(″)	15	25	25

将各观测数据记入表 3-6 所示的竖直角观测手簿中，根据以上公式逐项计算，得出一测回竖直角。

竖直角观测手簿　　　　**表 3-6**

测站	目标	竖盘位置	竖盘读数 (° ′ ″)	半测回竖直角 (° ′ ″)	指标差 (″)	一测回竖直角 (° ′ ″)	备注
O	1	左	84 12 36	5 47 24	−12	5 47 12	
		右	275 47 00	5 47 00			
	2	左	100 18 42	−10 18 42	−4	10 18 46	
		右	259 41 01	−10 18 49			

（3）竖直角观测、记录和计算

1）将仪器安置于测站点上，对中，整平。判断竖盘注记形式，确定竖直角的计算公式。

2）盘左位置瞄准目标，注意应该使十字丝横丝切于目标顶端。调节竖盘指标水准管微动螺旋使气泡居中，读数 L，记入表 3-6 所示的观测手簿中。

3）盘右位置瞄准目标，操作同 2）。将读数 R 记入手簿。

按照竖直角相关的计算公式，先按式（3-7）、式（3-8）计算出半测回角值，再按式（3-15）和式（3-9）计算出指标差和一测回角值。

3.4　DJ_6 型光学经纬仪的检验与校正

3.4.1　经纬仪应满足的几何条件

经纬仪的主要轴线如图 3-15 所示，有照准部水准管轴 LL_1（即为通过水准管内壁圆弧中点的切线）、仪器旋转轴（竖轴）VV_1、望远镜视准轴 CC_1、望远镜旋转轴（又称为横轴或水平轴）HH_1。此外，还有望远镜物镜光心与十字丝中心的连线，也就是瞄准目标的视线。

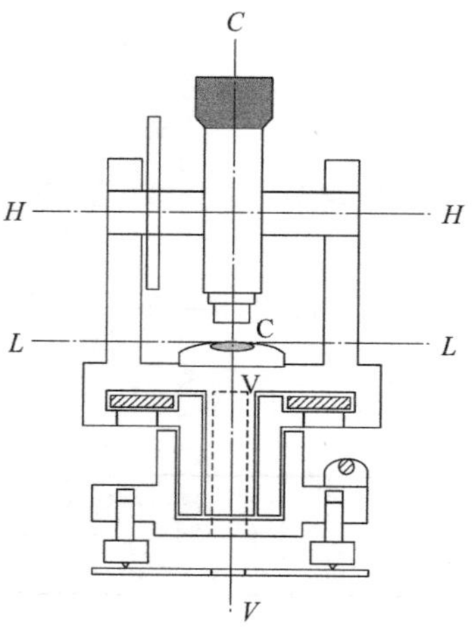

图 3-15　经纬仪的主要轴线

根据经纬仪的测角原理，经纬仪整平后，这些轴系应满足的条件如下：

（1）照准部水准管轴垂直于仪器竖轴，即 $LL \perp VV$；

（2）望远镜视准轴垂直于横轴，即 $CC \perp HH$；

（3）横轴垂直于竖轴，即 $HH \perp VV$；

（4）十字丝竖丝垂直于横轴。

此外，经纬仪还应满足：十字丝纵丝垂直于横轴；竖直度盘指标水准管气泡居中时，竖直度盘指标处于正确的位置；光学对中器的视准轴与照准部旋转轴重合。

3.4.2　经纬仪的检验与校正

仪器在出厂时虽然经检验合格，但在搬运和长期使用中的震动及碰撞，导致其轴线关系破坏，产生测量误差。根据规范要求，在使用经纬仪之前，必须对其进行检验和校正，使之满足要求。经纬仪检验校正的项目较多，对于 DJ_6 型光学经纬仪，通常应进行以下检校。

1. 照准部水准管轴的检验与校正

（1）检校目的

使仪器照准部水准管轴 $LL \perp$ 竖轴 VV，以保证竖轴铅直，水平度盘水平。

（2）检验方法

将仪器粗略整平后，转动照准部，使水准管平行于任意基座任意两个角螺旋连线方向，相对转动这两个角螺旋使水准管气泡居中。再将照准部旋转 180°，如果气泡仍然居中，则说明满足条件。如果气泡偏离量超过一格，则应进行校正。

（3）校正方法

如图 3-16 所示，如果水准管轴与竖轴不垂直，误差角为 α，当水准管水平时，竖轴倾斜，且与铅垂线方向成一夹角 α。将照准部旋转 180°后，如图 3-16（*b*），基座和竖轴的位置不变，但气泡不居中，水准管与水平面夹角为 2α，水准管气泡中心出现偏离格值。校正时，先转动角螺旋，使气泡退回偏移量的一半，如图 3-16（*c*）。再用校正针拨动水准管一端的校正螺丝（注意先松后紧），使气泡居中，如图 3-16（*d*）。此时，照准部水准管轴水平，仪器竖轴竖直。

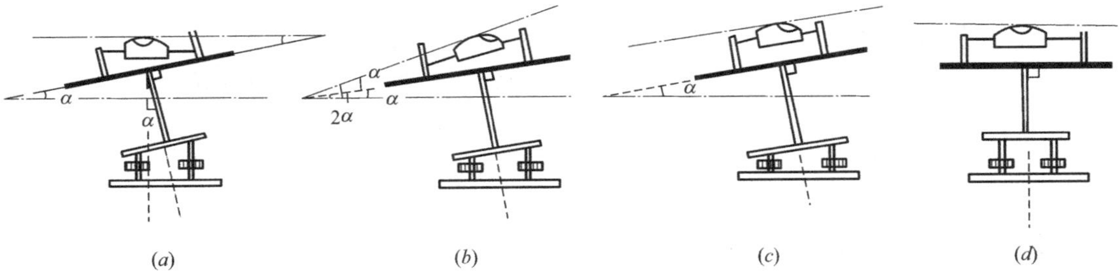

图 3-16　水准管轴校正方法

注意，此项检验工作必须反复进行，直至照准部旋转到任意方向，气泡偏离格值不超过一格，满足要求。

2. 望远镜十字丝分划板的检验与校正

（1）检校目的

经纬仪整平后，使十字丝的纵丝在铅垂平面内，横丝水平。

（2）检验方法

架设仪器，并对中整平。以十字丝的中点精确瞄准一个清晰的目标点 P，拧紧望远镜制动螺旋，转动望远镜微动螺旋，使望远镜上、下移动，观察 P 点。如果 P 点始终沿着纵丝上下移动而没有偏离纵丝，说明十字丝位置正确；如果在此过程中，P 点偏离纵丝如图 3-17 所示，则说明十字丝纵丝不铅垂，需进行校正。

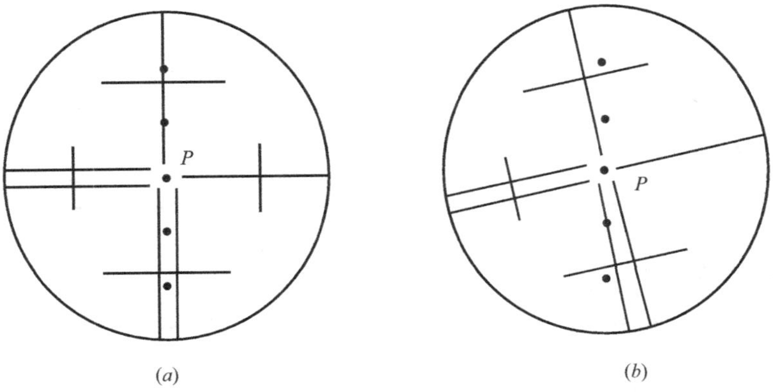

图 3-17　望远镜十字丝分划板检验方法

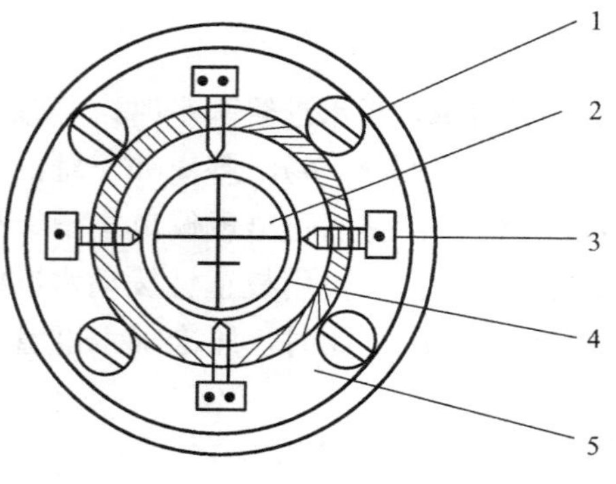

图 3-18 望远镜十字丝划分板校正方法

1—压环螺丝；2—十字丝分划板；3—十字丝矫正螺丝；4—分划板座；5—压环

(3) 校正方法

旋转并卸下目镜处外罩，如图 3-18 所示，松开 4 颗十字丝环固定螺丝，转动整个十字丝环，直至转动望远镜微动螺旋时 P 点始终在纵丝上移动。然后对称地、逐步地拧紧 4 颗十字丝固定螺丝。

3. 视准轴的检验与校正

(1) 检校目的：使望远镜视准轴 $CC \perp$ 横轴 HH。

(2) 检验方法

在大致水平的方向，以盘左位置瞄准一个清晰的目标点 P，读出水平度盘读数 L；以盘右位置瞄准 P 点，读出水平读盘读数 R。如果

$$|L-(R+180°)|>20''(\text{解释 }20''\text{的含义})$$

则认为此时视准轴与横轴不垂直，需要进行校正。

(3) 校正方法

先计算出盘右状态瞄准 P 点时水平度盘应有的读数（进行检校时最后是采用盘右位置瞄准目标）：

$$\overline{R}=\frac{1}{2}[R+L\pm180°] \tag{3-16}$$

转动望远镜水平微动螺旋，使盘右状态下水平度盘读数为 $\overline{R}$，此时，目标与十字丝纵丝必定偏离。如图 3-18 所示，用校正针先稍松上、下的十字丝校正螺丝，再拨动左右两个校正螺丝，一松一紧，左右移动十字丝分划板，使纵丝对准目标 P 点。

校正原理：设视准轴误差为 C（即为视准轴与横轴的交角与 90°的差值），如图 3-19 所示。当此误差存在时，盘左水平度盘读数 L 中包含误差 C，盘右水平度盘读数 R 中包含误差 $-C$。按式 (3-16) 取盘左、盘右水平度盘读数时，可抵消视准轴误差 C，使读盘读数与正确的应有读数相对应，并能够校正十字丝，瞄准目标，使望远镜视准轴 $CC \perp$ 横轴 HH。

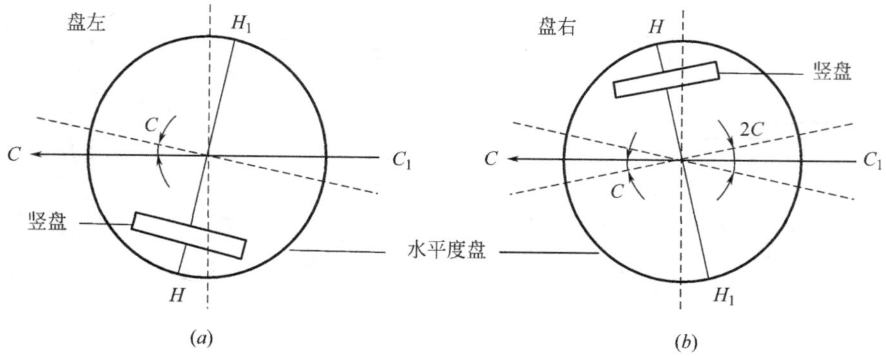

图 3-19 校正原理

4. 横轴的检验与校正

（1）检校目的

使横轴垂直于竖轴，即 $HH \perp VV$，以保证当竖轴铅直时，横轴水平；否则，视准轴绕横轴旋转轨迹不是铅垂面，而是一个倾斜面。

（2）检验方法

1）如图 3-20 所示，在距离垂直墙面 10～20m 的位置安置经纬仪，整平仪器。

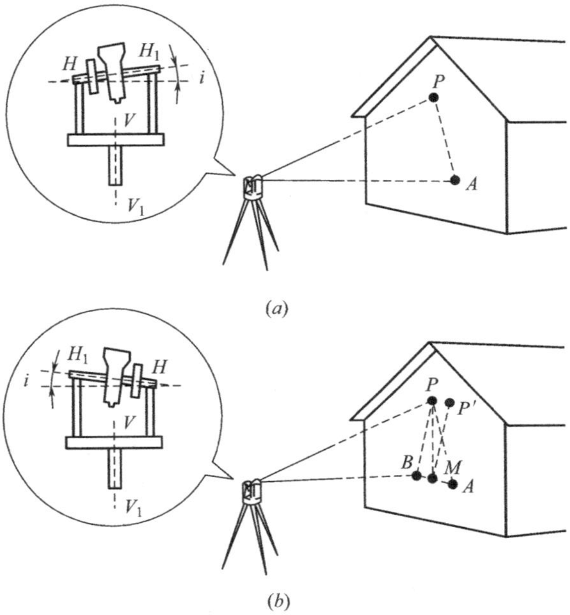

图 3-20 横轴的检验方法

2）盘左，瞄准墙面高处一点 P（要求其仰角大于 30°①）。

3）将望远镜大致置于水平位置，在墙上标出十字丝交点所对位置 A。

4）盘右，瞄准点 P，固定照准部。将望远镜再置于大致水平位置，在墙面上标出十字丝交点所对位置 B。

如果 A、B 两点不重合，则说明不满足横轴垂直于竖轴的条件，需要进行校正。设此时竖轴铅直，而横轴与水平线成一个交角，此角为横轴误差 i。对于 DJ_2 型经纬仪，i 角不应大于 15″；DJ_6 型经纬仪，i 角不应大于 20″。

（3）校正方法

以盘左（或盘右）位置瞄准 A、B 两点的中点 M，抬高望远镜，此时，由于 i 角影响，十字丝交点与 P 点偏离。校正时应打开支架护盖，将支架内的校正螺丝旋松，抬高或者降低横轴一端在支架上的轴承，直至十字丝交点对准 P 点。注意，一般而言，仪器能够保证横轴垂直于竖轴，由于经纬仪横轴密封在支架内，该项校正应由专业检修人员拆卸外壳后进行。

① 同济版：在 30°左右为宜，固定照准部。

5. 竖盘指标差的检验与校正

（1）检校目的

消除竖盘指标差。

（2）检验方法

安置经纬仪，整平后，以盘左、盘右分别用横丝瞄准高处一目标，调节竖盘指标水准管气泡使之居中，读取竖盘盘左读数 L 和盘右读数。根据竖盘指标差的计算公式（3-15）计算出竖盘指标差 δ，如果其超过相应限差要求，则需要校正。

（3）校正方法

经计算，竖盘指标差为 δ。如果指标差为零，则盘左的正确读数为 L'，其中 $L'=L+\delta$；盘右的正确读数应为 R'，其中 $R'=R-\delta$。校正时，以盘左（右）照准目标，旋转竖盘水准管微动螺旋，使竖直度盘读数为 L'（R'）。此时，竖直度盘指标水准器气泡偏离中心位置，拧下水准器校正螺丝护盖，用校正针调整上、下两颗校正螺丝，至气泡居中。

此项检校需反复进行，直至指标差符合限差要求。对于有竖直补偿器的仪器，一般不做此项检校。

6. 光学对中器的检校

（1）检校目的

通过此项检校，使光学对中器的视准轴（分划板中心标志与物镜光心的连线）与仪器竖轴线重合。如果两者不重合，则会由此产生对中误差，影响测角精度。

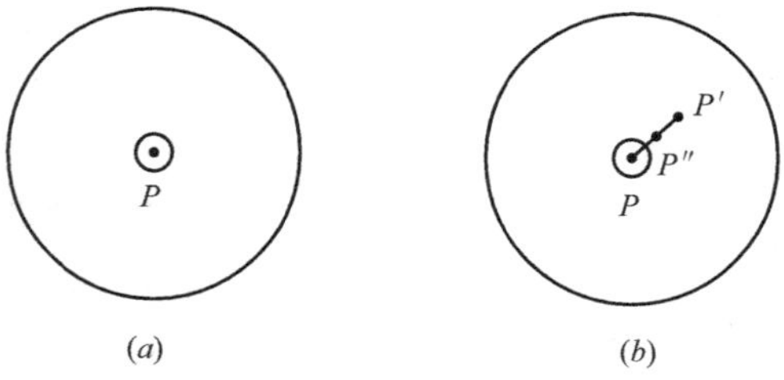

图 3-21 光学对中器的检验方法

（2）检验方法

架设经纬仪，严格整平后在仪器的正下方地面上放置一张白色纸板，纸板上画有一个十字形标志 P 如图 3-21。移动纸板，使光学对中器分划圆圈对准 P 点，固定纸板。将照准部旋转 180°，如果对中器分划圆圈对准另一点 P'，则说明对中器的视准轴与竖轴没有重合，需要进行校正。

（3）校正方法

在纸板上画出 P 与 P'点连线的中点 P''。调节光学对中器校正螺丝，使对中器分划圆圈中心对准 P''点。然后再将照准部旋转 180°检验。

3.5 角度测量误差分析

角度误差的来源有：仪器误差、观测误差和外界环境造成的误差。下面，通过对角度误差的研究，介绍减小和消除误差的方法。

1. 仪器误差

（1）视准轴误差

由于望远镜十字丝安装不正确或外界温度变化引起十字丝与物镜位置变动等原因，造成视准轴与横轴不垂直，产生视准轴误差。

视准轴与横轴不垂直，望远镜绕横轴旋转所形成的就是一个圆锥面，而不是铅垂面。

从而导致望远镜在不同的高度时，其视线在水平方向上的投影方向值也不同，引起水平角观测误差。

通过校正十字丝位置，可使视准轴垂直于横轴，以减小或消除视准轴误差；校正后的残余误差可通过对同一目标以盘左、盘右观测，再取平均值的方法消除。另外，如果两个目标的竖直角相等，也会抵消视准轴误差对水平角观测的影响。

（2）横轴误差

如果存在横轴误差，则经纬仪在整平后，纵轴铅垂而横轴不水平，视准轴绕横轴旋转时就会形成一个斜面，使水平角观测存在误差。

大多数经纬仪中，横轴一端采用的是偏心轴装置结构，通过对偏心轴装置的校正可使横轴水平，从而减小或消除横轴误差；对同一目标，以盘左盘右分别进行观测，并取二者读数的平均值，可消除横轴误差对水平观测的影响；对两个竖直角相等的目标，也可抵消横轴误差对水平角观测的影响；视线水平时，横轴误差对水平观测没有影响。

（3）竖轴误差

由于水准管与竖轴不垂直，或安置经纬仪时照准部水准管气泡不居中，会产生竖轴误差。此时，竖轴不在铅垂方向上，而是与之成一个小角度，引起横轴以及水平度盘的倾斜，造成测角误差。

在一个测站上，竖轴的倾斜角度是一个定值，所以竖轴误差不能通过盘左、盘右再取平均的方法予以消除。要消除此误差，在观测前，必须对水准管进行严格地检验和校正，观测时（尤其是在观测目标的竖直角较大时），仔细整平，始终保持照准部水准管气泡居中，气泡偏离中心位置不可超过一格。

（4）照准部偏心差

理论上，要求经纬仪照准部旋转中心应与水平度盘分化中心完全重合。但实际上，它们可能并非完全重合，而是存在一定的误差，即照准部偏心差。

如图 3-22 所示，设 C 为照准部旋转中心，C_1 为水平度盘分化中心。瞄准目标 A、B 时，若 C、C_1 重合，则正确的读数应为 a_1、a_2、b_1、b_2；若 C、C_1 不重合，则实际读数为 a'_1、a'_2、b'_1、b'_2。正确读数与实际读数之间分别相差 x_a、x_b，即为偏心读数差。

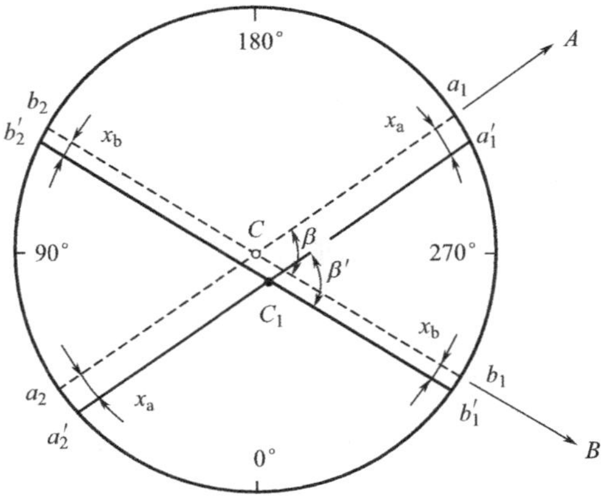

图 3-22　照准部偏心差

在度盘的不同位置读数，偏心度数差是不同的。如图 3-22 所示，如以盘左位置瞄准目标 A、B，其正确读数为 $a_1=a'_1+x_a$、$b_1=b'_1+x_b$，则水平角应为 $\beta=b_1-a_1=(b'_1+x_b)-(a'_1+x_a)=\beta'+(x_a-x_b)$，式中 (x_a-x_b) 即为照准部偏心差对水平角的影响。

照准部偏心误差对度盘径方向读数的影响等大反向，因此，瞄准某一方向的目标后，可通过对径方向两个读数取平均值的方法消除该项误差对水平角的影响；另外，对同一方向，采用盘左、盘右观测，取两者读数的平均值，也可消除该项误差对水平角的影响。

2. 观测误差

（1）仪器对中误差

安置经纬仪的过程中，如果光学对中器分划圆圈中心或垂球中心与测站点不在同一铅垂线上，即会导致水平度盘中心与测站点也不在同一铅垂线上，造成误差。

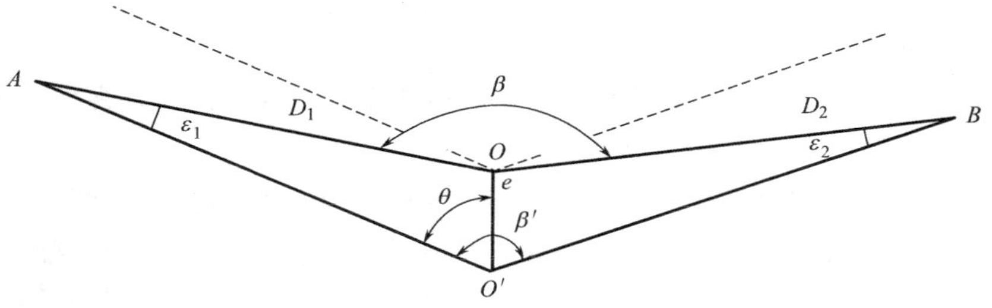

图 3-23 仪器对中误差

如图 3-23 所示，测站点为 O，仪器中心在地面上的投影点为 O'，则 OO' 即为测站偏心距，用 e 表示。A、B 为观测目标，θ 为水平角观测起始方向 OA 与偏心方向的水平夹角，称为测站偏心角。正确的水平角值为 β，实际测得水平角值为 β'，两者之间的关系为：

$$\beta'-\beta=\varepsilon_1+\varepsilon_2=\Delta\beta \tag{3-17}$$

其中，$\Delta\beta$ 即为对中误差引起的测角误差。

如图 3-23 在 $\Delta AOO'$ 和 $\Delta BOO'$ 中，由于 ε_1、ε_2 很小，其正弦值可用弧度代替，则：

$$\varepsilon_1\approx\frac{e}{D_1}\sin\theta\cdot\rho \tag{3-18}$$

$$\varepsilon_2\approx\frac{e}{D_2}\sin(\beta'-\theta)\cdot\rho \tag{3-19}$$

$$\Delta\beta=\varepsilon_1+\varepsilon_2=e\rho\left[\frac{\sin\theta}{D_1}+\frac{\sin(\beta'-\theta)}{D_2}\right] \tag{3-20}$$

由上式可知：仪器对中误差对水平角的影响与偏心距大小成正比，与测站点到目标点的距离成反比；当水平角 β' 接近 180°、偏心角 θ 接近 90°时，对中误差对水平角的影响 $\Delta\beta$ 最大。

该项误差不能通过观测方法消除，所以在观测水平角时应严格对中，特别是当观测边较短或两目标与仪器位置在同一条直线上时更应注意，以免引起较大误差。

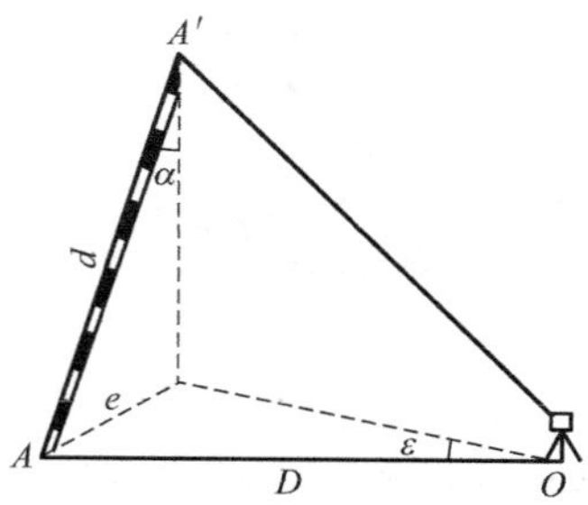

图 3-24 目标偏心误差

（2）目标偏心误差

目标偏心差是由于瞄准的目标点上所竖立的标志（标杆、测钎等）的中心与目标点不在同一条铅垂线上引起的。如瞄准标杆时，标杆发生倾斜，有没有瞄准标杆底部，就会引起目标偏心误差。

如图 3-24 所示，O 为测站点，A 为地面目标点，AA' 为标杆，标杆长为 d，倾斜角度为 α，目标偏心差为：

$$e=d\sin\alpha \tag{3-21}$$

目标倾斜对观测方向的影响为：

$$\varepsilon=\frac{e}{D}\rho=\frac{d\sin\alpha}{D}\rho \tag{3-22}$$

由上式可知，目标偏心误差对水平方向的影响与偏心差 e 成正比，与测站点到目标的距离 D 成反比。因此，为减小该项误差，测角时标杆、测钎等标志应竖直，并尽可能瞄准标志底部。

（3）照准误差

照准误差是指在测角时，由于人眼通过望远镜瞄准目标产生的误差。该项误差的影响因素很多，如望远镜的放大倍数、人眼分辨率、十字丝的粗细、标志的形状和大小、目标影像的宽度、颜色等。一般情况下，以望远镜的放大倍率 v 和人眼最小分辨视角（60″）来衡量仪器的照准精度，公式如下：

$$m_{\mathrm{v}}=\pm\frac{60''}{v} \tag{3-23}$$

对于 DJ_6 型经纬仪，$v=28$，则 $m_{\mathrm{v}}=\pm2.2''$。

为减小该项误差对测角的影响，在测角时，应适当选择一定放大倍率的经纬仪、适宜的标志，以及有利的观测气候条件和观测时间。

（4）读数误差

读数误差主要取决于仪器的读数设备。观测者的判断经验以及仪器内部光路的照明亮度和清晰度也会有一定的影响。对于 DJ_6 型经纬仪，读数误差一般在 6″以内；DJ_2 型经纬仪，读数误差一般在 1″以内。

3. 外界条件的影响

由于角度观测是在一定的外界条件下进行的，所以外界环境对测角精度有直接的影响。例如大风、土质松软会影响仪器的稳定性；大气热辐射、大气折光度等会影响仪器的找准精度；阳光照射会影响水准气泡位置等。

基于以上原因，为尽量减小该项误差对测角的影响，应选择微风多云，空气清晰度好的条件下观测；观测时应踩实三脚架，必要的时候撑伞保护仪器等。

3.6 精密经纬仪和电子经纬仪

3.6.1 精密经纬仪

一测回方向的观测值中误差小于等于 2″以内的经纬仪为精密经纬仪，如 DJ_{07}、DJ_1、DJ_2 型经纬仪。在工程中应用较为广泛的为 DJ_2 型光学经纬仪。

1. DJ_2 型经纬仪的结构特点

图 3-25 即为 DJ_2 型经纬仪盘左观测和盘右观测时的外观。

其基本构造与 DJ_6 型光学经纬仪相比，除轴系和读数方式不同，其他基本相同。但较 DJ_6 型光学经纬仪结构稳定、精度高、光学系统复杂，常用于国家和城市三四等水准测量，精密导线测量和各种工程测量。

2. DJ_2 型光学经纬仪的读盘读数

不同型号的 DJ_2 型光学经纬仪读数方法一般也不同，但仪器内部的光路大致相同。

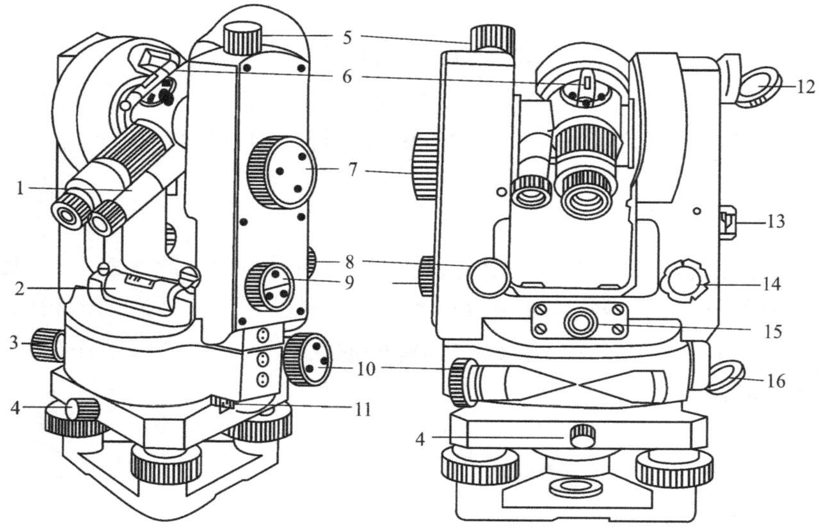

(a) (b)

图 3-25 DJ_2 型经纬仪

1—读数显微镜；2—照准部水准管；3—水平制动螺旋；4—轴座固定螺旋；5—望远镜制动螺旋；6—瞄准器；7—测微轮；8—望远镜微动螺旋；9—换像手轮；10—水平微动螺旋；11—水平度盘读数变换轮；12—垂直度盘照明反光镜；13—垂直度盘水准管；14—垂直度盘水准管微动螺旋；15—光学对中器；16—水平度盘照明反光镜

DJ_2 型光学经纬仪在光路上设置固定光气组和活动光气组，后者与测微分化尺相连。入射光线经过一系列棱镜、透镜的反射、折射后，将度盘直径两端刻画的像，同时反映到读数显微镜内，使度盘上处于对径位置的分划线，在同一个平面上成像，并被横线隔开分成正像和倒像。转动测微器，度盘两端的分化影像可作等距反向移动。水平度盘、竖直度盘的直径分别为 90mm 和 70mm，度盘最小刻划都为 20′，整度数处注记有数字。测微尺中测微器的最小刻划为 1″，可估读至 0.1″，全尺共 10′，分为 600 小格，等于度盘最小刻划的$\frac{1}{2}$。

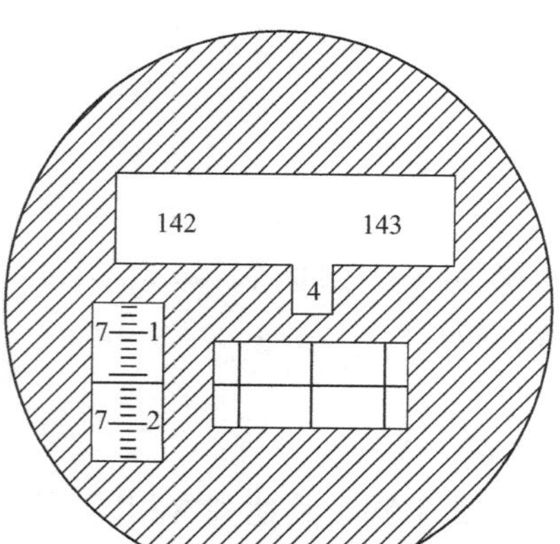

图 3-26 J2-1 型经纬仪的度盘读数显微镜视场

DJ_2 型光学经纬仪水平度盘和竖直度盘采用单独运行的光路，共用一个测微器进入公共光路，从读数显微镜内一次只能看到水平度盘或竖直度盘的影像，读数前应根据需要转动换像手轮，并选择相应的照明反光镜，使所需要的度盘影像在读数显微镜中成像。

此外，DJ_2 型光学经纬仪采用对径符合读数装置，将度盘上对径 180°的分划线，经过一系列棱镜和透镜的折射和反射，同时在读数显微镜中成像。相当于取度盘对径相差 180°处的两个读数的平均值，以消除照准部偏心误差的影响，提高读数精度。

读数前，先转动换像手轮选择水平度盘或竖直度盘进行读数。如图 3-26 所示，为 J2-1 型经纬仪的度盘读数显微镜视场，中间窗口为度盘对径分划线的像，通过转动测微轮带动测微器，使上下分划线重合。上窗口为度盘的“度”及“十分”（图中 142°40′）注记，左窗口可按测微器横线指标读出“分、秒”（图中 7′15.7″）数。则综合得图中读数即为 142°47′15.7″。

3.6.2　电子经纬仪

电子经纬仪与光学经纬仪相比，外形结构虽然相似，但测角和读数系统差异很大。电子经纬仪测角系统主要有：编码度盘测角系统（采用编码度盘及编码测微器的绝对式测角系统）、光栅度盘测角系统（采用光栅度盘及莫尔干涉条纹技术的增量式读数系统）、动态测角系统（采用计时测角度盘及光电动态扫描绝对式测角系统）。目前，电子经纬仪大部分采用后两种测角系统。

1. 电子经纬仪的主要构造和功能

如图 3-27 所示，为苏州一光仪器有限公司生产的 DT400 电子经纬仪，仪器自带电池，并且在仪器两侧都设有操作面板，操作面板由键盘和显示器组成。如果将电子经纬仪与光电测距仪联机，即构成电子测速仪，又称电子全站仪。

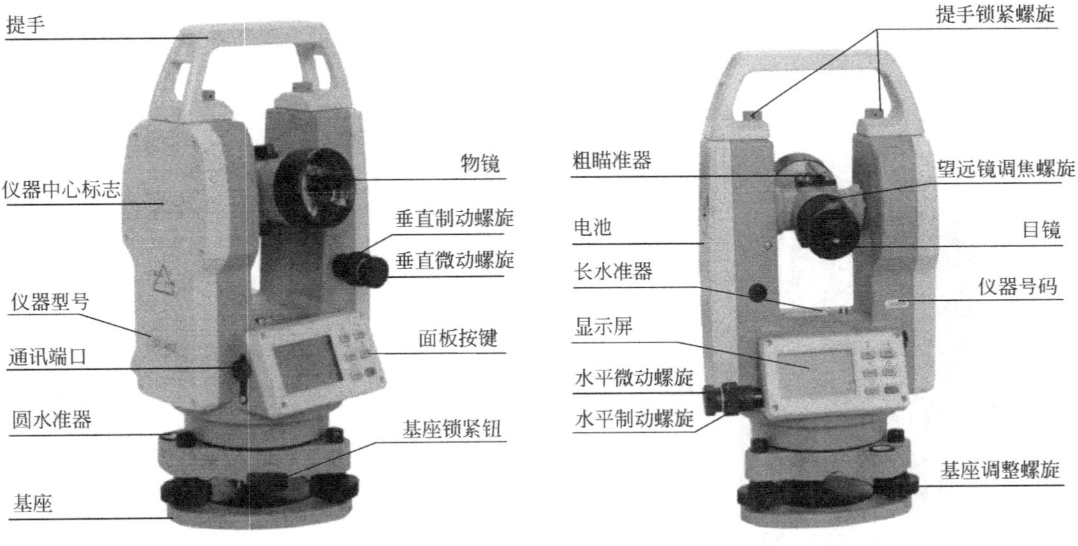

图 3-27　电子经纬仪

2. 电子经纬仪的测角原理

本节介绍光栅度盘测角系统的测角原理。

在光学度盘上，均匀地刻划等角距的由圆心向外辐射的细线，构成光栅，如图 3-28 所示，相邻两条刻划线之间的距离称为栅距，栅距对应的圆心角称为栅距分划值。

光栅度盘的栅距分划值越小，测角精度越高。例如在 80mm 直径的光栅度盘上，刻划有 12500 条细线，刻划密度为 50 条/mm，栅距分划值为 1′44″。为提高精度，必须再对栅距进行细分，此时，栅距很小，细分和

图 3-28　光学度盘

计数都实属不易。因此，在光栅测角系统中，采用莫尔条纹技术，先将栅距放大，再进行细分和读数。

所谓莫尔条纹，就是取一块与光栅度盘具有相同密度的光栅（称为指示光栅），将指示光栅与光栅盘重叠，并使它们的刻划线相互倾斜一个很小的角度，此时便会出现放大的明暗相间的条纹，如图 3-29 所示，该条纹即为莫尔条纹。根据光学原理，莫尔条纹 W、栅距 d 及倾斜角度 θ 之间，满足如下关系：

$$W=\frac{d}{\theta}\rho \tag{3-24}$$

例如，当 $\theta=20'$时，$W=172d$。即纹距比光栅距放大了 172 倍。这样就可以进一步对纹距进行细分，从而提高测角精度。

光栅度盘读数的基本原理为：发光二极管和接收光敏二极管位于度盘分划线上下对称位置，指示光栅、发光二极管以及接收光敏二极管位置固定，光栅度盘与经纬仪照准部一起转动。如图 3-30 所示，发光二极管发出的光信号经过莫尔条纹落到接收光敏二极管上，度盘每转动一栅距 d，莫尔条纹就移动一个周期 W。所以，当望远镜从一个方向转动到另一个方向时，流过的光电管光信号的周期数，就是两方向间的光栅数。仪器中两光栅之间的夹角是已知的，因此通过自动数据处理，既可算得并显示两方向间的水平夹角。

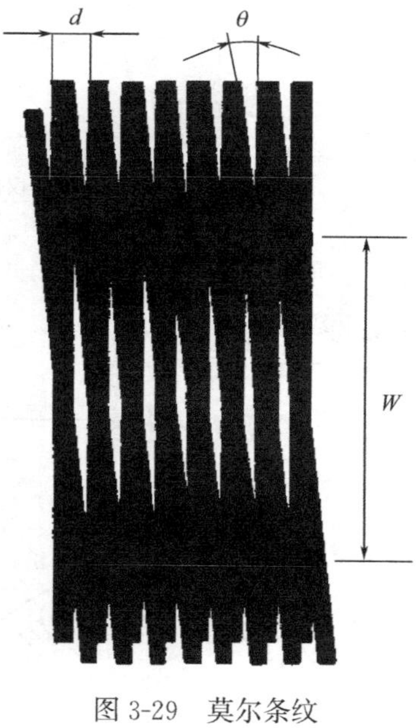

图 3-29　莫尔条纹

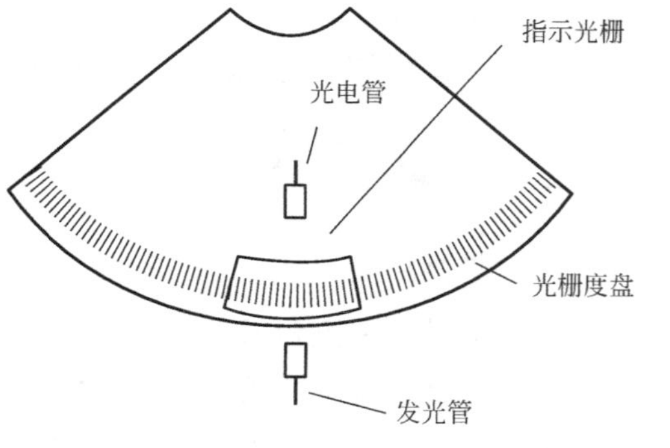

图 3-30　光学度盘读数

为了使测角精度和角度分辨率提高，仪器工作时，在每个周期内再均匀地填充 n 个脉冲信号，通过计数器对脉冲计数，即相当于角度分辨率提高了 n 倍。

图 3-31 所示，即为一种电子经纬仪的操作面板。上方为度盘读数显示屏，V_z 表示竖直度盘的天顶距读数，H_r 表示水平度盘的水平方向读数。

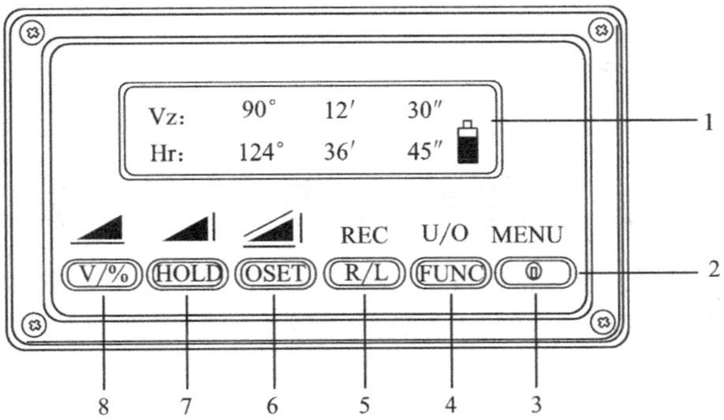

图 3-31 电子经纬仪操作面板

1—度盘读数显示屏；2—操作按钮；3—开机/关机；4—功能转换；5—角度值增加方向转换；6—水平度盘读数置零；7—水平读盘读数设置/锁定；8—垂直角测量模式转换

习题与思考题

1. 什么是水平角？在同一铅垂面内瞄准不同高度的点在水平度盘上的读数是否相同？

2. 什么是竖直角？什么是天顶距？为什么只瞄准一个目标就可测得竖直角或天顶距？

3. 经纬仪的主要构件有哪些？各起什么作用？

4. 试简述水平角的观测步骤及水平角测量方法。

5. 根据下列水平角观测记录，计算水平角。

测站	竖直度盘位置	目标	度盘读数(° ′ ″)	半测回角值(° ′ ″)	一测回角值(° ′ ″)	备注
O	左	*A*	0 03 12			
		B	92 21 18			
	右	*A*	180 03 18			
		B	272 21 30			

6. 有一台经纬仪，当望远镜置于水平位置时，竖直度盘读数为 90°；望远镜往上观测时，竖直角读数减小。根据下列竖直角观测记录，计算竖直角。

测站	目标	竖直度盘位置	竖直度盘读数(° ′ ″)	半测回竖直角(° ′ ″)	指标差(″)	一测回竖直角
O	*A*	盘左	95 12 36			
		盘右	264 47 42			
	B	盘左	82 53 24			
		盘右	277 07 00			

7. 经纬仪有哪些轴线？经纬仪应满足哪些几何条件？

8. 观测水平角时，用盘左、盘右两个位置，能消除那些误差？

9. 观测竖直角时，为什么要进行盘左、盘右观测？如果只进行盘左观测，事先应做一项什么工作？

10. 什么是竖盘指标差？在观测中如何抵消竖盘指标差？

第 4 章　距离测量与直线定向

前面两章主要介绍了高程和角度的测量，本章将对距离测量进行阐述。距离测量主要工作是确定地面上各点之间的水平距离。一般有钢尺量距、视距测量、电磁波测距等，随着科技的发展，全站仪在距离测量方面得到广泛应用。

4.1　钢尺量距

4.1.1　测量工具

1. 钢尺

钢尺是用薄钢片制成的带状尺，它可卷入金属圆盒内，故又称钢卷尺，也有卷放于金属架上，如图 4-1 所示。尺宽一般为 10～15mm，厚约 0.4mm，长度分为 20m、30m、50m 等几种。

图 4-1　钢尺

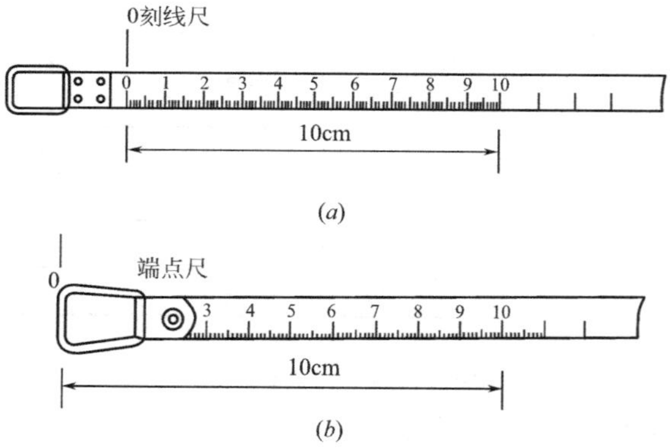

图 4-2　钢尺刻度

钢尺的基本分划为毫米，在每厘米分划处有数字注记。

如图 4-2 所示，钢尺根据零点位置的不同，又可分为刻线尺和端点尺两种。刻线尺是以刻在钢尺前端的“0”刻划线作为尺长的零线，在测距时可获得较高的精度；端点尺是以尺的最外端边线作为刻划的零线，当从建筑物墙边开始量距时使用很方便。由于不同钢尺的零线不一致，使用时必须注意钢尺的零点位置。

2. 辅助设备

辅助设备包括测钎、标杆等，如图 4-3 所示，在精密量距过程中还会应用到弹簧秤和温度计等。测钎主要用来计算整尺段数；标杆主要用于标定直线；弹簧秤用来控制施加在钢尺上的拉力；温度计是量取量距过程中的温度，方便于钢尺长度的温度改正。

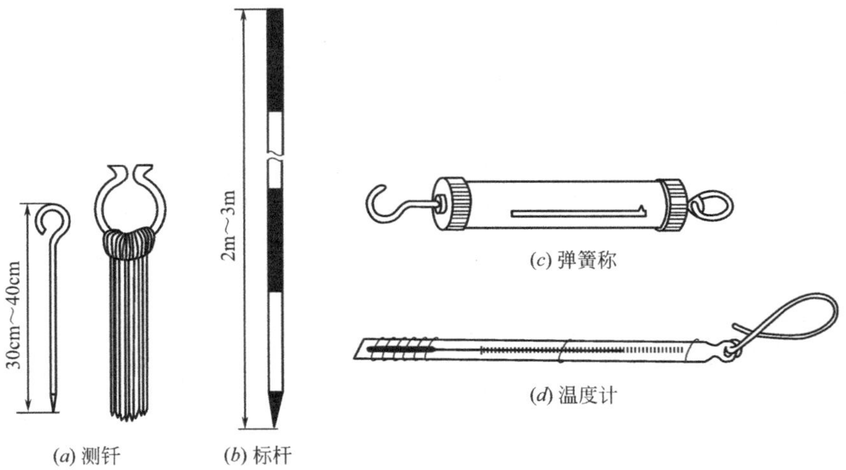

图 4-3 钢尺量距辅助设备

4.1.2 直线定线

当平面上点与点之间距离比较远时，用钢卷尺一次无法完成测量工作，此时，可以在两点连线之间标定若干点，这个过程称为直线定线。一般情况下，直线定线有以下方法来完成。

1. 两点间的目估定线，如图 4-4 所示 A 点、B 两点相互通视，现需要在直线 AB 上标定出 1、2 等点。具体操作方法如下：先将标杆竖立于 A、B 点上，甲站在 A 点标杆后约 1m 处，乙在直线 AB 之间听从甲的指挥，直到甲沿直线 AB 方向可以看到乙所持标杆与 A、B 两点处地标杆在同一直线上为止。这样依次标定出 AB 之间的其他点位。

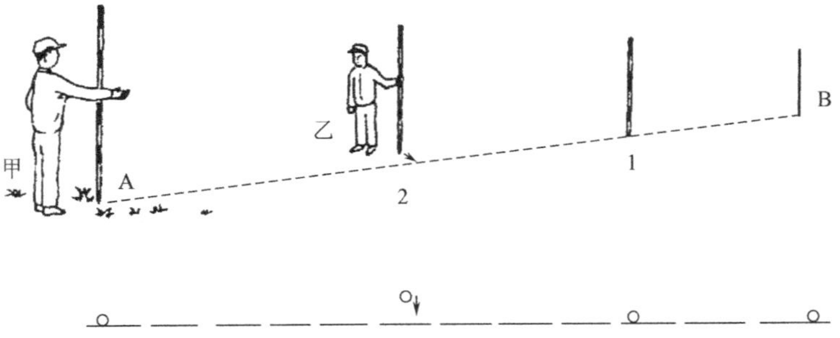

图 4-4 两点间的目估定线

2. 过高地定线 如图 4-5 所示，A、B 两点互不通视时，可以采用逐渐趋近法标定直线。

在 A、B 两点竖立标杆，同时甲、乙分别立于 AB 之间高处的 C_1、D_1 点上，要求甲可以看到 B 点，乙可以看到 A 点。然后站在 C_1 点的甲指挥乙左右移动，当 C_1、D_1、B 的标杆在同一直线时，此时 D_1 点就是我们需要标定的点，然后由站在 D_1 处的乙指挥甲移动，定出 C_2 点，接着，站在 C_2 的甲指挥乙移动至 D_2，如此反复趋近，直到 C、D、B 在一直线上，且 A、C、D 也在一直线上为止，此时标定出的 C、D 点就是我们需要确定

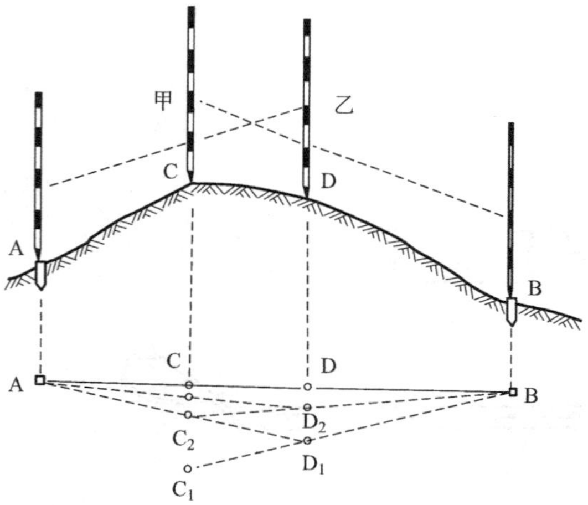

图 4-5　过高地定线

的点。

3. 经纬仪定线 将经纬仪架设在 A 点上，瞄准 B 点，然后固定照准部，指挥 AB 之间的持杆人移动，当经纬仪望远镜的十字丝上出现标杆的影像时，标杆的位置就是我们要标定的点位。当定线比较精密时，标杆可以用测钎或垂球线代替。

4.1.3　钢尺量距

钢尺量距通常需要 3 人配合完成，他们分别担任前尺手、后尺手及记录人员。随着地势情况的变化，距离丈量方法也有所不同。

1. 平坦地面的丈量方法

在平坦地面上可以直接丈量任意两点之间的水平距离。在标定出直线后，可以将直线分为若干段，然后分段丈量，最终两点的水平距离如式（4-1）所示：

$$D=nl+q \tag{4-1}$$

式中　n——整尺段数；

l——钢尺长度；

q——不足一整尺的余长。

如图 4-6 所示，在丈量过程中，后尺手甲站立在 A 点上，手持钢尺零点端，前尺手乙拿着钢尺末端，采用测钎标定尺段端点的位置。在这过程中，必须保证钢尺拉紧伸直无扭曲。为了方便于后期计算，在丈量时尽量以整尺段丈量，最后量取余长。记录人员需要准确记录整尺段的段数和余长。

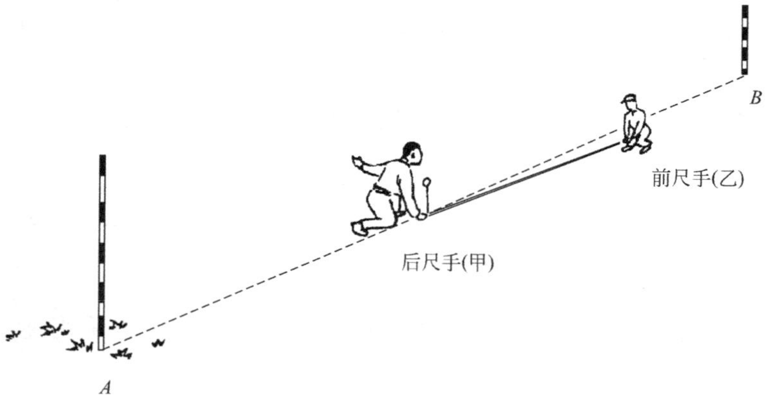

图 4-6　钢尺量距

为了避免错误和保证丈量的精度，通常采用往返丈量的方法。往返丈量所得的距离之差与往返距离平均值之比，称为相对误差，也称丈量的相对精度，或相对较差，如式（4-2）所示：

$$T=\frac{|D_{往}-D_{返}|}{D_{平均}}=\frac{1}{\frac{D_{平均}}{|\Delta D|}} \tag{4-2}$$

式中 ΔD——往返丈量距离之差；

$D_{平均}$——往返丈量的距离平均值。

【例 4-1】 AB 的往测距离为 175.376m，返测时为 175.328m，距离平均值为 175.352m，则其相对误差为

【解】
$$T=\frac{|175.376-175.328|}{175.352}=\frac{1}{3700}$$

在计算相对误差时，一般将分子化成 1、分母凑成整百数的形式，并用它来衡量量距结果的精度。分母越大，精度越高，反之精度越低。当计算得到的相对误差满足要求时，就取往返丈量的平均值作为该段的长度。通常情况下，在平坦地区钢尺量距的相对误差不应高于$\frac{1}{3000}$；而在量距不方便区域，相对误差也不应高于$\frac{1}{1000}$。

表 4-1 为钢尺丈量记录、计算实例。

钢尺丈量手簿 **表 4-1**

起终点	往测		返测		往返 (m)	相对精度 $\frac{\|往-返\|}{平均值}$	平均长度 (m)
	$\frac{尺段数}{尾数}$	D	$\frac{尺段数}{尾数}$	D			
$M-N$	$\frac{4}{23.701}$	143.701	$\frac{4}{23.692}$	143.692	0.009	$\frac{1}{15900}$	143.696
$N-P$	$\frac{3}{21.732}$	111.732	$\frac{3}{21.707}$	111.707	0.025	$\frac{1}{4400}$	111.720
$P-Q$	$\frac{3}{16.683}$	106.683	$\frac{3}{16.669}$	106.669	0.014	$\frac{1}{7400}$	106.676

注：尺长为 30m。

2. 倾斜地面的丈量方法

如图 4-7 所示当 A、B 两点高差比较大时，在其形成的斜面上可以将钢尺的一端抬高或两端都抬高，保证尺子水平。此时沿着地面量取倾斜距长 S，采用水准仪测定 A、B 两点的高差 h，按照式（4-3）可以计算 A、B 两点的水平距离。

$$D=\sqrt{S^2-h^2} \tag{4-3}$$

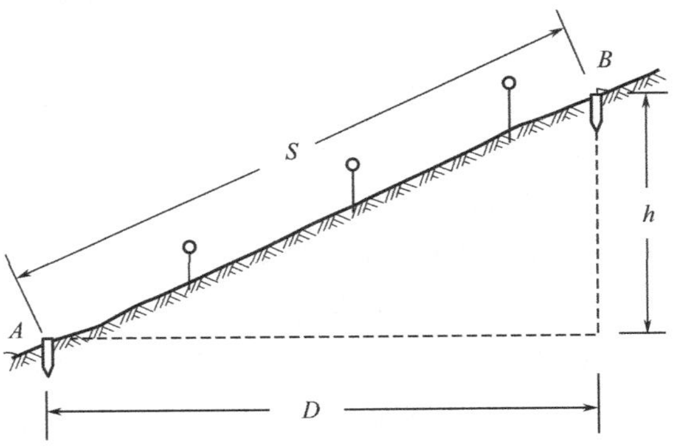

图 4-7 倾斜地面的丈量方法

4.1.4 钢尺量距的改正参数

（1）尺长方程式 钢尺由于材料质量、制造误差、温度及拉力等因素影响，尺长会发生微小的变化。综合考虑种种原因，对钢尺长度进行检定，得到尺长方程式如式（4-4）所示：

$$l=l_0+\Delta l+\alpha l_0(t-t_0) \tag{4-4}$$

式中　l_0——钢尺名义长度，m；

Δl——尺长改正数，mm；

α——钢的膨胀系数；

t_0——标准温度，℃；

t——丈量时的温度，℃。

（2）长度改正　假设量取的倾斜距离为 D'，此时各种长度改正公式见式（4-5）～式（4-7）：

$$\text{尺长改正}\quad \Delta D_l=\frac{\Delta l}{l}D' \tag{4-5}$$

$$\text{温度改正}\quad \Delta D_t=\alpha(t-t_0)D' \tag{4-6}$$

$$\text{高差改正}\quad \Delta D_h=-\frac{h^2}{2D'} \tag{4-7}$$

在测得结果 D'基础上，加上上述改正数 ΔD_l、ΔD_t、ΔD_h，即可得到最终的水平距离 D，如式（4-8）所示：

$$D=D'+\Delta D_l+\Delta D_t+\Delta D_h \tag{4-8}$$

由于高精度电子仪器的使用，钢尺精密量距的使用已经越来越少。

4.1.5　钢尺量距的误差分析

1. 丈量误差分析

钢尺量距的误差来源主要有以下几方面：

（1）尺长误差

因钢尺名义长度与实际长度不符，就会产生尺长误差，并且，尺长误差是累积的，距离越长误差越明显。新置的钢尺也必须经过检定，得到改正值后才可应用于实际量距中。

（2）温度误差

钢尺的长度会因温度的不同而有微小变化。按照钢材的膨胀系数得知，温度每变化 8℃，其影响长度约为尺长的$\frac{1}{10000}$。在一般的量距过程中，当温度变化较小时，可以不考虑温度的影响，而在精密量距时，则必须加温度改正。

（3）定线误差

在直线定线过程中如果出现偏差，对后期距离的丈量也会产生影响。如尺子没有准确放在所量直线上，将会导致丈量结果偏大，这种误差称为定线误差。所以丈量距离时，对直线定线的要求也是比较高的，如标杆目估定线时，需满足每 30m 整尺段不偏离直线方向 0.4m。当量距精度较高时，通常采用仪器定线的方法。

（4）钢尺倾斜和垂曲误差

钢尺倾斜误差与定线误差情况相似，倾斜误差是在垂直面内的倾斜，而定线误差是在水平面内的偏差。在丈量过程中，如果尺子没有水平或中间下垂，都将会使量得的距离比实际的大。所以，在量距过程中，钢尺应尽量水平，当整尺段悬空时，可在中间托住尺子，减少倾斜误差和垂曲误差的影响。

（5）拉力误差

外界拉力的大小也会对钢尺的长度产生影响，因此，钢尺在丈量过程中的拉力应当与检定时的拉力相同。对于精密测量可以采用弹簧秤施加标准拉力。

（6）丈量误差

在插设测钎等标志时，或前、后尺手配合不好，钢尺端点对准的误差、余长读数的误差，都会引起丈量误差。所以在丈量时操作要精细，对点准确，读数细心精确，人员配合协调。

2. 钢尺维护

（1）钢尺易发生锈蚀，所以在完成测量任务后，应当擦去尺上的泥水，并涂上机油，防止钢尺生锈；

（2）钢尺较薄，使用时，不可扭曲大力拉伸钢尺；

（3）测量完成后，将钢尺收藏好，切不可在地面上拖拉，防止磨损尺面刻度；

（4）在行人车辆较多区域测量时，中间安排人员进行保护，严防行人车辆压碾钢尺。

4.2 视距测量

视距测量是一种根据光学与几何学原理测定距离和高差的间接测距方法。虽然拥有操作方便、速度快、不受地形影响等优点，但是其测定相对精度较低，大约为$\frac{1}{300}$，高差测量精度也低于水准测量和三角高程测量，该方法在地形图测量中应用比较广泛。

4.2.1 视线水平时的视距计算

在经纬仪和水准仪等仪器的十字丝平面内，平行于横丝且上下等距的两根短丝称作视距丝，如图 4-8 所示。

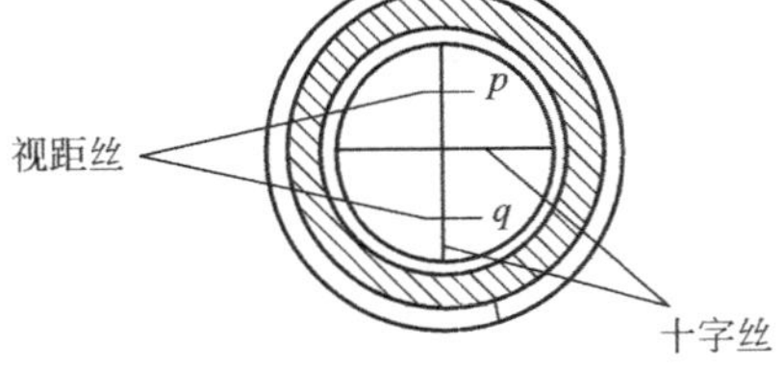

图 4-8 视距丝

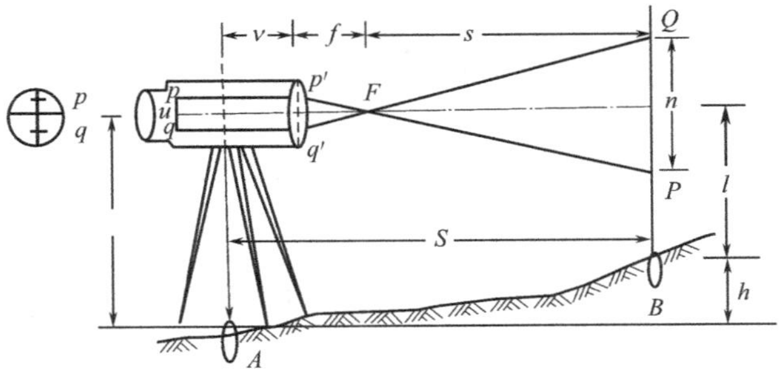

图 4-9 测量水平距离及高差

如图 4-9 所示，现要测定地面 A、B 点间的水平距离及高差。首先在 A 点架设仪器，将标尺立于 B 点。将望远镜视线调至水平位置并瞄准尺子，则视准轴与标尺垂直。上、下丝的读数分别记作 p、q，p 和 q 之差称为视距间隔，用 n 表示。假设视距丝间距为 $pq=u$，物镜焦距记作 f，物镜中心到仪器中心的距离为 γ，由几何比例关系可得式（4-9）：

$$\frac{s}{f}=\frac{n}{u} \tag{4-9}$$

所以 A、B 两点间的水平距离如式（4-10）、式（4-11）所示

$$S=s+f+\gamma=\frac{n}{u}f+f+\gamma \tag{4-10}$$

$$S=Kn+C \tag{4-11}$$

式中　K——视距乘常数，$K=\frac{f}{u}$；

C——视距加常数，$C=f+\gamma$；

在计算时，通常取 $K=100$，$C=0$，所以 A、B 两点的水平距离如式（4-12）所示：

$$S=Kn \tag{4-12}$$

同时也可根据仪器高 i 和与视线水平时的中丝读数 l 计算两点间的高差如式（4-13）所示：

$$h=i-l \tag{4-13}$$

4.2.2　倾斜地面的视距计算

当 A、B 两点高差较大时，要使视线倾斜一个垂直角 α，才能在标尺上进行视距读数，此时由于视准轴与视距尺不垂直，不能采用上述公式计算水平距离和高差。

如图 4-10 所示，图中 α 即为视线倾斜的垂直角，图中将标尺绕 O 点旋转 α 角，使视线与标尺垂直。由于图中 φ 角很小，所以 $\angle UU'O$ 和 $\angle VV'O$ 可以看作直角，此时视距间隔为：

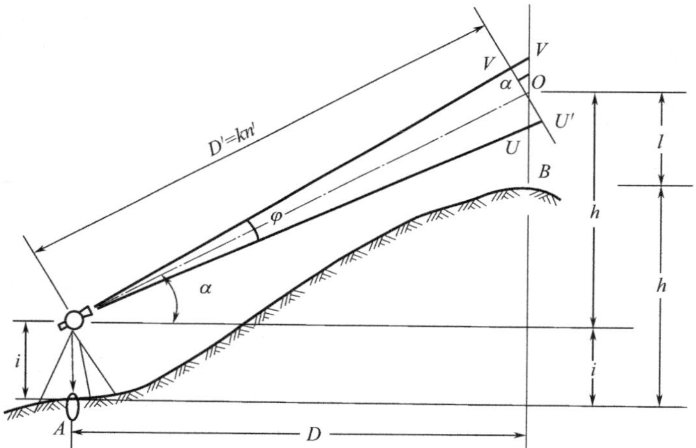

图 4-10　倾斜地面的视距计算

$$n'=U'V'=UV\cos\alpha=n\cos\alpha \tag{4-14}$$

倾斜距离如式（4-15）所示：

$$D'=Kn'=Kn\cos\alpha \tag{4-15}$$

A、B 两点间的水平距离如式（4-16）所示：

$$D=D'\cos\alpha=Kn\cos^2\alpha \tag{4-16}$$

A、B 间的高差如式（4-17）所示：

$$h=D'\sin\alpha+i-l=\frac{1}{2}Kn\sin2\alpha+i-l \tag{4-17}$$

4.2.3 视距测量的观测与计算

视距测量因为精度的限制，主要应用于地形测量。视距测量的步骤大致如下：

(1) 在测站上安置经纬仪，量取仪器高 i，做好记录；

(2) 将标尺立于将要测定的位置上，立好视距尺，并将尺面对准仪器，分别读取上、中、下三丝的读数，并做好相关记录；

(3) 在得到视距丝读数后，读取经纬仪竖盘的读数，记录在册。

依照此步骤，重复进行步骤 (2)、(3)，测量其他的点。

视距测量的计算一般在专门的表格中进行，见表 4-2。

视距测量计算表 **表 4-2**

点号	下丝读数 (m)	上丝读数 (m)	中丝读数 (m)	视距间隔 (m)	竖盘读数 (° ′)	垂直角 (° ′)	水平距离 (m)	高程 H (m)
1	1.768	0.934	1.350	0.834	92 45	+2 45	83.21	25.47
2	2.182	0.660	1.420	1.522	95 27	+5 27	150.83	35.79
3	2.440	1.862	2.150	0.578	88 25	−1 35	57.76	19.07
备注	$\alpha=90°-$垂直角							

4.3 电磁波测量

4.3.1 电磁波测距概述

电磁波测距是利用电磁波作为载波，经调制后由测线一端发射出去，由另一端反射或转送回来，测定发射波与回波相隔的时间以测量距离的方法。电磁波测距精度高、作业快、几乎不受地形影响，应用较广泛。

根据仪器采用的载波不同，电磁波测距仪可以分为以下几种：微波测距仪、激光测距仪、红外光测距仪。后两种又统称为光电测距仪。在远程测距中应用微波测距仪和激光测距仪比较多，测程可达数十公里。而红外光测距仪适用于中、短程测距，在小区控制测量、建筑施工测量方面应用较广泛。

光电测距的中误差 m_s（又称作测距仪的标称精度）可用式 (4-18) 表示：

$$m_s=\pm(a+bS) \tag{4-18}$$

式中 m_s——测距中误差，mm；

a——固定误差，mm；

b——比例误差系数，mm/km；

S——测距长度，km。

电磁波测距仪的精度可分为高（Ⅰ级）、中（Ⅱ级）、低（Ⅲ级）三个级别。当测距长度为 1km 时，仪器精度分别为：

Ⅰ级—$|m_s|\leqslant 5$

Ⅱ级—$5<|m_s|\leqslant 10$

Ⅲ级—$10<|m_s|\leqslant 20$

在工程测量领域内，将测距长度为 1km 时由电磁波测距仪器中误差计算公式得到的误差为 5mm 的仪器也被称作 5mm 级仪器，这其中包括测距仪和全站仪。

4.3.2　电磁波测距原理

电磁波测距的基本原理是利用已知光速 C，测定光在待测距离两点之间往返传播的时间 t，进而计算距离，如图 4-11 所示。

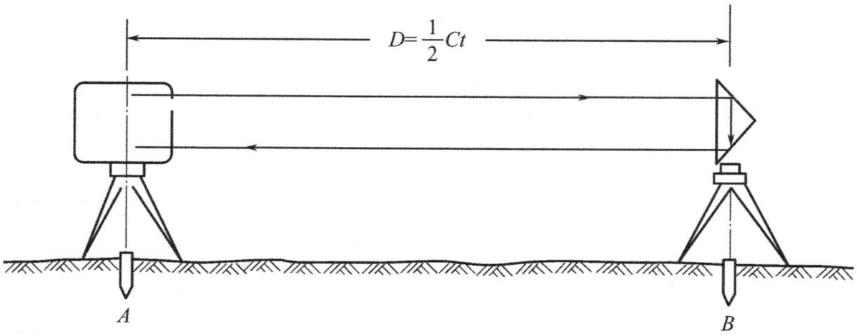

图 4-11　电磁波测距原理

图中 A、B 两点的距离公式如式（4-19）所示：

$$D=\frac{1}{2}Ct \tag{4-19}$$

式中　C——光在大气中的传播速度。

由于 $C=\dfrac{C_0}{n}$（C_0 为光在真空中的传播速度，n 为大气折射率），所以，距离如式（4-20）所示：

$$D=\frac{C_0}{2n}t \tag{4-20}$$

式中　C_0——光在真空中的传播速度为一常数，$C_0=299792458\pm1.2\text{m/s}$。

n——大气折射率，它是大气气压 p、大气温度 t、和光波波长 λ_g 的函数。

$$n=f(p,\ t,\ \lambda_g) \tag{4-21}$$

由式（4-21）可知，在电磁波测距过程之前，必须测定现场的大气温度和气压，对测距仪相关参数进行改正。

4.3.3　激光测距仪在建筑施工测量中的应用

以南方测绘 PD-58A 手持激光测距仪（图 4-12）为例，该仪器可以用于建筑工程中的距离，面积，体积，坡度等测量。

1. 开/关机

按键开机并发射指示激光，自动进入测距模式，开机状态，按住

键 2s 关机。

2. 距离测量

单次距离测量：指示激光关闭时，按键为打开指示激光，将指示激光对准目标，

图 4-12 PD-58A 手持激光测距仪

再按键测距，屏幕主显示区将显示基准边至目标的距离值（图 4-13）

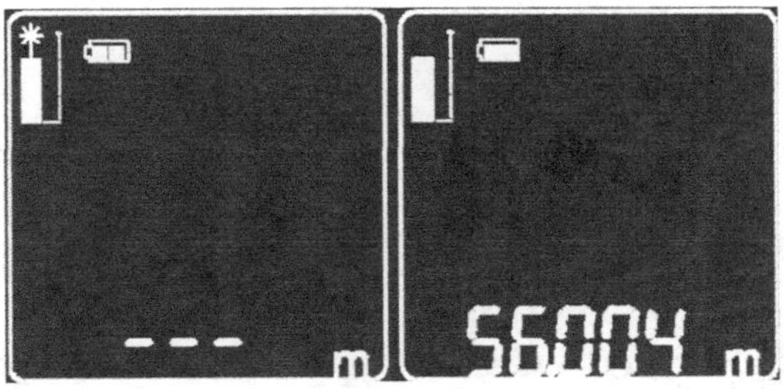

图 4-13 距离测量

3. 面积/体积测量

按键进入面积测量模式，瞄准矩形的一条边，按键测量，瞄准矩形的另一条相邻边，按键测量，主显示区显示面积，辅助显示区显示 2 个距离值（图 4-14）。

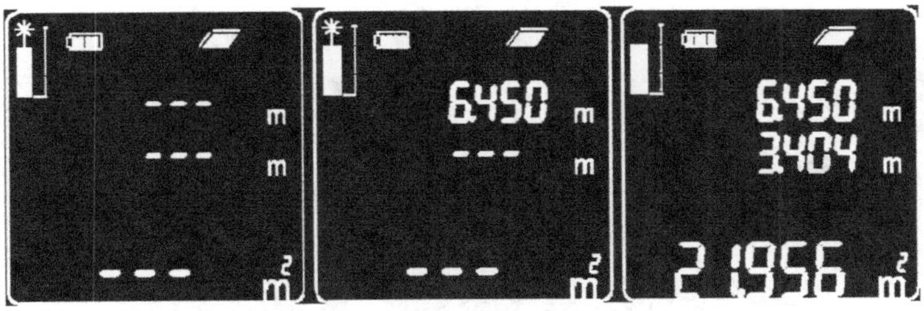

图 4-14 面积/体积测量

4. 设置测距基准边（图 4-15）

按键切换测距基准点为后端或前端，打开延长板，测距基准点自动设置为延长板尾端。按住键 2s，进入菜单模式，将 MENU6 页设置为“ON”，启动三脚架测量，测距基准三脚架连接螺丝接口中心。

5. 倾斜、平距测量

内置倾斜传感器测量激光束竖直角，范围在±45°或±100%之间，误差在±0.3°或

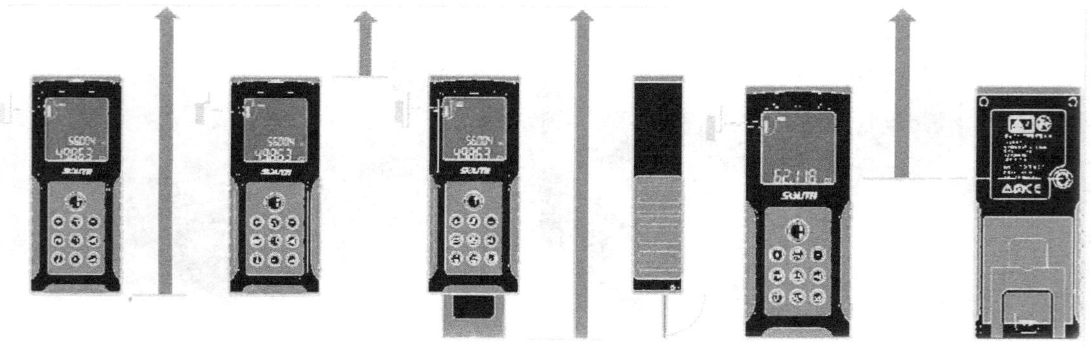

(a) 后端　(b) 前端　(c) 延长板尾端　侧立面　(d) 三脚架测量　背面

图 4-15　设置测距基准边

0.5%之间，倾角单位十进制度（°）或（%），可在菜单模式 MENU2 中设置。

倾斜测量

按键启动倾斜传感器，屏幕顶部显示图标，辅助显示区第一行实时显示仪器底边当前倾角，之后按键测量，主显示区显示斜距测量值（图 4-16）

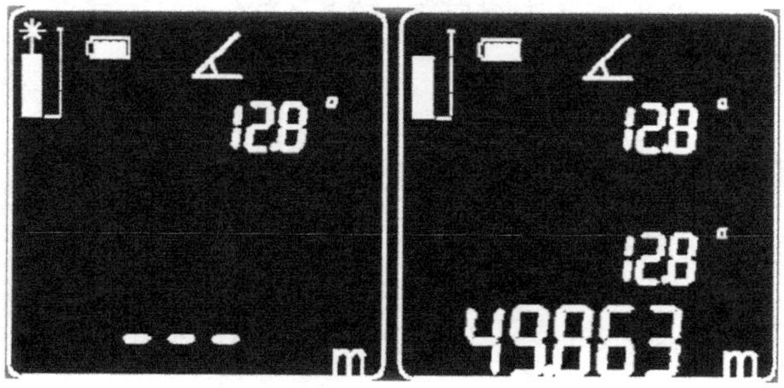

图 4-16　倾距测量

按键进入平距测量模式，显示图标，辅助显示区第一行实时显示仪器底边当前倾角，按键测量，主显示区显示平距测量值（图 4-17）。

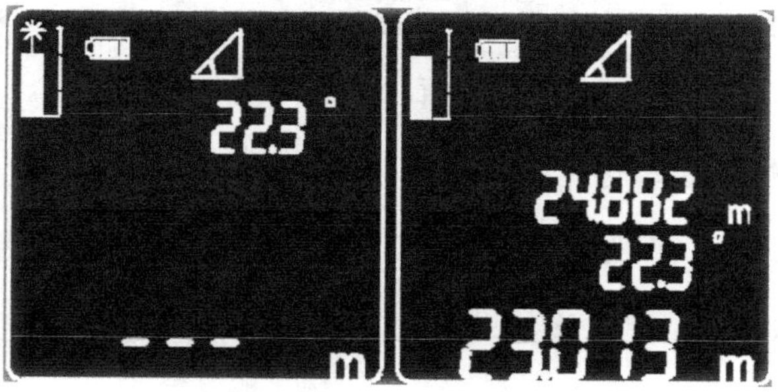

图 4-17　平距测量

6. 间接测量

按键进入间接测量模式，通过测量 2～3 个距离值计算另一个高差，水平方向距离，面积，以单勾股测量测量高差为例（图 4-18），再次按键进入“单勾股测量”界面，左侧显示图标，将测距仪瞄准 A 点，按键测量斜距 OA，再将测距仪水平放置，按键测量平距 OB，辅助显示区显示三角形斜边及水平边测量值，主显示区显示高差×勾股计算值（图 4-19）。

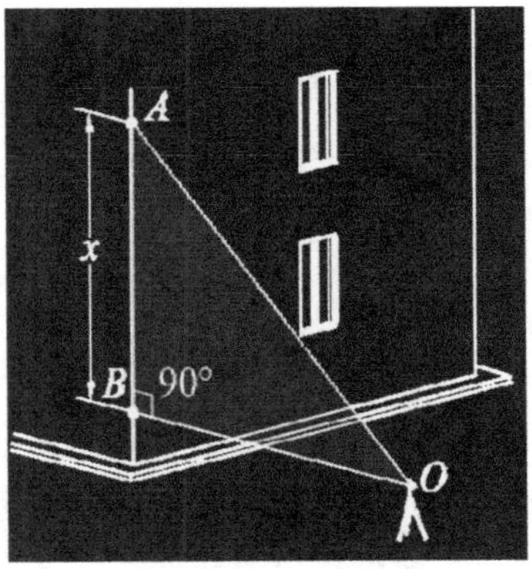

图 4-18　间接测量（一）

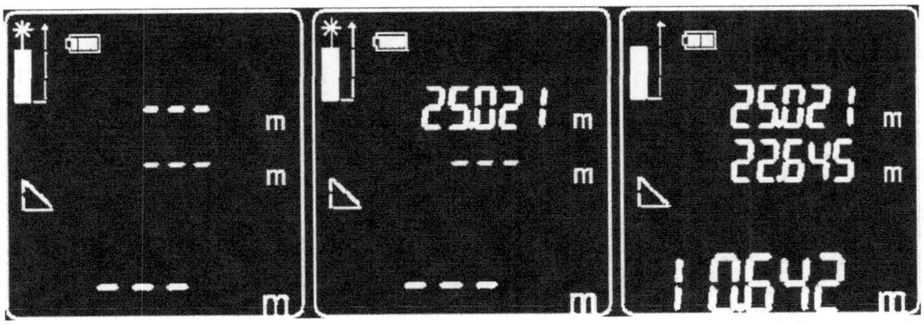

图 4-19　间接测量（二）

4.4　全站仪测量

4.4.1　全站仪概述

全站仪，即全站型电子速测仪（Electronic Total Station）。是一种集光、机、电为一体的高技术测量仪器，是集水平角、垂直角、距离（斜距、平距）、高差测量功能于一体的测绘仪器系统。因其一次安置仪器就可完成该测站上全部测量工作，所以称之为全站仪。广泛用于地上大型建筑和地下隧道施工等精密工程测量或变形监测领域。在测量过程中，设置好相关参数，照准目标，在其屏幕上便能自动显示平距、斜距、水平角、竖直角等数据。然后通过输入输出设备，将测得的数据导入计算机内，进行相关后处理，完成计算、编辑和制图等相关测量的后期工作。这样不仅在外业测量中快速、高效，而且在内业处理中也可结合计算机技术，实现测量作业的高度自动化，使得整个测量工作方便、快捷。

如图 4-20 所示，全站仪主要由以下几部分组成：

（1）测角部分相当于一个经纬仪，可以完成水平角、竖直角的测量；

（2）测距部分相当于一个光电测距仪，可以完成平距、斜距、高差的测量；

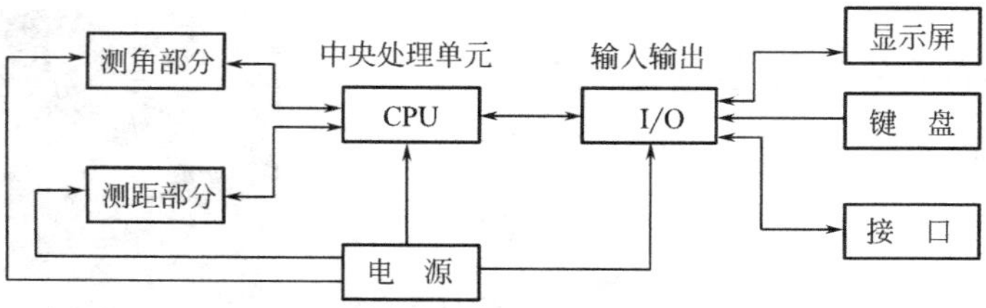

图 4-20 全站仪

(3) 中央处理系统是对采集的数据进行相关处理，如多测回取其平均值、观测值的改正等；

(4) 通信接口是将经过初步处理后的数据文件导入计算机的重要途径，也可将计算机中的数据和信息传入全站仪，实现双向信息传输，加强外业与内业的紧密联系。

全站仪按照其外观结构可分为以下两类：

(1) 组合型（又称积木型） 早期的全站仪，大都是积木型结构，即电子速测仪、电子经纬仪、电子记录器各是一个整体，可以分离使用，也可以通过电缆或接口把它们组合起来，形成完整的全站仪。

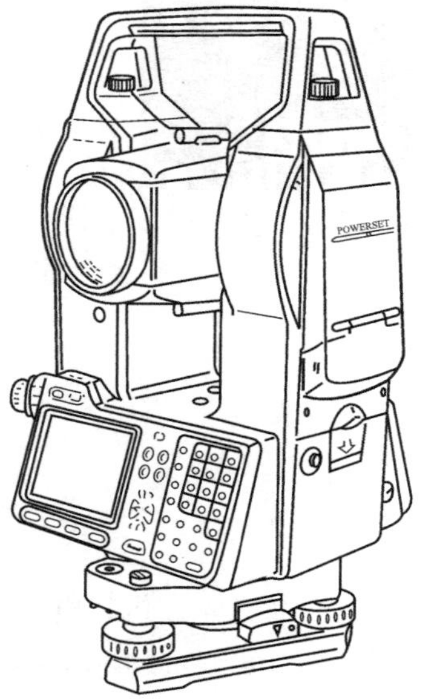

图 4-21 整体型全站仪

(2) 整体型 随着电子测距仪进一步的轻巧化，现代的全站仪大都将电子经纬仪和测距仪设计成一个不可分割的整体，其中测距仪的发射轴、接收轴和望远镜的视准轴为同轴结构。使用较方便。目前，整体型全站仪应用较广泛，如图 4-21 所示。

全站仪按照测距距离还可以分为三类：

(1) 短距离测距全站仪

测程小于 3km，一般精度为±（5km+5ppm），主要用于普通测量和城市测量。

(2) 中测程全站仪

测程为 3～15km，一般精度为±（5mm+2ppm），±（2mm+2ppm），通常用于一般等级的控制测量。

(3) 长测程全站仪

测程大于 15km，一般精度为±（5mm+1ppm），通常用于国家三角网及特级导线的测量。

4.4.2 全站仪的使用

目前市场上全站仪型号多种多样，使用方法上也有微小区别，现对全站仪大致的使用步骤作一些介绍。

(1) 对中。首先将三脚架打开，伸到适当高度，拧紧三个固定螺旋。然后将仪器小心地安置到三脚架上，根据观测者的视力调节光学对中器望远镜的目镜。松开中心连接螺旋、轻移仪器，将光学对中器的中心标志对准测站点，然后拧紧连接螺旋。在轻移仪器时不要让仪器在架头上有转动，以尽可能减少气泡的偏移。

（2）整平。

1）松开水平制动螺旋、转动仪器使管水准器平行于某一对脚螺旋 A、B 的连线。再旋转脚螺旋 A、B，使管水准器气泡居中；

2）将仪器绕竖轴旋转 90°，再旋转另一个脚螺旋 C，使管水准器气泡居中；

3）再次旋转 90°，重复 1）、2）直到仪器旋转到任何位置时，管水准气泡始终居中为止，然后拧紧连接螺旋。

（3）数据采集。

在安置好仪器后，就可开始进行数据采集工作，首先进行仪器自检，以保证仪器能够正常工作。然后将测站点的坐标、仪器高、棱镜高、大气改正数等数据信息输入全站仪中，在测量模式下将望远镜照准立于目标位置的棱镜，并且使望远镜的十字丝中心瞄准棱镜中心。瞄准目标棱镜后，按键盘上的测量按键，数秒钟后，屏幕上就会显示目标点的相关信息。

（4）记录。

在屏幕上可以进行翻页，对采集的数据一一记录下来。根据测量的需要，分别可以查看水平度盘读数、垂直度盘读数、平距、斜距、高差等。

4.4.3 全站仪的程序功能

全站仪除了测定地面点之间的平距、斜距、高差、水平角、竖直角等直接观测值外，一般在仪器出厂前，将一些常用的程序输入到仪器内，还能在测量现场实时计算出目标点的三维坐标、点与点之间的方位角等。用户可以根据自身的需要选购相关软件，全站仪的机载程序包括自由设站、三维坐标测量、导线测量、后方交会、对边测量、偏心测量、放样测量、面积测量等。

仪器的机载程序基本可以完成大部分情形的测量工作。但为了更进一步满足用户的需要，目前有些全站仪借助第三方软件提供可扩展的途径支持用户编程应用于测量，即用户结合工具软件和仪器功能库的函数功能，开发出满足特殊需要的应用软件。快速完成特殊情形的测量任务。

4.4.4 全站仪的新发展

随着计算机技术的不断发展与应用以及用户的特殊要求与其他工业技术的应用，全站仪出现了一个新的发展时期，出现了带内存、防水型、防爆型、电脑型等等多种类型的全站仪。

对于某些不易安置棱镜或根本无法安置棱镜的待测点，免棱镜全站仪的应用满足了广大用户的需求。免棱镜全站仪可灵活应用在城市测量、森林测量、采石场测量采矿、事故勘查等。可满足有特殊要求的无棱镜测量作业。

在测量精度方面，全站仪也有了很大的改善。目前，世界上最高精度的全站仪：测角精度（一测回方向标准偏差）0.52，测距精度 1mm＋1ppm。利用 ATR（Atuo Targets Recognition），自动目标识别功能，白天和黑夜（无需照明）都可以工作。全站仪既可人工操作，也可自动操作，既可远距离遥控运行也可在机载应用程序控制下使用，还可使用在精密工程测量、变形监测等工程领域。

4.5　直线定向及坐标正反算

4.5.1　直线定向

1. 直线定向的概念

要确定地面上任意两点的相对位置关系，必须测量两点间的距离，并确定两点间连线的方向。为了确定两点间连线的方向，首先应规定一个基准方向，确定一条直线与基准方向之间的水平夹角关系称为直线定向。

测量中常采用的基准方向有三种，即真子午线方向、磁子午线方向以及坐标纵轴方向。

（1）地面上一点的真子午线方向是指通过该点的真子午线切线方向，该方向可通过天文测量方法测定，也可以通过陀螺经纬仪测定；

（2）地面上一点的磁子午线方向是指通过该点的磁子午线切线方向，该方向可通过罗盘仪测定；

（3）我国采用的高斯平面直角坐标系，每一个投影带中央子午线的投影为坐标纵轴方向，即 X 轴方向。

2. 直线定向的方法

（1）方位角

测量中常用方位角表示直线方向。从基准方向的北端起，在平面上顺时针旋转至该直线方向的水平夹角，称为该直线的坐标方位角，取值范围为 0°～360°。

根据基准方向不同，坐标方位角相应地分为真方位角 $A_{真}$、磁方位角 $A_{磁}$ 和坐标方位角 α 三种。

1）真方位角和磁方位角之间的关系

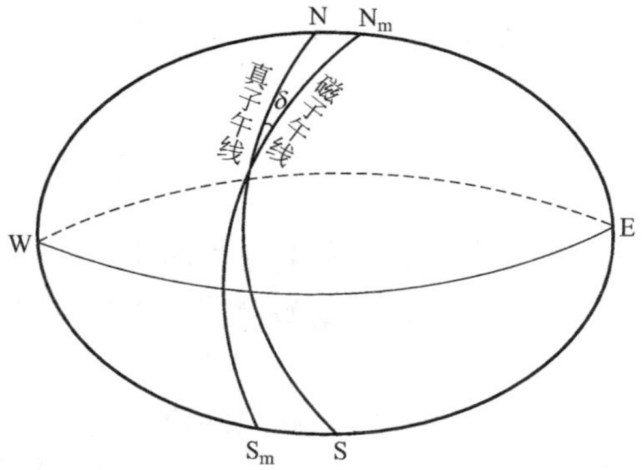

图 4-22　真方位角与磁方位角之间的关系

如图 4-22 所示，由于地球旋转轴的南北极与地球磁极不重合，导致过地球某点的真子午线与磁子午线不重合，两者之间所形成的夹角称为磁偏角 δ。因此真方位角 $A_{真}$ 和磁方位角 $A_{磁}$ 之间的关系如式（4-22）所示：

$$A_{真}=A_{磁}+\delta \tag{4-22}$$

由于地球磁极是在不断变化的，地球上不同地点磁偏角不同，同一地点磁偏角也有长期和周期变化，并伴随偶然性和磁反常现象。因此，测量中一般用真子午线作为基准方向，磁子午线作为基准方向只适用于施测困难、精度要求不高的地区，如森林勘测。我国磁偏角的变化范围约为＋6°～－10°。

2）真方位角和坐标方位角之间的关系

由于地面上任意点 P 的真子午线都收敛于地球旋转轴的南北两极，因此，只要点 P

不在赤道上，其真子午线方向与坐标纵轴方向就不重合，如图 4-23 所示。地面上各点的真子午线方向与坐标纵轴（中央子午线）北方向之间的水平夹角，称为子午线收敛角，用 γ 表示。则图中直线 PQ 的真方位角 A_{PQ} 与坐标方位角 α_{PQ} 之间的关系如式（4-23）所示：

$$A_{PQ}=\alpha_{PQ}+\gamma \tag{4-23}$$

如图 4-24 所示，坐标纵轴北方向在真子午线方向北端以东，γ 取正值；以西，γ 取负值。子午线收敛角的近似计算公式如式（4-24）所示：

$$\gamma=\Delta L\sin B \tag{4-24}$$

式中 ΔL——地面上任意点的大地经度 L 与该点所在投影带的中央子午线经度 L_0 之差，即 $\Delta L=L-L_0$；

B——该点的大地纬度。

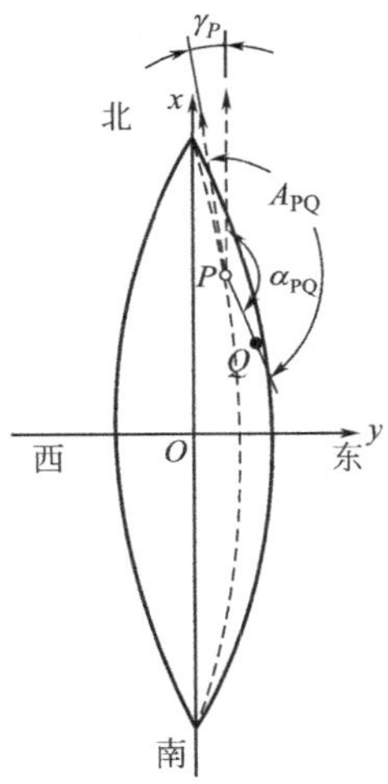

图 4-23 真子午线与坐标纵轴

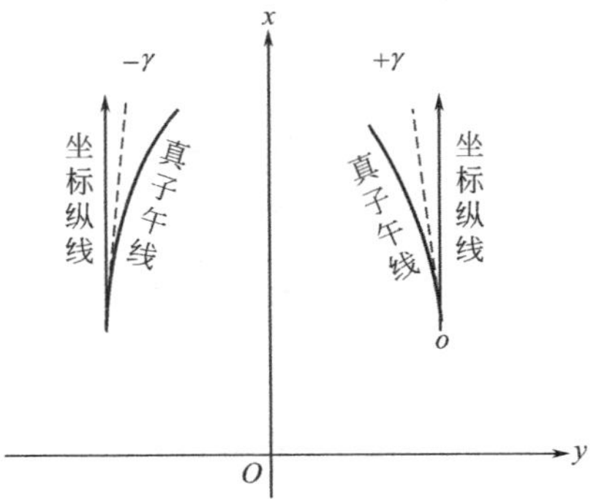

图 4-24 坐标纵轴北方向与真子午线

由此近似公式（4-24）可知，ΔL 越大，γ 越大；ΔL 越小，γ 越小，即点离中央子午线越远，子午线收敛角越大；B 越大，γ 也越大，即点纬度越高，收敛角越大，赤道上收敛角为零。

子午线（真子午线或磁子午线）间方向都互不平行，计算时会造成诸多不便，因此，测量中普遍采用坐标纵轴线作为方位角的基准方向。本书中若无特别说明，所提及的方位角均指坐标方位角。

（2）象限角

某直线与基准方向所夹的锐角称为象限角，用 R 表示，其取值范围为 0°～90°。平面直角坐标系按顺时针方向分为四个象限，以Ⅰ、Ⅱ、Ⅲ、Ⅳ表示，分为北东（NE）、南东（SE）、南西（SW）、北西（NW）。如图 4-25 所示，直线 01、02、03、04 分别位于四个象限，象限角分别为 R_{01}、R_{02}、R_{03}、R_{04}。如 01 在第Ⅰ象限，角值为 45°，则该象限角表示为北东 45°。

象限角与方位角之间可以互相换算，换算方法如表 4-3。

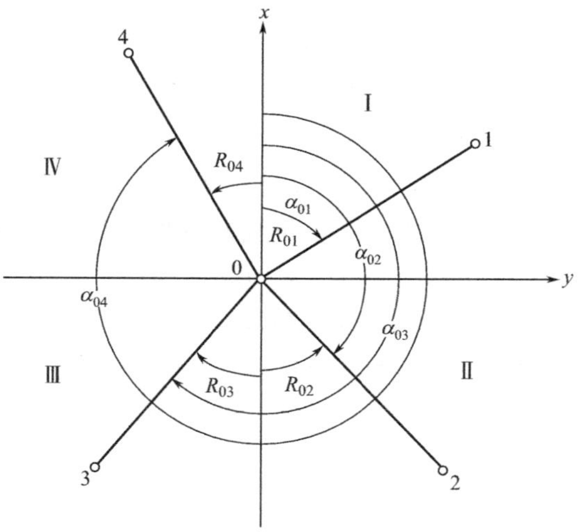

图 4-25　象限角

方位角与象限角的换算　　表 4-3

象限		方位角范围	由方位角求象限角	由象限角求方位角
编号	名称			
Ⅰ	北东(NE)	0°～90°	$R=\alpha$	$\alpha=R$
Ⅱ	南东(SE)	90°～180°	$R=180°-\alpha$	$\alpha=180°-R$
Ⅲ	南西(SW)	180°～270°	$R=\alpha-180°$	$\alpha=180°+R$
Ⅳ	北西(NW)	270°～360°	$R=360°-\alpha$	$\alpha=360°-R$

4.5.2　坐标方位角的推算

1. 正反坐标方位角

一条直线有正反两个方向，一般以直线前进方向为正方向，如图 4-26 所示。

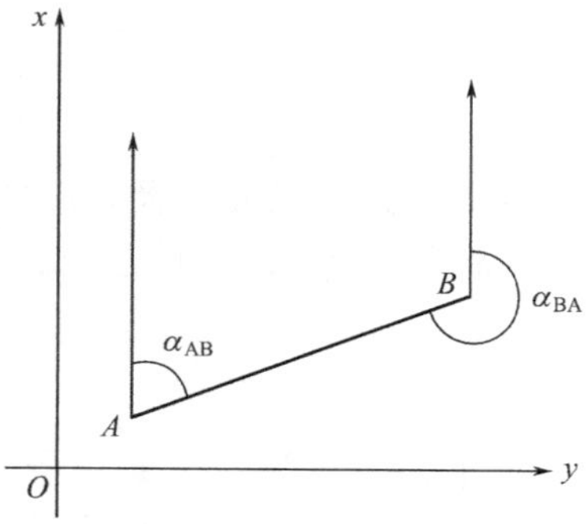

图 4-26　正反坐标方位角

如果以 A 点到 B 点为前进方向，即正方向，则直线 AB 的坐标方位角为 α_{AB} 为正方位角；B 点到 A 点为反方向，则直线 BA 的坐标方位角 α_{BA} 为反方位角。

正、反方位角的概念是相对的，α_{AB} 为正方位角，则 α_{BA} 为反方位角；反之，α_{BA} 为正方位角，α_{BA} 为反方位角。由于平面直角坐标系内，各点的坐标北方向都是平行的，容易看出，一条直线的正、反坐标方位角相差 180°，如式（4-25）所示：

$$\alpha_{BA}=\alpha_{AB}\pm 180° \tag{4-25}$$

式中　当 $\alpha_{AB}\geqslant 180°$，取“－”；当 $\alpha_{AB}\leqslant 180°$，取“＋”。

2. 坐标方位角的推算

测量中，为使测量成果坐标统一，并保证测量精度，通常将线段首尾连接成折线，并与已知边相连。每条直线的坐标方位角并不直接测定，而是通过已知边的坐标方位角和观测的水平夹角 β 进行推算。当 β 位于折线推算前进方向左侧时称为左角，β 位于折线推算前进方向右侧时称为右角。

如图 4-27 所示，AB 为已知边，其坐标方位角为 α_{AB}，AB 边与 $B1$ 边水平夹角为 β_b（称为连接角），各点转折角 β_1、β_2、β_3 等均为左角。从图 4-27 可以看出：

$$\alpha_{BA}=\alpha_{AB}+180^\circ$$

$$\alpha_{B1}=\alpha_{BA}+\beta_B-360^\circ=\alpha_{AB}+\beta_B-180^\circ$$

$$\alpha_{12}=\alpha_{B1}+\beta_1-180^\circ=\alpha_{AB}+\beta_B+\beta_1-2\times180^\circ$$

按已知坐标方位角 $\alpha_{后}$ 和左角 $\beta_{左}$，推算前进方向一边的坐标方位角 $\alpha_{前}$ 的一般公式如式（4-26）所示：

$$\alpha_{前}=\alpha_{后}+\beta_{左}-180^\circ \tag{4-26}$$

当各点转折角为右角时，可得按已知坐标方位角 $\alpha_{后}$ 和右角 $\beta_{右}$，推算前进方向一边的坐标方位角 $\alpha_{前}$ 的一般公式，如式（4-27）所示：

$$\alpha_{前}=\alpha_{后}-\beta_{右}+180^\circ \tag{4-27}$$

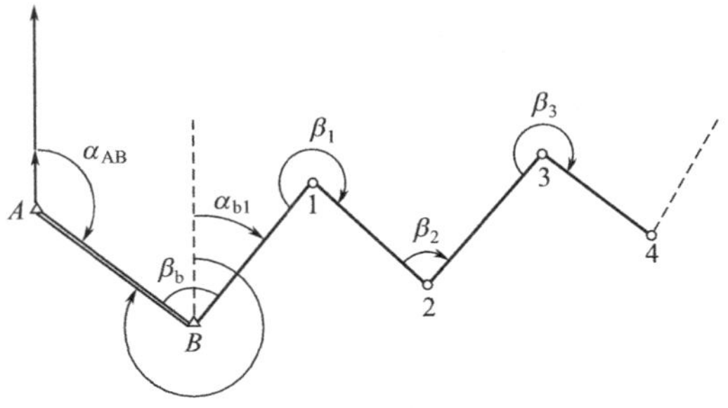

图 4-27　坐标方位角的推算

则推算坐标方位角的一般公式如式（4-28）所示：

$$\alpha_{前}=\alpha_{后}+\begin{Bmatrix}+\beta_{左}\\-\beta_{右}\end{Bmatrix}\pm180^\circ \tag{4-28}$$

当用左角时加 $\beta_{左}$，当用右角时减 $\beta_{右}$，“左加右减”；公式等号右边前两项计算结果大于 180°，公式中 180°之前取“＋”，小于 180°，取“－”。坐标方位角取值范围为 0°～360°，因此，当计算结果大于 360°时，应减去 360°；计算结果小于 0°时，应加上 360°。

4.5.3　坐标正反算

1. 坐标正算公式

根据已知边长、方位角和已知点坐标，计算待定点坐标，称为坐标正算。如图 4-28 所示，A 点坐标已知，为（x_A，y_A），A 到待定点 B 边长为 D_{AB}（水平距离），直线 AB 的坐标方位角为 α_{AB}。则 B 点坐标如式（4-29）所示：

$$\left.\begin{aligned}x_B&=x_A+\Delta x_{AB}=x_A+D_{AB}\cos\alpha_{AB}\\y_B&=y_A+\Delta y_{AB}=y_A+D_{AB}\sin\alpha_{AB}\end{aligned}\right\} \tag{4-29}$$

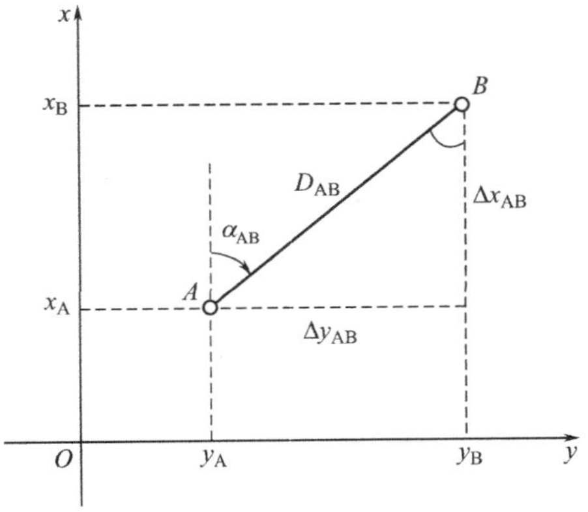

图 4-28　坐标正算

上式（4-29）即为坐标正算公式。其中，Δx_{AB}、Δy_{AB} 称为坐标增量。按公式（4-29）进行坐标增量计算时，sin 函数和 cos 函数值随方位角所在的象限有正负之分，进而计算出的 Δx_{AB}、Δy_{AB} 也有正负号，其正负号的确定，如表 4-4 所示。

坐标增量的正负号　　表 4-4

坐标方位角	象限角所在象限	函数符号		坐标增量符号	
		cos	sin	Δx	Δy
0°～90°	北东（第Ⅰ象限）	+	+	+	+
90°～180°	南东（第Ⅱ象限）	−	+	−	+
180°～270°	南西（第Ⅲ象限）	−	−	−	−
270°～360°	北西（第Ⅳ象限）	+	−	+	−

2. 坐标反算公式

根据两点的已知坐标，求两点之间直线的水平距离和方位角，称为坐标反算。

如图 4-28 所示，可得水平距离计算公式如式（4-30）、式（4-31）所示：

$$D_{AB}=\sqrt{\Delta x_{AB}^2+\Delta y_{AB}^2}=\sqrt{(x_B-x_A)^2+(y_B-y_A)^2} \tag{4-30}$$

$$\alpha_{AB}=\arctan\frac{\Delta y_{AB}}{\Delta x_{AB}}=\arctan\frac{y_B-y_A}{x_B-x_A} \tag{4-31}$$

在方位角计算过程中，由于电子计算器在按三角函数值计算角度时只能得到 0°～90°之间的象限角，因此，用公式（4-33）时，还需要根据坐标增量的正负号，按表 4-16 将象限角 R 换算成方位角 α。

在布设各等级平面控制网时，必须至少已知网中一个已知点的坐标和该点至另一点连线的方位角，或者已知网中两点的坐标，即“一点坐标和方位角”和“两点坐标”为平面控制网必要的“起始数据”。在小区域内建立平面控制网时，一般应与该地区已有的国家控制网或平面控制网进行联测，取得起始数据，再进行平面控制网的定位和定向。

习题与思考题

1. 何谓直线定线？何谓直线定向？

2. 钢尺量距应注意哪些事项？

3. 怎样衡量距离丈量的精度？假设丈量了 AB、CD 两段距离：AB 的往测距离为 135.465m，返测距离为 135.489m；CD 的往测距离为 365.635m，返测距离为 365.701m。试求哪一段丈量精度较高？

4. 用钢尺丈量 AB 两点的距离，往测距离为 176.396m，返测距离为 176.412m，则测量的相对误差为多少？

5. 光电测距的基本原理是什么？

6. 简述视距测量的原理。

7. 视距测量误差及注意事项有哪些？

8. 全站仪有哪几部分组成？

9. 试解释如何进行坐标正算、坐标反算。

10. 已知 A、B 两点的坐标为 $x_A=697.54$m，$y_A=1248.52$m，$x_B=1295.24$m，$y_B=866.44$m，求 AB 的边长及方位角。

第 5 章　测量误差及测量平差

5.1　测量误差概述

研究测量误差的来源、性质及其产生和传播的规律，解决测量工作中遇到的实际问题而建立起来的概念和原理的体系，称为测量误差理论。

在实际的测量工作中发现：当对某个确定的量进行多次观测时，所得到的各个结果之间往往存在着一些差异，例如重复观测两点的高差，或者是多次观测一个角或丈量若干次一段距离，其结果都互有差异。另一种情况是，当对若干个量进行观测时，如果已经知道在这几个量之间应该满足某一理论值，实际观测结果往往不等于其理论上的应有值。例如，一个平面三角形的内角和等于 180°，但三个实测内角的结果之和并不等于 180°，而是有一差异。这些差异称为不符值。这种差异是测量工作中经常而又普遍发生的现象，这是由于观测值中包含有各种误差的缘故。

任何的测量都是利用特制的仪器、工具进行的，由于每一种仪器只具有一定限度的精密度，因此测量结果的精确度受到了一定的限制。且各个仪器本身也有一定的误差，使测量结果产生误差。测量是在一定的外界环境条件下进行的，客观环境包括温度、湿度、风力、大气折光等因素。客观环境的差异和变化也使测量的结果产生误差。测量是由观测者完成的，人的感觉器官的鉴别能力有一定的限度，人们在仪器的安置、照准、读数等方面都会产生误差。此外，观测者的工作态度、操作技能也会对测量结果的质量（精度）产生影响。

观测值中存在观测误差有下列三方面原因：

（1）观测者　由于观测者的感觉器官的鉴别能力的局限性，在仪器安置、照准、读数等工作中都会产生误差。同时，观测者的技术水平及工作态度也会对观测结果产生影响。

（2）测量仪器（surveying instrument）　测量工作所使用的测量仪器都具有一定的精密度，从而使观测结果的精度受到限制。另外，仪器本身构造上的缺陷，也会使观测结果产生误差。

（3）外界观测条件（field observation condition）　外界观测条件是指野外观测过程中，外界条件的因素，如天气的变化、植被的不同、地面土质松紧的差异、地形的起伏、周围建筑物的状况，以及太阳光线的强弱、照射的角度大小等。

有风会使测量仪器不稳，地面松软可使测量仪器下沉，强烈阳光照射会使水准管变形，太阳的高度角、地形和地面植被决定了地面大气温度梯度，观测视线穿过不同温度梯度的大气介质或靠近反光物体，都会使视线弯曲。产生折光现象。因此，外界观测条件是保证野外测量质量的一个重要因素。

观测者、测量仪器和观测时的外界条件是引起观测误差的主要因素，通常称为观测条件。观测条件相同的各次观测，称为等精度观测。观测条件不同的各次观测，称为非等精度观测。任何观测都不可避免地要产生误差。为了获得观测值的正确结果，就必须对误差进行分析研究，以便采取适当的措施来消除或削弱其影响。

观测误差按其性质，可分为系统误差、偶然误差和粗差。

（1）系统误差。由仪器制造或校正不完善、观测员生理习性、测量时外界条件、仪器检定时不一致等原因引起。在同一条件下获得的观测列中，其数据、符号或保持不变，或按一定的规律变化。在观测成果中具有累计性，对成果质量影响显著，应在观测中采取相应措施予以消除。

（2）偶然误差。它的产生取决于观测进行中的一系列不可能严格控制的因素（如湿度、温度、空气振动等）的随机扰动。在同一条件下获得的观测列中，其数值、符号不定，表面看没有规律性，实际上是服从一定的统计规律的。随机误差又可分两种：一种是误差的数学期望不为零称为“随机性系统误差”；另一种是误差的数学期望为零黍为偶然误差。这两种随机误差经常同时发生，须根据最小二乘法原理加以处理。

（3）粗差。是一些不确定因素引起的误差，国内外学者在粗差的认识上还未有统一的看法，目前的观点主要有几类：一类是将粗差看用与偶然误差具有相同的方差，但期望值不同；另一类是将粗差看作与偶然误差具有相同的期望值，但其方差十分巨大；还有一类是认为偶然误差与粗差具有相同的统计性质，但有正态与病态的不同。以上的理论均是建立在把偶然误差和粗差均为属于连续型随机变量的范畴。还有一些学者认为粗差属于离散型随机变量。

当观测值中剔除了粗差，排除了系统误差的影响，或者与偶然误差相比系统误差处于次要地位后，占主导地位的偶然误差就成了我们研究的主要对象。从单个偶然误差来看，其出现的符号和大小没有一定的规律性，但对大量的偶然误差进行统计分析，就能发现其规律性，误差个数愈多，规律性愈明显。

例如，在相同的观测条件下，对 358 个三角形的内角进行了观测。由于观测值含有偶然误差，致使每个三角形的内角和不等于 180°。设三角形内角和的真值为 X，观测值为 L，其观测值与真值之差为真误差 Δ。用下式表示为：

$$\Delta = L_i - X \quad (i=1, 2, \cdots, 358) \tag{5-1}$$

由（5-1）式计算出 358 个三角形内角和的真误差，并取误差区间为 0.2″，以误差的大小和正负号，分别统计出它们在各误差区间内的个数 V 和频率 V/n，结果列于表 5-1。

偶然误差的区间分布　　　　表 5-1

误差区间 $d\Delta('')$	正误差		负误差		合　计	
	个数 V	频率 V/n	个数 V	频率 V/n	个数 V	频率 V/n
0.0～0.2	45	0.126	46	0.128	91	0.254
0.2～0.4	40	0.112	41	0.115	81	0.226
0.4～0.6	33	0.092	33	0.092	66	0.184
0.6～0.8	23	0.064	21	0.059	44	0.123
0.8～1.0	17	0.047	16	0.045	33	0.092
1.0～1.2	13	0.036	13	0.036	26	0.073

续表

误差区间 $d\Delta('')$	正误差		负误差		合 计	
	个数 V	频率 V/n	个数 V	频率 V/n	个数 V	频率 V/n
1.2～1.4	6	0.017	5	0.014	11	0.031
1.4～1.6	4	0.011	2	0.006	6	0.017
1.6 以上	0	0	0	0	0	0
	181	0.505	177	0.495	358	1.000

从表 5-1 中可看出，最大误差不超过 1.6″，小误差比大误差出现的频率高，绝对值相等的正、负误差出现的个数近于相等。通过大量实验统计结果证明了偶然误差具有如下特性：

（1）在一定的观测条件下，偶然误差的绝对值不会超过一定的限度；

（2）绝对值小的误差比绝对值大的误差出现的可能性大；

（3）绝对值相等的正误差与负误差出现的机会相等；

（4）当观测次数无限增多时，偶然误差的算术平均值趋近于零。即

$$\lim_{n\to\infty}\frac{[\Delta]}{n}=0 \tag{5-2}$$

上述第四个特性说明，偶然误差具有抵偿性，它是由第三个特性导出的。

如果将表 5-1 中所列数据用图 5-1 表示，可以更直观地看出偶然误差的分布情况。图中横坐标表示误差的大小，纵坐标表示各区间误差出现的频率除以区间的间隔值。当误差个数足够多时，如果将误差的区间间隔无限缩小，则图 5-1 中各长方形顶边所形成的折线将变成一条光滑的曲线，称为误差分布曲线。在概率论中，把这种误差分布称为正态分布。

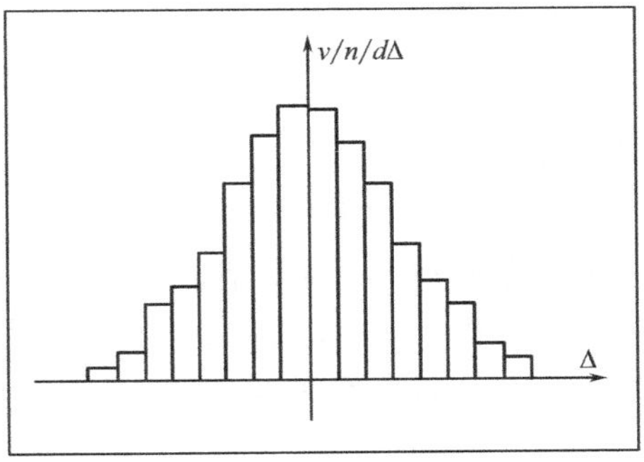

图 5-1 偶然误差的分布情况

掌握了偶然误差的特性，就能根据带有偶然误差的观测值求出未知量的最可靠值，并衡量其精度。同时，也可应用误差理论来研究最合理的测量工作方案和观测方法。

5.2 衡量精度的标准

衡量观测值精度的常用标准有以下几种。

1. 中误差

在等精度观测列中，各真误差平方的平均数的平方根，称为中误差，也称均方误差，即：

$$m=\pm\sqrt{\frac{[\Delta\Delta]}{n}} \tag{5-3}$$

【例 5-1】 设有两组等精度观测列，其真误差分别为

第一组$-3''$、$+3''$、$-1''$、$-3''$、$+4''$、$+2''$、$-1''$、$-4''$；

第二组$+1''$、$-5''$、$-1''$、$+6''$、$-4''$、$0''$、$+3''$、$-1''$。

试求这两组观测值的中误差。

【解】

$$m_1=\pm\sqrt{\frac{9+9+1+9+16+4+1+16}{8}}=2.9''$$

$$m_2=\pm\sqrt{\frac{1+25+1+36+16+0+9+1}{8}}=3.3''$$

比较 m_1 和 m_2 可知，第一组观测值的精度要比第二组高。

必须指出，在相同的观测条件下所进行的一组观测，由于它们对应着同一种误差分布，因此，对于这一组中的每一个观测值，虽然各真误差彼此并不相等，有的甚至相差很大，但它们的精度均相同，即都为同精度观测值。

2. 容许误差

由偶然误差的第一特性可知，在一定的观测条件下，偶然误差的绝对值不会超过一定的限值。这个限值就是容许误差或称极限误差。此限值有多大呢？根据误差理论和大量的实践证明，在一系列的同精度观测误差中，真误差绝对值大于中误差的概率约为 32%；大于 2 倍中误差的概率约为 5%；大于 3 倍中误差的概率约为 0.3%。也就是说，大于 3 倍中误差的真误差实际上是不可能出现的。因此，通常以 3 倍中误差作为偶然误差的极限值。在测量工作中一般取 2 倍中误差作为观测值的容许误差，即

$$\Delta_{容}=2m \tag{5-4}$$

当某观测值的误差超过了容许的 2 倍中误差时，将认为该观测值含有粗差，而应舍去不用或重测。

3. 相对误差

对于某些观测结果，有时单靠中误差还不能完全反映观测精度的高低。例如，分别丈量了 100m 和 200m 两段距离，中误差均为±0.02m。虽然两者的中误差相同，但就单位长度而言，两者精度并不相同，后者显然优于前者。为了客观反映实际精度，常采用相对误差。

观测值中误差 m 的绝对值与相应观测值 S 的比值称为相对中误差。它是一个无名数，常用分子为 1 的分数表示，即：

$$K=\frac{|m|}{S}=\frac{1}{\dfrac{S}{|m|}} \tag{5-5}$$

上例中前者的相对中误差为$\frac{1}{5000}$，后者为$\frac{1}{10000}$，表明后者精度高于前者。

对于真误差或容许误差，有时也用相对误差来表示。例如，距离测量中的往返测较差与距离值之比就是所谓的相对真误差，即：

$$\frac{|D_{往}-D_{近}|}{D_{平均}}=\frac{1}{\dfrac{D_{平}}{\Delta D}} \tag{5-6}$$

与相对误差对应，真误差、中误差、容许误差都是绝对误差。

5.3 误差传播定律

当对某量进行了一系列的观测后，观测值的精度可用中误差来衡量。但在实际工作中，往往会遇到某些量的大小并不是直接测定的，而是由观测值通过一定的函数关系间接计算出来的。例如，水准测量中，在一测站上测得后、前视读数分别为 a、b，则高差 $h=a-b$，这时高差 h 就是直接观测值 a、b 的函数。当 a、b 存在误差时，h 也受其影响而产生误差，这就是所谓的误差传播。阐述观测值中误差与观测值函数中误差之间关系的定律称为误差传播定律。

本节就以下四种常见的函数来讨论误差传播的情况。

1. 倍数函数

设有函数：

$$Z=kx \tag{5-7}$$

式中 k——常数；

x——直接观测值，其中误差为 m_x。

现在求观测值函数 Z 的中误差 m_Z。

设 x 和 Z 的真误差分别为 Δ_x 和 Δ_Z，由式（5-7）式知它们之间的关系为

$$\Delta_Z=k\Delta_x$$

若对 x 共观测了 n 次，则：

$$\Delta_{Z_i}=k\Delta_{x_i}(i=1, 2, \cdots, n)$$

将上式两端平方后相加，并除以 n，得：

$$\frac{[\Delta_Z^2]}{n}=k^2\frac{[\Delta_x^2]}{n} \tag{5-8}$$

按中误差定义可知：

$$m_Z^2=\frac{[\Delta_Z^2]}{n}$$

$$m_x^2=\frac{[\Delta_x^2]}{n}$$

所以式（5-8）可写成

$$m_Z^2=k^2m_x^2$$

或

$$m_Z=km_x \tag{5-9}$$

即观测值倍数函数的中误差，等于观测值中误差乘倍数（常数）。

【例 5-2】 用水平视距公式 $D=kl$，求平距，已知观测视距间隔的中误差 $m_l=\pm1$cm，$k=100$，则平距的中误差 $m_D=100m_l=\pm1$m。

2. 和差函数

设有函数

$$z=x\pm y \tag{5-10}$$

式中 x、y 为独立观测值，它们的中误差分别为 m_x 和 m_y，设真误差分别为 Δ_x 和 Δ_y，由式（5-10）可得：

$$\Delta_Z=\Delta_x\pm\Delta_y$$

若对 x、y 均观测了 n 次，则

$$\Delta_{Z_i}=\Delta_{x_i}\pm\Delta_{y_i}\quad(i=1,\ 2,\ \cdots,\ n)$$

将上式两端平方后相加，并除以 n 得

$$\frac{[\Delta_Z^2]}{n}=\frac{[\Delta_x^2]}{n}+\frac{[\Delta_y^2]}{n}\pm2\frac{[\Delta_x\Delta_y]}{n}$$

上式 $[\Delta_x\Delta_y]$ 中各项均为偶然误差。根据偶然误差的特性，当 n 愈大时，式中最后一项将趋近于零，于是上式可写成

$$\frac{[\Delta_Z^2]}{n}=\frac{[\Delta_x^2]}{n}+\frac{[\Delta_y^2]}{n}\tag{5-11}$$

根据中误差定义，可得

$$m_Z^2=m_x^2+m_y^2\tag{5-12}$$

即观测值和差函数的中误差平方，等于两观测值中误差的平方之和。

【例 5-3】 在△ABC 中，$\angle C=180°-\angle A-\angle B$，$\angle A$ 和$\angle B$ 的观测中误差分别为 3″和 4″，则$\angle C$ 的中误差 $m_C=\pm\sqrt{m_A^2+m_B^2}=\pm5''$。

3. 线性函数

设有线性函数

$$Z=k_1x_1\pm k_2x_2\pm\cdots\pm k_nx_n\tag{5-13}$$

式中 x_1，x_2，…，x_n 为独立观测值，k_1，k_2，…，k_n 为常数，则综合式（5-9）和式（5-12）可得

$$m_Z^2=(k_1m_1)^2+(k_2m_2)^2+\cdots+(k_nm_n)^2\tag{5-14}$$

【例 5-4】 有一函数 $Z=2x_1+x_2+3x_3$，其中 x_1、x_2、x_3 的中误差分别为±3mm、±2mm、±1mm，则 $m_Z=\pm\sqrt{6^2+2^2+3^2}=\pm7.0''$。

4. 一般函数

设有一般函数

$$Z=f(x_1,\ x_2,\ \Lambda x_n)\tag{5-15}$$

式中 x_1，x_2，…，x_n 为独立观测值，已知其中误差为 m_i（$i=1$，2，…，n）。

当 x_i 具有真误差 Δ_i 时，函数 Z 则产生相应的真误差 Δ_Z，因为真误差 Δ 是一微小量，故将式（5-15）取全微分，将其化为线性函数，并以真误差符号“Δ”代替微分符号“d”，得

$$\Delta_Z=\frac{\partial f}{\partial x_1}\Delta_{x_1}+\frac{\partial f}{\partial x_2}\Delta_{x_2}+\Lambda+\frac{\partial f}{\partial x_n}\Delta_{x_n}$$

式中$\frac{\partial f}{\partial x_i}$是函数对 x_i 取的偏导数并用观测值代入算出的数值，它们是常数，因此，上式变成了线性函数，按式（5-14）得

$$m_Z^2=\left(\frac{\partial f}{\partial x_1}\right)^2m_1^2+\left(\frac{\partial f}{\partial x_2}\right)^2m_2^2+\Lambda+\left(\frac{\partial f}{\partial x_n}\right)^2m_n^2\tag{5-16}$$

上式是误差传播定律的一般形式。前述的式（5-9）、式（5-12）、式（5-14）都可看着式（5-16）的特例。

【例 5-5】 某一斜距 $S=106.28\text{m}$，斜距的竖角 $\delta=8°30'$，中误差 $m_s=\pm5\text{cm}$、$m_\delta=\pm20''$，求改算后的平距的中误差 m_D。

【解】 $D=S\cdot\cos\delta$

全微分化成线性函数，用“Δ”代替“d”，得

$$\Delta_D=\cos\delta\cdot\Delta_s-S\sin\delta\Delta_\delta$$

应用式（5-16）后，得

$$m_D^2=\cos^2\delta m_s^2+(S\cdot\sin\delta)^2\left(\frac{m_\delta}{\rho''}\right)^2$$

$$=(0.989)^2(\pm5)^2+(1570.918)^2\left(\frac{20}{206265}\right)^2$$

$$=24.45+0.02=24.47$$

$$m_D=4.9\text{cm}$$

在上式计算中，单位统一为厘米，$\left(\frac{m_\delta}{\rho''}\right)$是将角值的单位由秒化为弧度。

5.4 等精度观测的直接平差

平差的基本目的就是从一系列带有误差的观测值中求出未知量的最可靠值及评定其精度。只有一个未知量的平差成为直接平差，本节在等精度观测条件下讲解如何平差。

设在相同的观测条件下对某量进行了 n 次等精度观测，观测值为 L_1，L_2，…，L_n，其真值为 X，真误差为 Δ_1，Δ_2，…，Δ_n。由式（5-1）可写出观测值的真误差公式为：

$$\Delta_i=L_i-X\quad(i=1,2,\cdots,n)$$

将上式相加后，得：

$$[\Delta]=[L]-nX$$

故：

$$X=\frac{[L]}{n}-\frac{[\Delta]}{n}$$

若以 x 表示上式中右边第一项的观测值的算术平均值，即：

$$x=\frac{[L]}{n}\tag{5-17}$$

则：

$$X=x-\frac{[\Delta]}{n}$$

式（5-17）右边第二项是真误差的算术平均值。由偶然误差的第四特性可知，当观测次数 n 无限增多时，$\frac{[\Delta]}{n}\to0$，则 $x\to X$，即算术平均值就是观测量的真值。

在实际测量中，观测次数总是有限的。根据有限个观测值求出的算术平均值 x 与其真值 X 仅差一微小量$\frac{[\Delta]}{n}$。故算术平均值是观测量的最可靠值，通常也称为最或是值（most probable value）。

由于观测值的真值 X 一般无法知道，故真误差 Δ 也无法求得。所以不能直接应用式（5-3）求观测值的中误差，而是利用观测值的最或是值 x 与各观测值之差 V 来计算中误差，V 被称为改正数，即：

$$V=x-L \tag{5-18}$$

实际工作中利用改正数计算观测值中误差的实用公式称为白塞尔公式。即：

$$m=\pm\sqrt{\frac{[VV]}{n-1}} \tag{5-19}$$

利用 $[V]=0$，$[VV]=[LV]$ 检核式，可作计算正确性的检核。

在求出观测值的中误差 m 后，就可应用误差传播定律求观测值算术平均值的中误差 M，推导如下：

$$x=\frac{[L]}{n}=\frac{L_1}{n}+\frac{L_2}{n}+\Lambda+\frac{L_n}{n}$$

应用误差传播定律有

$$M_x^2=\left(\frac{1}{n^2}\right)^2m^2+\left(\frac{1}{n}\right)^2m^2+\Lambda+\left(\frac{1}{n}\right)^2m^2=\frac{1}{n}m^2$$

$$M_x=\pm\frac{m}{\sqrt{n}} \tag{5-20}$$

由上式可知，增加观测次数能削弱偶然误差对算术平均值的影响，提高其精度。但因观测次数与算术平均值中误差并不是线性比例关系，所以，当观测次数达到一定数目后，即使再增加观测次数，精度却提高得很少。因此，除适当增加观测次数外，还应选用适当的观测仪器和观测方法，选择良好的外界环境，才能有效地提高精度。

【例 5-6】 对某段距离进行了 5 次等精度观测，观测结果列于表 5-2，试求该段距离的最或是值、观测值中误差及最或是值中误差。计算见表 5-2。

等精度观测计算　　　　**表 5-2**

序号	L(m)	V(cm)	VV(cm)	精度评定
1	251.52	-3	9	$m=\pm\sqrt{\frac{20}{4}}=2.2\text{mm}$ $M=\pm\frac{m}{\sqrt{n}}=\sqrt{\frac{[VV]}{n(n-1)}}$ $=\sqrt{\frac{20}{5\times4}}=1\text{cm}$
2	251.46	$+3$	9	
3	251.49	0	0	
4	251.48	-1	1	
5	251.50	$+1$	1	
	$x=\frac{[L]}{n}=251.49$	$[V]=0$	$[VV]=20$	

最后结果可写成 $x=251.49\pm0.01\text{m}$。

5.5 非等精度观测的直接平差

前面所讨论的是从 n 次等精度观测中求未知量的最可靠值并评定其精度。实际工作中，常要处理不同观测条件下的观测结果。本节讨论的问题就是如何从非等精度观测值中求最可靠值并评定其精度。

当各观测量的精度不相同时，不能按算术平均值式（5-17）和中误差式（5-19）及式（5-20）来计算观测值的最或是值。计算观测量的最或是值应考虑到各观测值的质量和可靠程度，精度较高的观测值计算的时候占的较大，精度较低的观测值计算的时候占的较低。实际计算时，可根据其精度及可靠程度算出一个数值，这个数值在测量计算中被称为观测值的权（weight）。

在测量计算中，给出了用中误差求权的定义公式

$$P_i=\frac{\mu^2}{m_i^2}\quad(i=1,\ 2,\ \Lambda,\ n) \tag{5-21}$$

式中 P——观测值的权；

μ——任意常数；

m——各观测值对应的中误差。

在用上式求一组观测值的权 P_i 时，必须采用同一 μ 值。

当取 $P=1$ 时，μ 就等于m，即$\mu=m$，通常称数字为 1 的权为单位权，单位权对应的观测值为单位权观测值。单位权观测值对应的中误差 μ 为单位权中误差。

当已知一组非等精度观测值的中误差时，可以先设定 μ 值，然后按式（5-21）计算各观测值的权。

例如：已知三个角度观测值的中误差分别为 $m_1=\pm3''$、$m_2=\pm4''$、$m_3=\pm5''$，它们的权分别为：

$$P_1=\mu^2/m_1^2\qquad P_2=\mu^2/m_2^2\qquad P_3=\mu^2/m_3^2$$

若设 $\mu=\pm3''$ 则 $P_1=1$ $P_2=9/16$ $P_3=9/25$

若设 $\mu=\pm1''$ 则 $P'_1=1/9$ $P'_2=1/16$ $P'_3=1/25$

上例中 $P_1:P_2:P_3=P'_1:P'_2:P'_3=1:0.56:0.36$。可见，$\mu$ 值取得不同，权值也不同，但不影响各权之间的比例关系。当 $\mu=\pm3''$时，P_1 就是该问题中的单位权，$m_1=\pm3''$就是单位权中误差。

中误差是用来反映观测值的绝对精度，而权是用来比较各观测值相互之间的精度高低。因此，权的意义在于它们之间所存在的比例关系，而不在于它本身数值的大小。

对某量进行了 n 次非等精度观测，观测值分别为 L_1，L_2，…，L_n，相应的权为 P_1，P_2，…，P_n，则加权平均值 x 就是非等精度观测值的最或是值，计算公式为：

$$x=\frac{P_1L_1+P_2L_2+\Lambda+P_nL_n}{P_1+P_2+\Lambda+P_n}=\frac{[PL]}{[P]} \tag{5-22}$$

显然，当各观测值为等精度时，其权为 $P_1=P_2=\cdots=P_n=1$，上式就与求算术平均值的式（5-17）一致。

设 $L_1\cdots L_n$ 的中误差为 $m_1\cdots m_n$，则根据误差传播定律，由式（5-22）可导出加权平均值的中误差为：

$$M^2=\frac{P_1^2}{[P]^2}m_1^2+\frac{P_2^2}{[P]^2}m_2^2+\Lambda+\frac{P_n^2}{[P]^2}m_n^2 \tag{5-23}$$

而 $m_i^2=\dfrac{M^2}{P_i}$

由式（5-21），有 $P_i m_i^2=\mu^2$，代入上式得：

$$M_x^2=\frac{\mu^2}{[P]^2}(P_1+P_2+\Lambda P_n)=\frac{\mu^2}{[P]}$$

$$M_x=\pm\frac{\mu}{\sqrt{[P]}} \tag{5-24}$$

实际计算时，上式中的单位权中误差 μ 一般用观测值的改正数来计算，其公式为：

$$\mu=\pm\sqrt{\frac{[PVV]}{n-1}} \tag{5-25}$$

【例 5-7】 如图 5-2 所示，从已知水准点 A、B、C 经三条水准路线，测得 E 点的观测高程 H_i 及水准路线长度 S_i。求 E 点的最或是高程及其中误差。

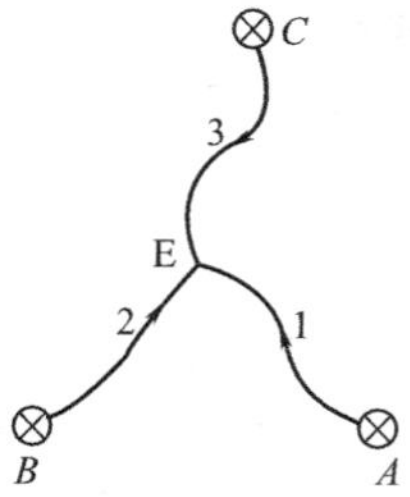

图 5-2　例【5-7】题图

计算见表 5-3，计算中的定权公式为 $P_i=1/S_i$。

非等精度观测平差计算　　表 5-3

路线	E 点高程 H (m)	路线长 (km)	$P=\frac{1}{S}$	V (mm)	PVV	精度评定
1	527.459	4.5	0.22	10	22.00	$\mu=\pm\sqrt{\frac{122}{2}}=7.81\text{mm}$ $M_F=\pm\frac{7.81}{\sqrt{0.78}}=8.84\text{mm}$
2	527.484	3.2	0.31	−15	69.75	
3	527.458	4.0	0.25	11	30.25	
	$x=527.469$		0.78		122	

最后结果可写成 $H_E=527.469\pm0.009$m。

习 题 与 思 考 题

1. 应用测量误差理论可以解决测量工作中的哪些问题？
2. 测量误差的主要来源有哪些？偶然误差具有哪些特性？
3. 何谓中误差？何谓容许误差？何谓相对误差？
4. 何谓等精度观测？何谓非等精度观测？权的定义和作用是什么？
5. 何谓误差传播定律？
6. 某圆形建筑物直径 $D=34.50$m，$m_D=\pm0.01$m，求建筑物周长及中误差。
7. 测得一正方形的边长 $a=65.37\pm0.03$m。试求正方形的面积及其中误差。
8. 用经纬仪测水平角，一测回的中误差 $m=\pm15''$，欲使测角精度达到 $m=\pm15''$，需观测几个测回？
9. 对某一距离进行了 6 次等精度观测，其结果为：398.772m，398.784m，398.776m，398.781m，398.802m，398.779m。试求其算术平均值、一次丈量中误差、算术平均值中误差和相对中误差。
10. 用经纬仪观测某角共 8 个测回，结果如下：56°32′13″，56°32′21″，56°32′17″，56°32′14″，56°32′19″，56°32′23″，56°32′21″，56°32′18″，试求该角最或是值及其中误差。

第6章 控 制 测 量

6.1 控制测量概述

在地形图测绘和工程建设的施工放样中，为了保证所测点位精度，减少误差的积累，测量工作必须遵循“从整体到局部”、“先控制后碎部”的原则。“整体”即是指进行控制测量，目的是在整个测区范围内测定少量大致分布均匀的点的空间三维坐标（x，y，H）。然后以这些控制点为基准，进行碎部测量工作。

为确定点的平面坐标（x，y）和高程（H）所开展的控制测量工作，分为两部分，即平面控制测量和高程控制测量。

6.1.1 平面控制测量

平面控制测量是确定控制点的平面位置。平面控制网的类型包括国家控制网、城市控制网和工程控制网。

1. 国家平面控制网

国家平面控制网是指在全国范围内建立的控制网，它是全国测图和工程建设的基本控制网，同时也为空间科学技术和军事提供精确的点位坐标、距离、方位资料。国家平面控制网等级分为一等、二等、三等、四等，从一等到四等，分级布网、逐级控制。

我国原有的国家平面控制网首先是一等天文大地锁网，如图6-1所示，在全国范围内大致沿经线和纬线方向布设，形成间距约200km的格网，三角形的平均边长约20km。在格网中部用平均边长约13km的二等全面网填充，如图6-2所示。一等、二等三角网属于全国的全面控制网。然后用平均边长约为8km的三等网和边长为2～7km的四等网进行逐

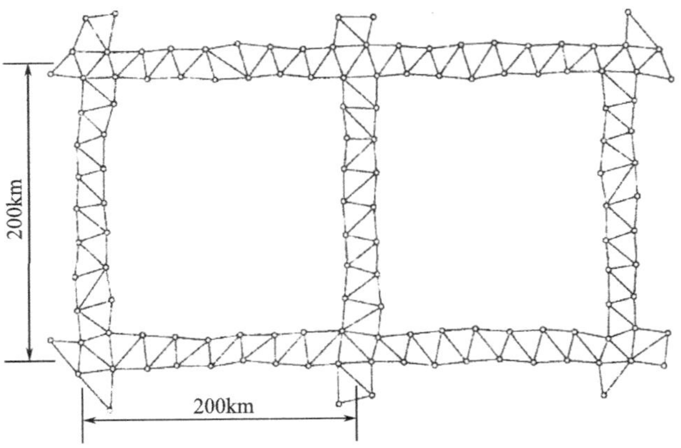

图6-1 国家平面控制网（一）

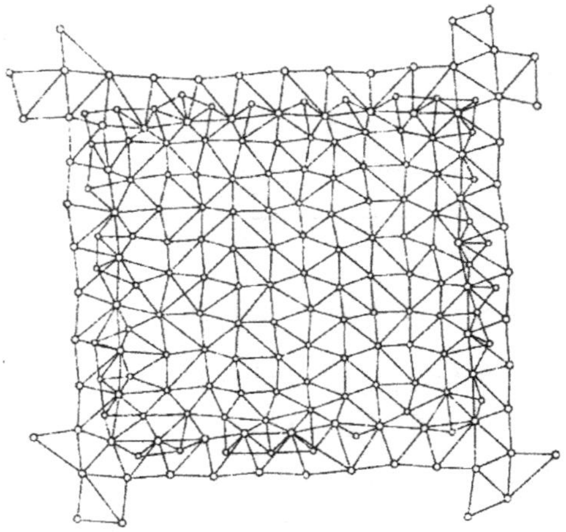

图6-2 国家平面控制网（二）

步加密，当主要是为了满足测绘全国性的进行加密时，应注意保证足够的精度和密度，以及统一的规格。

2. 城市控制网

国家平面控制网的密度较小，难以满足城市或厂矿建设的需要。因此，为满足大比例尺地形测量，建立了城市控制网，作为城市规划、施工放样的测量依据。

城市控制网通常需要与国家平面控制网连接，即以2个或2个以上的国家控制点作为起始点。城市控制网可分为二等、三等、四等三角网或一级、二级、三级导线。然后再布设图根小三角网或图根导线。按照《城市测量规范》CJJ/T8—2011，其技术要求见表6-1。

城市三角形网测量的主要技术要求 表6-1

等级	测角中误差(″)	测边相对中误差	最弱边边长相对中误差	平均边长(km)	测回数			三角形最大闭合差(″)
					1″级仪器	1″级仪器	6″级仪器	
二等	≤±1	≤1/250000	≤1/120000	>9	15	—	—	≤±3.5
				≤9	12	—	—	
三等	≤±1.8	≤1/150000	≤1/80000	>5	9	12	—	≤±7
				≤5	6	9	—	
四等	≤±2.5	≤1/100000	≤1/45000	>2	6	9	—	≤±9
				≤2	4	6	—	
一级	≤±5	≤1/40000	≤1/20000	—	—	2	6	≤±15
二级	≤±10	≤1/20000	≤1/10000	—	—	1	2	≤±30

注：当测区测图的最大比例尺为1∶1000时，一、二级网的平均边长可适当放长，但不应大于表中规定长度的2倍。

3. 工程控制网

工程控制网是指为工程建设而布置的控制网，其控制网的建立可采用三角测量、导线测量。按照《工程测量规范》GB50026-2007，导线测量的主要技术要求见6-2。

导线测量的主要技术要求 表6-2

等级	导线长度(km)	平均边长(km)	测角中误差(″)	测距中误差(mm)	导线全长相对闭合差	测距相对中误差	测回数			方位角闭合差(″)
							1″级仪器	2″级仪器	6″级仪器	
三等	14	3	1.8	20	≤1/55000	≤1/150000	6	10	—	$3.6\sqrt{n}$
四等	9	1.5	2.5	18	≤1/35000	≤1/80000	4	6	—	$5\sqrt{n}$
一级	4	0.5	5	15	≤1/15000	≤1/30000	—	2	4	$10\sqrt{n}$
二级	2.4	0.25	8	15	≤1/10000	≤1/14000	—	1	3	$16\sqrt{n}$
三级	1.2	0.1	12	15	≤1/5000	≤1/7000	—	1	2	$24\sqrt{n}$

注：1. 表中n为测站数；
2. 当测区测图的最大比例尺为1∶1000，一、二、三级导线的导线长度、平均边长可适当放长，但最大长度不应大于表中规定相应长度的2倍。

工程平面控制测量的坐标系统，应满足测区内投影长度变形不大于2.5cm/km的要求，主要有以下5种：

(1) 采用统一的高斯正投影3°带平面直角坐标系统；

(2) 采用高斯投影3°带，投影面为测区抵偿高程面或测区平均高程面的平面直角坐标系统。或选用任意带，投影面为1985国家高程基准面的平面直角坐标系统；

(3) 在已有平面控制网的地区，可沿用原有的坐标系统；

(4) 小测区或有特殊精度要求的控制网，可采用独立坐标系统；

(5) 厂区内可采用建筑坐标系统。

实际测量中，可根据不同情况选择相应的坐标系统。

平面控制测量采用卫星定位的方法时，按照《工程测量规范》GB50026-2007，卫星定位测量控制网主要技术要求见表 6-3。

卫星定位测量控制网主要技术要求　　表 6-3

等级	平均边长(km)	固定误差 A (mm)	比例误差系数 *B* (mm/km)	约束点间的边长相对中误差	约束平差后最弱边相对中误差
二等	9	≤10	≤2	≤1/250000	≤1/120000
三等	4.5	≤10	≤5	≤1/150000	≤1/70000
四等	2	≤10	≤10	≤1/100000	≤1/40000
一级	1	≤10	≤20	≤1/40000	≤1/20000
二级	0.5	≤10	≤40	≤1/20000	≤1/10000

6.1.2 高程控制测量

建立高程控制网的主要方法是水准测量。在山区也可采用三角高程测量的方法，该方法不受地形起伏的影响，工作速度快，但精度较水准测量低。高程控制网的布设原则，也是从高级到低级，从整体到局部，逐级加密。

首级高程控制网的等级，应根据工程规模、控制网的用途和精度要求合理选择。首级网应布设成环形网，加密网宜布设成附合路线或结点网。测区的高程系统，宜采用 1985 国家高程基准。在已有高程控制网的地区测量时，可沿用原有的高程系统；当小测区联测有困难时，也可采用假定高程系统。高程控制点间的距离，一般地区应为 1～3km，工业厂区、城镇建筑区宜小于 1km，但一个测区及周围至少应有 3 个高程控制点。

1. 国家水准测量

国家水准网分为一等、二等、三等、四等 4 个等级，各等级水准测量每公里高差中数的全中误差分别为±1mm、±2mm、±6mm 和±10mm。其中一等、二等水准测量采用高精度水准仪和精密水准测量方法施测，一等水准网是扩展低等级高程控制网的基础，同时也为监测地壳运动和地面垂直运动等科学研究提供依据。一等水准网是在全国范围内沿主要干道和河流等布设成格网形的高程控制网。

二等水准网是对一等水准网的加密，在一等水准网内环设，通常沿公路、河流等布设，以作为全国各地的高程控制。

三等、四等水准网是一等、二等水准网的进一步加密。根据需要在高等级水准网内布设，直接为地形测图和各种工程建设提供所必需的高程控制点。

2. 城市水准测量

城市水准测量是为了城市建设需要而建立的高程控制，分为二等、三等、四等和等外 4 个等级，各等级水准测量每公里高差中数的全中误差分别为±2mm、±6mm、±10mm 和±15mm。根据城市的大小和城市所在地区国家水准点的分布情况，从某一等开始布设。

在四等水准以下，再布设直接为测地形图用的图根水准网。其主要技术要求见表 6-4。

水准测量的主要技术要求　　表 6-4

等级	每千米高差全中误差（mm）	路线长（km）	水准仪型号	水准尺	观测次数		往返较差、附合或环线闭合差	
					与已知点联测	与已知点联测	平地（mm）	山地（mm）
二等	2	—	DS_1	铟瓦	往返各一次	往返各一次	$4\sqrt{L}$	—
三等	6	≤50	DS_1	铟瓦	往返各一次	往一次	$12\sqrt{L}$	$4\sqrt{n}$
			DS_3	双面		往返各一次		
四等	10	≤16	DS_3	双面	往返各一次	往一次	$20\sqrt{L}$	$6\sqrt{n}$
五等	15	—	DS_3	双面	往返各一次	往一次	$30\sqrt{L}$	—

注：1. 结点之间或结点与高级点之间，其路线的长度，不应大于表中规定的 0.7 倍；
2. L 为往返测段、附合或环线的水准路线长度（km）；n 为测站数；
3. 数字水准仪测量的技术要求同等级的光学水准仪相同。

3. 图根水准测量

图根高程控制，可采用图根水准、电磁波测距三角高程等测量方法。

图根水准测量起算点的精度，不应低于四等水准高程点，图根水准测量的主要技术要求，应符合表 6-5 的规定。

图根水准测量的主要技术要求　　表 6-5

每千米高差全中误差（mm）	附合路线长度（km）	水准仪型号	视线长度（m）	观测次数		往返较差、附合或环线闭合差（mm）	
				附合导线或闭合导线	支水准路线	平地	山地
20	≤5	DS_{10}	≤100	往一次	往返各一次	$40\sqrt{L}$	$12\sqrt{n}$

注：1. L 为往返测段附合或环线水准路线的长度（km）；n 为测站数；
2. 当水准路线布设成支导线时，其路线长度不应大于 2.5km。

图根电磁波测距三角高程测量起算点的精度，不应低于四等水准高程点；仪器高和觇标高的量取，应精确至 1mm。图根电磁波测距三角高程的主要技术要求，应符合表 6-6 的规定。

图根电磁波测距三角高程的主要技术要求　　表 6-6

每千米高差全中误差（mm）	附合路线长度（km）	仪器精度等级	中丝法测回数	指标差（″）	垂直角较差（″）	对向观测高差较差（mm）	附合或环形闭合差（mm）
20	≤5	6″	2	25	25	$80\sqrt{D}$	$40\sqrt{\Sigma D}$

注：D 为电磁波测距边的长度（km）。

6.2　导线测量

导线网为平面控制网中常用的布网方法。导线测量布设灵活，要求通视方向少，边长可直接测定，适用于带状地区，如铁路、隧道等；以及通视条件较差的城镇建筑区、隐蔽区，如城市、厂区、矿山建筑区等。

6.2.1 导线测量的布设形式

根据测区实际情况和工程要求。小区域控制测量导线的基本布设形式有以下三种。

1. 闭合导线

如图 6-3 所示，以高级控制点 B 为起始点，以 AB 边的坐标方位角 α_{AB} 为起始边方位角，布设 A-B-1-2-3-4-5-B，即从一个已知边 AB 和一个已知点 B 出发，经过一系列导线点，最后回到起始点，形成一个闭合的多边形，称为闭合导线。闭合导线一般在小范围的独立地区布设，该导线可进行导线转折角测量的检核和导线点坐标计算检核。

2. 附合导线

如图 6-4 所示，从一个已知边 AB 的一个已知点 B 出发，经过一系列导线点，最后附合到另一已知边 CD 的一个已知点 C 上，称为附合导线。

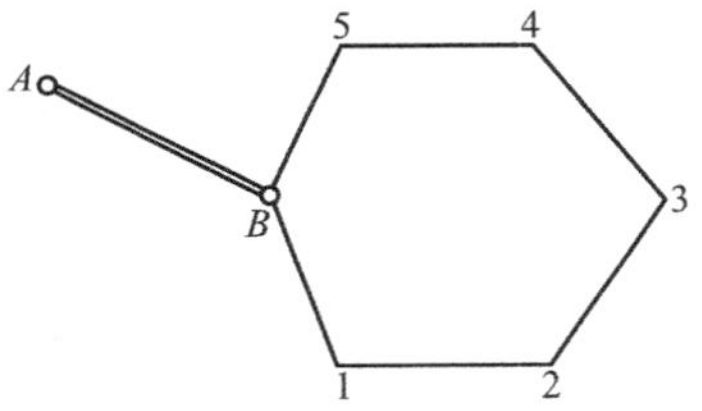

图 6-3 闭合导线

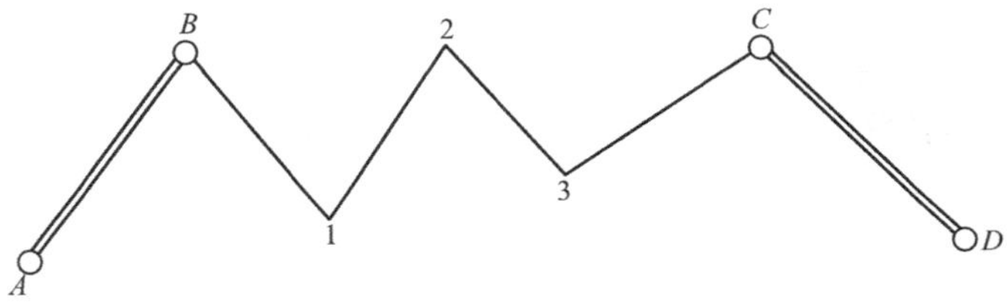

图 6-4 附合导线

导线线路 A-B-1-2-3-C-D 两端连测 AB 和 CD 已知边，其已知方位角 α_{AB} 和 α_{CD} 均可用于导线定向，称为双定向附合导线。此导线是在高级控制点下进行加密的最常用的形式，一般简称为附合导线，可进行导线转折角和导线点坐标计算的检核。

导线线路 A-B-1-2-3-C 仅能在 B 点一端连测 AB 边的已知方位角，取得导线计算的定向数据，而不能检核导线转折角，称为单定向附合导线。此导线可进行导线坐标计算检核。

导线线路 B-1-2-3-C 两端连测已知点，但均未能连测已知方位角，缺少导线计算的直接定向数据，称为无定向附合导线，简称无定向导线。

布设附合导线从双定向到无定向是由于缺少可以定向的已知点，虽然经过计算都能得到导线点坐标，但点位精度会随定向数据的减少而有所降低。

3. 支导线

如图 6-5 所示，从一个已知边 AB 的一个已知点 B 出发，经过若干导线点，最后既不闭合到起始点，也不附合到另外已知点，称为支导线。支导线没有检核条件，不容易发现错误，布设时应十分仔细，规范规定支导线不得超过三条边。难以布设闭合或附合导线的小测区狭长地带，常采用支导线。

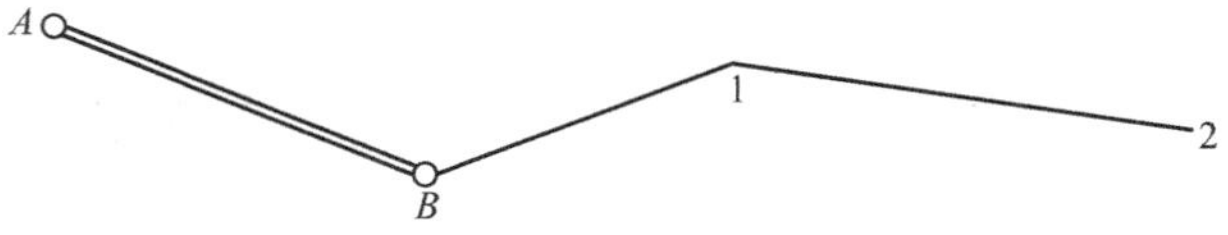

图 6-5 支导线

6.2.2 导线测量的外业工作

导线测量的外业工作包括踏勘选点、边长测量、角度测量和连接测量。

1. 踏勘选点

在踏勘选点前，应尽量搜集测区原有的地形图和控制点资料，如地形图、已有控制点的坐标和高程等。在图纸上初步规划导线布设线路，然后到现场踏勘选点。选点时应注意以下四点：

（1）导线点应选在土质坚硬，适于安置仪器和便于保存处。导线点视野开阔，便于测绘周围地物地貌；

（2）相邻导线点之间通视良好，便于角度和距离测量；

（3）点位分布均匀，便于控制整个测区和进行碎部测量；

（4）导线边长度应大致相等，避免过长、过短，相邻边长之比不应超过 3。

导线点位选定后，应建立标志。如图 6-6 所示，临时性的导线点一般在点位上打一个木桩，桩顶钉一小钉，作为标志中心；如图 6-7 所示，在城市地区，导线一般沿道路布设，通常打入大铁钉，称为道钉，道钉中心即为标志中心；如图 6-8 所示，当导线点需要长期保存时，则需埋设混凝土桩或标石，桩顶刻“+”，作为标志中心。

导线点应分级统一编号，导线点埋设后，为便于在观测和使用时寻找，应在导线点附近标明导线点编号，并绘制控制点的“点之记”。如图 6-9 所示，这张图上有导线点的编号、地名、路名、单位名注记，并量出导线与附近固定地物特征点的距离（m），在图上注明。

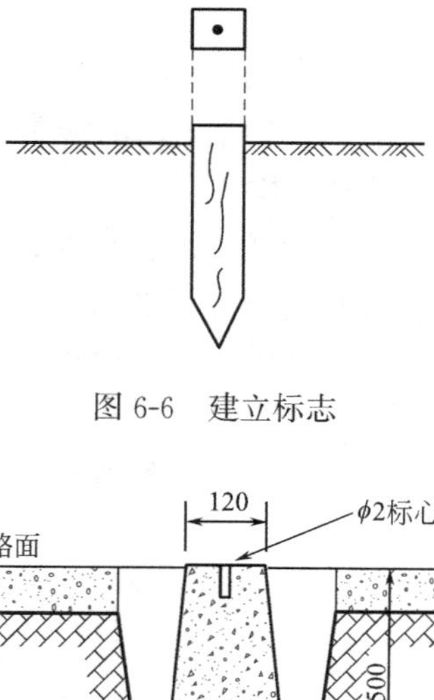

图 6-6　建立标志

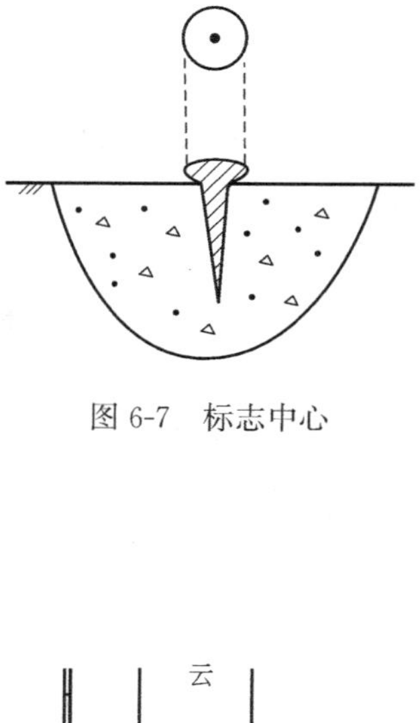

图 6-7　标志中心

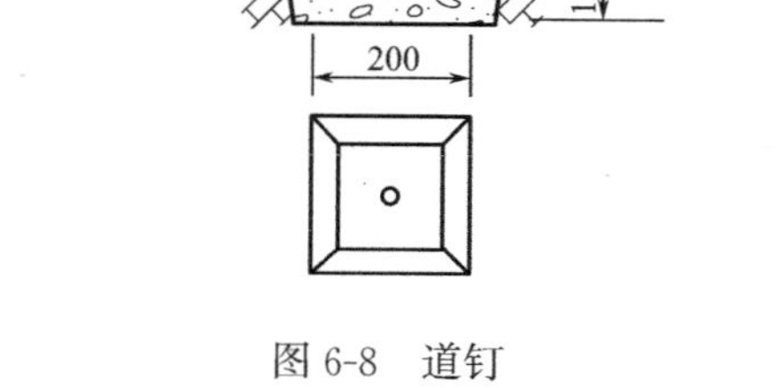

图 6-8　道钉

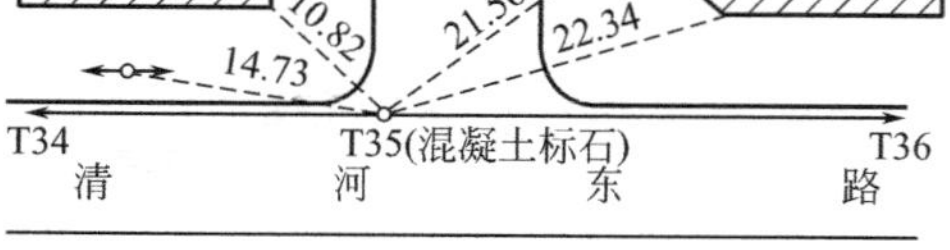

图 6-9　导线点编号

2. 外业测量

(1) 边长测量

导线边长通常用电磁波测距仪或全站仪进行观测，由于测的是斜距，观测时还应观测竖直角将斜距化成平距。

图根导线也可采用经鉴定后的钢尺进行单向丈量或往返丈量，往返丈量的精度不得低于 1/3000。当钢尺的尺长改正数大于尺长的 1/10000 时，应进行尺长改正；当量距时温度与检定相差 10℃以上时，应进行温度改正；当沿地面丈量而坡度大于 1%时，应进行倾斜改正（或高差改正）。

(2) 角度测量

导线的转折角通常用经纬仪测回法进行测量，可用 DJ_2、DJ_6 型经纬仪或 5″全站仪观测水平角一测回。由于转折角有左右角之分，因此为便于内业计算，防止混淆出错，应注意观测导线左角或右角，避免混测。

图根支导线的水平角观测，采用 DJ_6 型经纬仪进行测量，盘左、盘右各一个测回，其圆周角闭合差不应大于 40″。

(3) 连接测量

如图 6-10 所示，在导线中，与已知边 AB、CD 相连的导线边 $B1$、$3C$ 称为连接边，已知边与连接边之间所夹水平角 β_B、β_C 为连接角。连接边和连接角的测量方法与导线边长和导线转折角相同。

对于独立地区周围没有高级控制点时，可假定某点坐标，用罗盘仪测定起始边的磁方位角作为起算依据。

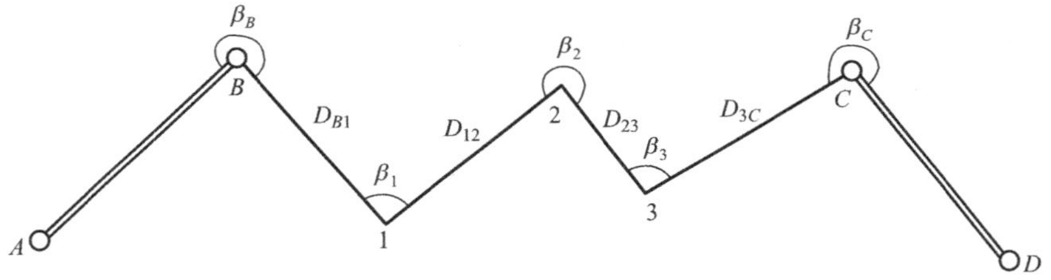

图 6-10 连接测量

6.2.3 导线测量的内业计算

导线内业计算的主要目的，就是计算各导线点的平面坐标。进行计算之前，应全面检查导线外业观测记录以及成果，有无遗漏或记错，是否符合测量的限差要求。确认无误并符合要求后，绘制导线略图，在图上注明实测边长、转折角、连接角等观测数据，以及已知点和导线点点号等。

导线计算内容主要是方位角推算、坐标正反算和闭合差调整等，一般步骤如下：

(1) 绘制导线坐标计算表，将已知数据、观测边长及角度填入表中；

(2) 计算角度闭合差并进行调整；

(3) 推算导线边坐标方位角；

(4) 坐标增量的计算及其闭合差的调整；

(5) 计算导线点坐标。

导线的布设形式不同，计算方法有一定的区别。

1. 闭合导线计算

如图 6-11 所示，为一图根闭合导线，已知 A 点坐标 (x_A，y_A) 和边 $A1$ 的坐标方位角 α_{A1}，其他已知数据和观测边长角度数据如图所示，现在要计算待求点 1、2、3、4 的坐标。

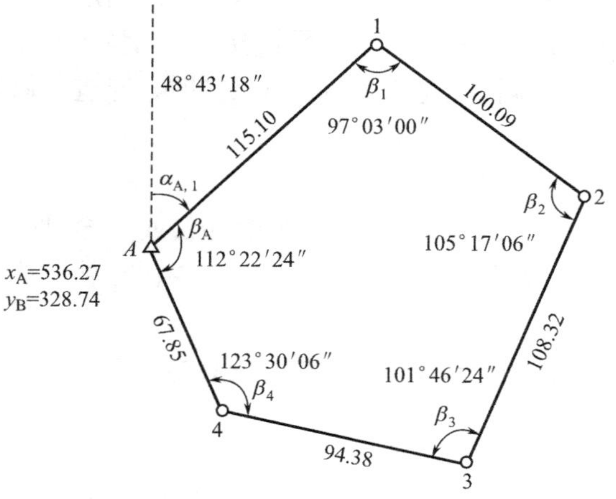

图 6-11 闭合导线

计算步骤如下：

(1) 将已知数据和实测数据填入表 6-7 所示的闭合导线计算表中；

(2) 计算角度闭合差并进行调整。

依几何原理，n 边形内角和的理论值见式 (6-1)：

$$\sum\beta_{理} = (n-2) \times 180° \quad (6\text{-}1)$$

在进行内角观测时，不可避免的存在测角误差，因此，实际观测的内角之和，与理论值并非完全一致，观测角值与理论角值的差值称为角度闭合差，以 f_β 表示见式 (6-2)：

$$f_\beta = \sum\beta_{测} - \sum\beta_{理} = \sum\beta_{测} - (n-2) \times 180° \quad (6\text{-}2)$$

角度闭合差容许值见表 6-5。如果 $f_\beta > f_{\beta容}$，说明所测的角度不满足要求，重新检查计算。如果计算无误，则应重新观测；如果 $f_\beta \leqslant f_{\beta容}$，则说明测角误差在容许范围内，可进行角度闭合差的调整。角度闭合差调整，是将 f_β 反号后按角度个数平均分配。各角改正数见式 (6-3)：

$$V_\beta = -\frac{f_\beta}{n} \quad (6\text{-}3)$$

改正数一般为整秒，写在各角度观测值的上方。观测角值改正后，内角和应与理论值相等，以此可作为检核条件。本例中，

$$\sum\beta_{理} = (5-2) \times 180° = 540°$$

$$f_\beta = \sum\beta_{测} - \sum\beta_{理} = 60'' \geqslant f_{\beta容} = \pm 60\sqrt{n} = \pm 134''$$

$$V_\beta = -\frac{f_\beta}{n} = \frac{60}{5} = 12''$$

改正后转折角之和为 540°。

(3) 用改正后角推算各边坐标方位角

如图 6-12 所示，沿导线测量方向，转折角为右角，由坐标方位角推算一般公式 $\alpha_{前} = \alpha_{后} + 180° - \beta_{右}$ 计算其他各导线边的坐标方位角：

$$\alpha_{12} = \alpha_{A1} + 180° - \beta_1 = 48°43'18'' + 180° - 97°03'12'' = 131°40'06''$$

$$\alpha_{23} = 131°40'06'' + 180° - 105°17'18'' = 206°22'48''$$

$$\alpha_{34} = 206°22'48'' + 180° - 101°46'36'' = 284°36'12''$$

$$\alpha_{4A}=280°36'12''+180°-123°30'18''=341°05'54''$$

$$\alpha_{A1}=341°05'54''+180°-112°22'36''=48°43'18''$$

经检核，计算无误，方可继续计算。

（4）坐标增量的计算及其闭合差的调整

坐标增量的计算 $\Delta x_{A1}=D_{A1}\cos\alpha_{A1}=115.10\times\cos48°43'18''=75.94\text{m}$

$$\Delta y_{A1}=D_{A1}\sin\alpha_{A1}=115.10\times\sin48°43'18''=86.50\text{m}$$

相同的方法可计算其他坐标增量。

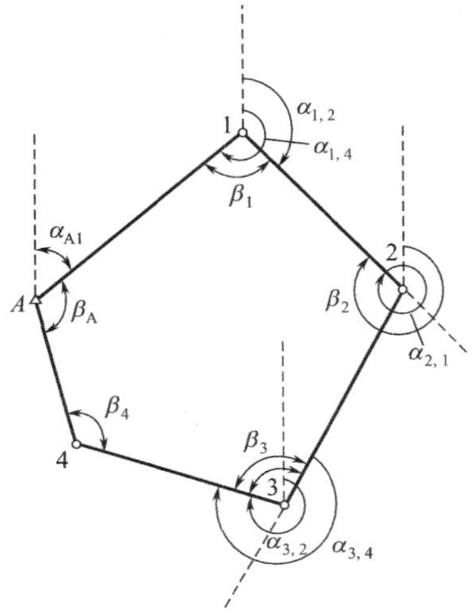

图 6-12 用改正后角推算各边坐标方位角

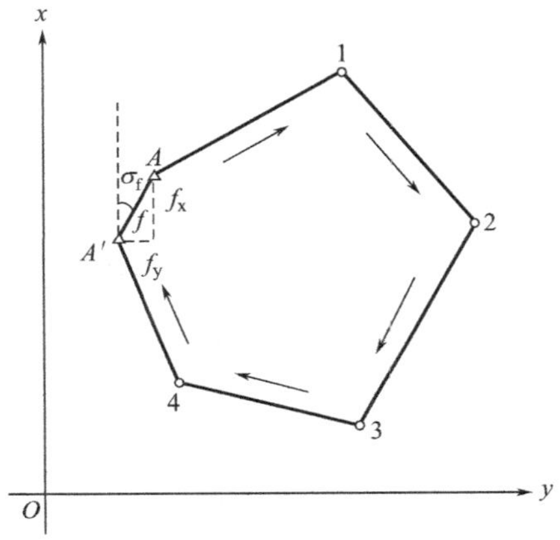

图 6-13 坐标增量的计算及其闭合差的调整

闭合导线的纵、横坐标增量之和理论值应为零。但是在实际量边过程中不可避免的存在误差，角度闭合差调整后也存在角度残余误差，导致实际计算出的纵、横坐标增量也存在误差，纵、横坐标增量之和实际值并不为零。坐标增量的实际值与理论值之间存在差值，这个差值为坐标增量闭合差，用 f_x、f_y 表示，见式（6-4）：

$$\left.\begin{aligned}f_x=\sum\Delta x_{测}-\sum\Delta x_{理}\\ f_y=\sum\Delta y_{测}-\sum\Delta y_{理}\end{aligned}\right\}\tag{6-4}$$

如图 6-13 所示，由于坐标增量闭合差的存在，导线不能闭合。$A-A'$ 即是由导线起算点算至终点位置，与原有已知点位置的差距，这个差距称为导线全长闭合差，用 f 表示：

$$f=\sqrt{f_x^2+f_y^2}\tag{6-5}$$

f 取值与导线长短有关，一般用全长相对闭合差 K 作为衡量导线测量的精度，即

$$K=\frac{f}{\sum D}=\frac{1}{\frac{\sum D}{f}}\tag{6-6}$$

式中 $\sum D$——导线的全长。

本例中 $\sum D=485.74\text{mm}$。

K 值越小，表示导线测量的精度越高。图根导线容许值的相对闭合差为 1/2000。当 K 值超过容许值范围，说明导线成果不合格，需检查计算是否出现错误，如果计算无误，

则应重测。当 K 值在容许值范围内，说明精度合格，可进行坐标增量闭合差的调整。将 f_{x}、f_{y} 以相反的符号，按边长成比例的原则分配到相应各增量中去，即“反其符号，按边长为比例分配”。各坐标增量的改正数可按式（6-7）计算：

$$\left.\begin{aligned} V_{\Delta xij} &= -\frac{f_{x}}{\sum D}D_{ij} \\ V_{\Delta yij} &= -\frac{f_{y}}{\sum D}D_{ij} \end{aligned}\right\} \tag{6-7}$$

将坐标增量计算值与改正数相加，即为改正后的坐标增量。本例题中，$f_{x}=0.34\text{m}$，$f_{y}=-0.17\text{m}$，$\sum D=485.74\text{m}$，$K=\dfrac{1}{\dfrac{\sum D}{\sqrt{f_{x}^{2}+f_{y}^{2}}}}=\dfrac{1}{3362}\leqslant K_{容}=\dfrac{1}{2000}$，$A1$ 边的坐标增量改正数为：

$$V_{\Delta xA1}=-\frac{0.34}{485.74}\times 115.10=-0.08\text{m}$$

$$V_{\Delta yA1}=-\frac{-0.17}{485.74}\times 115.10=+0.04\text{m}$$

则改正后坐标增量：

$$\Delta x_{A1}=+75.94-0.08=+75.86$$

$$\Delta y_{A1}=+86.50+0.04=+86.54$$

按相同的调整方法，计算其他导线的坐标增量改正数以及改正后的坐标增量，填入表 6-7 相应的栏目中。

闭合导线坐标计算 表 6-7

点号	(改正数)转折角(右角)(°′″)	改正后转折角(°′″)	方位角(°′″)	边长(m)	坐标增量		改正后增量		坐标	
					(改正数) Δx(m)	(改正数) Δy(m)	Δx(m)	Δy(m)	x(m)	y(m)
A									536.27	328.74
			48 43 18	115.10	−0.08 +75.94	+0.04 +86.50	+75.86	+86.54		
1	+12 97 03 00	97 03 12							612.13	415.28
			131 40 06	100.09	−0.07 −66.54	+0.04 +74.77	−66.61	+74.81		
2	+12 105 17 06	105 17 18							545.52	490.09
			206 22 48	108.32	−0.08 −97.04	+0.04 −48.13	−97.12	−48.09		
3	+12 101 46 24	101 46 36							448.40	442.00
			284 36 12	94.38	−0.06 +23.79	+ 0.03 −91.33	+23.73	−91.30		
4	+12 123 30 06	123 30 18							472.13	350.70
			341 05 54	67.85	−0.05 +64.19	+0.02 −21.98	+64.14	−21.96		
A	+12 112 22 24	112 22 36							536.27	328.74
			48 43 18							
1										
Σ	539 59 00			485.74	+0.34	−0.17	0.00	0.00		

（5）计算导线点坐标

由起始点坐标和改正后坐标增量，推算各点坐标。例如本题中，1 点的坐标为：

$$x_1 = x_A + \Delta x_{A1} = 536.27 + 75.86 = 612.13$$

$$y_1 = y_A + \Delta y_{A1} = 328.74 + 86.54 = 415.28$$

用相同的方法，既可计算出其余各点坐标，并填入计算表的相应栏目。最后，将经推算所得的起始点坐标与已知起始点坐标相等，以此作为检核条件。

2. 附合导线计算

附合导线计算步骤与闭合导线基本相同，但由于导线形式和已知点分布不同，仅存在以下两点差别：角度闭合差的计算和坐标增量闭合差的计算。

如图 6-14 所示，为双定向附合导线，用于一般控制的图根测量。其中 A、B、C、D 为坐标已知点，α_{AB}、α_{CD} 已知，其他已知数据均标注在图中。

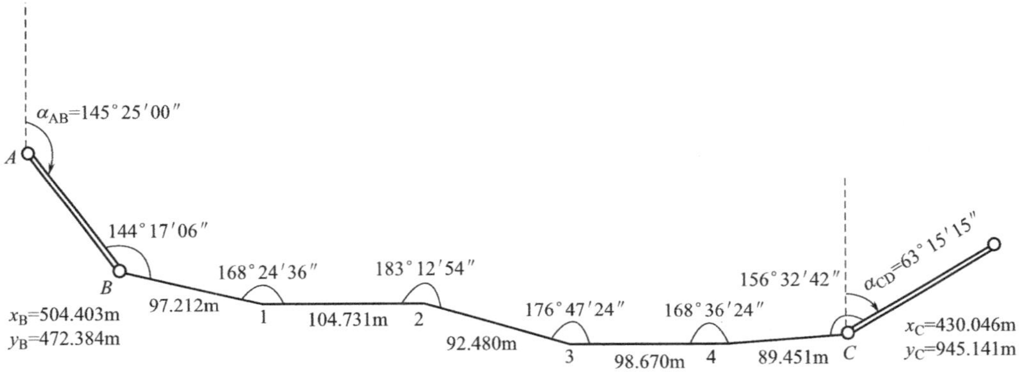

图 6-14　附合导线计算

计算表格见表 6-8。其他计算步骤与闭合导线相同，角度闭合差的计算和坐标增量闭合差的计算如下所述。

（1）角度闭合差的计算

由 AB 边的坐标方位角推算 CD 边的方位角（各观测角为左角）：

$$\alpha_{B1} = \alpha_{AB} + \beta_B - 180°$$

$$\alpha_{12} = \alpha_{B1} + \beta_1 - 180°$$

……

$$\alpha_{CD} = \alpha_{4C} + \beta_C - 180°$$

综合以上各式求和，有：

$$\alpha_{CD} = \alpha_{AB} + \sum\beta - 6 \times 180°$$

则有$\sum\beta = \alpha_{CD} - \alpha_{AB} + 6 \times 180°$，其中$\sum\beta$ 为各转折角（包括连接角）理论值的总和，其一般式见式（6-8）：

$$\sum\beta_{左理} = \alpha_{终} - \alpha_{始} + n \times 180° \tag{6-8}$$

如果观测角为右角，则有式（6-9）：

$$\sum\beta_{右理} = \alpha_{始} - \alpha_{终} + n \times 180° \tag{6-9}$$

在观测过程中不可避免的存在误差，实际测得的各导线角之和与理论值之间存在差值，即角度闭合差，用 f_β 表示见式（6-10）：

$$f_\beta=\sum\beta_{测}-\sum\beta_{理} \tag{6-10}$$

本题中，$\sum\beta_{左理}=63°15'15''-145°25'00''+6\times180°=997°50'15''$

$$f_\beta=\sum\beta_{测}-\sum\beta_{理}=997°51'06''-997°50'15''=51''$$

$$f_\beta=\sum\beta_{测}-\sum\beta_{理}=997°51'06''-997°50'15''=51''\leqslant f_{\beta容}=\pm60\sqrt{6}=\pm147''$$

角度闭合差在容许值范围内，可进行角度闭合差调整，调整方法和闭合导线方法相同。

（2）坐标增量闭合差的计算

由附合导线图可知，导线各边在纵、横坐标轴上投影总和，理论值为终点和始点坐标之差，即：

$$\left.\begin{aligned}\sum\Delta x_{理}=x_{终}-x_{始}\\ \sum\Delta y_{理}=y_{终}-y_{始}\end{aligned}\right\} \tag{6-11}$$

$$\left.\begin{aligned}f_x=\sum\Delta x_{测}-\sum\Delta x_{理}\\ f_y=\sum\Delta y_{测}-\sum\Delta y_{理}\end{aligned}\right\} \tag{6-12}$$

在本题中：

$$\sum\Delta x_{理}=x_{终}-x_{始}=430.046-504.403=-74.357\text{m}$$

$$\sum\Delta y_{理}=y_{终}-y_{始}=945.141-472.382=+472.757\text{m}$$

$$f_x=\sum\Delta x_{测}-\sum\Delta x_{理}=-74.471-(-74.357)=-0.114\text{m}$$

$$f_y=\sum\Delta y_{测}-\sum\Delta y_{理}=+472.876-472.757=+0.119\text{m}$$

$$f=\sqrt{f_x^2+f_y^2}=\sqrt{(-0.114)^2+0.119^2}=0.165\text{m}$$

全长相对闭合差为 $K=\dfrac{0.165}{482.544}=\dfrac{1}{2900}$

附合导线坐标计算表 **表 6-8**

点号	(改正数)转折角(右角)(°′″)	改正后转折角(°′″)	方位角(°′″)	边长(m)	坐标增量		改正后增量		坐标	
					(改正数)Δx(m)	(改正数)Δy(m)	Δx(m)	Δy(m)	x(m)	y(m)
A										
			145 25 00							
B	−9 144 17 06	144 16 57							504.403	472.384
			109 41 57	97.212	+0.023 −32.768	−0.024 +91.523	−32.745	+91.499		
1	−9 168 24 36	168 24 27							471.658	563.883
			98 06 24	104.731	+0.025 −14.768	−0.026 +103.684	−14.743	+103.658		
2	−8 183 12 54	183 12 45							456.915	667.541
			101 19 09	92.480	+0.022 −18.151	−0.023 +90.681	−18.129	+90.658		
3	−8 176 47 24	176 47 16							438.786	758.199
			98 06 25	98.670	+0.023 −13.915	− 0.024 +97.684	−13.892	+97.660		
4	−8 168 36 24	168 36 16							424.894	855.859

续表

点号	(改正数)转折角(右角)(°′″)	改正后转折角(°′″)	方位角(°′″)	边长(m)	坐标增量		改正后增量		坐标	
					(改正数)Δx(m)	(改正数)Δy(m)	Δx(m)	Δy(m)	x(m)	y(m)
C	−8 156 32 42	156 32 34	86 42 41	89.451	+0.021 +5.131	−0.022 +89.304	+5.152	+89.282	430.046	945.141
D			63 15 15							
Σ	997 51 06	997 50 15		482.544	−74.471	+472.876	−74.357	+472.757		

3. 支导线计算

支导线中没有产生闭合差，计算中也不需要进行闭合差调整，因此，支导线的计算比闭合导线和附合导线的计算都要简单，计算方法相同。支导线计算步骤如下：按已知点坐标反算已知边方位角，按已知边方位角和导线转折角推算各导线边方位角，然后结合相邻导线点之间的距离（即边长）计算坐标增量，最后按坐标增量计算各导线点的坐标。

4. 导线测量中错误的检查

在导线计算中，如果发现闭合差超限，应首先复查外业观测记录、内业计算的数据抄录和计算。如果都没有发现问题，则说明导线的边长或角度测量中有粗差，必须到现场返工重测。如果能分析判断出错误可能发生的地方，则可以节省返工时间。

（1）一个转折角测错的查找方法

如图 6-15 所示，设附合导线的第 3 点上的转折角 β_3 发生了 $\Delta\beta$ 的错误，使角度闭合差超限。如果分别从导线两端的已知方位角推算各边的方位角，则到测错角度的第 3 点为止，推算的方位角仍然是正确的。经过第 3 点的转折角 β_3 以后，导线边的方位角开始向错误方向偏转，而且使导线点位置的偏转越来越大。

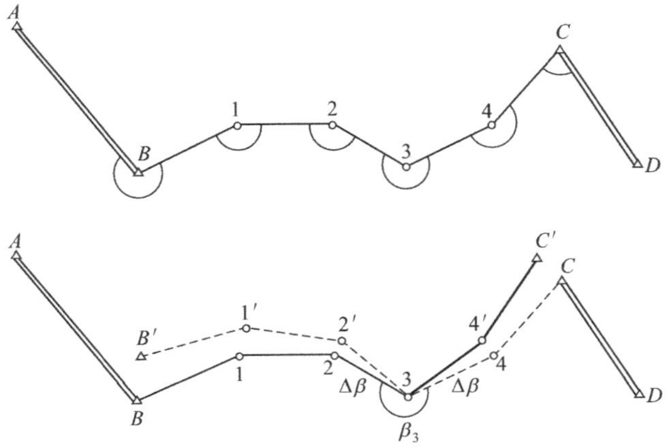

图 6-15　一个转折角测错的查找方法

导线测量中一个转折角测错的查找方法如下：分别从导线两端的已知点和已知方位角出发，按支导线计算各点的坐标，由此得到两套坐标。如果某一导线点的两套坐标值非常接近，则该点的转折角最有可能测错。对于闭合导线，同样可用此方法查找。

(2) 一条边长测错的查找方法

当导线的角度闭合差在允许范围以内而导线全长闭合差超限时，说明边长测量有错误。如图 6-16，设导线边 2-3 发生测距粗差 ΔD，而其他各边和各角没有粗差。因此，从第 3 点开始及以后各点均产生一个平行于 2-3 边的位移量 ΔD。如果其他各边和各角中的偶然误差可以忽略不计，则计算所得的导线全长闭合差的数值 f 即等于 ΔD，闭合差向量的方位角 α_f 即等于 2-3 边的方位角。

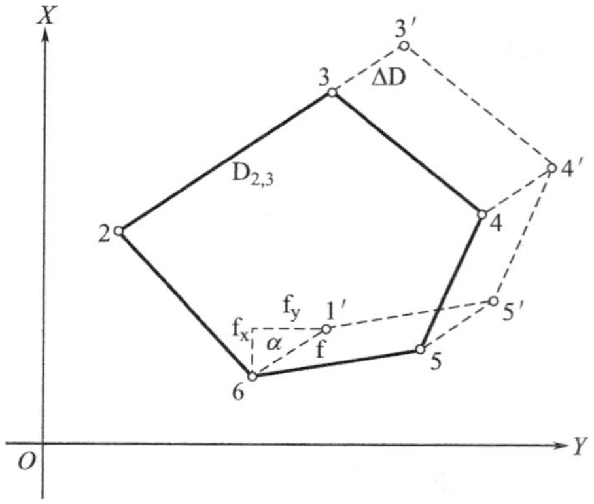

图 6-16 一条边长测错的查找方法

据此与导线计算中各边的方位角相对照，可以找出可能有测距粗差的导线边。

6.3 交会测量

控制点应具有足够的密度才能满足测绘地形图的需要。当原有控制点不能满足工程需要时，可用交会法加密控制点，称为交会定点。常用的交会法有前方交会、后方交会、侧边交会，这些方法也可用于工程测量中。

6.3.1 测角交会

如图 6-17 所示，A、B 为已知点，P 为待定点，在 A、B 两点向 P 点观测水平角 α、β，根据已知点坐标和观测的角值计算出 P 点坐标，这种方法称为前方交会（又称测角交会）。为保证交会点的精度，交会角 γ 应在 30°～150°之间。

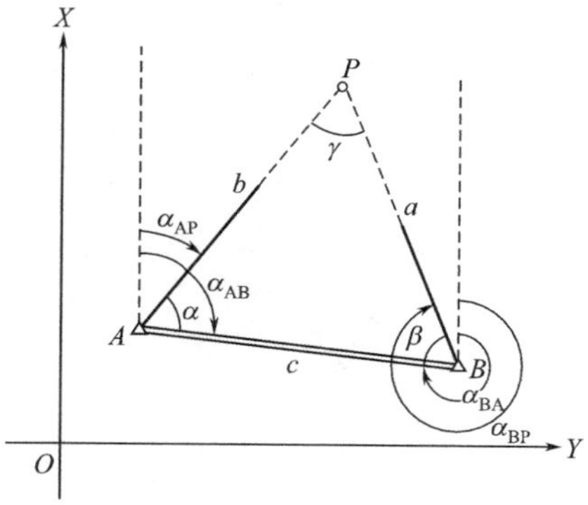

图 6-17 测角交会

前方交会计算待定点坐标方法如下：

1. 间接计算法

(1) 根据两已知点的坐标，反算已知边 AB 的边长和坐标方位角 α_{AB}：

$$D_{AB}=\sqrt{(x_B-x_A)^2+(y_B-y_A)^2} \tag{6-13}$$

$$\alpha_{AB}=\arctan\frac{y_A-y_B}{x_A-x_B} \tag{6-14}$$

(2) 待定边 AP 和 BP 的边长和坐标方位角推算

待定边边长计算，由正弦定理可得：

$$\left.\begin{aligned}D_{AP}&=D_{AB}\frac{\sin\beta}{\sin\gamma}\\D_{BP}&=D_{AB}\frac{\sin\alpha}{\sin\gamma}\end{aligned}\right\} \tag{6-15}$$

式中 $\gamma=180^\circ-\alpha-\beta$

待定边坐标方位角计算：

$$\left.\begin{aligned}\alpha_{AP}&=\alpha_{AB}-\alpha\\ \alpha_{BP}&=\alpha_{BA}+\beta=\alpha_{AB}+\beta\pm180^\circ\end{aligned}\right\}\tag{6-16}$$

（3）待定点坐标的计算

分别从已知点 A、B 计算待定点 P 的坐标，所得结果应相等，作为计算检核条件。

$$\left.\begin{aligned}x_P&=x_A+D_{AP}\cos\alpha_{AP}\\ y_P&=y_A+D_{AP}\sin\alpha_{AP}\end{aligned}\right\}\tag{6-17}$$

$$\left.\begin{aligned}x_P&=x_B+D_{BP}\cos\alpha_{BP}\\ y_P&=y_B+D_{BP}\sin\alpha_{BP}\end{aligned}\right\}\tag{6-18}$$

2. 直接计算法

该方法可应用于电子计算器，直接计算 P 点坐标。公式（正切公式）见式（6-19）：

$$\left.\begin{aligned}x_P&=\frac{x_A\tan\alpha+x_B\tan\beta+(y_B-y_A)\tan\alpha\tan\beta}{\tan\alpha+\tan\beta}\\ y_P&=\frac{y_A\tan\alpha+y_B\tan\beta+(x_B-x_A)\tan\alpha\tan\beta}{\tan\alpha+\tan\beta}\end{aligned}\right\}\tag{6-19}$$

公式推导从略。

应用此公式直接结算前方交会点的坐标时应注意，A、B、P 三点的点号必须按逆时针次序排列。A 处观测角度用 α 表示，B 处观测角度用 β 表示，若有对调，应相应地改变公式中 α、β 的位置。

6.3.2 后方交会

如图 6-18 所示，在待定点上向三个已知点进行水平角观测，然后根据两个水平角观测值和三个已知点的坐标，确定待定点坐标的方法，称为后方交会法。已知点按顺时针排列，待定点可以在已知点组成的三角形之内，也可以在其外。

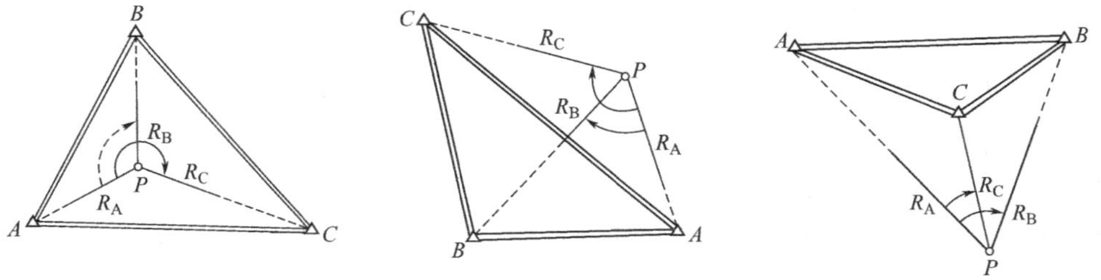

图 6-18 后方交会法

如图 6-19 所示，当待定点 P 与已知三点在同一圆周上时，则会出现无解或无穷多解的情况，此时，P 处在圆周的任一位置，其观测角值不便，后方交会无法结算。我们称通过已知三点的圆为危险圆。在采用后方交会的方法计算待定点坐标时，应避免待定点位于危险圆上。

后方交会计算工作量较大，计算待定点坐标的公式也很多，下面介绍其中的一种：重心公式（又称仿权计算公式）。

如图 6-20 所示，设由已知点 A、B、C 所构成的三角形的三个内角为，在待定点 P 处，观测已知点水平角方向值所构成的三个水平角为 α、β、γ。

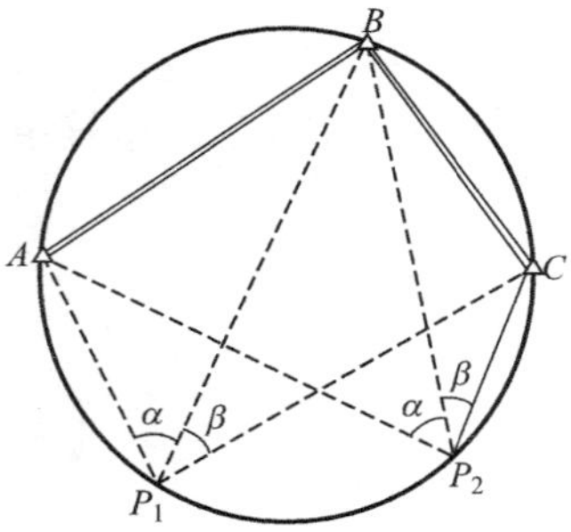

图 6-19 危险圆

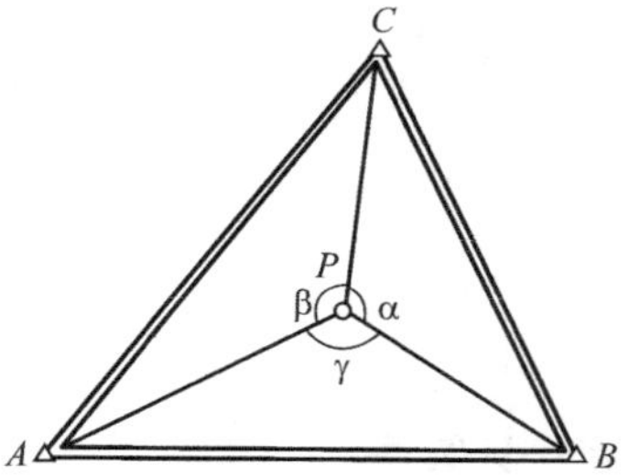

图 6-20 重心公式计算图

待定点坐标为已知点坐标值的加权平均值：

$$\left.\begin{aligned} x_{\mathrm{P}} &= \frac{P_{\mathrm{A}}x_{\mathrm{A}} + P_{\mathrm{B}}x_{\mathrm{B}} + P_{\mathrm{C}}x_{\mathrm{C}}}{P_{\mathrm{A}} + P_{\mathrm{B}} + P_{\mathrm{C}}} \\ y_{\mathrm{P}} &= \frac{P_{\mathrm{A}}y_{\mathrm{A}} + P_{\mathrm{B}}y_{\mathrm{B}} + P_{\mathrm{C}}y_{\mathrm{C}}}{P_{\mathrm{A}} + P_{\mathrm{B}} + P_{\mathrm{C}}} \end{aligned}\right\} \tag{6-20}$$

其中，按式（6-21）计算已知点坐标值的权：

$$P_{\mathrm{A}} = \frac{\tan\alpha \cdot \tan\angle A}{\tan\alpha - \tan\angle A}$$

$$P_{\mathrm{B}} = \frac{\tan\alpha \cdot \tan\angle B}{\tan\alpha - \tan\angle B}$$

$$P_{\mathrm{C}} = \frac{\tan\alpha \cdot \tan\angle C}{\tan\alpha - \tan\angle C} \tag{6-21}$$

应用仿权公式时注意，$\angle A$ 和 α 所对应的边为 BC；$\angle B$ 和 β 所对应的边为 AC；$\angle C$ 和 γ 所对应的边为 AB。另外，此公式特别适合编程计算。

6.3.3 测边交会

如图 6-21 所示，由待定点 P 向两个已知点 A、B 量取边长 D_1 和 D_2，根据观测边长和已知坐标值计算 P 点坐标，这种方法称为测边交会（又称为距离交会）。测边交会计算坐标步骤如下：

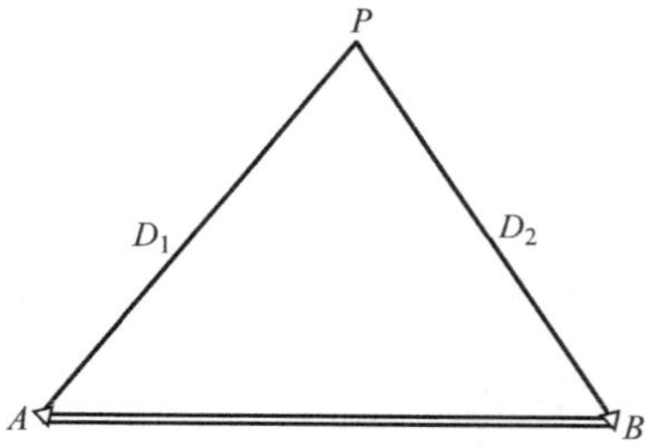

图 6-21 测边交会

1. 根据两已知点的坐标，反算已知边 AB 的边长和坐标方位角 α_{AB}：

$$D_{\mathrm{AB}} = \sqrt{(x_{\mathrm{B}} - x_{\mathrm{A}})^2 + (y_{\mathrm{B}} - y_{\mathrm{A}})^2}$$

$$\alpha_{\mathrm{AB}} = \arctan\frac{y_{\mathrm{A}} - y_{\mathrm{B}}}{x_{\mathrm{A}} - x_{\mathrm{B}}}$$

2. 由余弦定理，计算 AP 和 BP 的坐标方位角 α_{AP} 和 α_{BP}：

$$\left.\begin{aligned}\alpha_{AP}&=\alpha_{AB}-\angle A=\alpha_{AB}-\arccos\frac{D_{AB}^2+D_1^2-D_2^2}{2D_{AB}D_1}\\\alpha_{BP}&=\alpha_{BA}+\angle A=\alpha_{BA}-\arccos\frac{D_{AB}^2+D_2^2-D_1^2}{2D_{AB}D_2}\end{aligned}\right\}\tag{6-22}$$

3. 与前方交会最后一个步骤相同，分别从已知点 A、B 计算待定点 P 的坐标，所得结果应相等，作为计算检核条件。

$$\left.\begin{aligned}x_P&=x_A+D_{AP}\cos\alpha_{AP}\\y_P&=y_A+D_{AP}\sin\alpha_{AP}\end{aligned}\right\}$$

$$\left.\begin{aligned}x_P&=x_B+D_{BP}\cos\alpha_{BP}\\y_P&=y_B+D_{BP}\sin\alpha_{BP}\end{aligned}\right\}$$

6.4　高程控制测量

小区域高程控制测量常用的方法有两种，即水准测量和三角高程测量。

6.4.1　水准测量

水准测量主要是进行三等、四等水准测量，等外水准测量以及图根水准测量。小区域水准测量一般是指三等、四等水准测量，三等、四等水准测量主要用于国家高程控制网加密、小地区的首级高程控制以及工程建设地区内工程测量和变形观测的基本控制。具体的要求和施测方法，详见第 2 章水准测量的相关内容。

6.4.2　三角高程测量

三角高程测量是指根据已知点高程及两点间的垂直角和距离，确定待测点高程的方法。

当两点间地形起伏较大不便于水准观测时，可利用三角高程测量的方法测定两点角的高差，进而求得待测点的高程。此方法测量的精度一般低于水准测量，常用于山区各种比例尺测图的高程控制和地形测量。

1. 三角高程测量原理

如图 6-22 所示，已知 A 点高程为 H_A，现欲求待定点 B 的高程 H_B。用三角高程测

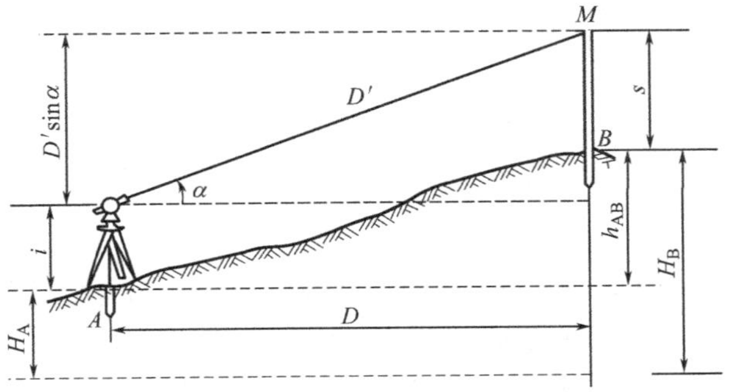

图 6-22　三角高程测量

量，先在 A 点安置仪器，量得仪器高为 i。B 点竖立觇标，瞄准觇标顶部 M，测得竖直角 α，量得觇标高为 s。测得 AM 间的倾斜距离为 D'，则两点之间的高差 h_{AB} 见式（6-23）：

$$h_{AB}=D'\sin\alpha+i-s \tag{6-23}$$

当已知两点之间的水平距离时，有式（6-24）：

$$h_{AB}=D\tan\alpha+i-s \tag{6-24}$$

则可求得待测点高程：

$$H_B=H_A+h_{AB}$$

以上即为三角高程测量的原理。

2. 地球曲率和大气折光对高差的影响

以上公式（6-23）、式（6-24）是在假设地球表面为水平面，观测视线为直线的条件下推导出来的。而实际上，我们知道，由于地球曲率的存在，用水平面代替地球表面对高差是会造成一定影响的。有学者提出，当地面上两点间距离小于 300m 时，式（6-23）是适用的，但当两点间的距离大于 300m 时，应考虑地球曲率的影响，加以改正，称为球差改正，其改正数为 c。同时，在观测时，由于大气折光的影响，观测视线并非是一条直线，而是一条向上凸起的弧线，这对测量也将带来误差，称为大气折光差，因此还应加以大气折光差改正，称为气差改正，其改正数为 γ。以上两项改正合称为球气差改正，简称为两差改正，其改正数为 f。

为消除地球曲率和大气折光对三角高程测量的影响，通常采用加改正数的方法。

（1）地球曲率的改正

当地面两点之间的距离较长（超过 300m），将大地水准面视为平面时，应加上球差改正数 c。

$$c=\frac{D^2}{2R} \tag{6-25}$$

式中 D——两点间的水平距离；

R——地球的平均曲率半径，计算时一般取为 6371km。

（2）大气折光的改正

大气折光的改正数，即气差改正数 γ，见式（6-26）：

$$\gamma=-K\frac{D^2}{2R} \tag{6-26}$$

式中 K——大气垂直折光系数，其取值主要随大气的温度和压力的变化而变化，范围为 0.10～0.16，通常取 0.14。

则两差改正数 f 表示见式（6-27）：

$$f=c+\gamma=(1-K)\frac{D^2}{2R} \tag{6-27}$$

取 $K=0.14$，则有 $f\approx 0.43\frac{D^2}{R}=6.7D^2$。

由于球差改正 c 恒为正，气差改正 γ 恒为负，两差改正 f 恒为正。

当三角高程用于图根控制测量时，两点间水平距离 $D<400$m，可不考虑二差改正；当 $D>400$m，应加两差改正。此时，两点之间的高差见式（6-28）：

$$h_{AB}=D\tan\alpha+i-s+f \tag{6-28}$$

三角高程一般都采用对向观测，即先从 A 点观测 B 点，再从 B 点观测 A 点。此时有

$$h_{AB}=D\tan\alpha_1+i_1-s_1+f$$

$$h_{BA}=D\tan\alpha_2+i_2-s_2+f$$

取对象观测所得高差的平均数作为两点间的高差见式（6-29）：

$$\overline{h}=\frac{1}{2}(h_{AB}-h_{BA})=\frac{1}{2}[(D\tan\alpha_1+i_1-s_1)]-[(D\tan\alpha_2+i_2-s_2)] \quad (6\text{-}29)$$

由于 h_{AB}、h_{BA} 反号，平均值中不含两差，因此采用对象观测可以消除两差的影响。

3. 三角高程测量的观测和计算

一般采用闭合或附合导线形式进行三角高程控制测量，每一边采用对向观测。在每一个测站上，观测步骤如下：

（1）在测站上安置经纬仪，量取仪器高 i 和觇标高 s，精确至 1mm；

（2）分别采用盘左、盘右观测，测得竖直角为 α；

（3）用测距仪测得两点间的倾斜距离 D'，或采用三角测量的方法计算得到两点间的水平距离 D；

（4）再从待测点出发，重复以上步骤。最后求得两点间的高差，代入公式进行计算，求出待测点高程。

采用电磁波测距三角高程测量，宜在平面控制点的基础上布设成三角高程网或高程导线。通常分为四等、等外以及图根电磁波测距三角高程，其测量的主要技术要求见表 6-9。

电磁波测距三角高程测量的主要技术要求　　表 6-9

等级	每千米高差全中误差(mm)	边长(km)	观测方式	对向观测高差较差(mm)	附合或环形闭合差(mm)
四等	10	≤1	对向观测	$40\sqrt{D}$	$20\sqrt{\Sigma D}$
等外	15	≤1	对向观测	$60\sqrt{D}$	$30\sqrt{\Sigma D}$

注：1. D 为电磁波测距边长度，单位为公里；
2. 起讫点的精度等级，四等应起讫于不低于三等水准测量的高程点上，五等应起讫于不低于四等的高程点上；
3. 路线长度不应超过相应等级水准路线长度的限值。

电磁波测距三角高程观测技术要求，见表 6-10。

电磁波测距三角高程观测的主要技术要求　　表 6-10

等级	垂直角观测				边长测量	
	仪器精度等级	测回数	指标差较差(″)	测回较差(″)	仪器精度等级	观测次数
四等	2″级仪器	3	≤7″	≤7″	100mm 级仪器	往返各一次
五等	2″级仪器	2	≤10″	≤10″	100mm 级仪器	往一次

注：当采用 2″级光学经纬仪进行垂直角观测时。应根据仪器的垂直角检测精度，适当增加测回数。

另外垂直角的对向观测，当直觇完成后应即刻迁站进行返觇测量；仪器、反光镜或觇牌的高度，应在观测前后各量测一次并精确至 1mm，取其平均值作为最终高度。

例如，A 为控制点，高程已知，现欲求待测点 B、C 两点的高程，其三角高程测量的高差计算见表 6-11。

三角高程测量的高差计算　　表 6-11

起算点	A		B	
待测点	B		C	
往返侧	往	返	往	返
斜距 D'	593.391	593.400	494.360	491.301
竖直角 α	$+11°32'49''$	$-11°33'06''$	$+6°41'48''$	$-6°42'04''$
$D'\sin\alpha$	+118.780	−118.829	+57.299	−57.330
仪器高 i	1.440	1.491	1.491	1.502
觇标高 s	1.502	1.400	1.522	1.441
两差改正数 f	0.022	0.022	0.016	0.016
单向高差 h	+118.740	−118.716	+57.284	−57.253
往返平均高差 $\overline{h}$	+118.728		+57.268	

习题与思考题

1. 控制测量的目的是什么？建立平面控制网的方法有哪些？各有什么优缺点？
2. 国家基本平面控制网的布设原则是什么？
3. 导线的布设形式有哪几种？导线的外业工作包括哪些内容？
4. 选定控制点应注意哪些问题？
5. 什么叫做前方交会、后方交会和距离交会？
6. 闭合导线 1-2-3-4-1 的观测数据如图 6-23 所示，已知 1 点的坐标 $x_1=500.00$m，$y_1=500.00$m，1-2 边地坐标方位角为 $45°30'00''$，试计算 2、3、4 三点的坐标。

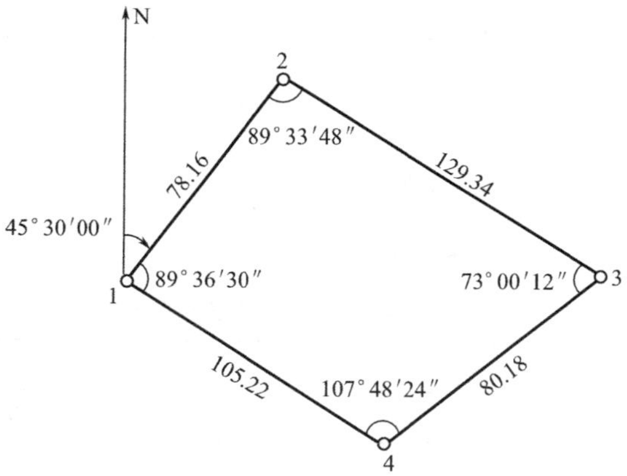

图 6-23　第 6 题图

7. 已知点坐标、水平角及水平距离观测如图 6-24 所示，试计算 1、2、3 三个点的坐标。
8. 如图 6-25 用前方交会测定 P 点位置，计算其坐标。已知 A、B 两点坐标为 $x_A=500.00$m，$y_A=500.00$m　$x_B=526.83$m，$y_B=433.16$m，观测值 $\alpha=91°03'24''$，$\beta=50°35'23''$。
9. 如图 6-26，已知 A、B、C 三点坐标和观测值 R_A、R_B、R_C，用后方交会测定 P 点位置，计算其坐标。

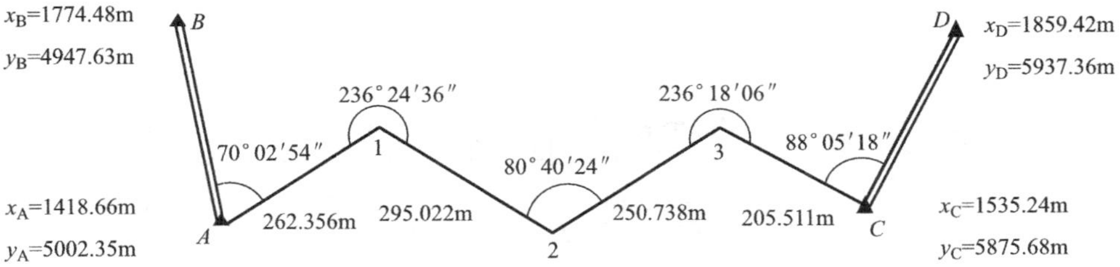

图 6-24　第 7 题图

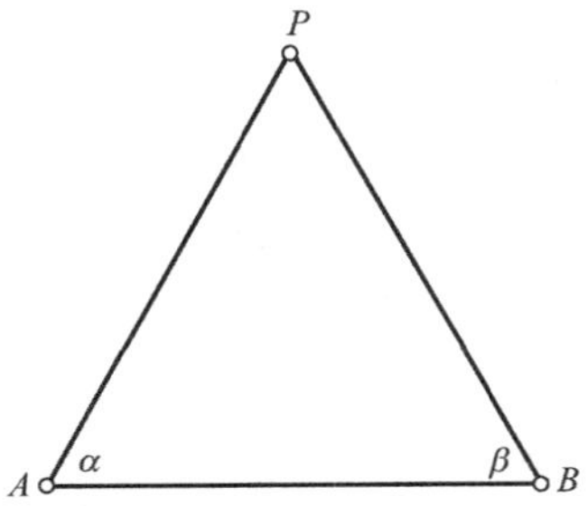

图 6-25　第 8 题图

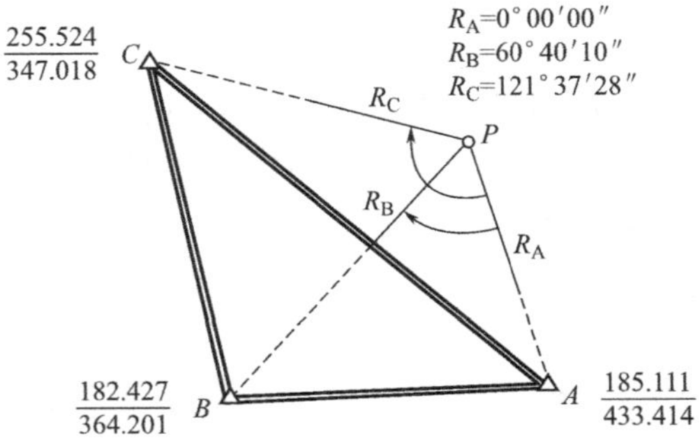

图 6-26　第 9 题图

10. 如图 6-27，已知 A、B 两点点坐标和观测值 D_{AP}、D_{BP}、D_{AB}，用后方交会测定 P 点位置，计算其坐标。

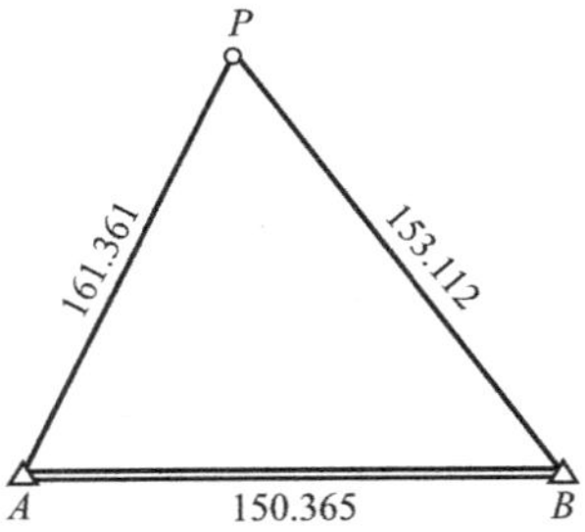

图 6-27　第 10 题图

第 7 章　全球定位系统定位技术在控制测量中的应用

7.1　全球导航卫星系统（GNSS）简介

全球导航卫星系统（Global Navigation Satellite System，GNSS）是利用卫星发射的无线电信号进行导航定位，具有全球性、全天候、高精度、快速连续实时三维导航、定位、测速和授时功能，以及良好的保密性和抗干扰性。用 GNSS 技术定位精度高、速度快、布点灵活，操作方便，因此，从军事和导航应用开始迅速被扩展应用于测量领域，已广泛应用于地形测量和工程测量中。

GNSS 泛指所有的卫星导航系统，包括全球的、区域的和增强的卫星导航系统，如美国的 GPS（Global Positioning System）、俄罗斯的 Glonass、欧洲的 Galileo、中国的北斗卫星导航系统（BDS），以及相关的增强系统，包括美国的 WAAS（广域增强系统）、欧洲的 EGNOS（欧洲静地导航重叠系统）、日本的 MSAS（多功能运输卫星增强系统）以及由合众思壮建设的“中国精度”北斗星基增强系统。

GNSS 技术最早来源于美国军方研制 GPS，因此，在工作中经常将 GPS 与 GNSS 混称。

7.1.1　GNSS 定位原理

GNSS 定位原理是空间距离交会法，即是在已知卫星每一时刻的位置和速度的基础上，以卫星为空间基准点，通过测站接收设备，测定测站至卫星的距离，从而确定测站的位置。

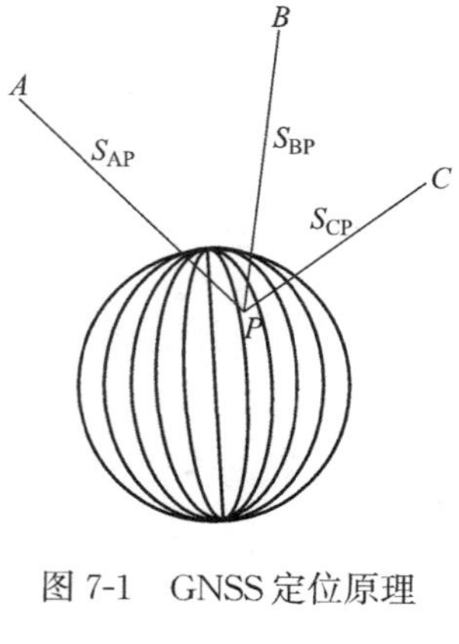

图 7-1　GNSS 定位原理

如图 7-1 所示，A、B、C 为空间 3 颗卫星，P 为待测点。在某一时刻，同时测定待测点至 3 颗空间卫星的距离 S_{AP}、S_{BP}、S_{CP}，根据卫星的已知位置，可求出待测点坐标。

设在此观测时刻，A、B、C 卫星的三维坐标分别为（x_A，y_A，z_A）、（x_B，y_B，z_B）、（x_C，y_C，z_C），P 点的三维坐标为（x_P，y_P，z_P），则：

$$\left.\begin{aligned} S_{AP}^2 &= (x_A - x_P)^2 + (y_A - y_P)^2 + (z_A - z_P)^2 \\ S_{BP}^2 &= (x_B - x_P)^2 + (y_B - y_P)^2 + (z_B - z_P)^2 \\ S_{CP}^2 &= (x_C - x_P)^2 + (y_C - y_P)^2 + (z_C - z_P)^2 \end{aligned}\right\} \tag{7-1}$$

求出 P 点的三维坐标后，利用坐标转换，将三维坐标转换为平面直角坐标（x，y）和高程 H。

7.1.2 GNSS的组成

各种卫星定位系统都由空间卫星部分（GNSS卫星星座）、地面监控部分（GNSS地面监控系统）和用户设备部分（GNSS信号接收级信号处理系统）三大部分组成，现以美国GPS定位系统为例，GPS定位系统组成如图7-2所示。

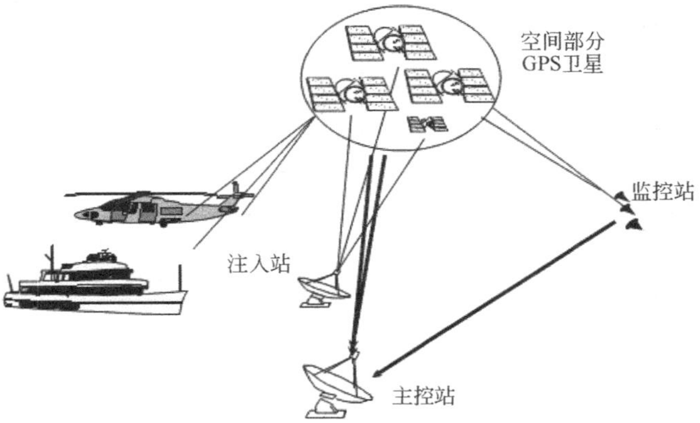

图7-2 GNSS定位系统组成

1. 空间卫星

GPS空间卫星星座由24颗卫星组成，其中21颗工作卫星，3颗备用卫星。卫星分布在6个绕地球运行的轨道上，每个轨道面上分布4颗卫星。卫星轨道平面相对于地球赤道平面倾角为55°，各卫星轨道平面升交点赤径相差60°，轨道平均高度为20200km，卫星运行周期为11h 58min。

工作卫星在空间分布情况如图7-3所示，卫星同时在地平线上至少有4颗，最多可达11颗。这样的分布和运行，可以保证全球各地在任何时刻用GPS接收机能观测到4～8颗高度角在15°以上的卫星，以进行定位和导航。

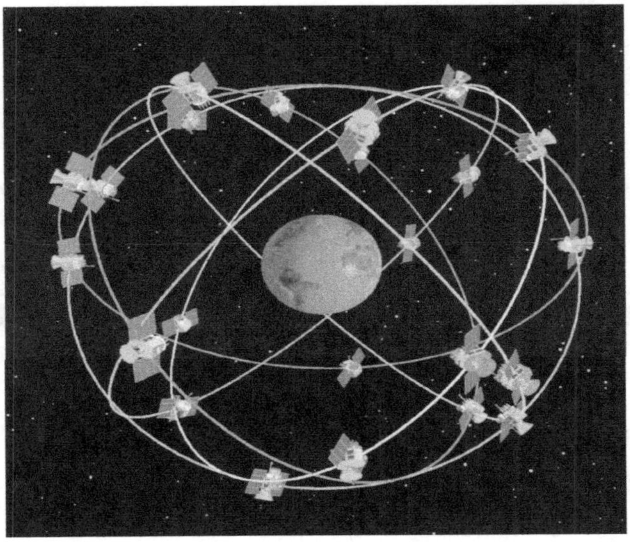

图7-3 GPS卫星空间分布情况

GPS 卫星星座的基本参数见表 7-1。

GPS 卫星星座基本参数　　表 7-1

内容	GPS
卫星数	21+3
轨道数(个)	6
倾角	55°
轨道平面升交点赤径间距	60°
运行周期	11h58min
卫星轨道高度	20200km
覆盖面	38%
载波频率	1572MHz,波长 19.05cm 1227MHz,波长 24.45cm

如图 7-4 所示，GPS 卫星主体呈圆柱形，直径为 1.5m，质量约为 774kg。两侧有双叶太阳能板，能自动对日定向，以提供卫星正常工作所需用电。GPS 卫星主要功能有：

(1) 接收并储存由地面监控站发来的导航信息；

(2) 接收并执行指控站发出的控制命令、调度命令，如调整卫星姿态、启用备用卫星等；

(3) 进行必要的数据处理工作；

(4) 向用户连续发送卫星导航定位所需信息，如卫星轨道参数、卫星信号发射时间标准等。

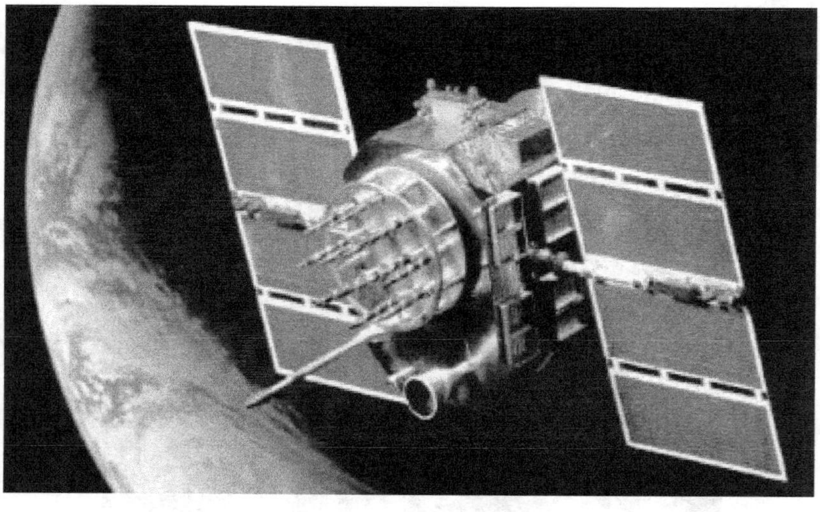

图 7-4　GPS 卫星主体形状

2. 地面监控系统

GPS 地面监控系统（图 7-5）由 5 个地面站组成：

(1) 1 个主控站，位于美国本土科罗拉多空间中心。它的主要作用是协调管理地面监控系统，负责将监测站的观测资料联合处理，推算卫星星历、卫星钟差和大气修正参数，并将这些数据编制成导航电文送到注入站。此外，它还可以对卫星状态进行诊断，调整偏离轨道卫星，必要时启用备用卫星。

（2）5个监测站，其中1个监测站附设在主控站内，其余4个位于夏威夷、北太平洋的卡瓦加兰岛、印度洋的狄哥伽西亚岛和大西洋的阿松森岛。站内设有双频GPS接收机、高精度原子钟、气象参数测试仪和计算机等设备。

监测站的主要任务是完成GPS卫星信号的连续跟踪观测，并将搜集的数据和当地气象观测资料经处理后传送到主控站。

（3）3个注入站，分别设在北太平洋的卡瓦加兰岛、印度洋的狄哥伽西亚岛和大西洋的阿松森岛上的监测站内。其主要任务是将主控站编制的导航电文，通过直径为3.6m的天线注入给相应的卫星。

图7-5　GPS地面监控系统

3. 用户接收设备

用户接收设备即指GNSS接收机。接收机主要由主机、天线、电源及数据处理软件等组成。其主要功能是接收GNSS卫星发射的无线电信号，取必要的定位信息及观测值，进行数据处理，完成导航定位工作。GNSS接收机可以根据用途、工作原理、接收频率等进行不同的分类。

（1）按接收机的用途分类

按接收机的用途分类，可分为导航型、授时型和测地型GNSS接收机

1）授时型GNSS接收机：主要利用GNSS卫星提供的高精度时间标准进行授时，常用于天文台、无线通信及电力网络中时间同步，图7-6为司南M300TD精密授时型GNSS接收机

图7-6　司南M300TD精密援时型GNSS接收机

2）导航型GNSS接收机：主要用于运动载体的导航，可以实时给出载体的位置和速度。一般采用C/A码伪距测量，单点实时定位精度较低，一般为10m左右。但这类接收机价格便宜，故应用广泛，图7-7为个人及车

载导航仪。

图 7-7　个人及车载导航仪

3）测地型 GNSS 接收机：主要用于精密大地测量和工程测量等领域。这类仪器主要采用载波相位观测值进行相对定位，定位精度高。仪器结构复杂，价格较贵，图 7-8 为南方 S86 测地型 GNSS 接收机主机及配套的操作手簿。

图 7-8　南方 S86 测地型 GNSS 接收机

（2）按 GNSS 接收机的载波频率分类

1）单频 GNSS 接收机：只接收 L1 载波信号，测定载波相位观测值进行定位。由于不能有效消除电离层延迟影响，单频接收机只适用于短基线的精密定位。

2）双频 GNSS 接收机：可以同时接收 L1、L2 载波信号。利用双频对电离层延迟的不同可以消除电离层对电磁波信号的延迟影响，因此双频接收机可用于长达几千公里的精密定位。

（3）按 GNSS 接收机工作原理分类

1）码相关型 GNSS 接收机：码相关型接收机是利用码相关技术得到伪距观测值。

2）平方型 GNSS 接收机：平方型接收机是利用载波信号的平方技术去掉调制信号，

来恢复完整的载波信号，通过相位计测定接收机内产生的载波信号与接收到的载波信号之间的相位差，测定伪距观测值。

3）混合型 GNSS 接收机：混合型接收机是综合上述两种接收机的优点，既可以得到码相位伪距，也可以得到载波相位观测值。

4）干涉型 GNSS 接收机：干涉型接收机是将 GPS 卫星作为射电源，采用干涉测量方法，测定两个测站间距离。

7.1.3 GNSS 定位的特点

GNSS 系统最基本的特点是以“多星、高轨、高频、测时-测距”为体制，高精度的原子钟为核心，与传统测量技术相比，GNSS 定位的主要有以下特点：

（1）全球覆盖连续导航定位

在地球上和近地空间任何一点，均可连续同步地观测不少于 4 颗以上卫星、实现全球、全天候连续导航定位。

（2）高精度三维定位

应用 GNSS 相对定位，测定两点间相对位置的精度可达到 $10^{-6} \sim 10^{-8}$。

（3）实时导航定位

观测时间短，可实时定位，这对动态用户尤为重要。运用快速相对定位，其观测时间仅需数分钟。

（4）被动式全天候导航定位

在任何地点、任何时间，用户设备只需接收 GNSS 信号就可进行导航定位，而不需用户发射任何信号。这种被动式导航定位不仅隐蔽性好，而且可容纳无数多用户。

（5）抗干扰性能好、保密性强

GNSS 采用数字通讯的特殊编码技术，即伪噪声码技术，因而具有良好的抗干扰性和保密性。

（6）观测站之间无需通视

另外，GNSS 定位也存在一些有待解决的问题，例如反卫星卫星、激光和粒子束武器的发展，将对该系统构成威胁；缺少通信链，不能满足航管、搜索、营救等工作的需要；GNSS 信号无入水能力；在地下建筑也无法接收 GNSS 信号，需将大线设置在外部。

7.1.4 GNSS 定位误差来源及 GNSS 网的精度标准

利用 GNSS 定位时，会受到多种因素的影响，其误差的主要来源有以下四类：与 GNSS 卫星有关的误差（包括卫星星历误差、卫星钟差、卫星信号发射天线相位中心偏差）；与信号传播有关的误差（包括电离层延迟、对流层延迟、多路径效应）；与接收设备有关的误差（包括接收机钟差、接收机天线相位中心偏差、接收机软件和硬件造成的误差）；其他误差（包括地球自转的影响和地球潮汐改正、卫星钟和接收机钟振荡器的随机误差、大气折射模型和卫星轨道摄动模型的误差、数据处理软件的误差等）。

GNSS 网的精度要求取决于网的用途，精度指标一般用网中相邻点之间的距离误差来表示见式（7-2）：

$$\sigma = \sqrt{a_0^2 + (b_0 D)^2} \tag{7-2}$$

式中　σ——网中相邻点之间的距离误差，mm；

a_0——与接收设备有关的常量误差，mm；

b_0——比例误差，10^{-6}；

D——相邻点间的距离，km。

我国 GNSS 相对定位精度指标如表 7-2 所示。

我国 GNSS 相对定位精度指标　　表 7-2

测量分级	常量误差 a_0 (mm)	比例误差 b_0 (10^{-6})	相邻点间的距离 D (km)
A	≤5	≤0.1	100～200
B	≤8	≤1	15～250
C	≤10	≤5	5～40
D	≤10	≤10	2～15
E	≤10	≤20	1～10

A 级网是国家大地基准网，B 级网是国家大地基本网，C 级以下用来加密大地基本网或其他 GNSS 测量，如工程测量控制网、城市测量控制网等。

7.1.5　GNSS 定位的坐标系统

在常规大地测量中，各个国家都有自己的测量基准和坐标系统，如我国的 1980 国家大地坐标系。GNSS 也有其相应的坐标系统。由于 GNSS 是全球性的定位导航系统，其坐标系也是全球性的，目前 GNSS 测量中使用的协议地球坐标系统为 1984 年世界大地坐标系统 WGS-84。该坐标系统的地球几何参数是 a=6378137m，f=1/298.257223563。

需要经过坐标转换，才能将 GNSS 测量中所得的坐标转化为我国的高斯平面直角坐标或独立坐标系坐标。在布设 GNSS 控制网时，联测若干已知控制点，这些控制点经 GNSS 观测后，同时具有两套坐标，根据这两套坐标之间的差异，可确定出两个坐标系统间的关系，实现坐标系统之间的转换。

7.2　卫星定位基本方法

随着 GNSS 定位理论和技术以及后处理软件的不断发展，出现了许多种 GNSS 定位方法。

1. 绝对定位和相对定位

据按照参考点的不同位置划分，可分为绝对定位和相对定位。

绝对定位亦称单点定位（Point Positioning），它是利用一台 GNSS 接收机同时接收至少四颗以上 GNSS 卫星伪距，从卫星导航文件中获得卫星的位置，采用距离交会法，确定用户接收机天线在协议地球坐标系 WGS-84 中的三维坐标。

由于绝对定位只需要一台 GNSS 接收机就可以独立定位，因此，观测方便，数据处理简单。根据接收机天线所处的运动状态，绝对定位又可分为静态绝对定位和动态绝对定位。

受大气延迟、卫星轨道偏差、卫星钟差、卫星信号传播误差及接收机本身误差影响，绝对定位的精度较低。该定位方法通常用于飞机、舰船、车辆导航及矿产勘探、卫星遥感等领域。

相对定位（Relative Positioning）是利用两台或两台以上 GNSS 接收机分别安置在测线的两端（该测线称为基线），固定不动，同步接收 GNSS 卫星信号。利用所获得的测码伪距或载波相位观测量，确定出基线两端点在协议地球坐标系 WGS-84 中的相对位置或基线向量。当其中一个点的坐标已知，则可推算另一个待测点的坐标。

相对定位要求各站接收机必须同步跟踪观测相同的卫星，因此，作业组织和实施都比较复杂。根据用户接收机在定位过程中所处的状态不同，相对定位分为静态相对定位和动态相对定位；根据相位观测值的线性组合形式，相对定位可分为单差法（Single Differential Method）、双差法（Double Differential Method ）和三差法（Triple Differential Method）。

由于多台接收机同步观测相同的卫星，接收机的钟差、卫星钟差、卫星星历误差和大气（电离层和对流层）对于电磁波的延迟效应几乎是相同的，因此相对定位可有效地减弱或消除卫星钟差、卫星星历误差等造成的影响，达到较高的定位精度（±1～5mm）。如果某一基准点的位置已知，则可精确地求得其他点的坐标。静态相对定位精度可达到毫米级。该定位方法属于高精度定位方法，广泛用于国家基本控制测量、工程控制测量、精密工程测量、高精度变形观测等。

2. 静态定位与动态定位

根据用户接收机在作业中所处的状态，GNSS 定位方法分为静态定位和动态定位。

在定位过程中测站接收机的天线位置相对固定，用多台接收机在不同的测站上进行相对定位的同步观测，这种定位方式称为静态定位（Static Positioning）。否则为动态定位（Kinematic Positioning）。常见的有以下几种：静态单点定位、动态单点定位、静态相对定位、半动态测量（Semikinematic）或称停行动态测量（Stop and Go）、伪动态测量（Pseudo Kinematic）、快速静态定位（Rapid Static Positioning）和动态相对定位（Kinematic Relative Positioning）。

静态定位多采用测后数据处理的形式，而动态定位则有实时处理（real time 或 instantaneous）和测后处理（post processing）两种方式。

另外，按照定位采用的观测值，分为伪距测量（伪距定位）和载波定位测量；按照时效，可分为实时定位和事后定位。

3. 载波相位动态差分定位技术（RTK）

实时差分定位技术（Real-Time Kinematic，RTK）是基于载波相位观测值的实时差分定位技术，该差分技术是实时地处理基准站和流动站载波相位观测量的差分方法。由于载波相位观测值精度高，若通过数据链将基准站载波相位观测值（伪距观测值，相位观测值）及已知数据传到流动站，在流动站进行实时载波相位数据处理并提供待测点在指定坐标系中的三维定位结果，其定位精度可达到厘米级精度（图 7-9）。

RTK 是 GNSS 应用的重大里程碑，它的出现为工程放样、地形测图带来了新曙光，极大地提高了外业作业效率，具体包括：

（1）RTK 作业自动化、集成化程度高，测绘功能强大。RTK 可胜任各种测绘内、外

图 7-9　PTK 定位（电台模式）

业。流动站利用内装式软件控制系统，无需人工干预便可自动实现多种测绘功能，使辅助测量工作极大减少，减少人为误差，保证了作业精度。

（2）降低了作业条件要求。RTK 技术不要求两点间满足光学通视，只要求满足“电磁波通视”和对天基本通视，因此，和传统测量相比，RTK 技术受通视条件、能见度、气候、季节等因素的影响和限制较小，在传统测量看来由于地形复杂、地物障碍而造成的难通视地区，只要满足 RTK 的基本工作条件，它也能轻松地进行快速的高精度定位作业。

（3）定位精度高，数据安全可靠，没有误差积累。不同于全站仪等仪器，全站仪在多次搬站后，都存在误差累积的状况，搬得越多，累积越大，而 RTK 则没有，只要满足 RTK 的基本工作条件，在一定的作业半径范围内，RTK 的平面精度和高程精度都能达到厘米级。

（4）作业效率高。在一般的地形地势下，高质量的 RTK 设站一次即可测完 10km 半径左右的测区，大大减少了传统测量所需的控制点数量和测量仪器的“搬站”次数，仅需一人操作，在一般的电磁波环境下几秒钟即得一点坐标，作业速度快，劳动强度低，节省了外业费用，提高了测量效率。

（5）操作简便、数据处理能力强。南方测绘 RTK 的基准站仅需要简单设置，移动站就可以边走边获得测量结果坐标或进行坐标放样。数据输入、存储、处理、转换和输出能力强，能方便快捷地与计算机、其他测量仪器通信。

4. 网络 RTK 定位技术

RTK 测量时，通常需要自行架设基准站，耗时耗力。随着技术的进步，利用多基站网络 RTK 技术建立的连续运行（卫星定位服务）参考站（Continuously Operating Reference Stations），缩写为 CORS 已成为 RTK 应用的发展热点之一。CORS 系统是卫星定位技术、计算机网络技术、数字通信技术等高新科技多方位、深度结晶的产物。CORS 系统由基准站网、数据处理中心、数据传输系统、定位导航数据播发系统、用户应用系统五个部分组成，各基准站与监控分析中心间通过数据传输系统连接成一体，形成专用网络（图 7-10）。

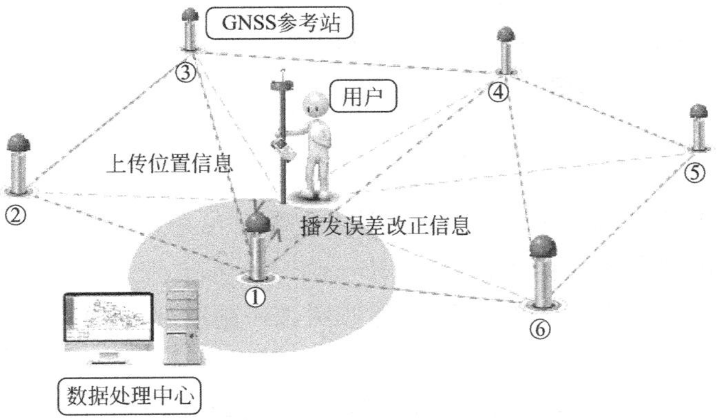

图 7-10 网络 PTK 定位

CORS 系统彻底改变了传统 RTK 测量作业方式，其主要优势体现在：(1) 改进了初始化时间、扩大了有效工作的范围；(2) 采用连续基站，用户随时可以观测，使用方便，提高了工作效率；(3) 拥有完善的数据监控系统，可以有效地消除系统误差和周跳，增强差分作业的可靠性；(4) 用户不需架设参考站，真正实现单机作业，减少了费用；(5) 使用固定可靠的数据链通信方式，减少了噪声干扰；(6) 省去测量标志保护与修复的费用，节省各项测绘工程实施过程中约 30% 的控制测量费用；(7) 扩大了 GNSS 在动态领域的应用范围，更有利于车辆、飞机和船舶的精密导航；(8) 为建设数字化城市提供了新的契机。

目前，一些省份、城市建立了自己的 CORS 系统，而千寻位置是一个基于卫星定位、云计算和大数据技术的位置服务开放平台。兼容 GPS、GLONASS、Galileo、北斗基础定位数据，利用超过全国范围内 2000 个地基增强站及自主研发定位算法，通过互联网技术为遍布全国的用户提供精准定位及延展服务。千寻位置提供动态亚米级、厘米级和静态毫米级的定位能力，是 IoT 时代重要的基础设施之一。

7.3 GNSS 在控制测量中的应用

GNSS 控制网按服务对象可以分成两大类：一类是国家或区域性的 GNSS 控制网。这类 GNSS 控制网是为地学和空间科学等方面的科研工作服务。另一类是局部的 GNSS 控制网，包括城市或矿区的 GNSS 控制网。这类网中相邻点间的距离为几千米至几十千米，其主要任务是直接为城市建设和工程施工服务。

7.3.1 GNSS 控制网布设原则

(1) GNSS 网一般应通过独立观测边构成闭合图形，以增加检核条件，提高网的可靠性。

(2) GNSS 网点应尽量与原有地面控制点相重合。重合点一般不应少于 3 个，且在网中应分布均匀，以便可靠地确定 GNSS 网与地面网之间的转换参数。

(3) GNSS 网点应考虑与部分水准点相重合，以便为大地水准面的研究提供资料。

（4）为了便于观测和水准联测，GNSS网点一般应设在视野开阔和容易到达的地方。

（5）为了便于用经典方法联测或扩展，可在网点附近布设一通视良好的方位点，以建立联测方向。方位点与观测站的距离一般要大于300m。

7.3.2　GNSS控制测量精度分级

国家测绘局1992年制定的我国第一部《全球定位系统（GPS）测量规范》GB/T 18314—2009将GNSS的测量精度分为A、B、C、D、E五级。其中A、B两级一般是国家GNSS控制网。我国的国家GNSS网就是按照这一精度标准设计的。C、D、E三级是针对局部性GNSS网规定的。

为了适应生产建设的需要，有关部门制定了《全球定位城市测量技术规程》CJJ/T 73—2010，按城市或工程GNSS网中相邻点的平均距离和精度划分为二、三、四等和一、二级，在布网时可以逐级布网、越级布网或布设同级全面网。主要技术要求见表7-3。

GNSS控制测量作业的基本技术要求　　表7-3

等级		二等	三等	四等	一级	二级
接收机类型		双频	双频或单频	双频或单频	双频或单频	双频或单频
仪器标称精度		10mm+5ppm	10mm+5ppm	10mm+5ppm	10mm+5ppm	10mm+5ppm
观测量		载波相位	载波相位	载波相位	载波相位	载波相位
卫星高度角（°）	静态	≥15	≥15	≥15	≥15	≥15
	快速静态	—	—	—	≥15	≥15
有效观测卫星数	静态	≥5	≥5	≥4	≥4	≥4
	快速静态	—	—	—	≥5	≥5
观测时段长度（min）	静态	30～90	20～60	15～45	10～30	10～30
	快速静态	—	—	—	10～15	10～15
数据采样间隔（s）	静态	10～30	10～30	10～30	10～30	10～30
	快速静态	—	—	—	5～15	5～15
点位几何图形强度因子 PODP		≤6	≤6	≤6	≤8	≤8

7.3.3　GNSS测量的实施

与常规测量一样，GNSS控制测量的实施过程包括三个部分，即方案设计、外业工作和内业数据处理。

1. GNSS测量的技术方案设计

GNSS测量的技术方案设计主要是应根据测区的实际情况、精度要求、卫星状况、接收机的类型和数量以及测区已有的测量资料进行综合设计。确定施测方法，设计网的图形结构和控制点的分布。控制网的布设应满足以下要求：

（1）应根据测区的实际情况、精度要求、卫星状况、接收机的类型和数量以及测区已有的测量资料进行综合设计；

（2）首级网布设时，宜联测2个以上高等级国家控制点或地方坐标系的高等级控制点，对控制网内的长边，宜构成大地四边形或中点多边形；

（3）控制网应由独立观测边构成一个或若干个闭合环或附合路线：各等级控制网中构成闭合环或附合路线的边数不宜多于6条；

（4）各等级控制网中独立基线的观测总数，不宜少于必要观测基线数的1.5倍；

（5）加密网应根据工程需要，在满足规范精度要求的前提下，可采用比较灵活的布网方式；

（6）对于采用GNSS-RTK测图的测区，在控制网的布设中应顾及参考站点的分布及位置。

2. 外业工作

（1）选点与建立标志

GNSS测量的观测站之间不要求通视，但由于GNSS测量的自身特点，在选点时应满足以下要求：

1）点位应选在土质坚实、稳固可靠的地方，同时要有利于加密和扩展，每个控制点至少应有一个通视方向；

2）点位应选在视野开阔，高度角在15°以上的范围内，应无障碍物，点位附近不应有强烈干扰接收卫星信号的干扰源或强烈反射卫星信号的物体；

3）充分利用符合要求的旧有控制点。

选点完成后，应按要求埋置标石，并绘制点之记。还应绘出测站环视图和GNSS网选点图，作为提交的选点技术资料。

（2）外业观测

1）外业观测计划设计。包括编制GNSS卫星可见性预报图；编制作业调度表；

2）野外观测。观测前，应对接收机进行预热和静置，同时应检查电池的容量、接收机的内存和可储存空间是否充足。安置天线时，对中误差不应大于2mm，天线高的量取应精确至1mm。观测中，应避免在接收机近旁使用无线电通信工具。作业同时，应做好测站记录，包括控制点点名、接收机序列号、仪器高、开关机时间等相关的测站信息。一个时段测量结束后查看仪器高和测站名是否输入，确保无误再关机、关电源、迁站等。其中GNSS接收机记录的数据主要有GNSS卫星星历和卫星钟差参数、观测历元的时刻及伪距观测值、载波相位观测值和GNSS绝对定位结果等；

3）观测记录。观测记录主要有两种：观测值记录，由接收机自动形成，并自动存储在存储器中；测量手簿由观测人员填写，用来记录天线高度、气象数据和观测人员、观测时间等；

4）外业观测成果的检核，确保外业观测质量和实现定位精度。发现不合格成果，应根据情况采取淘汰、重测和补测措施，保证外业成果无误方可离开测区；

3. 内业数据处理

（1）GNSS基线向量的计算及检核

GNSS测量外业观测过程中，必须每天将观测数据输入计算机，并计算基线向量。计算工作是应用随机软件或其他研制的软件完成的。计算过程中要对同步环闭合差、异步环闭合差以及重复边闭合差进行检查计算，闭合差符合规范要求。

（2）GNSS网平差

GNSS 控制网是由 GNSS 基线向量构成的测量控制网。GNSS 网平差可以以构成 GNSS 向量的 WGS-84 系的三维坐标差作为观测值进行平差，也可以在国家坐标系中或地方坐标系中进行平差。

7.4　GNSS 控制测量外业观测

本书以中海达 iRTK2 GNSS 接受机为例，讲解 GNSS 控制测量外业观测。

（1）仪器架设。

GNSS 控制点测量之前，要求各组同时到达各自相应的测量控制点。然后架设仪器，对中，整平。

（2）量取天线高。

天线高度是指天线相位中心距离地面点的垂直高 h，由于没法直接量取，因此，一般通过别的量取方式来推算。具体可以采用三种方式进行量取。

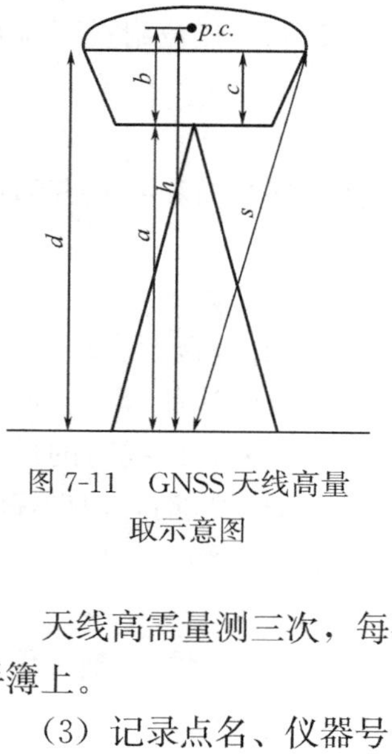

图 7-11　GNSS 天线高量取示意图

图 7-11 中，仪器提供已知值如下：

b：仪器底部到相位中心 $p.c$ 的高度；c：仪器底部到橡胶圈的高度；R：机器橡胶圈的半径。

当量取值为从地面点到主机的底部的垂直高度 a 时，为“杆高”量取方式。天线高度 $h=a+b$。

当量取值为从地面点到相位中心时，为“直高”量取方式。天线高度 $h=h$。

当量取值为从地面点到密封橡胶圈的斜高 s 时，为“斜高”量取方式。天线高度 $h=\sqrt{S^2-R^2}-c+b$。

测高片是固定在仪器底部的一个装置，测量地面点到测高片边缘的长度（即测高片斜高 S），同时已知测高片的半径是 R_c，那么天线高度 $h=\sqrt{S^2-R_c^2}+b$。

天线高需量测三次，每次相隔 120°左右，取 3 次测量的平均值作为最终值，并记录在手簿上。

（3）记录点名、仪器号、仪器高以及开始观测时间。

（4）观测。

按照规程要求，GNSS 控制测量时，各测站应满足下列要求：观测模式设为静态观测，卫星截至高度角≥15°，有效观测卫星颗数≥4，观测时段长度≥60min，时段数≥1，数据采集间隔 20s，天线安置对中误差≤1mm，两次丈量天线高之差≤3mm，PDOP≤8，任一卫星有效观测时间≥15min。

采用中海达 iRTK2 GNSS 接收机进行控制测量时，各组同时开机（相差间隔不超过 5min），设置主机为静态测量模式，设置采样间隔 5s，高度角可设置为 5°～15°。以中海达 iRTK2 GNSS 接收机为例，开机后双击按钮进入基准站、移动站、静态等工作模式切换，切换到静态模式后单击按钮确认。设置成功后红色状态灯隔几秒闪烁一次便采集一个历元。采集到的静态测量数据保存在 GNSS 主机内存卡中（图 7-12）。

工作模式切换，也可以通过手簿切换，打开手簿上的 Hi-Survey 软件，在设备选项卡中，首先连接手簿到 GNSS 主机上，然后双击“辅助功能”，可进入手簿静态观测模块（图 7-18）。击“辅助功能”，可进入手簿静态观测模块（图 7-13）。

在“辅助功能”模块中，点击“静态采集设置”，设置采样间隔、静态文件文件名、截至高度角及斜高，之后点击“开始”按钮（图 7-14），GNSS 主机立即开始观测。

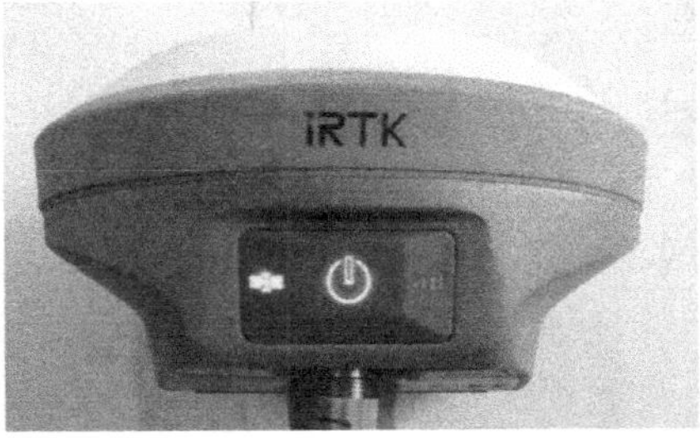

图 7-12　中海达 iRTK2 开机界面

图 7-13　中海达手簿操作界面

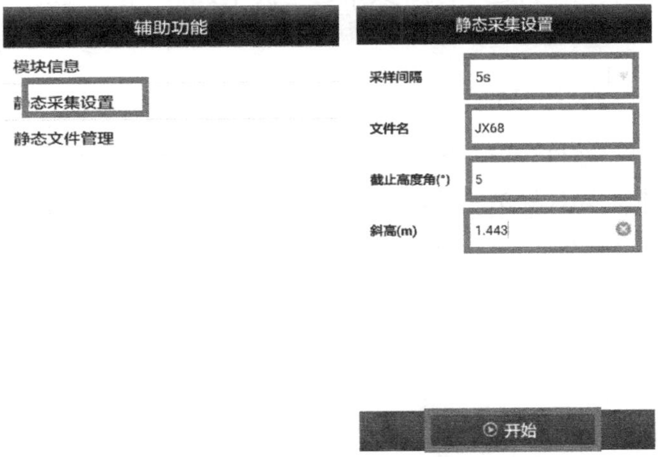

图 7-14　中海达静态观测参数设置

观测结束后，在“辅助功能”模块中，点击“静态文件管理”即可查看静态观测文件信息（图 7-15）。

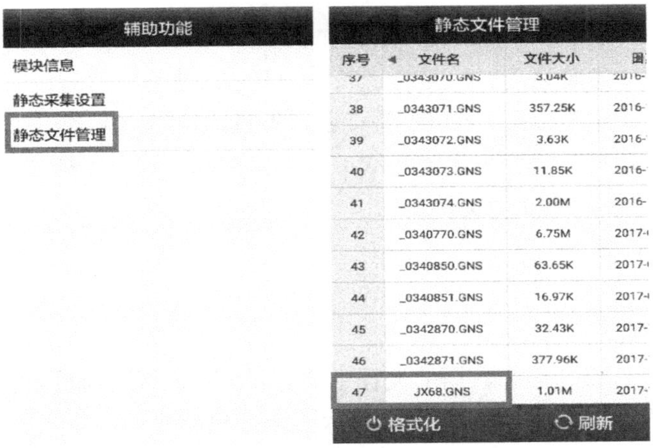

图 7-15　中海达 GNSS 静态文件管理

（5）观测结束后，记录关机时间

（6）观测注意事项

1）网形布设时应注意保证全网的连通性，至少留一个通视方向。

2）静态观测过程中，如发现仪器未严格对中，也不准重新调仪器，观测中不准重新开机，开机关机听从调配。

3）接收机周围不使用干扰卫星信号的通信设备，以减弱误差，接收机周围应当视野开阔，削弱多路径误差。观测结束后，应及时将数据转存至计算机上并备份。

4）每组静态观测之前要求保持仪器电量充足，并熟悉静态观测的操作。

7.5　GNSS 控制测量内业静态数据处理

利用中海达 GNSS 数据处理软件 HGO 来处理统一的 RINEX 数据或者中海达自定义的 GNSS 静态观测数据，讲述处理方法以及可能出现的问题。

7.5.1　静态数据传输

用随机数据线将 GNSS 主机连接到电脑，电脑会显示有一个 U 盘，打开并进行文件复制，导入采集文件，选择存放的目标目录。复制之后及时修改静态数据文件的文件名（图 7-16）

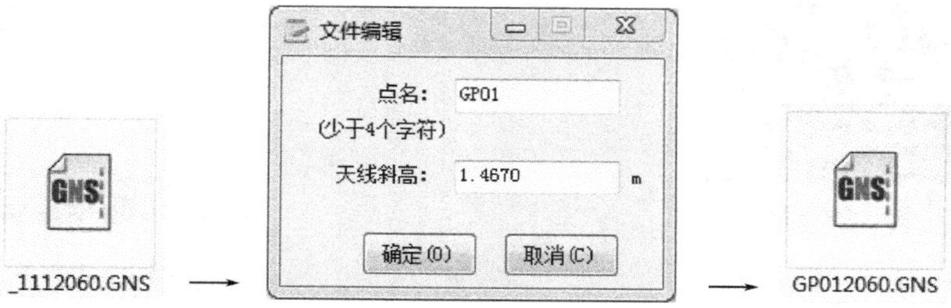

图 7-16　静态数据文件改名界面

静态数据文件名说明：

编辑以前：_1112060.GNS，编辑以后：GP012060.GNS

其中第 1～4 位　编辑以前：_是标识符，111 是仪器编号后三位

编辑以后，GP01 为点名，不足四位用_补齐。

第 5～7 为：年积日，代表采集时间从 1 月 1 日算起，是今年第 206 天

第 8 位：当天采集的第 0 个文件。

文件后缀名：.GNS。

7.5.2　静态数据处理

HGO 数据处理 GNSS 静态数据的流程主要有：GNSS 基线向量解算和 GNSS 网平差，最后得出控制网成果，该软件能够处理中海达 GNSS 接收机标准格式的数据。软件界面简洁，流程化操作，可进行包括基线网图、误差椭圆等各种图形的输出、打印，操作简单，易学易用（图 7-17）。

1. 新建工程及基本设置

（1）点击项目选项卡→“新建项目”，输入项目名称（图 7-18）。

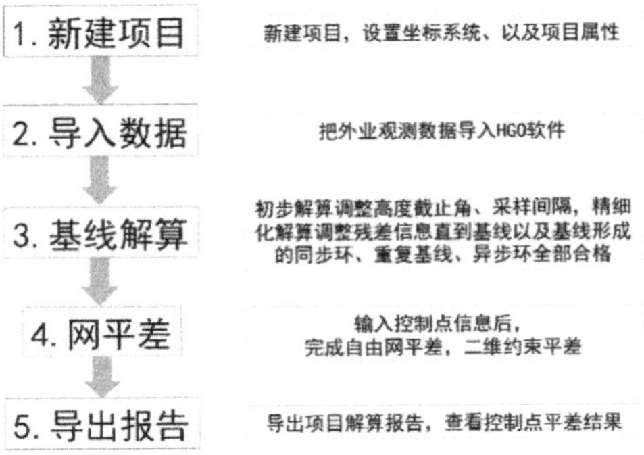

图 7-17 中海达 HGO 数据处理软件操作流程

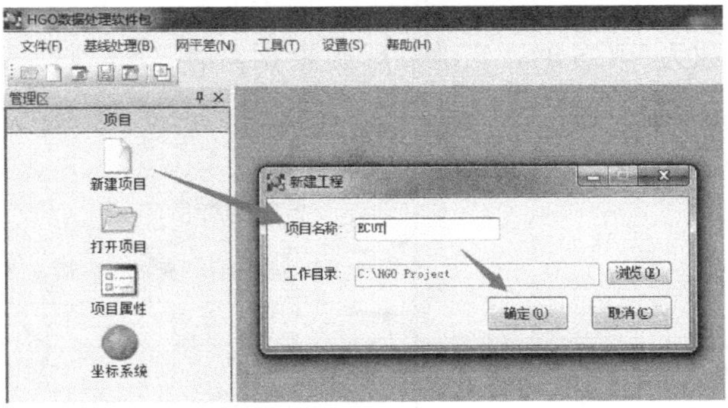

图 7-18 新建工程对话框

（2）项目属性设置

新建项目完毕，立即弹出“项目属性”对话框，具体包括如下。

1）基本属性设置

基本信息包括测量单位、施工单位、责任人、测量员及项目开始和结束时间等信息，输入之后，所有信息都会显示在网平差报告中；

2）限差设置

限差设置对话框如图 7-19 所示，控制规范是按照《全球定位系统（GPS）测量规范》GB/T 18314—2009。控制等级可以设置为 E 级或者是其他等级，但是由于 E 级测量允许的误差比较大，所以实习一般选用 E 级（图 7-20）。

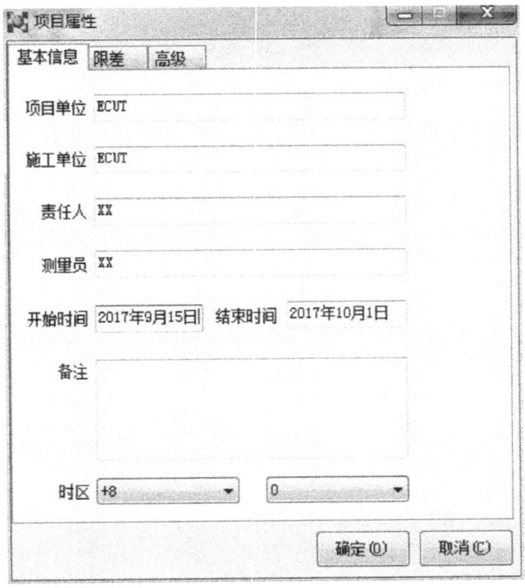

图 7-19 限差设置

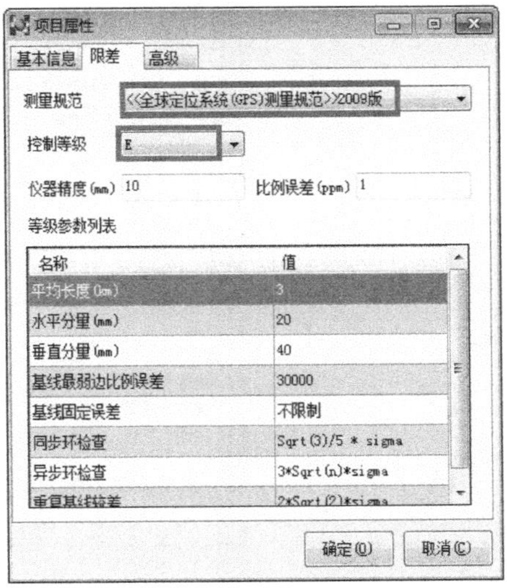

图 7-20 控制等级

（3）坐标系统设置

项目属性设置完毕，立即弹出“坐标系统”设置对话框（图 7-21），在该对话框中需要设置椭球、投影等参数。

1）椭球设置

在“椭球”选项卡中，因为 GNSS 采集的数据时是基于 WGS-84 椭球的，所以源椭球为 WGS-84，当地椭球则根据具体工程项目需要选择北京 54，西安 80，CGCS2000（图 7-21）。

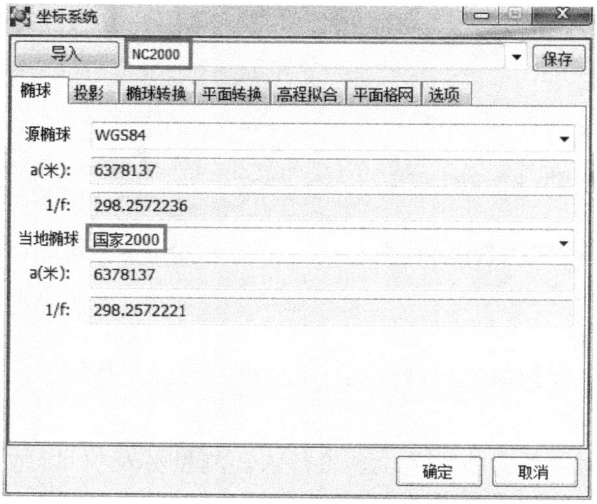

图 7-21　坐标系统对话框椭球设置

2）投影设置

设置投影方法，并根据不同的投影带选择中央子午线（图 7-22）。

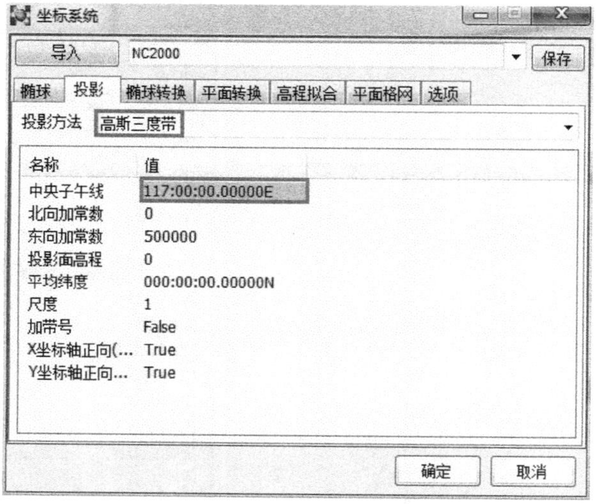

图 7-22　坐标系统对话框投影设置

2. 观测数据导入及编辑

（1）导入观测数据

项目创建完成后，需要将野外采集数据调入软件，在“导入”选项卡中，点击“导入数据”，也可以用鼠标左键点击“文件→打开”进入文件选择对话框（图 7-23），接着选择静态观测文件。

图 7-23　文件选择对话框

导入数据后，工作区域会显示测区 GNSS 基线平面网图（图 7-24），显示所有的 GNSS 基线。同时显示文件信息、基线信息、同步环信息、异步环信息、重复基线信息等各种信息。

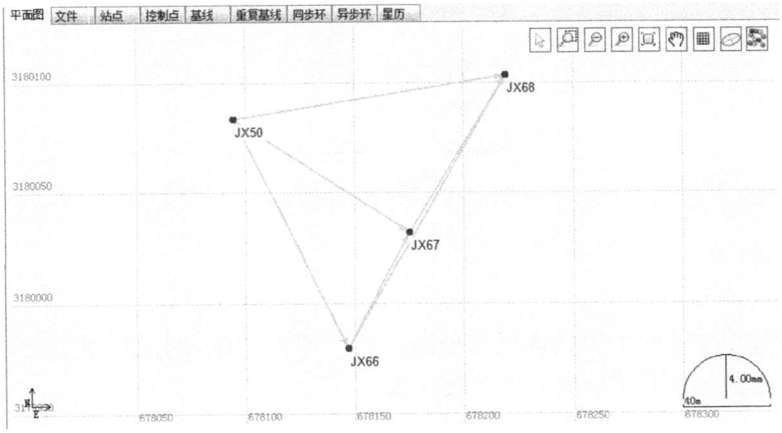

图 7-24　GNSS 基线平面网图

（2）数据信息编辑

当数据加载完成后，用户可在观测文件列表中双击测站文件，然后对各个测站文件的测站名（点名）、量测天线高、天线类型、接收机类型等进行修改，如图 7-25 所示。

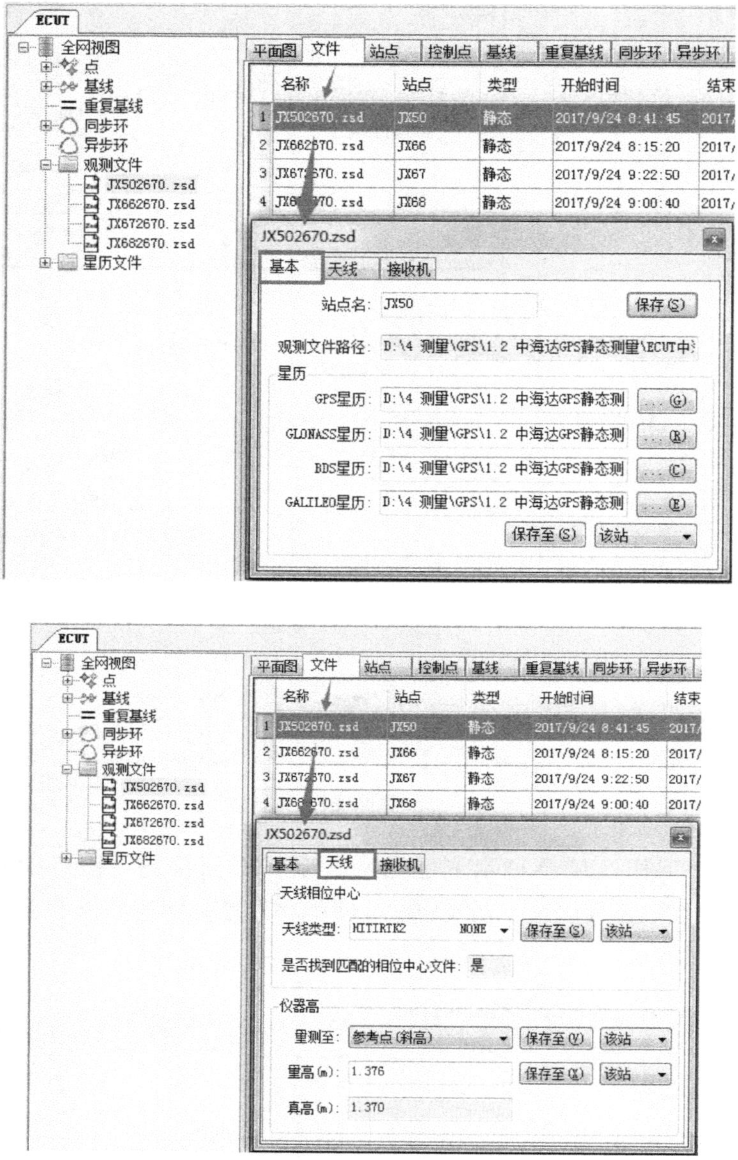

图 7-25　数据信息编辑

3. 基线处理

（1）基线处理设置

在“处理基线”选项卡中，选择“处理选项”按钮，在弹出的“基线处理设置”，根据外业修改高度截至角和采样间隔等参数（图 7-26）。

（2）基线处理

基线处理可以单个选择处理，也可以一次性全部处理，如一次性全部处理，单击“处

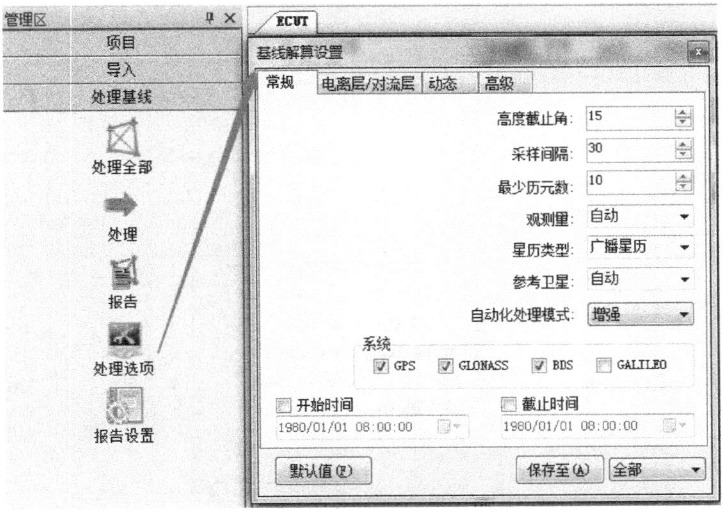

图 7-26　基线解算设置

理基线”→“处理全部”，系统会采用默认的基线处理设置，来解算所有的基线向量（图 7-27）

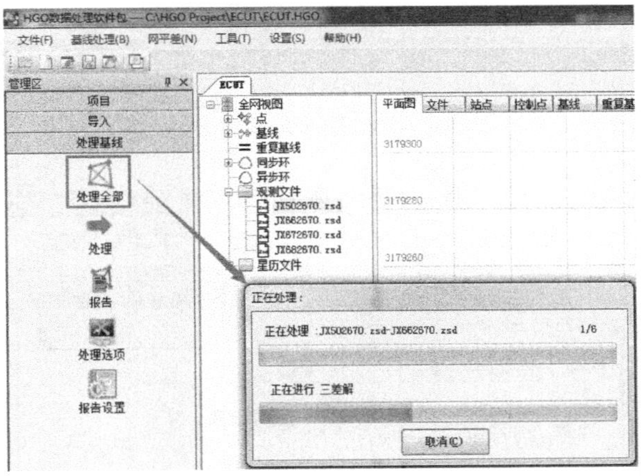

图 7-27　GNSS 基线处理

这一解算过程可能等待时间较长，由基线的数目、基线观测时间的长短和基线处理设置决定，处理过程若想中断，点击停止即可。

（3）基线质检及数据修改

1）基线质检

首先可以在“单点定位与质检”中，检查观测点的相关信息（图 7-28）。

同时检查同步环是否合格，如图 7-29 在“同步环”选项卡中某条基线不合格。

2）不合格基线修改

对于不合格基线，可以在“基线”选项卡中双击该基线，修改高度截止角、采样间隔等相关参数（图 7-30）。

观察其基线残差图，删除质量不佳的部分观测数据（图 7-31）。

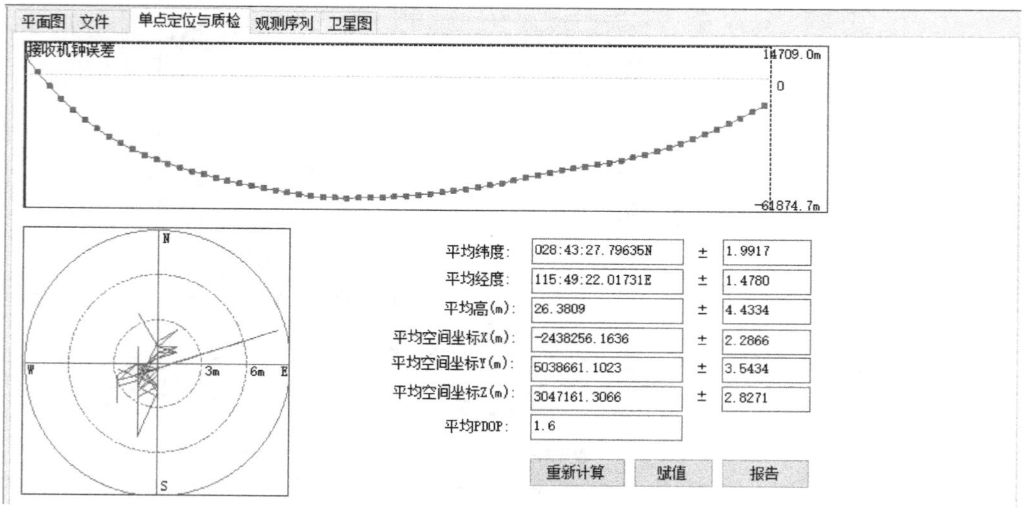

图 7-28　基线单点定位与质检选项卡

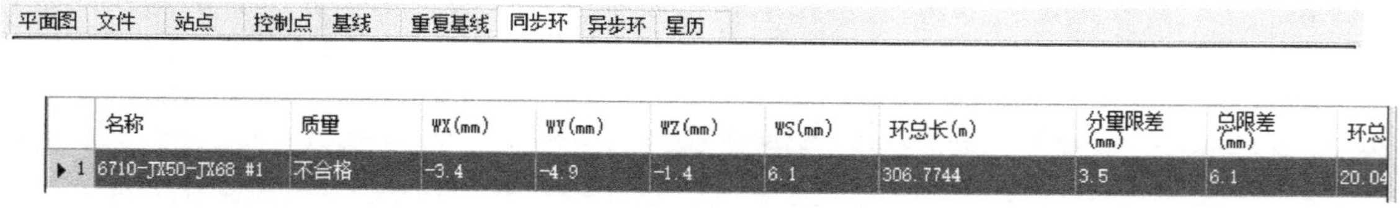

图 7-29　同步环选项卡

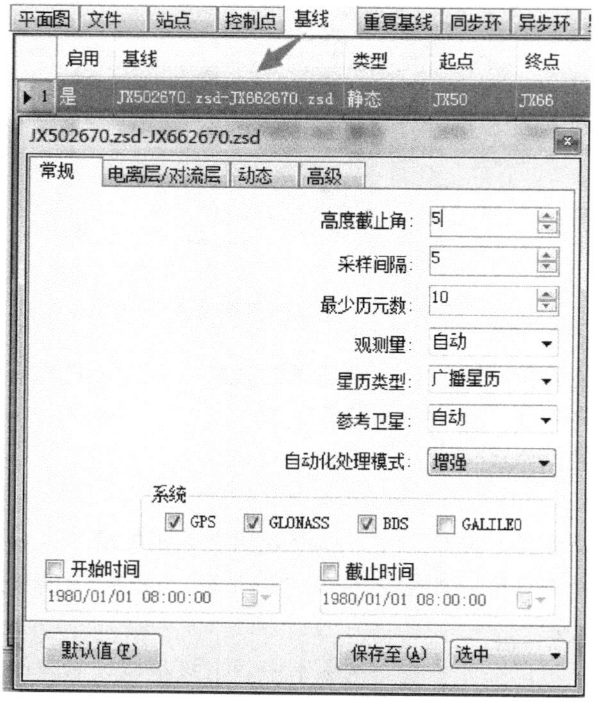

图 7-30　修改不合格基线相关信息

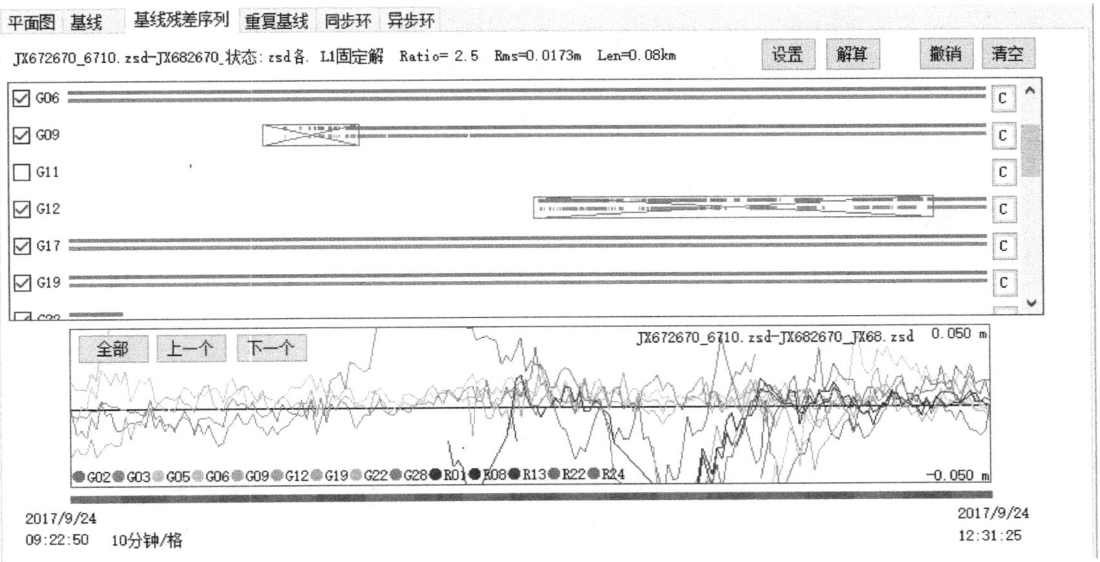

图 7-31 删除质量不佳的部分观测数据

3）基线重新处理及检验

修改基线相关信息及基线观测数据之后，继续基线解算，直到该基线合格（图 7-32）。

平面图 文件 站点 控制点 基线 重复基线 同步环 异步环 星历

	启用	基线	类型	起点	终点	时长(min)	状态	模型	Ratio	RMS(m)	DX(m)	DY(m)
1	是	JX672670_6710.zsd-JX68...	静态	6710	JX68	189	合格	L1固定解	2.4	0.0173	-26.9067	-49.751
2	是	JX502670_JX50.zsd-JX67...	静态	JX50	6710	188	合格	L1固定解	2.2	0.0189	-81.4108	-14.991
▸ 3	是	JX502670_JX50.zsd-JX68...	静态	JX50	JX68	210	合格	L1固定解	1.8	0.0191	-108.3141	-64.737

平面图 文件 站点 控制点 基线 重复基线 同步环 异步环 星历

	名称	质量	WX(mm)	WY(mm)	WZ(mm)	WS(mm)	环总长(m)	分量限差(mm)	总限差(mm)	环总
▸ 1	6710-JX50-JX68 #1	合格	-1	-2.3	2	3.3	306.7773	3.5	6.1	10.64

图 7-32 基线重新处理及检验

再次观察闭合环，若再不合格，可对误差较大的基线改变设置或删去部分观测数据的方法重新处理。如果仍然超限，可选择删除基线。直至闭合环符合限差为止。

4. 网平差

控制点转入及坐标系输入。

（1）控制点转入

在进行网平差之前，首先确定控制点。在全网视图中选择点，在右边工作区域中右击→“转为控制点”，这些点会自动添加到控制点列表中（图 7-33），根据实际工作的需要，转入至少 2 个以上的控制点。

（2）控制点坐标系输入

在控制点选项卡，双击控制点，在弹出的“控制点”对话框中，输入已知控制点的坐标（图 7-34）。

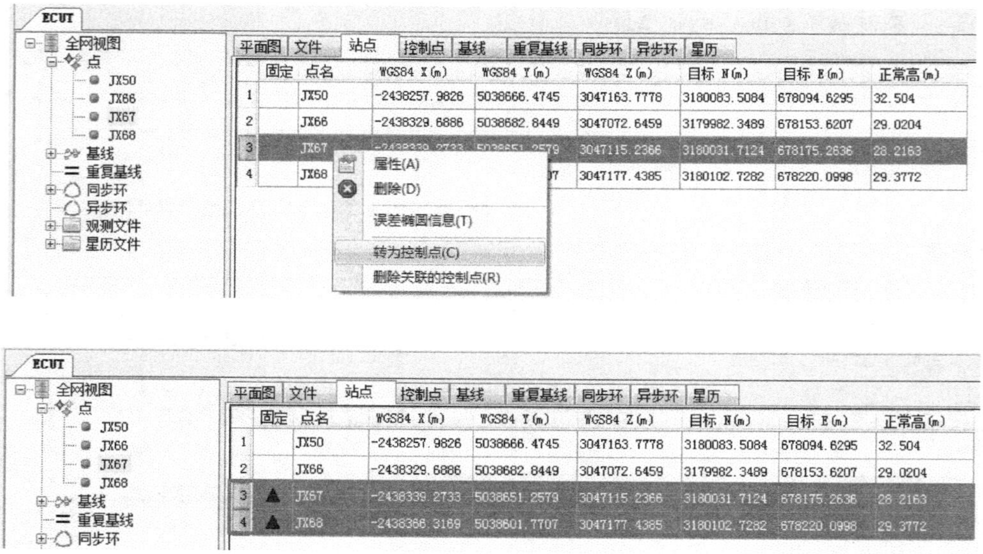

图 7-33　控制点转入

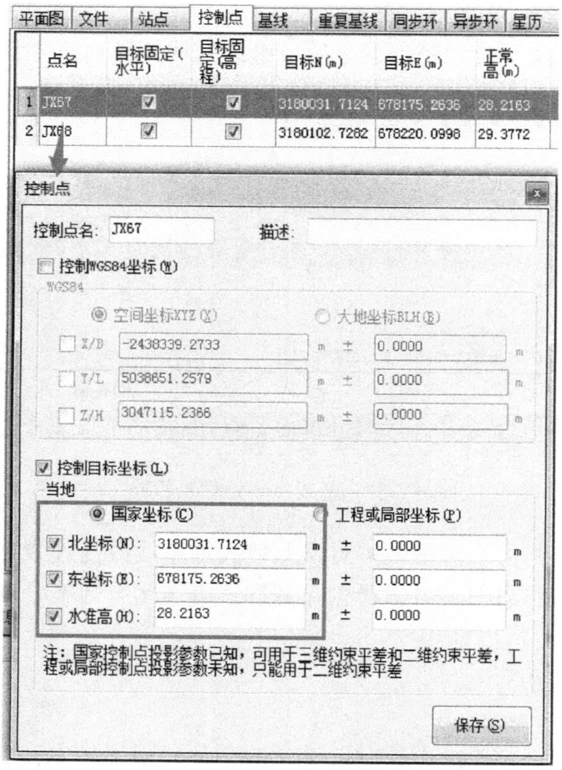

图 7-34　输入已知控制点坐标

（3）网平差前质检

检查同步环是否合格，若合格则成果正确，若不合格则继续修改参数，使得基线面板中 Ratio 值都大于 3（图 7-35）。

	启用	基线	类型	起点	终点	时长(min)	状态	模型	Ratio	RMS(m)
1	是	JX502670.zsd-JX662670.zsd	静态	JX50	JX66	229	合格	L1固定解	3	0.0116
2	是	JX502670.zsd-JX672670.zsd	静态	JX50	JX67	188	合格	L1固定解	4.9	0.0126
3	是	JX502670.zsd-JX682670.zsd	静态	JX50	JX68	210	合格	L1固定解	3.4	0.0135
4	是	JX662670.zsd-JX672670.zsd	静态	JX66	JX67	188	合格	L1固定解	7.9	0.013
5	是	JX662670.zsd-JX682670.zsd	静态	JX66	JX68	210	合格	L1固定解	7	0.0102
6	是	JX672670.zsd-JX682670.zsd	静态	JX67	JX68	189	合格	L1固定解	5.9	0.0072

图 7-35 GNSS 基线信息面板

（4）网平差设置

点击“网平差”→“平差设置”，在弹出的“平差设置”对话框中，可以对平差进行一些参数设置（图 7-36）。

点击“网平差”→“平差报告设置”，在弹出的“平差报告设置”对话框中，可以制定平差报告的格式与内容，可以选择平差报告的输出选项与报告格式（图 7-37）。

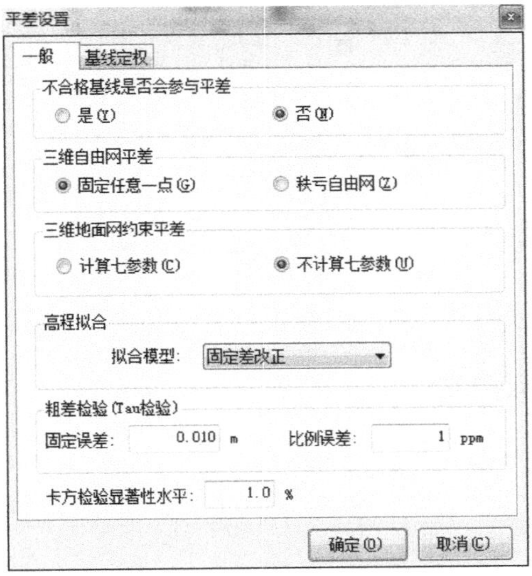

图 7-36 平差设置

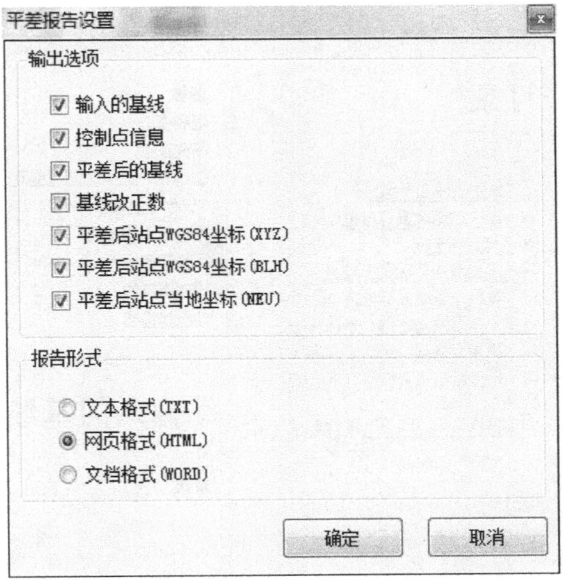

图 7-37 平差报告设置

（5）网平差

基线处理合格及平差相关设置完毕之后，即可开始网平差设置。点击“网平差”→“平差”，在弹出的平差对话框中，选择平差类型及平差的坐标系之后，可以进行全自动平差，也可以按照需要选择单个平差。平差结束，选择平差结果，然后点击“生成报告”，查看有没有合格（图 7-38）。

5. 平差成果输出

平差及生成报告之后，可在项目路径下的 Reports 文件夹中查看报告详情，如图 7-39 所示。

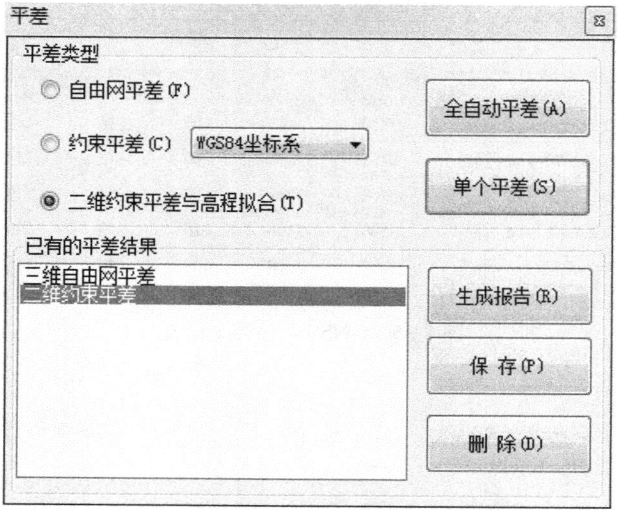

图 7-38　平差及生成报告对话框

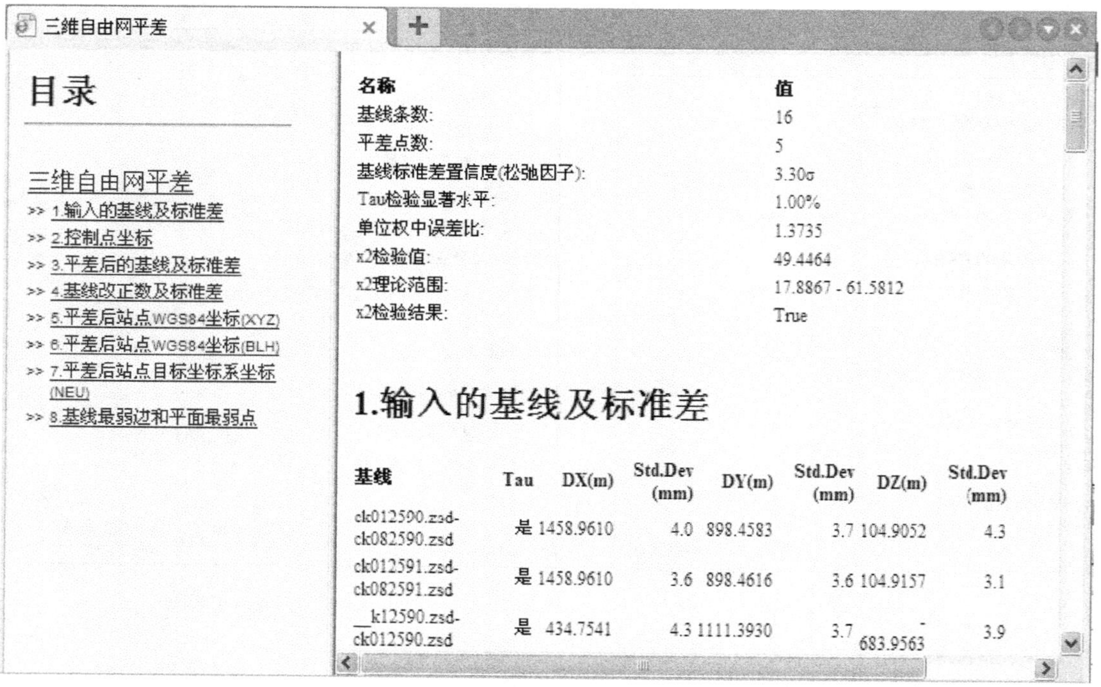

图 7-39　某平差报告界面

习 题 与 思 考 题

1. 试简述 GNSS 全球定位系统的定位原理。
2. GNSS 全球定位系统由哪些部分组成？各部分的作用是什么？
3. 卫星定位方法有哪些？

4. GNSS 接收机有哪些类型？
5. 什么是 RTK？有何优点？
6. 什么是 CORS？有何优点？
7. GNSS 控制网布设原则。
8. GNSS 测量控制点选点有何要求？
9. GNSS 控制测量外业观测注意事项？
10. GNSS 内业数据处理包括哪些内容？

第 8 章　地理空间信息采集及成图

8.1　地理空间信息采集及成图概述

8.1.1　信息与地理信息

1. 信息与数据

随着现代科学技术的不断发展，人类社会已进入信息时代。信息（information）是近代科学的专业术语，现在已经广泛应用于社会的各个领域。信息，作为一个广义的概念，可简单地描述为客观事物在人们头脑中的反映。数据则是信息的表达，通过对不同数据间的联系和解释，来反映事物的客观状态。数据是对客观事物进行定位（地理位置）、定性（本质特征及其与其他相关事物的联系）、定量（几何形状和数量）描述的原始材料，包括数字、文字、符号、图形、影像等形式，因此，这里的数据也是广义的。

数据和信息之间是相互联系的。数据是反映客观事物属性的记录，是信息的具体表现形式。数据经过加工处理之后，就成为信息；而信息需要经过数字化转变成数据才能存储和传输。数据只有经人的解释，理解其内涵，并赋予一定的意义后，才能成为信息。例如，测量工作中，测出若干点的坐标，这仅仅是一组数据，如果所测的是某一固定物体，如控制点、电线杆或墙角等，那么在记录存储或绘图表示时，必须有一定的说明，或用一定的符号，或按一定的规则设定其编码，才能让人们理解其意义。又如将一建筑物按一定比例缩绘在图纸上，并直接量取其图形面积的数值，若已知建筑物图形缩小的比例，那么通过人们对量测数据的加工处理后，将能得到该建筑物实际占地面积的信息；若再赋予特定的符号、编码或文字说明，还能得到该建筑物的类型、层数、属性等相关信息。可见，数据是信息的载体，信息通过数据对自然事物的真实描述来反映事物的客观性。

数据可以不改变所描述事物的内涵，而以不同的表达形式（如数字、符号、文字、图形、各类编码等），让人们去接受、理解或用不同的仪器、设备（如测量仪器、计算机等）进行采集、运算（数据处理）、存储和传输，即信息可以独立于数据的不同表现形式而存在，可以选择不同的数据形式发送和接收，更方便地在不同媒介中传输。因此，信息具有广泛的传输性。

有用的信息之所以能广泛传输，是由于信息可独立于事物本身而存在，其表现形式被赋予了一定的规则，这样人们才能理解。因此，信息可以传输给多个用户，使多用户共享，故信息具有共享性。

自然界有万事万物，信息数不胜数。但是人们所关心、认识并加以科学处理和分析的多数信息是对人类的生存、进步和社会发展有决策影响的信息，或者是某一地域、行业和应用于某一专门用途的实用信息。因此，信息又具有适用性。

例如一幅世界地图可以反映世界各国在地球上的分布和地理位置的信息，但它无法满足人们对某个国家的交通路线、旅游点分布等信息的了解，更无法满足人们对某个城市的街道、单位、商业网点、公交线路等信息的认识。如果有一幅全国或某一城市的交通旅游图。这个问题就迎刃而解了。

由于事物是运动、变化、发展的。因此，信息也随着时间的推移在日新月异地变化，新信息必然部分或全部地取代原有的信息，而被取代的原信息将成为历史，不能再成为用于决策的有用信息。另外，由于人的感官以及各种测试手段、数据处理方法的局限性，对信息资源的识别和开发难以做到全面，因此，信息除了具有客观性、传输性、共享性和适用性之外，还具有时效性和不完全性的特征。

2. 地理信息概念

地理信息是指与所研究对象的空间地理分布有关的信息。它是表示地表物体及环境固有的数量、质量、分布特征、属性、规律和相互联系的数字、文字、音像和图形等的总称。人们从认识地理实体到掌握地理信息，并利用信息作为决策的依据，是人类认识自然和改造自然的一个飞跃。

地理信息不仅包含所研究实体的地理空间位置、形状，还包括对实体特征的属性描述。例如，应用于土地管理的地理信息，能够反映某一点位的坐标或某一地块的位置、形状、面积等，还能反映该地块的权属、土壤类型、污染状况、植被情况、气温、降雨量等多种信息；又如用于市政管网管理的地理信息，能够反映各类地下管道的线路位置、埋设深度、宽度等信息，还能反映管线的性质（如：电缆、燃气、自来水等）、管道的材料、直径，以及权属、施工单位、施工日期和使用寿命等信息。因此，地理信息除具有一般信息所共有的特征外，还具有区域性和多维数据结构的特征，即在同一地理位置上具有多个专题和属性的信息结构，并具有明显的时序特征，即随着时间变化的动态特征。将这些采集到的与研究对象相关的地理信息，以及与研究目的相关的各种因素有机地结合，并由现代计算机技术统一管理、分析，从而对某一专题产生决策支持，就形成了地理信息系统GIS（geographic information system）。

8.1.2 地理空间数据与地图

1. 地理空间数据

通常将地理信息中反映研究实体空间位置的信息称为基础地理信息。基础地理信息的载体是地理空间数据。它是地理信息和建立GIS的基础。

地理空间数据就是指人们通过测量所得到的地球表面上地物和地貌空间位置的数据。尽管地球上地物位置、形状各异。地貌高低起伏、复杂多样，但总可以在某一特定的参考坐标系统下，通过对特定点位的测量，确定某点的空间位置或点与点之间的相对位置（这也是测量工作的实质），并通过相关点位的结合形成线或面，以点、线、面这三种基本的元素，再加上必要的说明和注记，即可完成对研究实体空间位置的描述。例如，用点的坐标和相应的符号，可表示不同的平面和高程控制点。或某些固定地物，如电杆、水井、独立树等；用不同的线型和符号，可区分河流、铁路和公路等；用规则或不规则的面实体和面状符号，既可表示不同类型、形状的建筑物，又可区分植被的类型等。地理空间数据如同其他数据一样亦有多种表示、存储和使用的形式，它可以由位置组合变量的表格形式表示。也可以地理空间数据库的形式由计算机存储，供人们使用，但地图才是地理空间数据最直观、历史最悠久、最易被人们认识和使用的表示形式。

2. 地图

地图是由数学所确定的经过综合概括并用形象符号表示的地球表面在平面上的图形。同时，地图能在一定范围内，根据其具体用途有选择地表示各种自然现象和社会现象的分布、状况和相互联系。

因此，地图必须包括三方面的内容，即数学要素、几何要素（地形要素）和地图综合。数学要素是指地球上的实际点位或物体形态在地图平面上表示时，所必须严格的映射函数关系，包括坐标系统、高程系统、地图投影以及分幅和比例关系等。几何要素又称地形要素，所谓地形就是地球上地物和地貌的总称，地形要素就是统一规范的地物和地貌符号。地图综合主要是指由于地图图幅比例的限制或数据采集能力的局限等因素所造成的，或制作某些专用地图的具体需要所采取的，对某些现象表示（如某些细部地物、次要地物，或与专题无关的自然和社会现象等）的合理取舍和综合概况。

地图通常是经正射投影得到的等角投影图，即将地面点沿铅垂方向投影到投影面上，保持投影前后交线的交角不变。因此正射投影又称等角投影，在正射投影中小范围内的图形保持了相似性。若地图覆盖范围较大时，因投影面是地球椭球，要将地面点位绘在平面图纸上，必须顾及地球曲率的影响（参阅有关专业书籍）。在普通测量学中，因测量、绘图的范围较小，可以测区局部水平基准面为投影面进行正射投影，得到所需的各类地图。

地图包括既表示地球上地物位置和分布，又表示地表高低起伏形态的普通地图和地形图及在图上仅表示地物平面位置的平面图，还包括详细客观地表示某种自然要素或社会要素的专题地图（如城市交通图、旅游图、人口分布图及地籍图等）。

人们认识的地图通常是绘制在纸上的，它具有直观性强、使用方便等优点，但也存在着易损、不便保存、难以更新等缺点。随着现代科学的不断发展，尤其是数字化测绘技术和电子计算机的广泛使用，先后出现了数字地图和电子地图。

数字地图是指用全数字的形式描述地图要素的属性、空间位置和相互关系信息的数据集合。其信息的采集采用数字化测量手段，通过计算机对数据进行传输、存储和管理，实现了对地理空间数据信息的自动化采集、实时更新、动态管理和现代化应用。

电子地图是数字地图符号化处理后的数据集合，它具有地图的符号化数据特征，是以多种媒体显示地图数据的可视化产品。并能快速实现图形的平面、立体和动态跟踪显示，供人们在屏幕上阅读和使用。也可随时打印在纸上。电子地图一般与数据库连接，能进行查询、统计和空间分析。

数字地图和电子地图这些“无纸地图”的出现，已经对国民经济和国家建设的许多行业和学科、专业带来了革命性的变化。随着社会的不断进步，国家实现现代化、自动化、科学化管理的迫切需要，数字地图和电子地图必将在国民经济建设和国防建设中发挥更大的作用。

8.1.3　地形图

地面上由人工建造的固定物体和自然力形成的独立物体，例如房屋、河流、道路、桥梁、湖泊、孤立岩石等，称为地物；地面上主要由自然力形成高低起伏、倾斜变化的连续形态，例如高山、平原、丘陵、河流、盆地、山谷、斜坡等称为地貌。地物和地貌总称为地形。地形图是指按一定的投影方法和比例关系，将地面上所有的地物、地貌，经综合取舍、用规定的符号，按相似的原理，缩绘在图纸上的技术资料。地形图是专门描述地形的地图，是地图的一种类型。

图 8-1 为平坦地区城市地形图，图 8-2 为丘陵地区农村地形图。

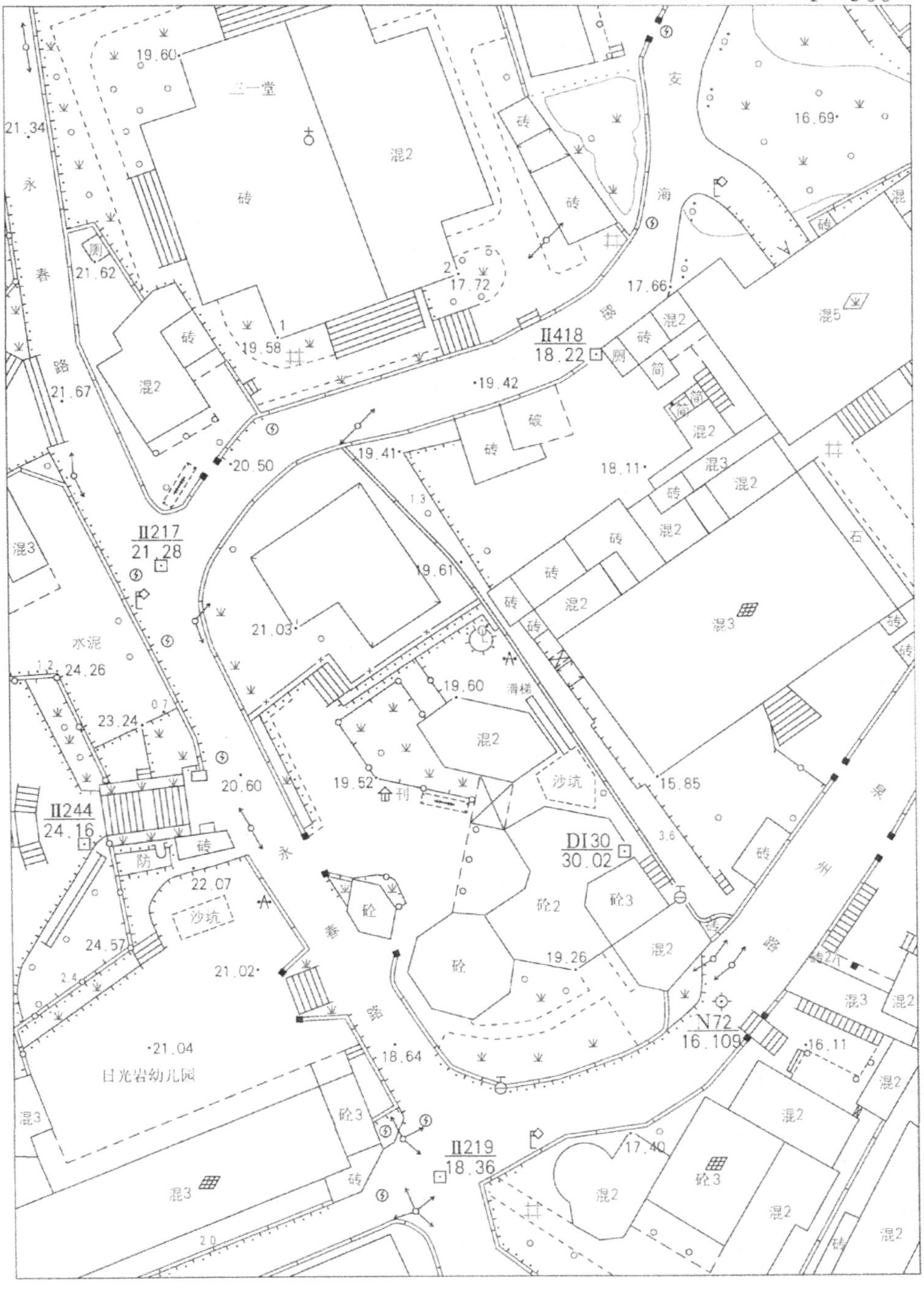

图 8-1 城市地形图

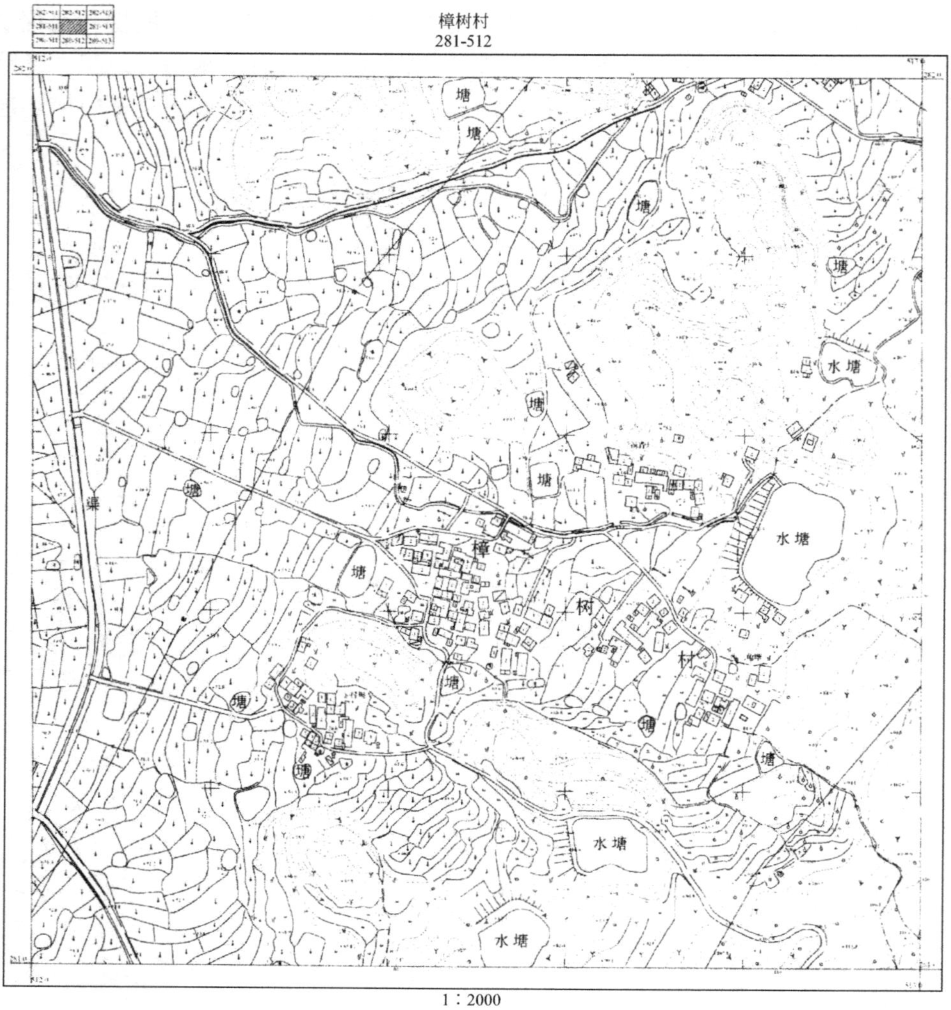

图 8-2　农村地形图

地形图以模拟地形图和数字地形图两种方式存在，模拟地形图是以纸质或聚酯薄膜等图纸上的线条和文字为载体。数字地形图是地形信息以数字形式贮存于光盘等载体，其信息量远比经典的地形图丰富，但必要时仍可和模拟地形图一样，用图纸为载体按指定的比例尺打印输出。

8.1.4　地理空间信息采集及成图作业方式

地理空间信息可以采用多种技术方法进行采集，并以地形图等方式成图，实际测量工作中，所绘制地形图主要是大比例尺地形图。根据所采用的技术不同，形成不同的作业方法。地理空间信息采集及成图作业方法主要有以下几种：一是以平板仪、水准仪或经纬仪、光电测距仪或皮尺为主要测量工具的传统模拟测图；二是以电子全站仪、GPS 为主要测量工具，并辅以电子手簿、计算机的数字测图；三是利用数字化仪或扫描仪对已有的地形图进行数字化的扫描矢量化测图；四是在数字影像上利用专业的摄影测量软件来采集和处理采集数据的摄影测量测图；五是利用三维激光扫描仪非接触式扫描地面、建筑物等获取地面图或建筑物模型的三维激光扫描测图。地理空间信息采集及成图作业方法详细介绍请看 8.3-8.7 节。

8.2 地形图基本知识

8.2.1 地形图比例尺

地形图的比例尺是指地形图上一段直线的长度与地面上相应线段的实际长度之比。

1. 比例尺的种类

（1）数字比例尺

数字比例尺一般用分子为 1，分母为整数的分数表示。d 表示图上某一段直线的长度，D 表示相应的实地水平长度，则该图的数字比例尺见式（8-1）：

$$\frac{d}{D}=\frac{1}{\frac{D}{d}}=\frac{1}{M} \tag{8-1}$$

式中 M——数字比例尺的分母。

可以看出，M 值越大，比例尺越小。数字比例尺一般写成 1∶1000，1∶2000 等形式。通常把比例尺为 1∶500、1∶1000、1∶2000、1∶5000 的地形图称为大比例地形图；1∶1 万、1∶2.5 万、1∶5 万、1∶10 万为中比例尺地形图；1∶20 万、1∶50 万、1∶100 万为小比例尺地形图。

图的比例尺越大，表示的地物、地貌就越详细，精度也越高，但是测绘工作量也会成倍增加。因此，规范规定，地形图测图的比例尺，根据工程的设计阶段、规模大小和运营管理需要，按表 8-1 选用。

测图比例尺的选用　　表 8-1

比例尺	用　途
1∶5000	可行性研究、总体规划、厂址选择、初步设计等
1∶2000	可行性研究、初步设计、矿山总图管理、城镇详细规划等
1∶1000	初步设计、施工图设计；城镇、工矿总图管理；竣工验收等
1∶500	

注：对于精度要求较低的专用地形图，可按小一级比例尺地形图的规定进行测绘或利用小一级比例尺地形图放大成图。

（2）图示比例尺

图示比例尺是指在图上绘制的表示实地标准长度的分划尺。最常见的是直线比例尺，如图 8-3 所示，即为 1∶500 的直线比例尺，取 2cm 为基本单位，从直线比例尺上可以直接读得基本单位的 1/10，可估读到 1/100。

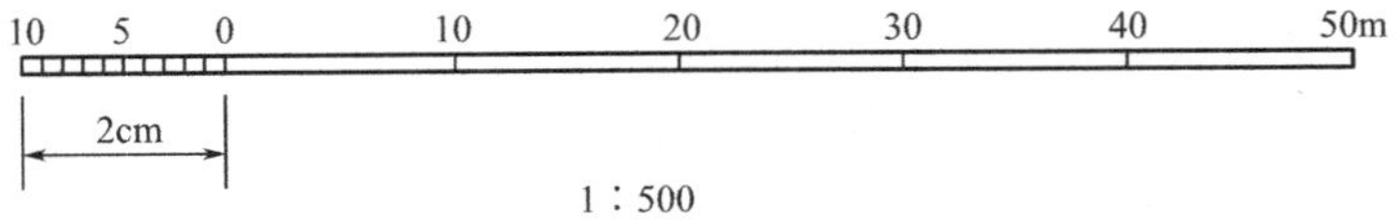

图 8-3　图示比例尺

图示比例尺可减小在图上量取长度时图纸伸缩的影响，一般将它绘制在数字比例尺下方，便于用分规尺直接在图上量取直线段或两点间的水平距离。

2. 比例尺精度

图上 0.1mm（正常人的眼睛在图上能分辨出的最小距离为 0.1mm）长度所表示的实地水平距离，称为比例尺精度。如果地形图的比例尺是 $1/M$，则该地形图的比例尺精度为 $0.1M$（mm）。

当设计规定了需要在图上能量出的实地最短长度，根据比例尺精度，可以反算出测图比例尺。如要使图上量出的实地最短线段长度为 0.05m，则所采用的比例尺不得小于 $\frac{0.1\text{mm}}{0.5\text{m}}=\frac{1}{500}$。

不同比例尺地形图的比例尺精度，见表 8-2。

大比例尺地形图的比例尺精度　　表 8-2

比例尺	1∶500	1∶1000	1∶2000	1∶5000	1∶10000
比例尺精度(m)	0.05	0.1	0.2	0.5	1.0

8.2.2　地物符号

为了便于测图和用图，在地形图上用各种点位、线条、符号、文字等表示实地的地物和地貌，这些便是地物符号，为了便于人们广泛的认识和接受，必须制定统一规范的符号，用于绘制地形图，这个规范就是地形图图式。

以大比例尺地形图为例，地形图图式采用是由中华人民共和国质量监督检验检疫总局与中国国家标准化管理委员会发布的国家标准的《地形图图式》（全名为《国家基本比例尺地形图图式第 1 部分：1∶500 1∶1000 1∶2000 地形图图式》），现行的《地形图图式》为 GB/T 20257.1-2017，于 2018 年 5 月 1 日起实施。表 8-3 摘录自《地形图图式》常用的地形图图式符号。

《地形图图式》中的符号分为地物符号、地貌符号和注记符号三类。

1. 地物符号

地物符号分为比例符号、半比例符号和非比例符号。

（1）比例符号

能将地物的形状、大小和位置按测图比例尺缩绘在地形图上，以表达地物轮廓特征的符号称为比例符号。例如房屋、道路、河流、桥梁、农田等。

（2）半比例符号

一些线状延伸的地物，其长度和走向可按比例尺缩绘，而宽度较小不能按比例尺缩绘在图上，需要用一定的地物符号来表示，这类符号称为半比例符号。也称为线状符号，例如围墙、电力线、栅栏等。

（3）非比例符号

某些地物的形状和大小都不能按测图比例缩绘，但因其具有特殊的意义，可采用统一的尺寸，用规定的符号来表示，这类符号称为非比例符号。例如测量控制点、电线杆、古树名木等。

地形图图式　　　　**表 8-3**

符号名称	符号式样	符号名称	符号式样
单幢房屋 a. 一般房屋 b. 裙楼 b1. 楼层分割线 c. 有地下室的房屋 d. 简易房屋 e. 突出房屋 f. 艺术建筑 混、钢——房屋结构 2、3、8、28——房屋层数 (65.2)——建筑高度 —1——地下房屋层数	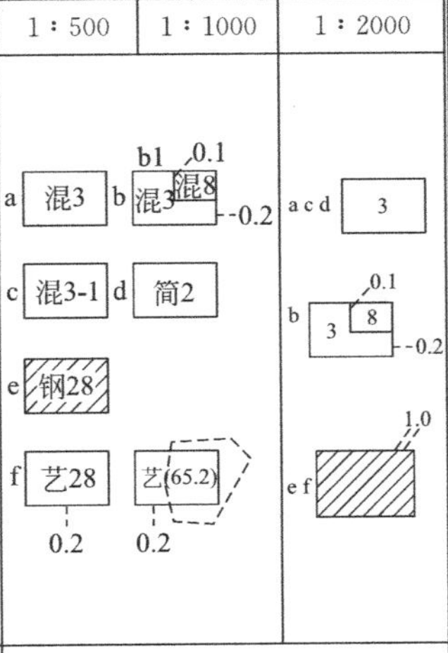	稻田 a. 田埂	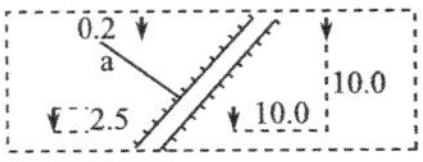
		旱地	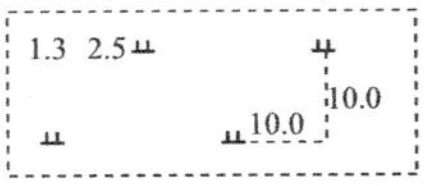
		菜地	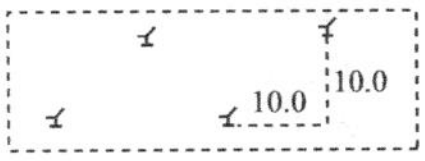
		成林	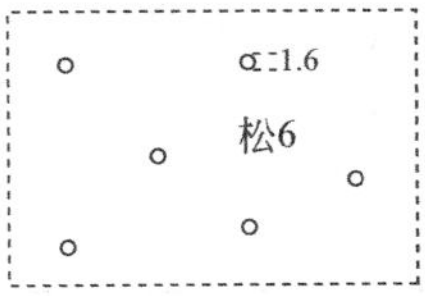
三角点 a. 土堆上的 张湾岭、黄土岗——点名 156.718、203.623——高程 5.0——比高	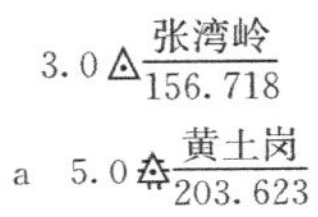	灌木林 a. 大面积的 b. 独立灌木丛	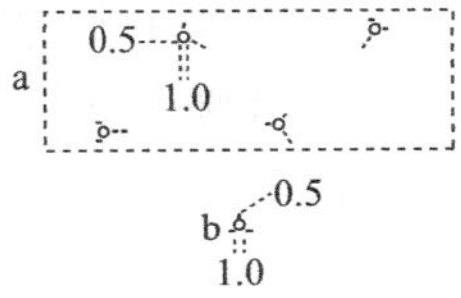
导线点 a. 土堆上的 I16、I23——等级、点号 84.46、94.40——高程 2.4——比高	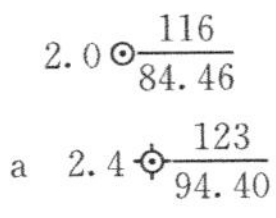	草地 a. 天然草地 b. 改良草地 c. 人工牧草地 d. 人工绿地	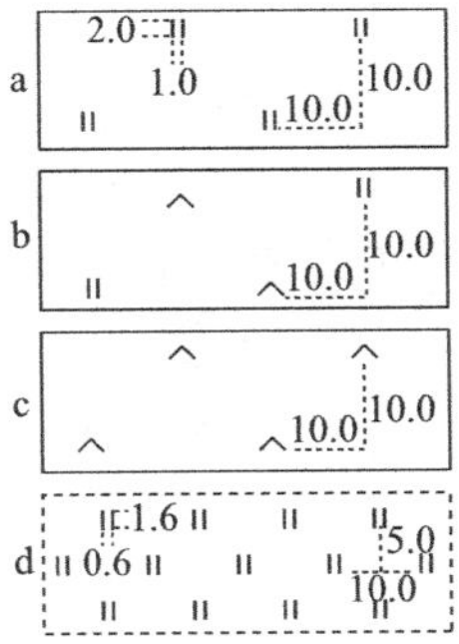
水准点 Ⅱ——等级 京石 5——点名点号 32.850——高程	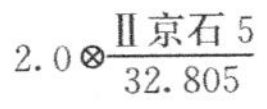		
卫星定位等级点 B——等级 14——点号 495.263——高程	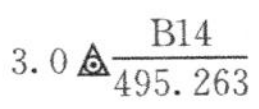	高压输电线架空的 a. 电杆 35——电压(kV)	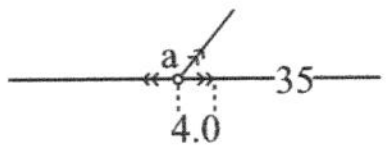
埋石图根点 a. 土堆上的 12、16——点号 275.46、175.64——高程 2.5——比高	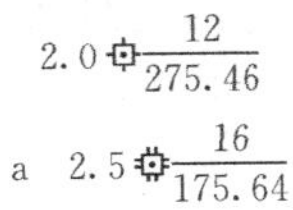	配电线架空的 a. 电杆地面下的 a. 电缆标	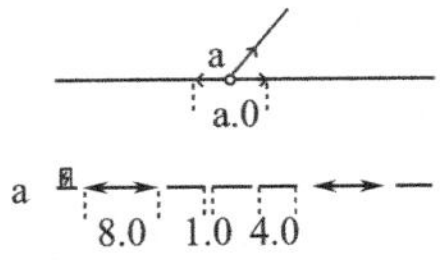
不埋石图根点 19——点号 84.47——高程	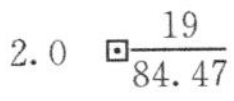	人工陡坎 a. 未加固的 b. 已加固的	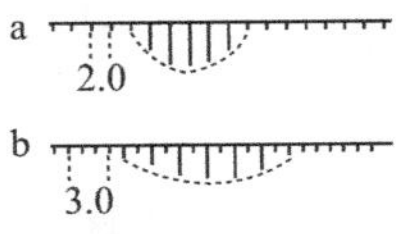

续表

符号名称	符号式样	符号名称	符号式样
乡、镇级界线 a. 已定界 b. 未定界	1.0　4.5　4.5 a -0.25 b -0.25 1.0　1.5 4.5　4.5	等高线及其注记 a. 首曲线 b. 计曲线 c. 间曲线 d. 助曲线 e. 草绘等高线 25——高程	a 0.15 b 25 0.3 c 1.0 6.0 0.15 d 3.0 1.0 0.12 e 1000 5～12 1.0
县道、乡道及村道 a. 有路肩的 b. 无路肩的 ⑨——技术等级代码 (X301)——县道代码及编号 c. 建筑中的	a ⑨(X301) 0.3 0.3 b ⑨(X301) 0.2 0.2 c 0.2 0.2 1.0　10.0		

在测图和用图时应注意下列几点：

（1）规则的几何图形符号（圆形、正方形、三角形等），以图形几何中心点为实地地物的中心位置；

（2）底部为直角形的符号（独立树、路标等），以符号的直角顶点为实地地物的中心位置；

（3）宽底符号（烟囱、岗亭等），以符号底部中心为实地地物的中心位置；

（4）几种图形组合符号（路灯、消火栓等），以符号下方图形的几何中心为实地地物的中心位置；

（5）下方无底线的符号（山洞、窑洞等），以符号下方两端点连线的中心为实地地物的中心位置。各种符号均按直立方向描绘，即与南图廓垂直。

在地形图上，对某个具体地物，采用比例符号还是非比例符号，主要由测图比例尺决定。测图比例尺越大，用比例符号描绘的地物就越多；比例尺越小，用非比例符号表示的地物越多。

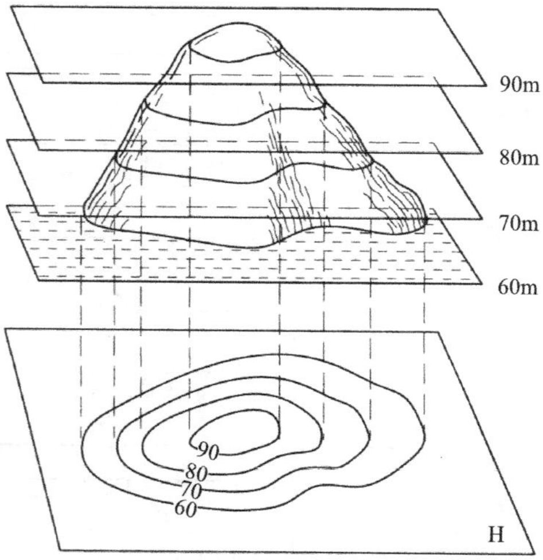

图 8-4　等高线

2. 地貌符号

在地形测绘中，表示地貌的方法很多，对于大比例尺地形图通常用等高线表示。对于特殊的地貌，例如峭壁、冲沟、梯田等，采用特殊的符号表示。

（1）等高线的定义

等高线是地面上高程相等的相邻点连接而成的闭合曲线。如图 8-4 所示，设想有一座在静止河水中的小山，开始时，水面的高程为 60m，此时水面和小山表面的交线即为 60m 的等高线；如果水面涨高到 70m、80m、90m，此时水面和小山的交线即为 70m、80m、90m 的等高线。将地面上的各条等高线沿铅垂线方

向投影到水平面 P 上，并按一定的比例尺缩绘在地形图上后，小山就以等高线的形式表示在地形图上。

等高线上的数字即表示等高线的高程。相邻等高线之间的高差 h，称为等高距，又称为等高线间隔。同一幅地形图中，各处的等高距 h 相等，图 8-4 中，h=10m。表 8-4 为地形图的基本等高距。

地形图的基本等高距 h (m)　　表 8-4

比例尺	地形类别			
	平地	丘陵地	山地	高山地
1∶500	0.5	1.0	0.5 或 1.0	1.0
1∶1000	0.5	0.5 或 1.0	1.0	1.0 或 2.0
1∶2000	0.5 或 1.0	1.0	2.0	2.0

相邻等高线之间的水平距离 d，称为等高线平距，d 随着地面的起伏而改变。如图 8-5 所示，地面坡度 i 为等高距和等高线平距的比值，即：

$$i=\frac{h}{d} \tag{8-2}$$

地面坡度通常用百分率来表示。

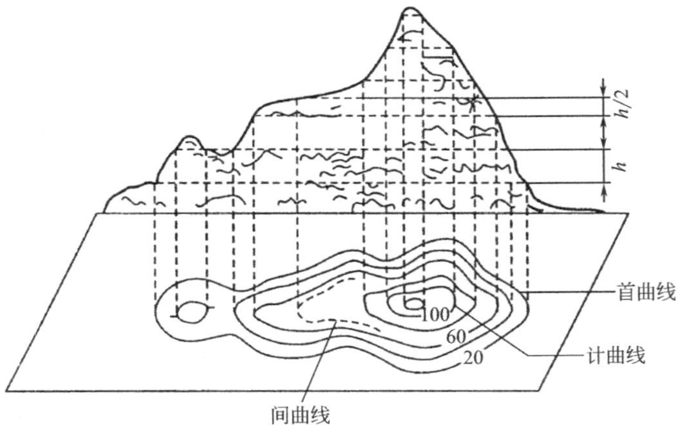

图 8-5　等高线平距

在一幅图中，地面坡度越大，则等高线平距越小，等高线越密集；地面坡度越平缓，则等高线平距越大，等高线越稀疏。

(2) 等高线的种类

由于地球表面形态复杂多样，有时按基本等高距绘制等高线不能充分将地貌特征表示出来。为了更好地显示局部地貌和用图方便，地形图上可采用以下四种等高线（图 8-6）。

1）首曲线

按测图规定的基本等高距测绘的基本等高线（0.15mm），称为首曲线。如图 8-6 中的 20m、60m、100m 的等高线。

2）计曲线

为读图方便，从 0m 起算，每隔四条首曲线加粗一条等高线称为计曲线，也称为加粗等高线，在计曲线上注有高程。

3）间曲线

对于个别坡度较平缓的地方，用基本等高线不足以显示局部地貌特征时，可按 1/2 基本等高距用虚线加绘半距等高线，称为间曲线。

4）助曲线

当采用间曲线还是无法显示局部地貌特征点时，可按 1/4 基本等高距描绘等高线，称为辅助曲线，简称助曲线，用短虚线描绘。实际测绘中使用极少。

间曲线和助曲线仅是用来表示局部的较小、较平缓的地貌形态，在同一幅地形图中间曲线与助曲线可不闭合。

3. 几种典型地貌的等高线

（1）山头和洼地的等高线

如图 8-6 所示，为山头和洼地的等高线。两者都是一组闭合曲线，但是它们的高程注记不同，从高程注记可区分是山头还是洼地。内圈等高线的高程注记大于外圈者为山头；反之，小于外圈者为洼地。如果等高线上没有高程注记，则需要用示坡线表示，示坡线是垂直于等高线的短线，用以指示坡度下降的方向，示坡线指向低处。

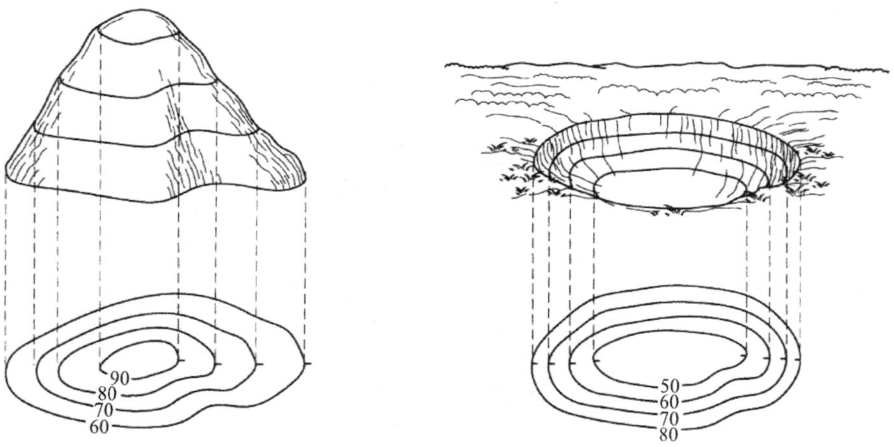

图 8-6　山头和洼地的等高线

（2）山脊和山谷的等高线

山脊是指山顶向一个方向延伸的凸棱部分，山脊的最高点连线称为山脊线。山脊的等高线是一组凸向低处的曲线，如图 8-7（*a*）所示。

相邻山脊之间的凹部是山谷，山谷中最低点的连线称为山谷线。山谷的等高线为一组凹向高处的曲线，如图 8-7（*b*）所示。

山脊线和山谷线统称为地性线。如图 8-8 所示，在山脊上，雨水以山脊线为分界线，流向山脊的两侧，因此山脊线又成为分水线；而在山谷中，雨水由雨水由两侧山坡流下，汇集到谷底，然后沿山谷线流出，成为山泉和溪流，因此山谷线又称为集水线。

山区一系列山脊线形成汇水范围的边界线；在大的范围内，某些山脊线形成河流流域的分水岭。例如秦岭为黄河与长江的分水岭。

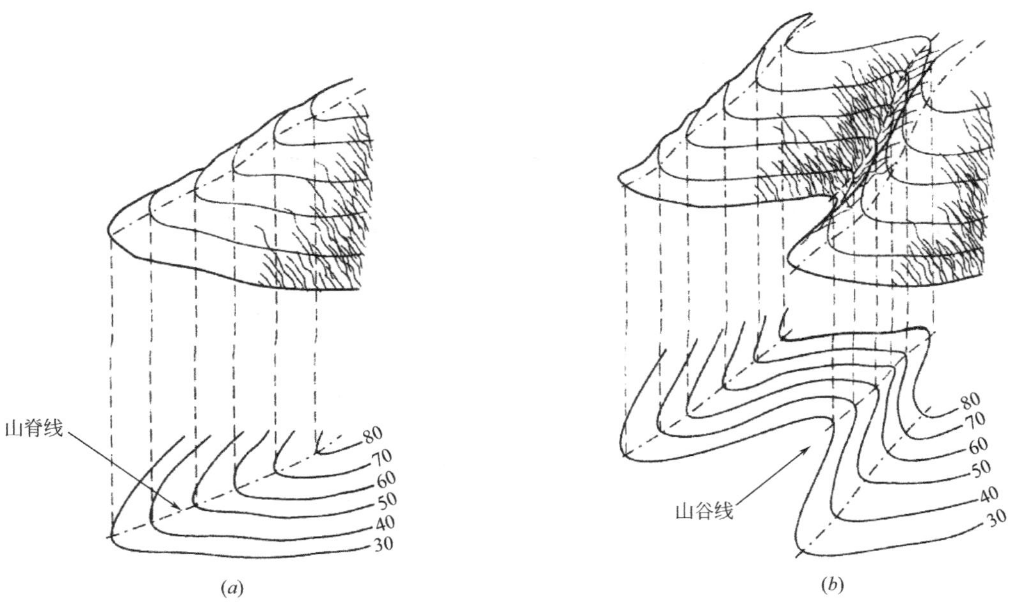

图 8-7 山脊和山谷的等高线

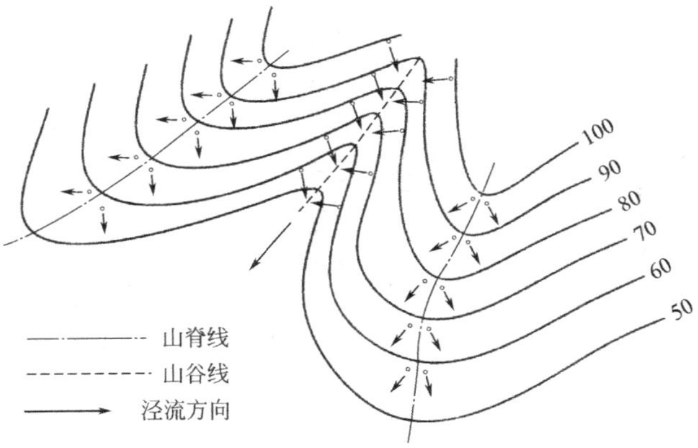

图 8-8 地性线

(3) 鞍部的等高线

鞍部又称为垭口，呈马鞍形，是指相对的两个山脊和山谷的汇聚处，如图 8-9 所示。鞍部往往是山区道路选线中的一个关节点，越岭道路经常拖过鞍部。其等高线是在一圈大的闭合曲线内，套有两组小的闭合曲线。

(4) 陡崖和悬崖的等高线

陡崖又称为绝壁。如图 8-10 (*a*)、(*b*) 所示，其等高线非常密集，甚至重合为一条直线，一般采用陡崖符号代替十分密集的等高线。

悬崖为上部凸出而下部凹入的陡崖。如图 8-10 (*c*) 所示，上部的等高线与下部的等高线在地形图上会相交，一般用虚线表示下部凹入的等高线。

图 8-11 为典型地貌的等高线。识别这些典型地貌的等高线表示方法，就能够认识地形图上用等高线表示的复杂地貌。图 8-12 为某地区综合地貌及其等高线地形图。

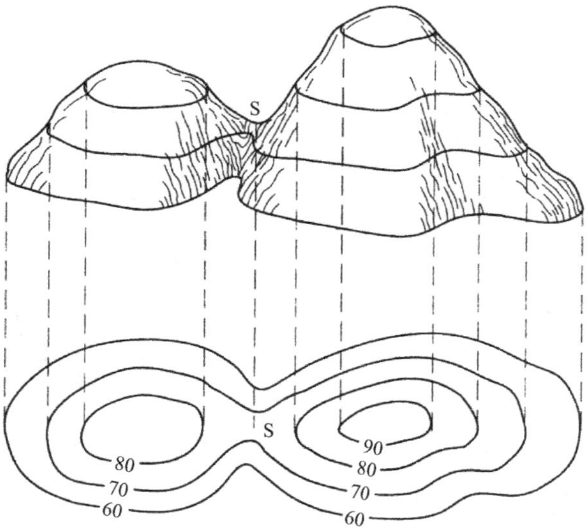

图 8-9　鞍部的等高线

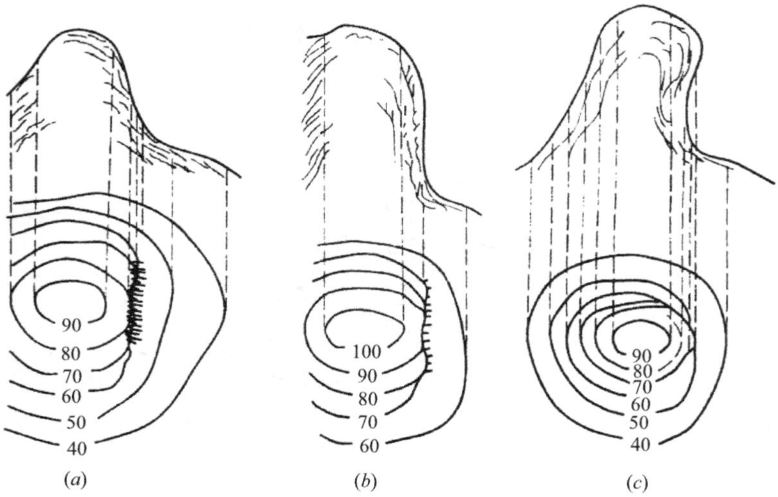

图 8-10　陡崖和悬崖的等高线

4. 等高线的特性

等高线的特性主要有以下 5 点。

(1) 同一条等高线上高程必相等，但高程相等的点不一定在同一条等高线上；

(2) 各条等高线必然闭合，如不在本幅图闭合，必定在相邻的其他图幅闭合；

(3) 除在陡崖和悬崖处，不同高程的等高线一般不会相交；

(4) 山脊线与山谷线合称地性线，等高线与山脊线、山谷线成垂直相交；

(5) 同一幅图内等高距为定值，所以，地面缓和处等高线平距大、陡峭处平距小。

8.2.3　地形图的图外注记

1. 图名和图号

一幅图的名称即为图名，常用该图幅内最重要的地名、厂矿企业或凸出的地物来命名。

图 8-11　典型地貌的等高线

图 8-12　某地区综合地貌及其等高线地形图

例如，中国南极长城考察站地形图的图名就是中国南极长城站。

为了区别各幅地形图所在的位置，每幅地形图上都编有图号。图号即为一幅图的编号，通常标注在图名的下方。每幅图上标注编号即可确定本幅地形图所在的位置。

2. 邻接图表

邻接图表是用来说明本幅图与相邻图幅之间的关系，一般中间有一格画有斜线的代表本图幅，四邻分别注明相应的图名或图号，标于图幅的左上方。

3. 图廓

图幅四周的范围线称为图廓，图廓有内图廓和外图廓之分，如图 8-13 所示。内图廓是地形图的实际边界线；外图廓是距内图廓以外一定距离绘制的加粗平行线，主要起装饰作用。内、外图廓的间距和粗细，在绘制时应遵循相关规定。

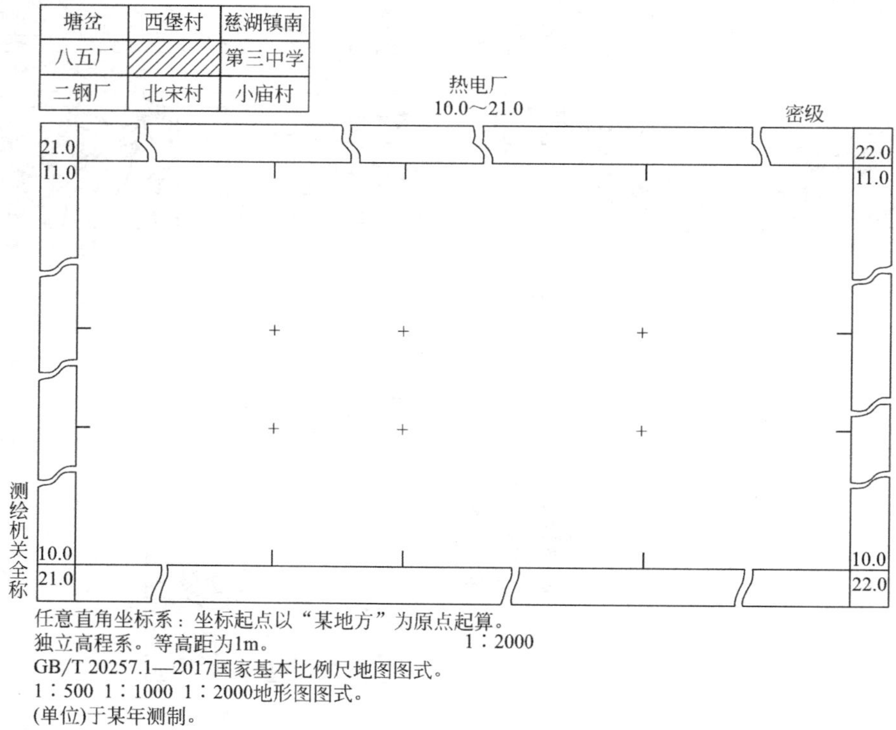

图 8-13　图廓

8.2.4　地形图的分幅和编号

为了便于测绘、管理和使用地形图，需将大面积的各种比例尺地形图进行统一的分幅和编号。地形图的分幅方法有国际分幅和矩形分幅两种。国际分幅法是按经纬线分幅的梯形分幅法，用于中、小比例尺的国家基本图的分幅；矩形分幅法是按坐标格网分幅，用于城市大比例尺的分幅。

国际分幅与编号

地图的国际分幅又称梯形分幅，由国际统一规定的经线为图幅的东西边界，统一规定的纬线为图幅的南北边界，并以 1：100 百万比例尺地形图的分幅为基本分幅，衍生出其他比例尺的分幅。由于子午线向南北极收敛，因此，整个图幅呈梯形。其划分的方法和编号，随比例尺不同而不同。

(1) 1∶100 万比例尺地图的分幅和编号

1∶100 万地形图分幅从地球赤道（纬度为 0）起，向南北两极每隔纬度差 4°为一横行，依次以大写的拉丁字母 A、B、C、D、…、V 表示；由经线 180°起，自西向东每隔经差 6°为一纵列，依次用数字 1、2、3、…、60 表示。图 8-14 为东半球北纬 1∶100 万地图的国际分幅和编号。

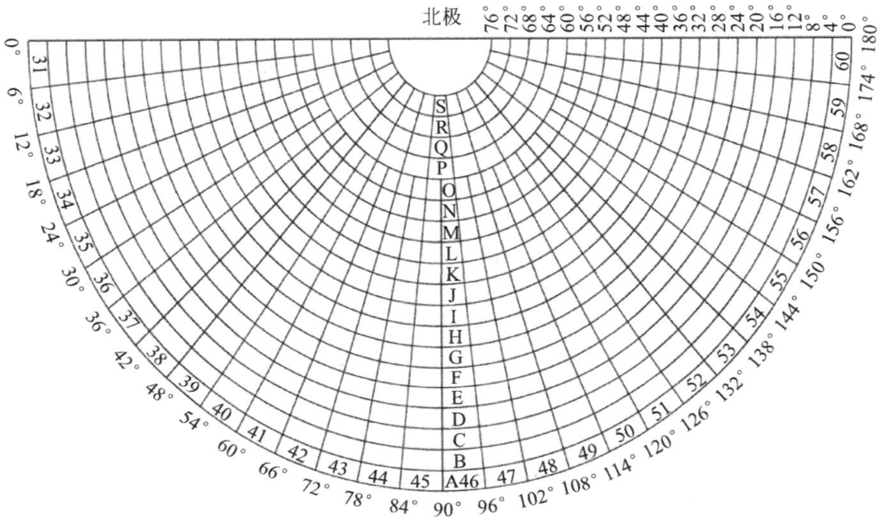

图 8-14 东半球北纬 1∶100 万地图的国际分幅和编号

每幅图的编号，先写出横行的代号，中间绘一横线相隔，后面写出纵列的代号。例如北京某地的精度为东经 116°24′20″，北纬为 39°56′30″，则所在的 1∶100 万比例尺地形图的图号为 J-50。图 8-15 为包括中国领土的 1∶100 万比例尺地形图的国际分幅和编号。

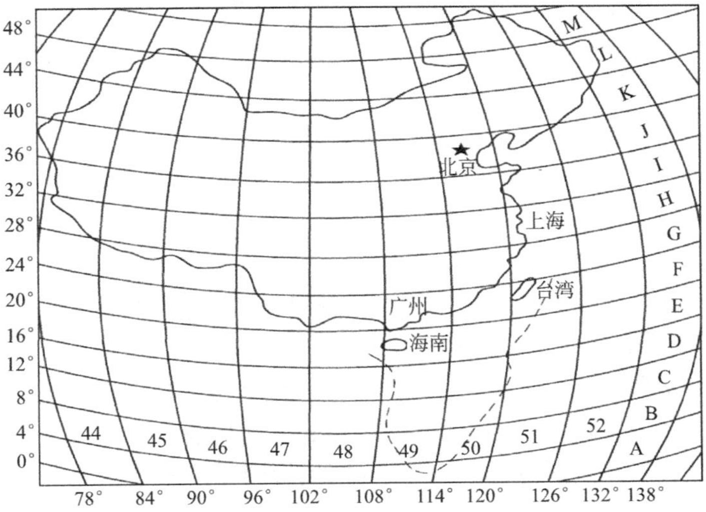

图 8-15 包括中国领土的 1∶100 万比例尺地形图的国际分幅和编号

（2）1∶500000～1∶5000 比例尺地图的分幅和编号

1∶500000～1∶5000 地形图的编号都是由 1∶1 000000 比例尺地形图加密划分而成，编号均以 1∶1000000 为基础，采用行列编号方法，将 1∶1000000 地形图按所含各比例尺地形图的经差和纬差划分成若干行和列，横行从上到下、纵列从左到右按顺序用三位阿拉伯数字（数字码）表示，不足三位者前面补零，取行号在前、列号在后的排列形式标记。如图 8-16 所示，为 1∶500000～1∶5000 比例尺地图图号的数码组成。

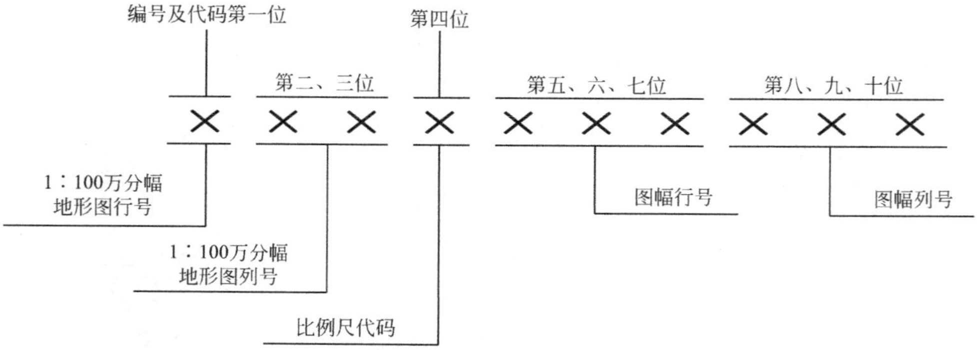

图 8-16　1∶500000～1∶5000 比例尺地图图号的数码组成

各种比例尺地形图采用不同的字符作为比例尺的代码，示例见表 8-5。

地形图比例尺代码表　　表 8-5

比例尺	1∶50 万	1∶25 万	1∶10 万	1∶5 万	1∶2.5 万	1∶1 万	1∶0.5 万
代码	B	C	D	E	F	G	H
示例	J50B001002	J50C003003	J50D010010	J50E017016	J50F042002	J50G093004	J50H192193

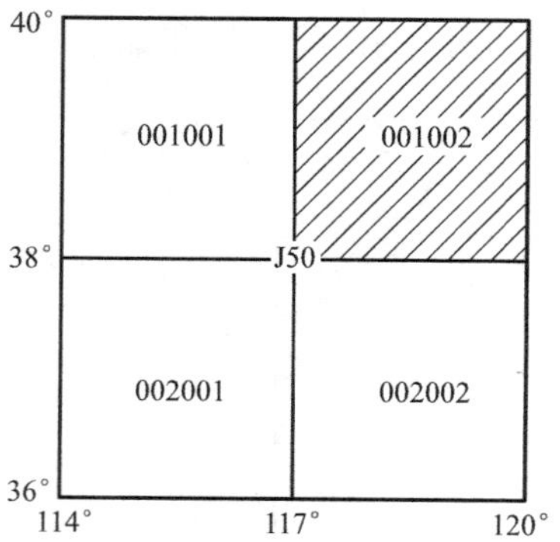

图 8-17　地形图划分

如图 8-17 所示，将每幅 1∶1000000 比例尺地形图划分为 2 行 2 列，得到 4 幅 1∶500000 比例尺地形图，分幅为纬度差 2°经度差 3°。图 8-17 中阴影线所示 1∶500000 比例尺的地形图编号为 J50B001002。

8.2.5　矩形分幅和编号

1∶5000 以下的大比例尺地形图分幅以坐标格网线划分图幅范围，图幅的大小为 50cm×50cm、50cm×40cm、40cm×40cm，每幅以 10cm×10cm 为基本方格。图幅的编号与测区的坐标值联系，便于按坐标查找图幅。

以每幅图的西南角坐标公里数来标号，并以“纵坐标—横坐标”的格式表示。例如某幅图西南角的坐标为 x＝4530.0km，y＝652.0km，则其编号为 4530.0—652.0。

如图 8-18 所示，为一比例尺为 1∶1000 的地形图，按图幅西南角坐标公里数编号法编号，两处阴影部分的编号分别为 3.0-1.5 和 2.5-2.5。

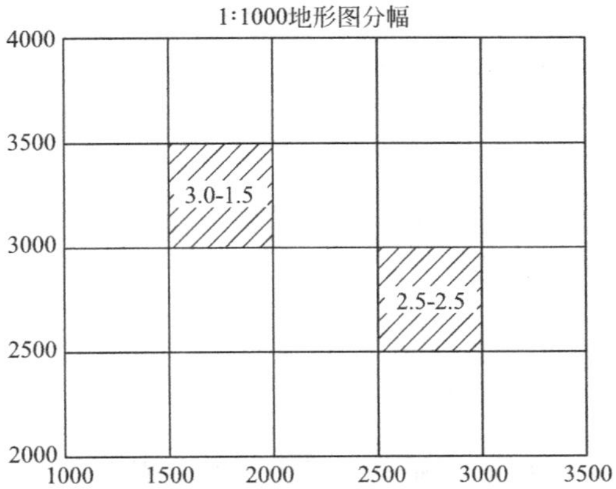

图 8-18　比例尺为 1∶1000 的地形图

大比例尺地形图矩形分幅每幅图的面积，如表 8-6 所示。

大比例尺地形图矩形分幅每幅图的面积　　　　表 8-6

比例尺	图幅大小(cm×cm)	实地面积(km^2)	平方公里图幅数
1∶5000	40×40	4	0.25
1∶2000	50×50	1	1
1∶1000	50×50	0.25	4
1∶500	50×50	0.0625	16

在某些测区，需要采用几种不同的比例尺绘制地形图，此时，为方便地形图的测绘管理、图形拼接、存档管理和应用，应以最小比例尺的矩形分幅地形图为基础，进行地形图的分幅与编号。

如图 8-19 所示，该测区内要分别测绘比例尺为 1∶500、1∶1000、1∶2000、1∶5000 的地形图，比例尺为 1∶5000 的图幅西南角坐标为 $x=4400$km，$y=38$km，编号即为：1∶2000 图幅的编号在 1.5000 图幅编号后面加上Ⅰ、Ⅱ、Ⅲ或Ⅳ，例如右上角一幅图的图号即为 4400-38-Ⅱ；以此类推，1∶1000、1∶500 图幅的编号分别是在 1∶2000、1∶1000 图幅编号后面，加上罗马数字。如右上角 1∶500 图幅的编号为 4400-38-Ⅱ-Ⅱ。

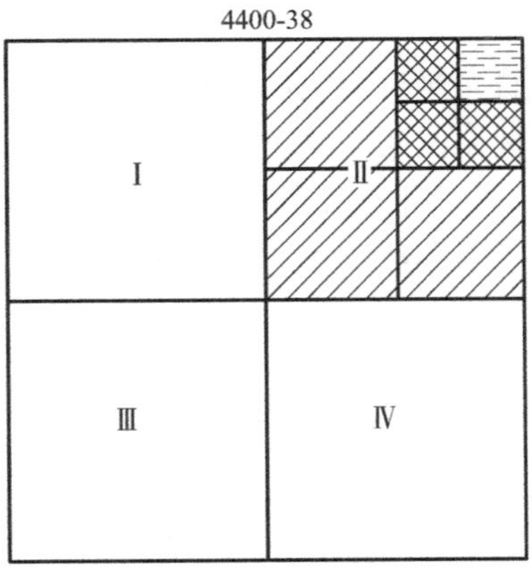

图 8-19　地形图编号

另外，还有流水编号法和行列式编号法等。

8.3　传统模拟测图

8.3.1　概述

模拟法测图是测绘人员首先利用平板仪、水准仪或经纬仪、光电测距仪或皮尺等测量工具测量地形碎部点的角度、距离等，然后借助半圆仪、比例尺等绘图工具模拟测量数据，按图式符号展绘到白纸或聚酯薄膜上，俗称白纸测图。

模拟法测图所使用的仪器仅有简单的光学和机械结构，没有或只有简单的计算功能，需要人工进行解算数据。仪器结构的简单造成测量人员与仪器、测量人员与测量人员之间互动频繁，最终导致整个工作效率低下。

所绘制的地形图由于是绘制在白纸或聚酯薄膜上，使用时只能通过复印或者晒蓝方式复制地形图成果，实际使用不方便。

8.3.2　测绘准备工作

1. 收集资料

测图前应收集有关的测图规范和地形图图式，做好测区中地形图的分幅及编号，整理抄录测区内所有控制点的有关成果。

2. 仪器准备

对测图所用的仪器，如平板仪、经纬仪等进行必要的检验、校正，同时准备好其他测图工具。

3. 图纸选用

地形图测绘一般选用一面打毛的聚酯薄膜作图纸，其厚度约为 0.07～0.1mm，经过热定型处理，其伸缩率小于 0.3%。聚酯薄膜图纸坚韧耐湿，沾污后可洗，便于野外作业，在图纸上着墨后，可直接复晒蓝图，但易燃，有折痕后不能消失，在测图、使用、保管过程中要注意。

4. 绘制坐标网格

为了能准确地把各等级的控制点，包括图根控制点展绘在图纸上，首先要精确地绘制直角坐标方格网，每个方格为 10cm×10cm。我们可以到测绘仪器用品商店购买印制好坐标格网的图纸，也可用对角线法绘制并作检查。

如图 8-20 所示，沿图纸的四个角，用坐标格网尺绘出两条对角线交于 O 点，从 O 点起在对角线上量取四段相等长度，得出 A、B、C、D 四点，并连线，即得矩形 $ABCD$。从 A、B 两点起沿 AD 和 BC 向右每隔 10cm 截取一点；再从 A、D 两点起沿 AB、DC 向上每隔 10cm 截取一点。而后连接相应各点，即得到由 10cm×10cm 正方形组成的坐标格网。坐标格网尺是精度较高的金属直尺，尺上有六个方孔，相邻方孔间的长度为 10cm，起始孔是直线，中间刻一细指标线表示零点，其他各孔的弧段是以零点为圆心，分别以 10cm 为半径的圆弧，尺端圆弧的半径为 50cm×50cm 正方形对角线的长度 70.711cm。

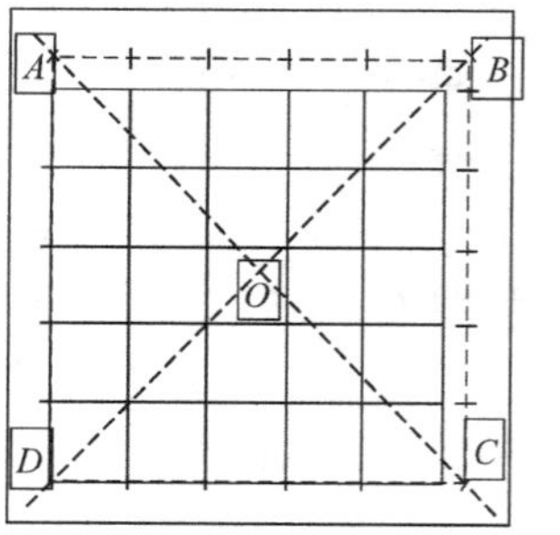

图 8-20　对角线法绘制方格网

5. 展绘控制点

展绘控制点指根据图根平面控制点坐标值，将其点位在图纸上标出。展点前，应根据地形图的分幅位置，将坐标格网线的坐标值注记在图框外相应的位置。

在展绘图根控制点时，应首先根据控制点的坐标确定控制点所在的方格，然后用卡规再根据测图比例尺，在比例尺（复式比例尺或三棱尺）上分别量取该方格西南角点到控制点的纵、横向坐标增量；再分别以方格的西南角点及东南角点为起点，以量取的纵向坐标增量为半径，在方格的东西两条边线上截点，以方格的西南角点及西北角点为起点，以量取的横向坐标增量为半径，在方格的南北两条边线上截点，并在对应的截点之间连线，两条连线的角点即为所展控制点的位置。控制点在展绘完毕后，应进行检查，要求实量长度与计算长度（或实测长度）之差在图上小于 0.3mm。如果超限，应重新展点。在控制点右侧按图示标明图根控制点的名称及高程，控制点的点名与高程注字用仿宋体写，字高为 3mm。如图 8-21 所示。

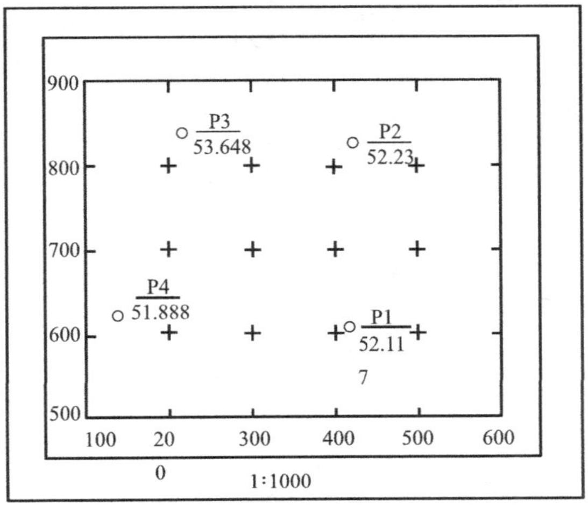

图 8-21　坐标绘制和控制点展绘

当控制点的平面位置展绘在图纸上以后，按图式要求绘控制点符号并注记点号和高程。为了保证地形图的精度，测区内应有一定数目的图根控制点。《城市测量规范》CJJ/T 8—2011 规定，测区内解析图根点的个数应不少于表 8-7 的要求。

一般测区解析图根点的个数　　表 8-7

测图比例尺	图幅尺寸(cm)	解析图根点(个数)
1∶500	50×50	8
1∶10000	50×50	12
1∶2000	50×50	15

8.3.3　碎部测量

1. 平板仪图解法测图

平板仪测量是我国原来各生产单位用于测绘大比例尺地形图的一种常用的方法。它可以同时测定地面点的平面位置和高程。水平角用图解法测定，水平距离用皮尺、视距测量或图解法测定，因此，平板仪测量又称图解测量。平板仪测量原理如图 8-22 所示，目前该方法使用较少。

2. 经纬仪测记法测图

经纬仪测图法是按极坐标法定位的解析测图法。利用经纬仪的水平度盘、竖盘和安装在经纬仪上的测距仪（或用卷尺）量取测定点位的必要数据，然后通过计算，得到地物点的点位，最后用各种作图方法进行绘图。

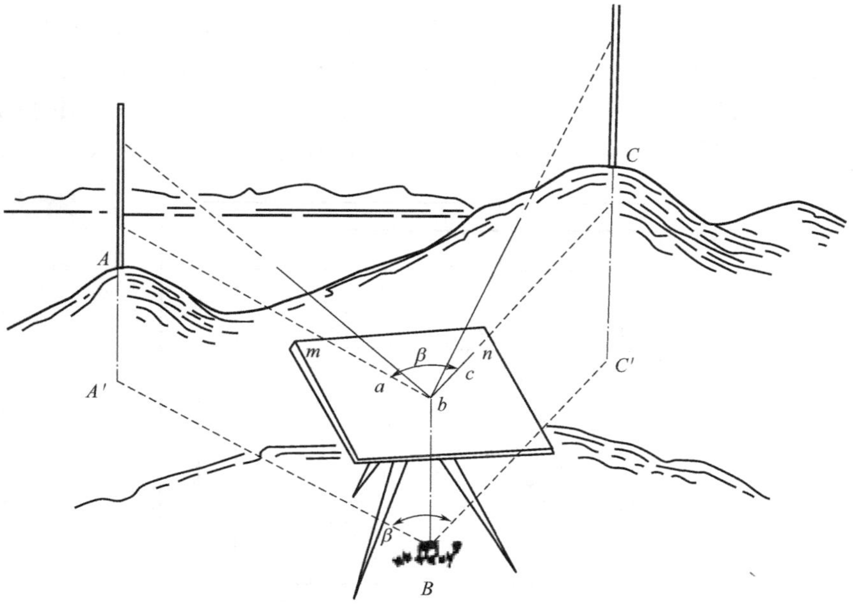

图 8-22　平板仪测图原理

如图 8-23 所示，在图根控制点 A 上安置经纬仪，量取仪器高。瞄准另一图根控制点 B（定向点），转动照准部依次瞄准地物点 1，2，3，…上竖立的觇牌或棱镜（其高度已知），测定定向点与地物点间的水平角 β，同时测定测站至地物点的水平距离 D_2 及高差 h_2。据此计算测站至地物点的方位角、地物点的坐标（x_i，y_i）和高程 H_i。有了这些点位的解析数据以后，就可以选择一种合适的方法绘图。经纬仪测图法需要把观测数据记录下来，根据数据继续绘图，所以称为经纬仪测记法。

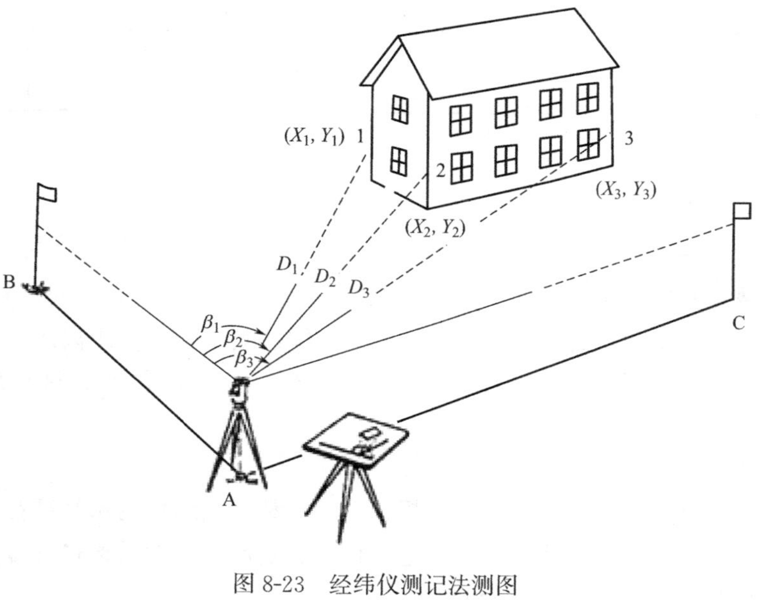

图 8-23　经纬仪测记法测图

具体测量步骤：

(1) 经纬仪安置于测站点 A，小平板立于旁。

(2) 经纬仪分别测出水平角 β_1，β_2，β_3，视距法测出 D_1，D_2，D_3 及 h_{A1}，h_{A2}，h_{A3}。

(3) 量角器在图上分别量出 A1，A2，A3 方向线及缩绘 1，2，3 细部点。

8.3.4 地形图的绘制

1. 地物测绘

在测绘地形图时，对地物测绘的质量主要取决于是否正确合理地选择地物特征点，如房角、道路边线的转折点、河岸线的转折点、电杆的中心点等。主要的特征点应独立测定，一些次要的特征点可采用量距、交会、推平行线等几何作图方法绘出。

一般规定，主要建筑物轮廓线的凹凸长度在图上大于 0.4mm 时，都要表示出来。如在 1∶500 比例尺的地形图上，主要地物轮廓凹凸大于 0.2m 时应在图上表示出来。对于大比例尺测图，应按如下原则进行取点。

(1) 有些房屋凹凸转折较多时，可只测定其主要转折角（大于 2 个），取得有关长度，然后按其几何关系用推平行线法画出其轮廓线。

(2) 对于圆形建筑物可测定其中心并量其半径绘图；或在其外廓测定三点，然后用作图法定出圆心，绘出外廓。

(3) 公路在图上应按实测两侧边线绘出：大路或小路可只测其一侧的边线，另一侧按量得的路宽绘出。

(4) 道路转折点处的圆曲线边线应至少测定三点（起、终和中点）绘出。

(5) 围墙应实测其特征点，按半比例符号绘出其外围的实际位置。

对于已测定的地物点应连接起来的要随测随连，以便将图上测得的地物与地面上的实体对照。这样，测图时如有错误或遗漏，就可以及时发现，给予修正或补测。

地物特征点的测绘方法前面已有叙述。在测图过程中，根据地物情况和仪器状况选择不同的测绘方法，如极坐标法、方向交会法、距离交会法或直角坐标法。

2. 地貌的测绘

地形图上通常采用等高线表示地貌的方法。其基本原理是：假设把一座山，从底到顶，按相等的高度，用一层一层地水颊横截该山，则山的表面便会留下一条一条的弯曲截口痕迹线，再将这些截口痕迹线垂直投影到一个平面上，便呈现出一圈套一圈的曲线图形。因为每条曲线上各点的高度都相等，所以这种曲线称为等高线；各相邻的两条等高线间的垂直距离相等，称为等高距。地形图就是根据这个道理来表示地貌的。

3. 等高线勾绘

在绘制等高线时，首先要先测定地形特征点，然后根据定性特征点勾绘等高线。勾绘等高线都是整米数或半米数。由于所测地形点大多数不会正好就在等高线上，因此必须在相邻地形点间，先用内插法定出基本等高线的通过点，再将相邻各同高程的点参照实际地貌用光滑曲线进行连接，即勾绘出等高线。

(1) 地形特征点测量

在测绘等高线地形图时，也应对高低起伏、从表面上看来没有规则的地形（地貌）测定其特征点。不管地形怎样复杂，都可以把地面看成是由向着各个不同方向倾斜和具有不同坡度的面所组成的多面体。山脊线、山谷线、山脚线可以看成多面体的棱线，测定这些棱线的空间位置，地形的轮廓也就确定下来了。因此，这些棱线的转折点（方向变化和坡度变化处）就是地形特征点。另外还包括山顶、鞍部、洼坑底部等地面坡度变化处。

图 8-24 中竖立标尺的点位即为地形特征点。

图 8-24　地形特征点

（2）等高线的内插

内插即假设两相邻点间坡度均匀，则高差与平距成正比，也即“取头定尾，中间等分”。两地面点间用“内差法”确定等高线通过的位置。如图 8-25 所示。

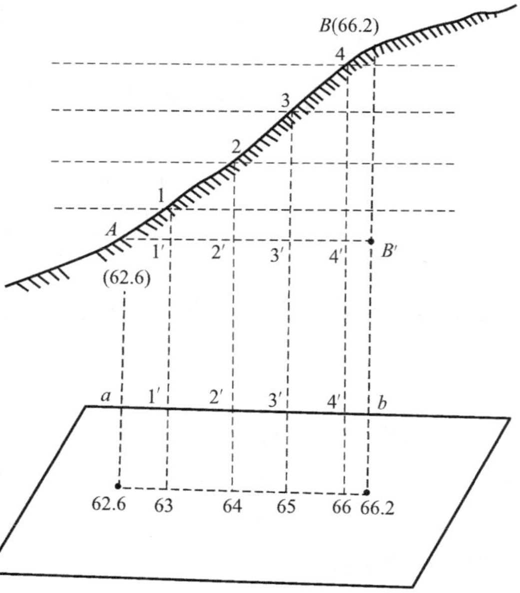

图 8-25　等高线的内插法

则$\frac{h_{A1}}{h_{AB}}=\frac{a1'}{ab}\Rightarrow a1'$

同理，定出4′点及中间等分2、3点。

（3）等高线勾绘

用光滑曲线连接各高程点。不能用等高线表示的地形，如悬崖、峭壁、冲沟等，则按图式符号表示。如图8-26所示。

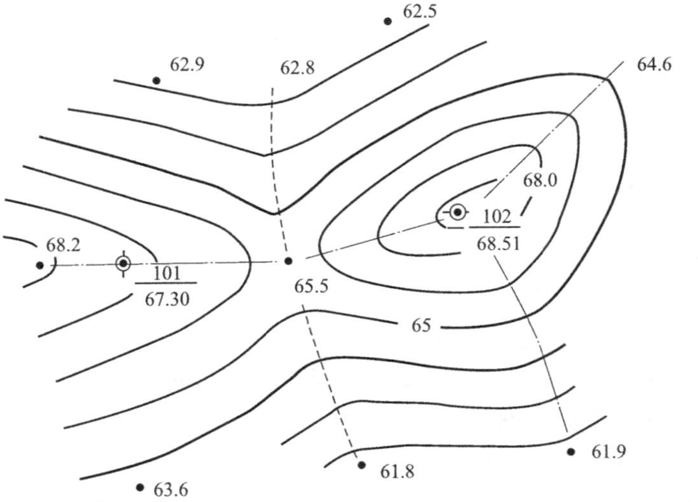

图8-26 等高线的勾绘

4. 图的注记

注记是地形图的重要内容之一，是判读和使用地形图的直接依据。注记对应于各种地物的名称、尺度和数量。注记的方法应遵循《图式》中“注记”一节中的规定。

（1）注记的排列形式

1）水平字列：各字中心连线应平行于南、北图廓，由左向右排列；

2）垂直字列：各字中心连线应垂直于南、北图廓，由上向下排列；

3）雁行字列：各字中心连线应为直线且斜交于南、北图廓；

4）屈曲字列：各字字边应垂直或平行于线状地物，且依线状地物的弯曲形状而排列。

（2）注记的字向

注记的字向一般为正向，即字头朝向北图廓。对于雁行字列，如果字中心连线与南、北图廓的交角小于45°，则字向垂直于连线；如果交角大于45°，则字向平行于连线；称为注字的“光线法则”，如图8-27。

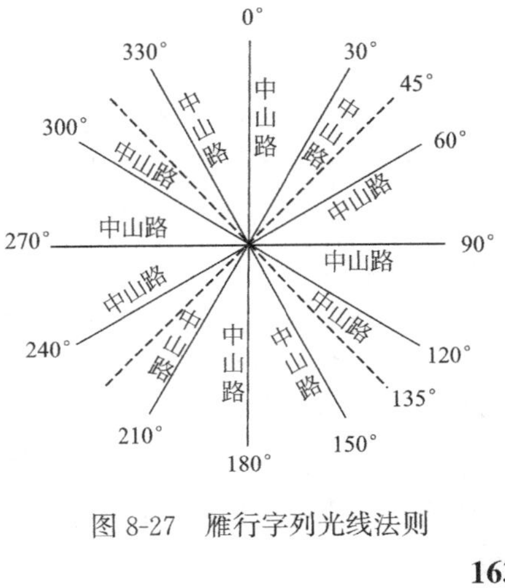

图8-27 雁行字列光线法则

（3）名称注记

城市、集镇、街道等居民地名称和政府机构、企业单位等名称，均应查明注记；一般应采用水平字列，根据图形的特殊情况，也可采用垂直字列或雁行字列。

（4）说明注记

建筑物的结构（混凝土结构、混合结构、钢结构等）、层次、道路的等级、路面材料，管线的用途、属性，土地的土质和植被种类等等，凡属用图纸线条和图式符号不能充分说明的地物，需加说明注记。如“混 3”（混结构 3 层）。

（5）数字注记

数字注记包括控制点的点号和高程、等高线和高程点的高程值、沿街房屋的门牌号、公路等级代码和编号及其他数字注记等；各种数字注记应选用《国家基本比例尺地图图式 第 1 部分：1∶500 1∶1000 1∶2000 地形图图式》GB/T 20257.1—2017 规定的字符。

8.3.5　地形图的拼接、检查和整饰

1. 地形图的拼接

测区面积较大时，整个测区必须划分为若干幅图进行施测。这样，在相邻图幅连接处。相邻左、右两图幅相邻边的衔接情况，房屋、河流、等高线都有偏差。拼接时用宽 5.6cm 的透明纸蒙在左图幅的接图边上，用铅笔把坐标格网线、地物、地貌描绘在透明纸上，然后再把透明纸按坐标格网线位置蒙在右图幅衔接边上，同样用铅笔描绘地物和地貌；当用聚酯薄膜进行测图时，不必描绘图边，利用其自身的透明性，可将相邻两幅图的坐标格网线重叠；由于测量误差和绘图误差的影响，无论是地物轮廓线，还是等高线往往不能完全吻合。当偏差小于表 8-8 中所规定的 $2\sqrt{2}$ 倍时，可取平均位置进行修正。

图上地物点的位置中误差和等高线高程中误差　　**表 8-8**

地区类别	图上地物点的位置中误差(mm)		等高线的高程中误差(等高距为 h)			
	主要地物	次要地区	平地(6°以下)	丘陵地(6°～15°)	山地(15°～25°)	高山地(25°以上)
一般地区	±6	±0.8	$\frac{1}{3}h$	$\frac{1}{2}h$	$\frac{2}{3}h$	h
城市建筑区	±0.4	±0.6				

2. 地形图的检查与验收

为了确保地形图质量，除施测过程中加强检查外，在地形图测完后，必须对成图质量作一次全面检查。

（1）室内检查

室内检查的内容有：图上地物、地貌是否清晰易读；各种符号注记是否正确，等高线与地形点的高程是否相符，有无矛盾可疑之处，图边拼接有无问题等。如发现错误或疑点，应到野外进行实地检查修改。

（2）外业检查

巡视检查根据室内检查的情况，有计划地确定巡视路线，进行实地对照查看。主要检查地物、地貌有无遗漏；等高线是否逼真合理；符号、注记是否正确等。这是检查原图的主要方法，一般应在整个测区范围内进行，特别是应对接边时所遗留的问题和室内图面检查时发现的问题，做重点检查。发现问题后应当场解决，否则应设站检查纠正。

仪器设站检查根据室内检查和巡视检查发现的问题，到野外设站检查，除对发现的问

题进行修正和补测外，还要对本测站所测地形进行检查，看原测地形图是否符合要求。仪器检查量每幅图一般为10%左右。

3. 地形图的整饰

地形图经过上述拼接、检查和修正后，最后进行清绘和整饰，使图面清晰、美观。

地形图整饰次序如下：先图框内、后图框外；先注记、后符号；先地物、后地貌。

等高线通过注记和地物处应断开。另图框外图式要求至少应写出：图名、图号、比例尺、坐标系统、施测单位、测绘人员和测绘日期等。

8.4 数字测图

8.4.1 概述

1. 数字测图概念

数字测图（digital surveying mapping，简称DSM）是近20年发展起来的一种全新的测绘地形图方法。以计算机为核心，在外连输入、输出硬件设备和软件的支持下，对地形空间数据进行采集、传输、处理编辑、入库管理和成图输出的整个系统，称之为自动化数字测绘系统。数字化测图技术在野外数据采集工作的实质是解析法测定地形点的三维坐标。

利用上述技术将采集到的地形数据传输到计算机，并由功能齐全的成图软件进行数据处理、成图显示，再经过编辑、修改，生成符合国标的地形图。最后将地形数据和地形图分类建立数据库，并用数控绘图仪或打印机完成地形图和相关数据的输出。

数学化测绘不仅仅是利用计算机辅助绘图，减轻测绘人员的劳动强度，保证地形图绘制质量，提高绘图效率，更具有深远意义的是，由计算机进行数据处理，并可以直接建立数字地面模型和电子地图，为建立地理信息系统提供了可靠的原始数据，以供国家、城市和行业部门的现代化管理，以及工程设计人员进行计算机辅助设计（CAD）使用。提供地图数字图像等信息资料已成为政府管理部门和工程设计、建设单位必不可少的工作，正受到各行各业的普遍重视。

2. 数字测图的特点

大比例尺数字测图有力地冲击着传统的平板仪或经纬仪的白纸测图方法，这是因为数字测图具有诸多的优点。

（1）测图、用图自动化

传统测图方式主要是手工作业，外业测量人工记录，人工绘制地形图，在图上人工量算所需要的坐标、距离和面积等。数字测图则使野外测量自动记录，自动解算，使内业数据自动处理，自动成图，自动绘图，并向用图者提供可处理的数字地（形）图光盘，用户可自动提取图数信息。

（2）点位精度高

传统模拟测图，影像地物点位精度的因素多，图上点位精度误差大。数字测图中，影像地物点位精度的因素少，所得到的数字地图点位精度大幅度提高，为地籍测量、管网测量、房产测量、工程规划设计等工作提供了保证。

(3) 使用方便

数字测图的成果是以点的定位信息和属性信息存入计算机，当实地有变化时，只需输入变化信息的坐标、代码，经过编辑处理，很快便可以得到更新的图，从而可以确保地面的可靠性和现势性。同时采用分层方式管理野外实测数据，可以方便绘制不同比例尺或不同用途的地图，实现一测多用。

(4) 能以各种形式输出成果

计算机与显示器、打印机联机时，可以显示或打印各种需要的资料信息，如用打印机可打印数据表格，当对绘图精度要求不高时，可用打印机打印图形。计算机与绘图仪联机，可以绘制出各种比例尺的地形图、专题图，以满足不同用户的需要。

(5) 方便成果的深加工利用

数字测图分层存放，可使地面信息无限存放（这是模拟图无法比拟的优点），不受图面负载量的限制，从而便于成果的深加工利用，拓宽测绘工作的服务面，开拓市场。

8.4.2　数字测图的基本过程

数字测图的工作过程主要有：数据采集、数据处理、图形编辑和图形输出。

数据采集的目的是获取数字化成图所必需的数据信息，包括描述地图实体的空间位置和形状所必需的点的坐标和连接方式，以及地图实体的地理属性。

数据采集主要用测量仪器进行（全站仪、GPS 等），借助于电子手簿或全站仪存储器的帮助，将测量数据（一般为测点坐标）传入计算机供进一步处理。当用外业采集方法时，测点的连接关系及地图实体的地理属性一般也在工作现场采集和记录，且有两种不同的采集和记录方法。一是用约定的编码表示，野外测量时，将对应的编码输入到电子手簿或全站仪的存储器，最后与测量数据一起传入计算机；另一种方法则用草图来描述测点的连接关系和实体的地理属性，野外测量时绘制相应的草图（不输入到电子手簿或全站仪存储器），在内业工作中，再将草图上的信息与电子手簿传入的测量数据进行联合处理。外业采集的另一个基础性的工作是控制测量，包括等级控制与图根控制。

数据处理是指将采集数据处理成成图所需数据的过程，包括数据格式或结构的转换、投影变换、图幅处理、误差检验等内容。

图形编辑是对已经处理的数据所生成的图形（和地理属性）进行编辑、修改的过程。图形编辑必须在图形界面下进行。

图形输出则是将已经编辑好的图形输出到所需介质上的过程，一般在绘图仪或打印机上完成。目前，图形输出也包括以某种（指定的或标准的）格式输出数据文件。由于实际工作数据处理、图形编辑、图形输出都是在室内完成的，沿用传统的测量术语，一般将它们与内业数据采集一起统称为数字化成图的内业，而将外业数据采集称为数字化成图的外业。

8.4.3　野外数据采集

1. 数据采集的方法

数字化成图野外数据采集是以测定地面实体的特征点（碎部点）为基础，通过数字化测图软件的处理生成反映地面特征的图形文件。野外数据采集的常用方法有极坐标法、方向交会法和量距法等，具体介绍如下。

(1) 极坐标法

如图 8-28 所示，极坐标法一般在图根点 P 上安置全站仪，照准已知点 P_0 进行测站定向，量取仪器高（I）和觇标高（V）。完成测站定向后，观测测站至碎部点 P_1 的方向夹角（B）、垂直角（A）、斜距（S），利用极坐标向直角坐标转换公式：

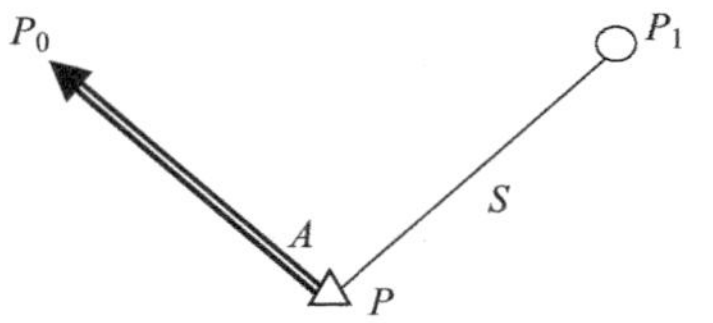

图 8-28 极坐标法

$$X_{P1}=X_P+S\cos A\cos(B+B_0)$$
$$Y_{P1}=Y_P+S\cos A\sin(B+B_0)$$
$$H_{P1}=H_P+S\sin A+I-V$$

式中 B_0 为测站至定向点方位角，H_P 为测站点高程。这种方法是进行数字化测图碎部测量的主要方法。

(2) 方向交会法

在进行大比例尺测图时，有些特征点无法到达（如电杆在水塘中），此时，可分别在两测站测定测站至待定点的方向，用方向交会的方法计算出待定点的坐标位置，其方法如下：

如图 8-29 所示，A、B 为两个已知测站点，其坐标分别为碎部点，A、B、P 构成逆时针方向排列，则有 P 点坐标计算公式：

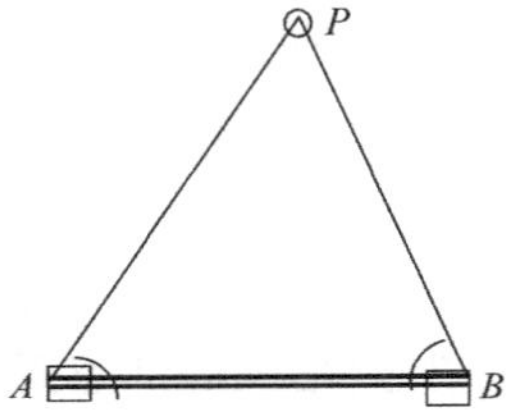

图 8-29 前方交会

$$\alpha=T_{AB}-T_{AP} \qquad S_{AP}=S_{AB}\sin\beta/\sin(\alpha+\beta)$$
$$\beta=T_{BP}-T_{BA} \qquad X_P=X_A+S_{AP}\cos T_{AP}$$
$$Y_P=Y_A+S_{AP}\sin T_{AP}$$

式中 T_{AP}、T_{BP} 分别为测站 A、B 观测碎部点 P 所得的坐标方位角，S_{AB} 为测站 A、B 的坐标反算边长，T_{AB}、T_{BA} 分别为 A 到 B 和 B 到 A 的方位角，S_{AP} 为测站 A 到碎部点 P 的计算距离。

(3) 量距法

在地物密集的地区测图时，有些碎部点受通视条件的限制，无法用仪器直接观测计算碎部点的坐标（如房屋的拐点），则可利用已测的碎部点为参照，通过测量待定点与周围已测点的距离而求出待定点的坐标。通常采用的方法有距离交会法和支距法。

1) 距离交会法

如图 8-30 所示，A、B 为已测碎部点，其坐标分别为 X_A、Y_A、X_B、Y_B，P 为待定碎部点，现量得 AP、BP 的距离分别为 S_{AP}，S_{BP}，A、B、P 要求按逆时针排列，则碎部点 P 的坐标计算公式为：

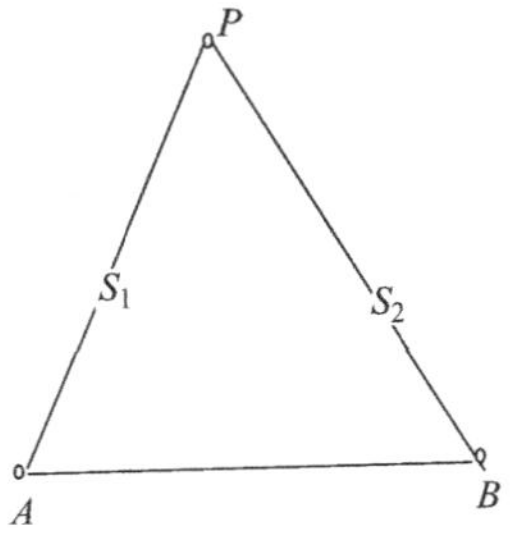

图 8-30 距离交会

$$a=2\arccos\sqrt{\frac{L(L-S_{BP})}{S_{AP}\cdot S_{AB}}}$$
$$X_P=X_A+S_{AP}\cos(T_{AB}-\alpha)$$
$$Y_P=Y_A+S_{AP}\sin(T_{AB}-\alpha)$$
$$L=\frac{1}{2}(S_{AP}+S_{BP}+S_{AB})$$

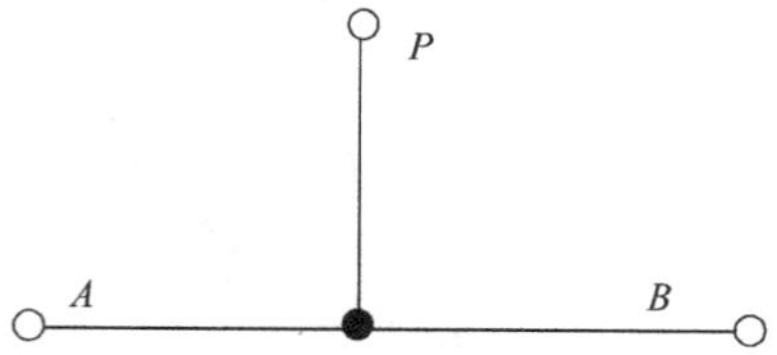

图 8-31　支距法

2）支距法

如图 8-31 所示，由已测点 A 和 B 确定方向线 AB，A 点坐标为 X_A、Y_A，在方向线 AB 一侧有一待定碎部点 P，由 P 向 AB 作垂线 PM，量出 S_{PM} 和 S_{AM}，则碎部点 P 的坐标可用下列公式计算。计算公式为：

$$X_M=X_{AM}\cos T_{AB}$$

$$Y_M=Y_A+S_{AM}\sin T_{AB}$$

$$X_P=X_M+S_{MP}\cos（T_{AB}\pm\pi/2）$$

$$Y_P=Y_M+S_{MP}\sin（T_{AB}\pm\pi/2）$$

式中 P 在 AB 右侧时取加 $\pi/2$，在左侧时取减 $\pi/2$。

以上是数字化成图中常用的碎部点测量方法，在上述给出的计算公式中，除极坐标法计算无二值性外，其他各种方法的计算值都与参与计算点间的相对几何位置有关，在使用时应注意公式的适用性，在利用这些方法测图时应绘制相应的草图用于检核计算结果。此外，在实际工作中根据地物的几何特征和地面点间的相对关系还可采用直角偏距法、延长线法、图形平移法等方法进行碎部点点位的确定。

2. 全站仪碎部点采集

本书以中海达 ZTS-121 全站仪为例，讲解如何利用全站仪进行野外碎部点采集。

（1）仪器对中整平：按星（★）键打开激光对中器，弹出对中操作界面（图 8-32），根据提示进行仪器对中整平。

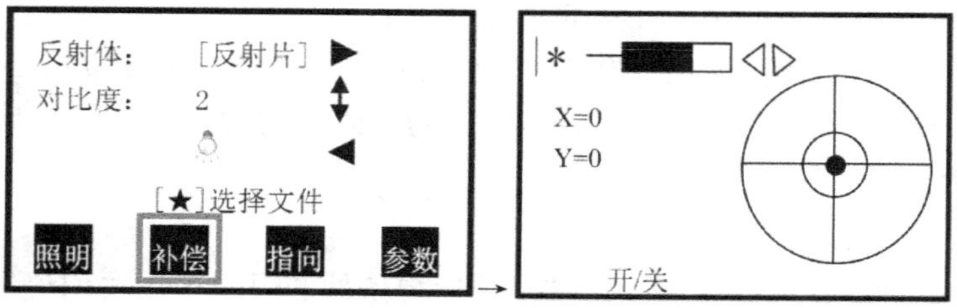

图 8-32　对中操作界面

（2）新建文件：依次点击“MENU”→“文件管理”→“文件维护”，在弹出界面（图 8-33）进行新建文件操作，一般新建测量文件即可，必要时也可新建坐标文件。

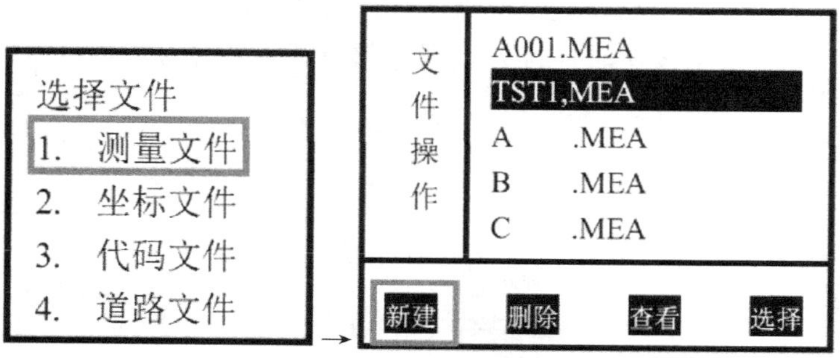

图 8-33　新建文件对话框

（3）数据采集：数据采集界面（对话框）如图 8-34 所示。

1）选择文件，选择必须的测量文件、坐标文件及编码文件。

2）设置测站点：第一次选择“输入”、控制点已经测量选择“测出点”，也可从坐标文件中选择“已知”，全部输入完毕，按硬键“ENT”（图 8-35）。

1. 选取文件
2. 设置测站点
3. 设置后视点
4. 设置方位角
5. 数据采集顺序
6. 数据采集选项

图 8-34 数据采集步骤

设置测站点
>测站点：
编　码：
仪器高：
*选择文件
输入 已知 信息 测出点

图 8-35 测站设置对话框

3）设置后视点

后视点可以选择手工输入，也可以从已经测量选择调用“测出点”，或者从坐标文件中调用“已知”。

按“检查”可以对后视点进行测量，检查结果（图 8-36），合格后按“保存”。

4）设置方位角：该功能与设置后视点是同样的目的，只是该功能是在后视点的方位角已知的情况下才可进行的。直接瞄准后视点输入后视方位角即可。一次建站只需选择“设置后视点”和“设置方位角”之一，用于后视定向即可。在自由坐标系下，一般第一次，设置方位角为“0”，之后每次选择“设置后视点”。

5）采集数据

一般定完向后，想查看坐标，则选择“观测”→“记录”，之后可以选择“测存”（图 8-37），其中“ENT”键将坐标信息保存到测量文件，★键将坐标信息同时保存到测量文件和坐标文件，数据采集过程中，可以按星（★）键进行免棱镜/有棱镜切换。

HR:
DHR:
HD:
dHD:
dZ:
测量 模式 坐标 保存

图 8-36 后视点检查界面

标高: 1.200 m
点名: 105
N:
E:
Z:
记录 偏心 测存 观测

图 8-37 采集数据对话框

3. GPS 碎部点采集

UFO U3 GPS 是合众思壮旗下的一个互联网 RTK，配套的手簿软件 UFOPad 可以连接部分南方测绘、思拓力测绘等其他品牌 GPS 主机，同时该手簿软件不需要注册即可安装到安卓手机上，对 GPS 主机进行操作，具有较高普适性。

本书以合众思壮 UFO U3 GPS（图 8-38）为例，讲解如何利用 GPS 进行野外碎部点采集。

图 8-38　合众思壮 UFO U3 GPS 移动站、GPS 主机、手簿及手簿软件 UFOPad

（1）项目管理

运行 UFOPad 软件，执行【项目】→【项目管理】→【新建】，新建项目，输入项目名称，选择坐标参数类型，可以套用上个工程参数或者选择自定义，输入项目名称（必填，默认为当天日期）、操作人员、仪器说明、备注，点击【确定】跳转坐标系统参数设置。椭球参数默认为 CGCS2000，投影方式是高斯投影，可以根据实际情况，进行坐标系的设置（图 8-39）。

图 8-39　新建项目及坐标系设置

(2) 手簿与 GPS 主机连接设置

“新建项目”设置完成后点，进入移动站的连接。选择选择仪器类型，通讯模式有蓝牙，WiFi，闪联和演示模式，以连接 UFO GPS 主机为例，选择蓝牙模式，点击【搜索】，在蓝牙设备列表中找到名为仪器串号的蓝牙名称，点击【连接】，弹出连接进度框，等待进度完成即表示连接成功（图 8-40）。

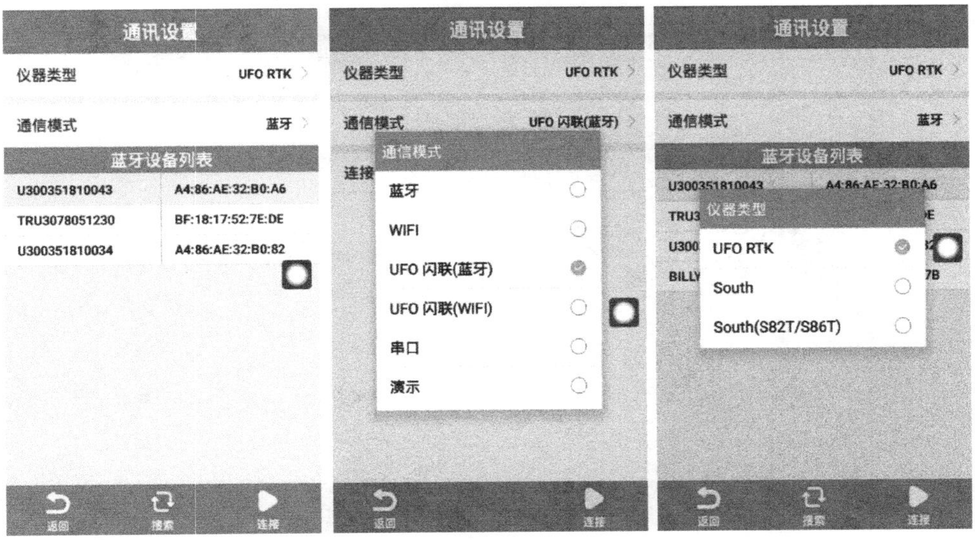

图 8-40 手簿与 GPS 主机连接设置

(3) 工作模式及数据链设置

“移动站连接”之后点，工作模式，进入工作模式设置，工作模式选择【移动站】，数据链路选择【手簿网络】，连接模式【NTRIP】，设置 CORS，点击【获取接入点】，选择接入点后点击【开始】，再点击【确定】工作模式设置完毕，软件会自动返回仪器界面（图 8-41）。

图 8-41 工作模式及数据链设置

（4）点测量

点击【测量】→【点测量】，如图 8-42 所示。点测量提供点位坐标多种模式测量、测量模式切换、测量数据简单成图等多种方式的点位地理信息测量功能。

（5）数据文件导出

点击【项目】→【数据文件导出】，如图 8-43 所示。数据文件导出可以将数据导出 CSV 格式、AutoCAD DXF 文件格式或 CASS 格式等数据文件。

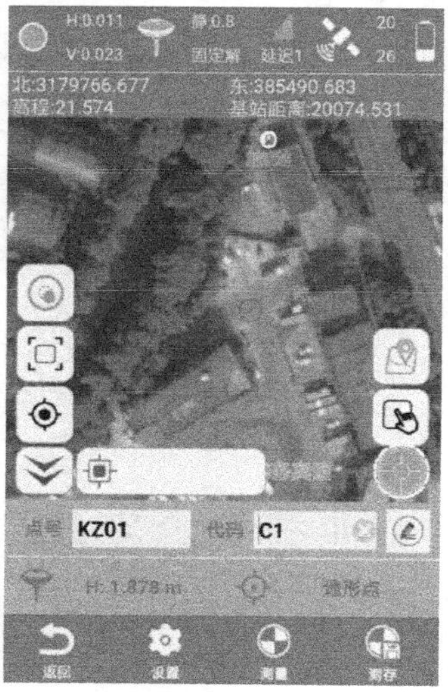

图 8-42　点测量

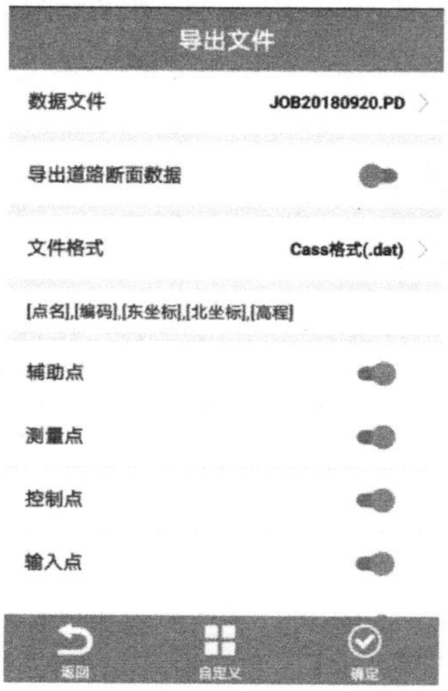

图 8-43　数据文件导出

8.4.4　野外数据编码

传统的测图方法在外业只测得点的三维坐标，然后由绘图员按坐标（或角度、距离）将点展绘到图纸上，再根据测点与其他点的关系连线，按点（地物）的类别加绘图示符号，通过这样逐点的测绘，生产出一幅地图。数字化测图是由计算机自动的完成。因此，对于点必须同时给出点位信息及绘图信息。数字化测图中，点测绘必须具备三类信息：

（1）测点的三维坐标；

（2）测点的属性，即点的特征信息（地貌点？地物点？……）；有什么特征等。

（3）测点的连接关系，包括连接点和连接线型，按照这个连接关系，即可将相关的点连成一个地物。

测点的三维坐标使用仪器、工具在外业测量得到的，最终以 X，Y，H（Z）坐标表示。

测点的属性是用编码表示的，有编码就知道它是什么点，图式符号是什么。反之，外业测量时知道测的是什么点，就可以给出该点的编码并记录下来。因此，必须要有使用方便、编码简单，容易记忆的地形编码。

地形信息编码的方案有多种，国家技术监督局分别于 1993 年 12 月和 1995 年 8 月分别发布了《1∶500 1∶1000 1∶2000 地形图要素分类与代码》和《1∶5000 1∶10000 1∶25000 1∶50000 1∶100000 地形图要素分类与代码》两个作为国家标准的分别适用于大比例尺和中小比例尺数字地形图要素编码方案。其基本的编码方法是将地形信息分为九个大类：测量控制点、居民地、工矿建（构）筑物及其他设施、交通及附属设施、管线及附属设施、水系及附属设施、境界、地貌和土质、植被，并依次细分为小类、一级和二级。分类代码由四位数字码组成，其结构如下：

X　　X　　X　　X

（大类码）（小类码）（一级代码）（二级代码）

南方测绘公司在 CASS 数字化成图软件中也开发了一套简单方便的野外操作编码。CASS 的野外操作码由描述实体属性的野外地物码和一些描述连接关系的野外连接码组成。

野外操作码的定义有以下规则：

(1) 野外操作码有 1～3 位，野外操作码第一位是英文字母，第一位表示大类，C 表示控制点，X 表示线类（曲），F 表示房屋类，A 则表示点状地物；野外操作码第二位之后是范围为 0～99 的数字，如房屋类 F 下面的 F1 表示通房，F2 表示一般房屋，F4 表示破坏房。点状地物中的 A00～A99 表示 99 个不同的点状地物，如 A16 表示学校符号、A50 表示阔叶独立树符号、A70 表示路灯符号。具体野外操作码请查阅 CASS 相关文档。

(2) 野外操作码后面可跟参数，如野外操作码不到 3 位，与参数间应有连接符“-”，如有 3 位，后面可紧跟参数，参数有下面几种：控制点的点名；房屋的层数；陡坎的坎高等。

(3) 野外操作码第一个字母不能是“P”，该字母只代表平行信息。野外操作码如以“U”，“Q”，“B”开头，将被认为是拟合的，所以如果某地物有的拟合，有的不拟合，就需要两种野外操作码。

(4) 关系码是描述连接关系的编码，可用表 8-9 中符号表示。

描述连接关系的符号的含义　　　　**表 8-9**

符号	含义
+	本点与上一点相连，连线依测点顺序进行
−	本点与下一点相连，连线依测点顺序相反方向进行
n+	本点与上 *n* 点相连，连线依测点顺序进行
n−	本点与下 *n* 点相连，连线依测点顺序相反方向进行
p	本点与上一点所在地物平行
np	本点与上 *n* 点所在地物平行
+A$	断点标识符，本点与上点连
−A$	断点标识符，本点与下点连

操作码的具体构成规则如下：

(1) 对于地物的第一点，操作码＝地物代码。如图 8-44 中的 1、5 两点（点号表示测点顺序，括号中为该测点的编码，下同）。

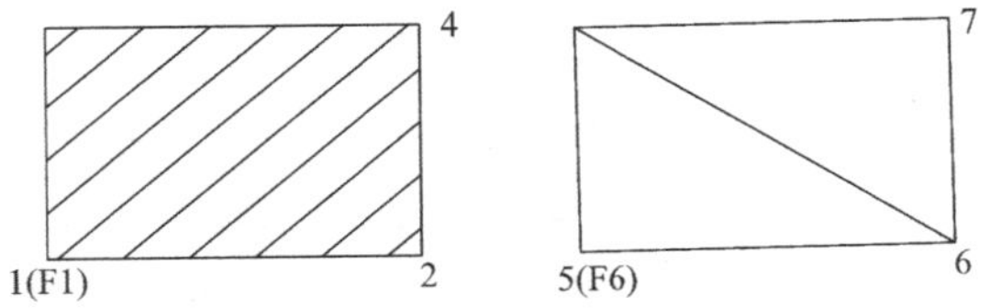

图 8-44　地物起点的操作码

（2）连续观测某一地物时，操作码为“＋”或“－”。其中“＋”号表示连线依测点顺序进行；“－”号表示连线依测点顺序相反的方向进行，如图 8-45 所示。在 CASS 中，连线顺序将决定类似于坎类的齿牙线的画向，齿牙线及其他类似标记总是画向连线方向的左边，因而改变连线方向就可改变其画向。

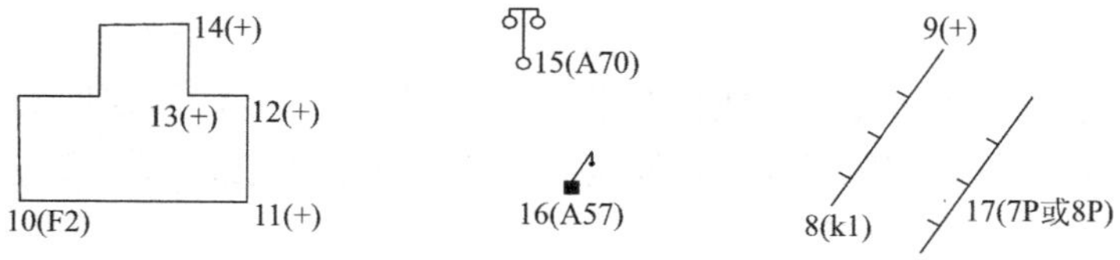

图 8-45　连续观测点的操作码

（3）交叉观测不同地物时，操作码为“n＋”或“n－”。其中“＋”、“－”号的意义同上，n 表示该点应与以上 n 个点前面的点相连（n＝当前点号－连接点号－1，即跳点数），还可用“＋A＄”或“－A＄”标识断点，A＄是任意助记字符，当一对 A＄断点出现后，可重复使用 A＄字符。如图 8-46 所示。

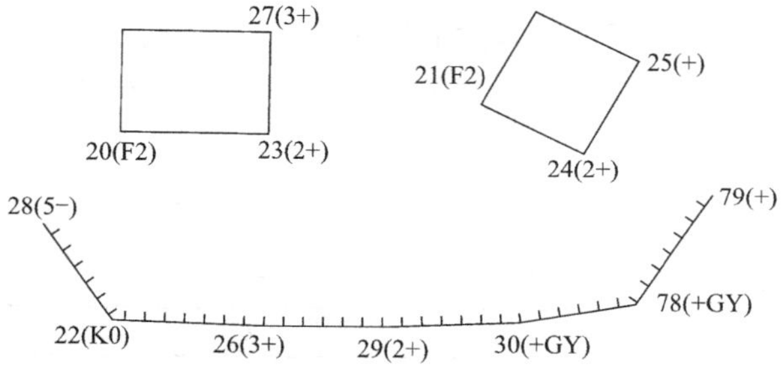

图 8-46　交叉观测点的操作码

（4）观测平行体时，操作码为“p”或“np”。其中，“p”的含义为通过该点所画的符号应与上点所在地物的符号平行且同类，“np”的含义为通过该点所画的符号应与以上跳过 n 个点后的点所在的符号画平行体，对于带齿牙线的坎类符号，将会自动识别是堤还是沟。若上点或跳过 n 个点后的点所在的符号不为坎类或线类，系统将会自动搜索已测过的坎类或线类符号的点。因而，用于绘平行体的点，可在平行体的一“边”未测完时测对面点，亦可在测完后接着测对面的点，还可在加测其他地物点之后，测平行体的对面点。如图 8-47 所示。

8.4.5　平面图绘制

对于图形的生成，南方测绘仪器公司所开发的地形地籍成图软件 CASS 提供了“草图法”、“简码法”、“电子平板法”、“数字化仪录入法”等多种成图作业方式，并可实时地将地物定位点和邻近地物（形）点显示在当前图形编辑窗口中，操作十分方便。“草图法”工作方式要求外业工作时，除了测量员和跑尺员外，还要安排一名绘草图的人员，在跑尺员跑尺时，绘图员要标注出所测的是什么地物（属性信息）及记下所测点的点号（位置信

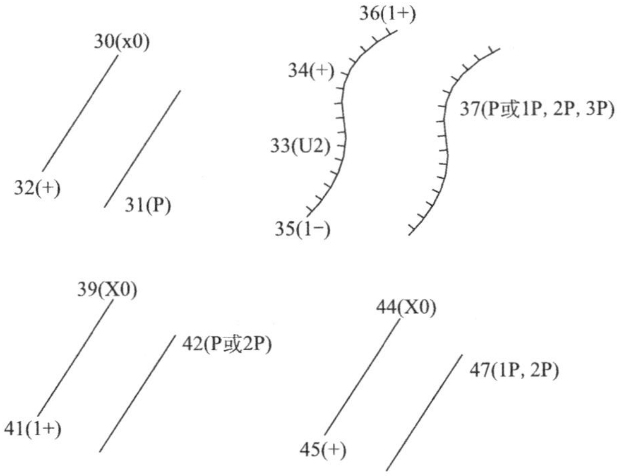

图 8-47 平行体观测点的操作码

息），在测量过程中要和测量员及时联系，使草图上标注的某点点号要和全站仪里记录的点号一致，而在测量每一个碎部点时不用在电子手簿或全站仪里输入地物编码，故又称为“无码方式”本书以草图法为例介绍数字地形地籍成图软件 CASS（图 8-48）环境下绘制平面图的方法。

图 8-48 CASS 界面

1. 数据通信

数据通信的作用是完成电子手簿或带内存的全站仪与计算机两者之间的数据相互传

输。以与带内存全站仪通信为例：

（1）将全站仪通过适当的通信电缆与微机联接好。

（2）移动鼠标至“数据通信”项的“读取全站仪数据”项，该处以高亮度（深蓝）显示，按左键，出现如图 8-49 的对话框。

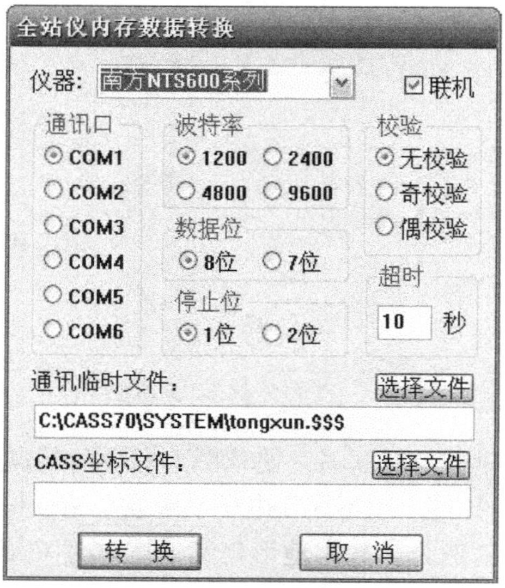

图 8-49　全站仪内存数据转换对话框

（3）根据不同仪器的型号设置好通信参数，再选取好要保存的数据文件名，点击“转换”，自动在指定目录生成 CASS 坐标数据文件。

2. 内业成图

以 AutoCAD2006 软件及数字化成图软件 CASS9.1 绘制数字地形图为例。实验示例数据为“C：\CASS 9.0\DEMO\STUDY.DAT”

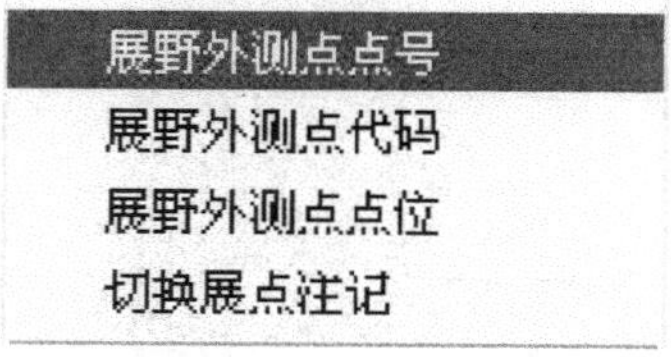

图 8-50　选择“展野外测点点号”

展点：

选择“绘图处理”菜单下的“展野外测点点号”项（图 8-50），在弹出的对话框中输入对应的坐标数据文件名 C：\CASS 9.0\DEMO\STUDY.DAT 后，便可在屏幕上展出野外测点的点号，如图 8-51 所示。

如测点点号没有在 CASS 窗口，可以先选择“绘图处理”菜单下的“定显示区”，先定显示区。

3. 地物绘制

（1）道路绘制

选择右侧屏幕菜单的“交通设施”按钮，弹出如图 8-52 的界面。

找到“平行高速公路”并选中，再点击“OK”，命令区提示：

绘图比例尺 1：输入 500，回车。

点 P/<点号>输入 92 或者直接选取点位，回车。之后依次选择 45、46、13、47、48，最后回车。

拟合线<N>？输入 Y，回车。

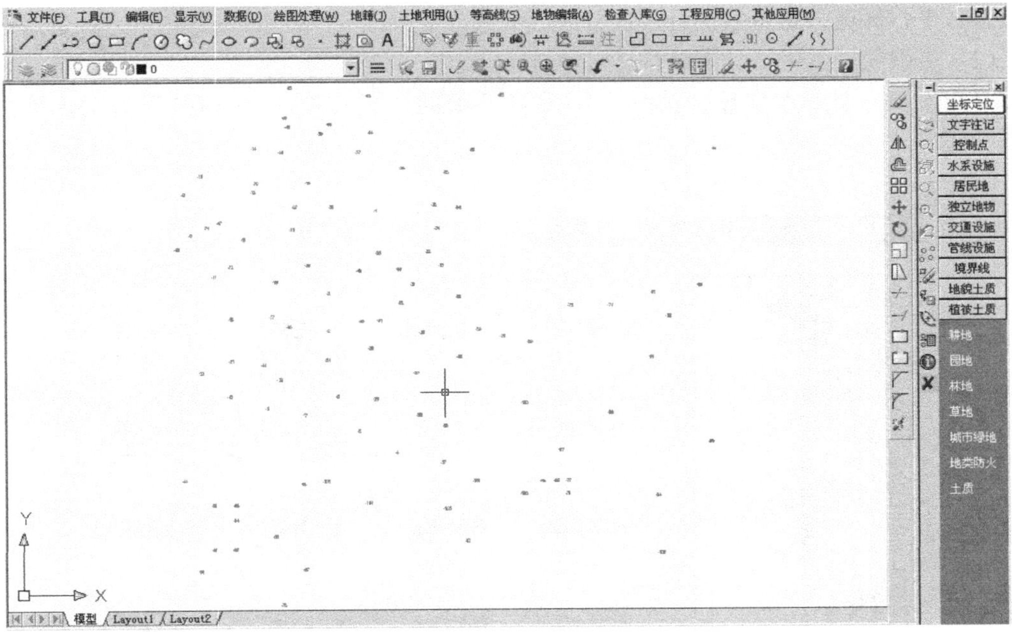

图 8-51 STUDY. DAT 展点图

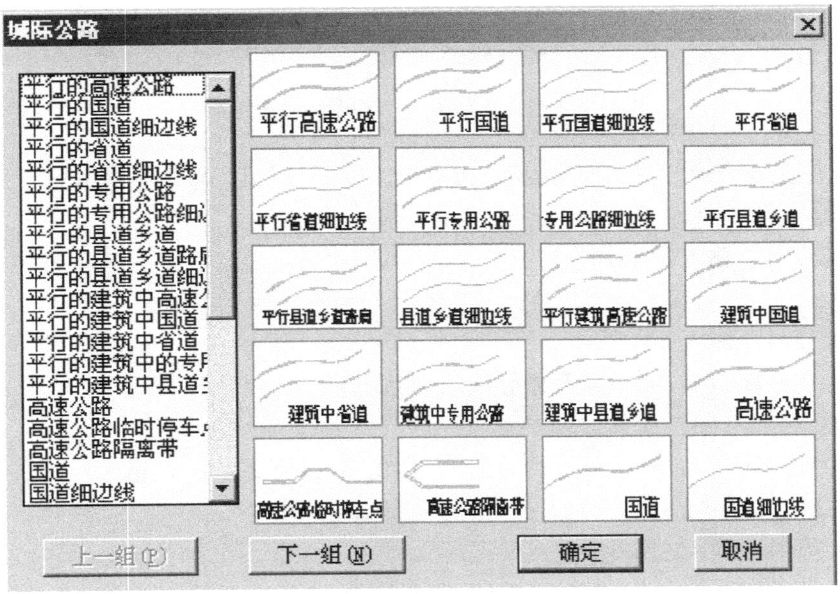

图 8-52 选择屏幕菜单“交通设施/城际公路”

说明：输入 Y，将该边拟合成光滑曲线；输入 N（缺省为 N），则不拟合该线。

边点式/2. 边宽式<1>：回车（默认 1）

说明：选 1（缺省为 1），将要求输入公路对边上的一个测点；选 2，要求输入公路宽度。

对面一点

点 P/＜点号＞输入 19，回车。

这时平行高速公路就绘制好了。

（2）房屋绘制

下面绘制一个多点房屋。选择右侧屏幕菜单的“居民地/一般房屋”选项，弹出如图 8-53 界面。

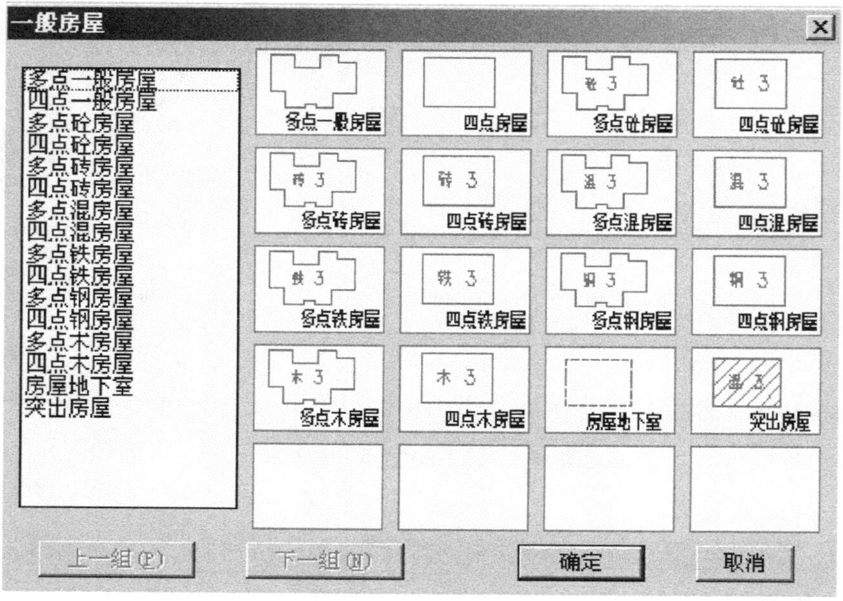

图 8-53　选择屏幕菜单“居民地/一般房屋”

先用鼠标左键选择“多点砼房屋”，再点击“OK”按钮。命令区提示：

第一点：

点 P/＜点号＞输入 49，回车。

指定点：

点 P/＜点号＞输入 50，回车。

闭合 C/隔一闭合 G/隔一点 J/微导线 A/曲线 Q/边长交会 B/回退 U/点 P/＜点号＞输入 51，回车。

闭合 C/隔一闭合 G/隔一点 J/微导线 A/曲线 Q/边长交会 B/回退 U/点 P/＜点号＞输入 J，回车。

点 P/＜点号＞输入 52，回车。

闭合 C/隔一闭合 G/隔一点 J/微导线 A/曲线 Q/边长交会 B/回退 U/点 P/＜点号＞输入 53，回车。

闭合 C/隔一闭合 G/隔一点 J/微导线 A/曲线 Q/边长交会 B/回退 U/点 P/＜点号＞输入 C，回车。

输入层数：＜1＞回车（默认输 1 层）。

（3）其他地物绘制

类似以上操作，分别利用右侧屏幕菜单绘制其他地物。

8.4.6 等高线绘制

在地形图中，等高线是表示地貌起伏的一种重要手段。常规的平板测图，等高线是由手工描绘的，等高线可以描绘得比较圆滑但精度稍低。在数字化自动成图系统中，等高线是由计算机自动勾绘，生成的等高线精度相当高。

CASS在绘制等高线时，充分考虑到等高线通过地性线和断裂线时情况的处理，如陡坎、陡涯等。CASS能自动切除通过地物、注记、陡坎的等高线。

在绘等高线之前，必须先将野外测的高程点建立数字地面模型（DTM），然后在数字地面模型上生成等高线。

1. 建立数字地面模型（构建三角网）

（1）移动鼠标至屏幕顶部菜单“等高线”项（图8-54），按左键，出现如图8-55所示的下拉菜单。

（2）选择“建立DTM”菜单，出现如图8-55所示对话窗。选择由数据文件生成，并选择相应的坐标数据文件，并且不考虑陡坎，选中“显示建三角网结果”复选框，单击“确定”按钮后，生成如图8-56所示的三角网。

2. 修改数字地面模型（修改三角网）

一般情况下，由于地形条件的限制在外业采集的碎部点很难一次性生成理想的等高线，如楼顶上控制点。另外，还因现实地貌的多样性和复杂性，自动构成的数字地面模型与实际地貌不太一致，这时可以通过修改三角网来修改这些局部不合理的地方。

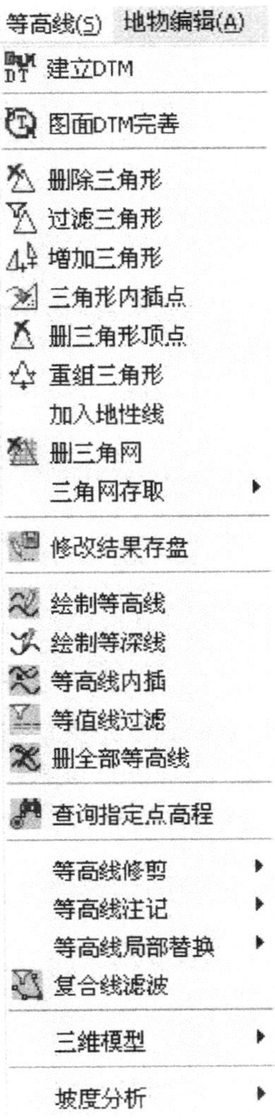

图8-54 “等高线”的下拉菜单

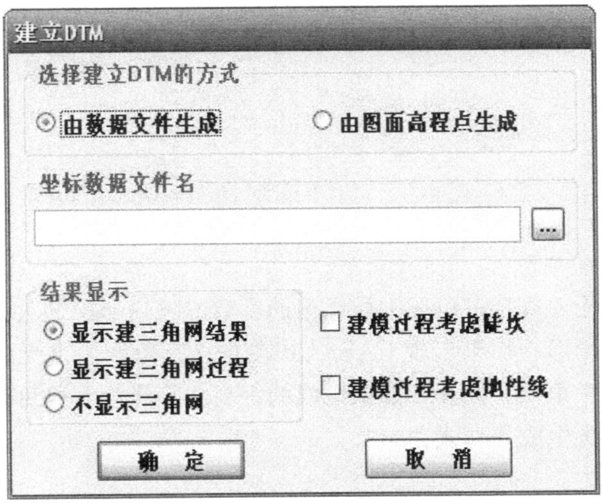

图8-55 选择建模高程数据文件

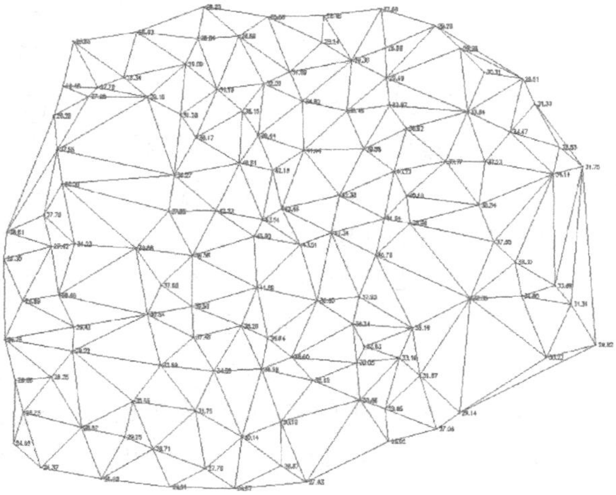

图 8-56 用 DGX. DAT 数据建立的三角网

(1) 删除三角形

如果在某局部内没有等高线通过的，则可将其局部内相关的三角形删除。删除三角形的操作方法是：先将要删除三角形的地方局部放大，再选择“等高线”下拉菜单的“删除三角形”项，命令区提示选择对象：这时便可选择要删除的三角形，如果误删，可用“U”命令将误删的三角形恢复。删除三角形后如图 8-57。

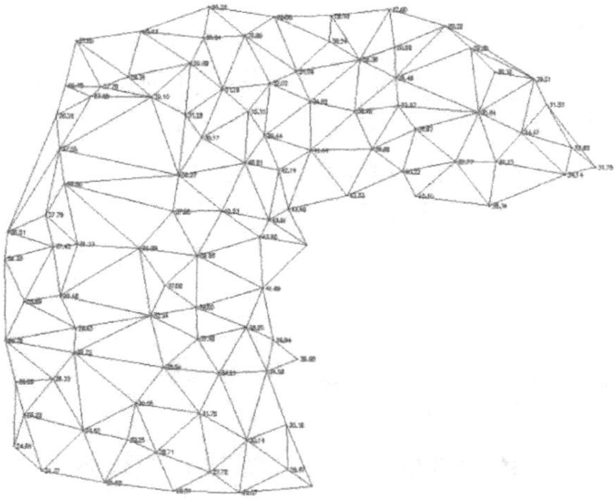

图 8-57 将右下角的三角形删除

(2) 过滤三角形

可根据用户需要输入符合三角形中最小角的度数或三角形中最大边长最多大于最小边长的倍数等条件的三角形。如果出现 CASS7.0 在建立三角网后点无法绘制等高线，可过滤掉部分形状特殊的三角形。另外，如果生成的等高线不光滑，也可以用此功能将不符合要求的三角形过滤掉再生成等高线。

(3) 增加三角形

如果要增加三角形时，可选择“等高线”菜单中的“增加三角形”项，依照屏幕的提示在要增加三角形的地方用鼠标点取，如果点取的地方没有高程点，系统会提示输入高程。

（4）三角形内插点

选择此命令后，可根据提示输入要插入的点：在三角形中指定点（可输入坐标或用鼠标直接点取），提示“高程（米）＝”时，输入此点高程。通过此功能可将此点与相邻的三角形顶点相连构成三角形，同时原三角形会自动被删除。

（5）删三角形顶点

用此功能可将所有由该点生成的三角形删除。因为一个点会与周围很多点构成三角形，如果手工删除三角形，不仅工作量较大而且容易出错。这个功能常用在发现某一点坐标错误时，要将它从三角网中剔除的情况下。

（6）重组三角形

指定两相邻三角形的公共边，系统自动将两三角形删除，并将两三角形的另两点连接起来构成两个新的三角形，这样做可以改变不合理的三角形连接。如果因两三角形的形状特殊无法重组，会有出错提示。

（7）删三角网

生成等高线后就不再需要三角网了，这时如果要对等高线进行处理，三角网比较碍事，可以用此功能将整个三角网全部删除。

（9）修改结果存盘

通过以上命令修改了三角网后，选择“等高线”菜单中的“修改结果存盘”项，把修改后的数字地面模型存盘。这样，绘制的等高线不会内插到修改前的三角形内。

3. 绘制等高线

如图 8-55，单击“绘制等高线”项，弹出如图 8-58 所示对话框：

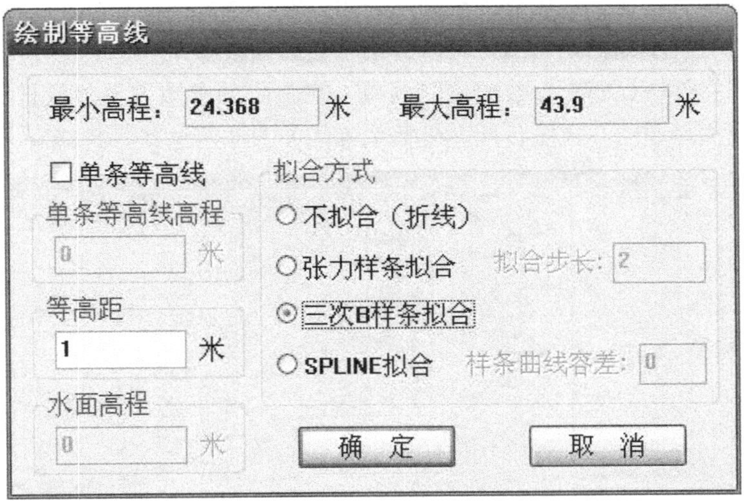

图 8-58　绘制等高线对话框

对话框中会显示参加生成 DTM 的高程点的最小高程和最大高程。如果只生成单条等高线，那么就在单条等高线高程中输入此条等高线的高程；如果生成多条等高线，则在等高距框中输入相邻两条等高线之间的等高距。最后选择等高线的拟合方式。总共有 4 种拟合方式：不拟合（折线）、张力样条拟合、三次 B 样条拟合和 SPLINE 拟合。选中具体某个拟合方式后，则开始绘制等高线，结果如图 8-59 所示。

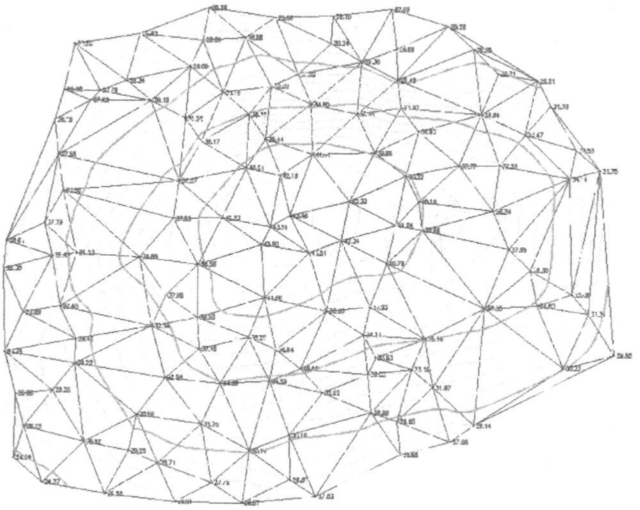

图 8-59 完成绘制等高线的工作

4. 等高线的修饰

CASS 提供了“注记等高线”、“ 等高线修剪”以及“等高线局部替换”等菜单，可对等高线进行修饰，最后完成等高线图。

8.4.7 地形图的处理和输出

完成前述工作后，还必须进行图形分幅、图幅整饰等工作，最后才能输出地形图。

图幅整饰：对于小幅的地形图，可以直接通过图幅整饰。

首先点击“文件→CASS 参数配置”菜单，在弹出的参数设置对话框的“图框设置”栏中，输入相应测量单位、成图日期、坐标系等相关图框信息（图 8-60）。

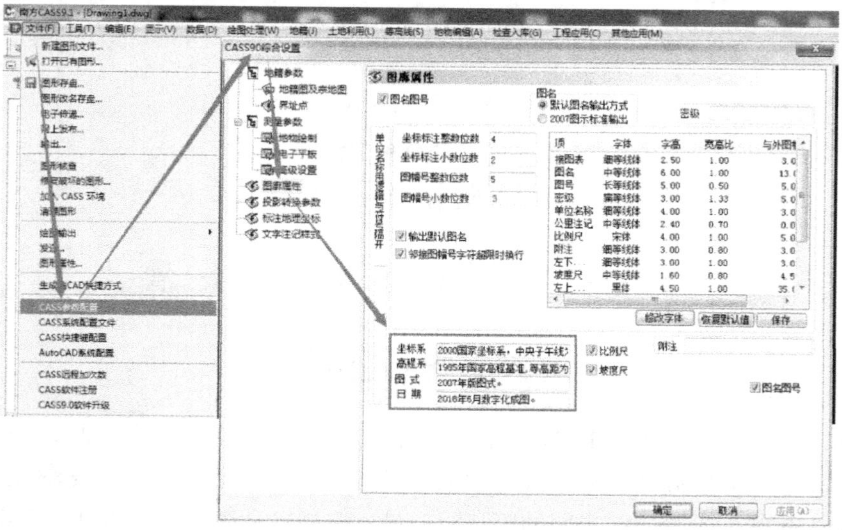

图 8-60 图框设置对话框

用鼠标左键点击“绘图处理”菜单下的“标准图幅（50×40）”或任意图幅。在“图幅整饰”对话框（图 8-61）中，“图名”栏里，输入“建设新村”；“左下角坐标”的“东”、“北”栏内分别输入“53070”、“31050”，左下角坐标也可以鼠标直接选取，然后根据需要设置取整到图幅、取证到米或不取整等取整方式；在“删除图框外实体”栏前打勾，其余如绘图员、测量员、检察员等根据需要设置。然后按“图幅整饰”对话框的确认键，CASS 软件将自动绘制图框（图 8-62）。

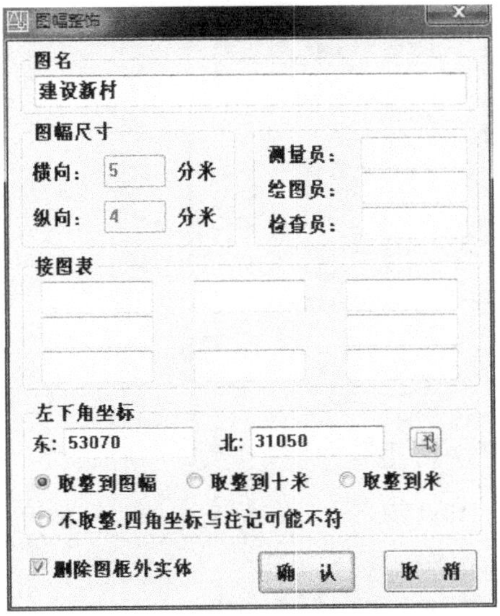

图 8-61　图幅整饰设置

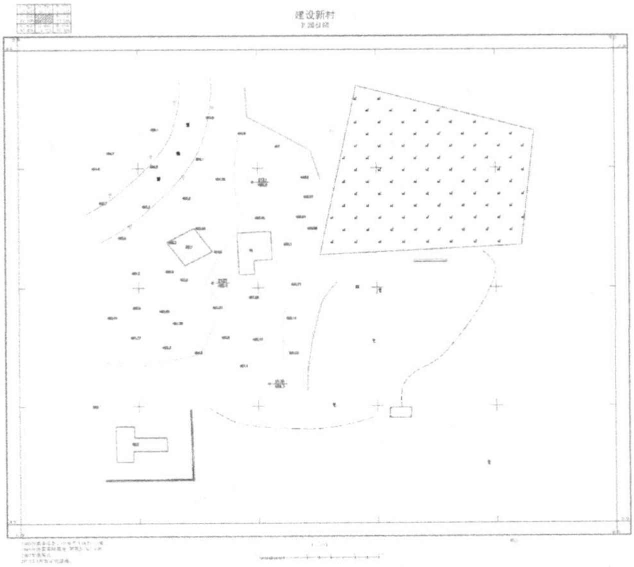

图 8-62　地形图加图框

图形分幅：数字测图时，对于较大的数字地形图，需要根据所采集的数据范围应按照图幅的大小或用户确定的图幅尺寸，进行分幅。

将鼠标移至“绘图处理”菜单项，点击左键，弹出下拉菜单，选择“批量分幅/建方格网”，命令区提示：

请选择图幅尺寸：(1) 50×50 (2) 50×40 (3) 自定义尺寸<1>按要求选择。此处直接回车默认选 1。

输入测区一角：在图形左下角点击左键。

输入测区另一角：在图形右上角点击左键。

这样在所设目录下就产生了各个分幅图，自动以各个分幅图的左下角的东坐标和北坐标结合起来命名，如：“29.50-39.50”、“29.50-40.00”等。如果要求输入分幅图目录名时直接回车，则各个分幅图自动保存在安装了 CASS7.0 的驱动器的根目录下。

选择“绘图处理/批量分幅/批量输出”，在弹出的对话框中确定输出的图幅的存储目录名，然后确定即可批量输出图形到指定的目录。

绘图输出

利用 CASS 所提供的绘图输出功能，就可以将所绘制的地形图通过配置绘图仪或打印机出图进行绘图输出。在输出之前，可先进行布局设置和打印设备设置，并能形象地预览将要打印的图形成果，然后可根据需要作相应的调整。这样就可以大大的节省时间和物力，并使打印出来的图形效果最好。

为了打印方便，可以先输出为 PDF 格式，具体操作时，先安装 PdfFactory 虚拟打印机，输出时，打印机选择“PdfFactory”（图 8-63），之后进行预览和保存（图 8-64）。

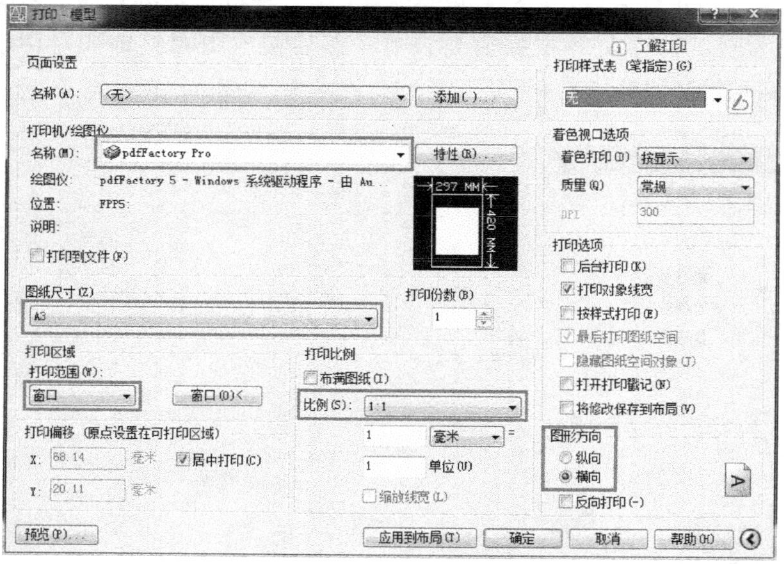

图 8-63　PdfFactory 虚拟打印机打印设置

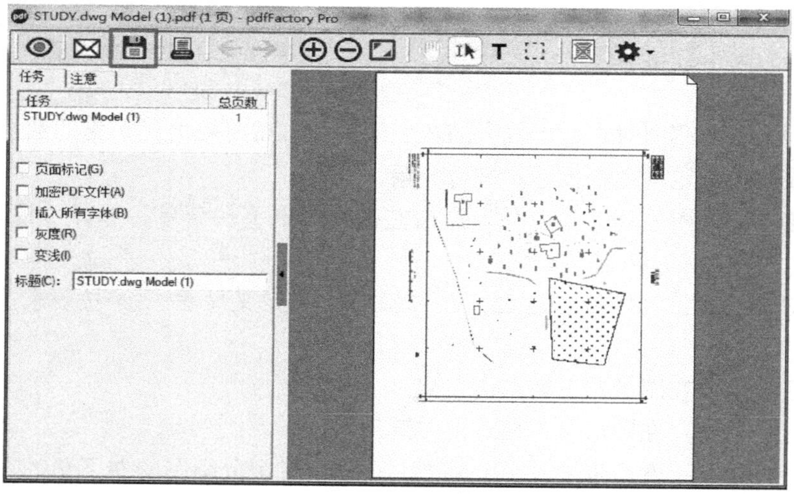

图 8-64　PdfFactory 虚拟打印机打印预览及保存

8.5　模拟地形图数字化测图

8.5.1　概述

从已有的纸质地形图或聚酯薄膜地形图等模拟地形图上采集数据，获取地图，可以充分利用原有测绘成果资料，除了图的精度有所降低外，是一种比较经济、实用的地理空间数据数据采集手段。目前，对模拟地形图数字化的方法有扫描数字化、手扶数字化两种，其中扫描数字化效率高，应用也最普及。扫描矢量化的软件主要有 SuperMap、CorelDRAW、ArcGIS、CASS、CASSCAN 等各种地理空间数据处理软件。本书以南方 CASS、CASSCAN 为例，讲解模拟地形图扫描数字化操作。

8.5.2 模拟地形图数字化测图流程

1. 图面预处理

在进行扫描数字化前首先扫描获取的栅格图进行图面预处理。图面预处理主要是检查相邻图幅的接边情况，线状要素的连续性，图斑界线是否闭合以及等高线是否连续、相接、与水系的关系是否正确等；标出同一条线上具有不同属性内容线段的分界点等；添补不完整的线划，如被注记符号等压盖而间断的线划，境界线以双线河、湖泊为界的部分均以线划连接；对图面上的各种注记标示清楚，包括图廓内外各种注记。

2. 分层矢量化

扫描仪获取的是栅格数据。对数字地籍图的应用时，如点、线、面的计算、各种统计、分析等，要求数字地籍图必须用矢量数据表示，这样就要将扫描的栅格图像数据转换成矢量图形数据，即以坐标方式记录图形要素的几何形状。这个转换过程称为矢量化。矢量化的工作一般还需要人机交互来完成，最优途径就是扫描屏幕数字化的方法。

矢量化是指将栅格图像数据转换为矢量图形的过程，一般的线段可做到自动跟踪矢量化，但由于地图上线划分布比较复杂，地物要素的多样、重叠、交叉以及一些文字符号、注记等，使得全自动跟踪矢量化更加困难。一般都采用人机交互与自动跟踪相结合的方法完成地图的矢量化，这一过程是在屏幕上进行的，也称屏幕数字化。线段跟踪算法的操作步骤如下：

(1) 给定线段的起点，记录其坐标。

(2) 以此点为中心，按 8 个方向的邻近像束，搜索下一个未跟踪的点，如果没有点则退出，若有点，则记下它的坐标（搜索方向）。

(3) 将找到的点作为新的判别中心，转向操作 2，依次循环，直到追踪到另一端点(结束点)，线段上所有点被自动跟踪出来。

(4) 追踪结束。

地籍图矢量化是分层进行，作业人员可以参照《城镇地籍数据库标准》TD/T 1015—2007、《土地利用数据库标准》TD/T 1016—2007 进行分层。分层矢量化完成后必须对成果进行检查，检查合格后方能进行下一步的工作。

8.5.3 CASS 扫描矢量化

1. 图像扫描

目前常用的扫描仪有滚筒和平台式两种，在扫描地图时一定要将图纸摊平，小幅地形图可以直接进行扫描，大幅的地形图则需要分幅扫描之后进行拼接。扫描后形成的光栅图分辨率一般设置 300dpi 即可，如果需要扫描的模拟原图不太清晰，可以将扫描分辨度提高到 600dpi 或更高，但要注意在扫描图图幅比较大时，分辨率太高会导致因光栅图文件数据量过大而出现的一些问题（如图像插入和处理的速度太慢，内存严重不足导致致命错误等等）。

2. CASS 光栅图纠正

CASS 纠正栅格图像时会改动原图，因此要先复制光栅图原件一份进行备份，之后选择 CASS9.1“工具”菜单下“光栅图像”，选择“插入图像”命令，在图像管理器中选择“附着”命令，找到需要矢量化的光栅图，把该光栅图放置在“图形窗口”中，之后点击“工具”菜单下“光栅图像”\“图像纠正”命令（图 8-65），进行图像纠正。

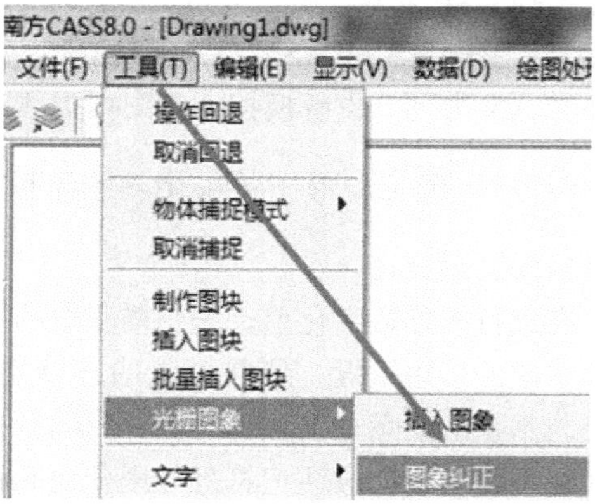

图 8-65 图像纠正菜单

在弹出的图像纠正窗口（图 8-66）中，首先图面拾取光栅图廓角点（源点），再输入实际图廓角点（目标点）东坐标 Y 和北坐标 X，接着点击“添加”命令添加第一对校正点；以此类推，添加其余 3 对图廓角点作为校正点。

接着点击“图像纠正”对话框中的“误差”按钮，选择“仿射变换”图像纠正方法计算校正误差（仿射变换图像纠正方法需要 4 个矫正点，线性变换图像纠正方法需要 5 个矫正点），当图像校正误差小于限差时，即可点击“纠正”按钮，对该图像进行纠正。纠正后，该图像会移动到真实的位置上，因此要选择“标准”工具栏下的“全图”命令，显示全图。

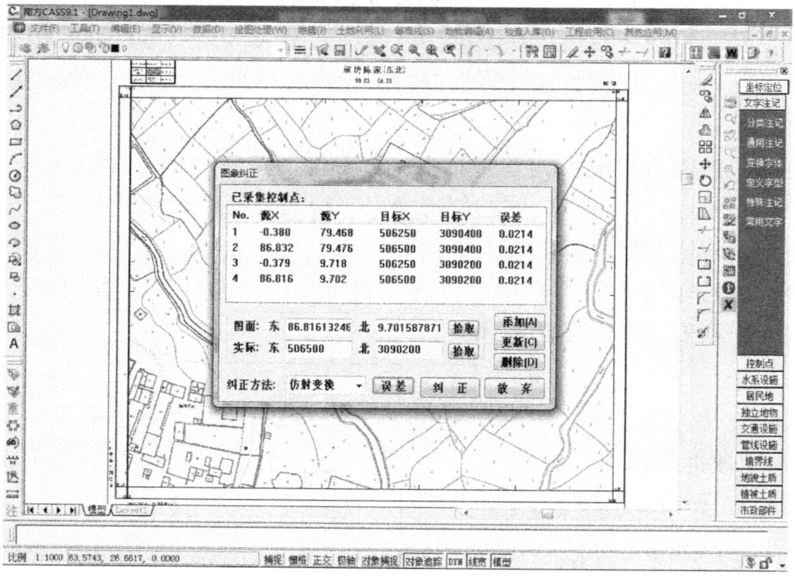

图 8-66 图像纠正窗口

3. CASSCAN 光栅图矢量化

（1）光栅图视觉处理

光栅图分为三类，第一类是图形光栅图（Shap），即二进制的单色图；第二类是黑白光栅图（monocharome），即带有多级灰度的单色图；第三类是彩色光栅图（color），即多色并带有多级灰度的图。CASSCAN可直接处理的图形光栅图（Shap）。因此在光栅图扫描矢量化的工作中，首先需要使用图象处理工具将其他一些非二进制的单色图转换为二进制的单色图。

以黑白光栅图转为图形光栅图为例，首先，用鼠标选取主菜单中的“图象”菜单项下的“编辑”子菜单下的“反色”菜单项（图8-67），并用捕捉框选取光栅图的边框。这时会弹出一个确认对话框，只要单击“Yes”图象就会转成当前图象的拷贝。将扫描黑白光栅图上的线条与点变成白色，让图的反差加大。

接着点击“图象”主菜单项中的“编辑”只菜单项中的“视觉调整…”菜单项（图8-68），将黑白光栅图拷贝转换为二进制光栅图。

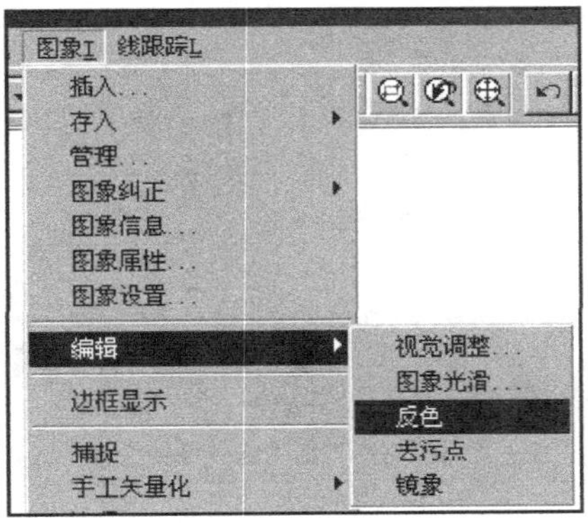

图8-67 光栅图视觉处理（一）

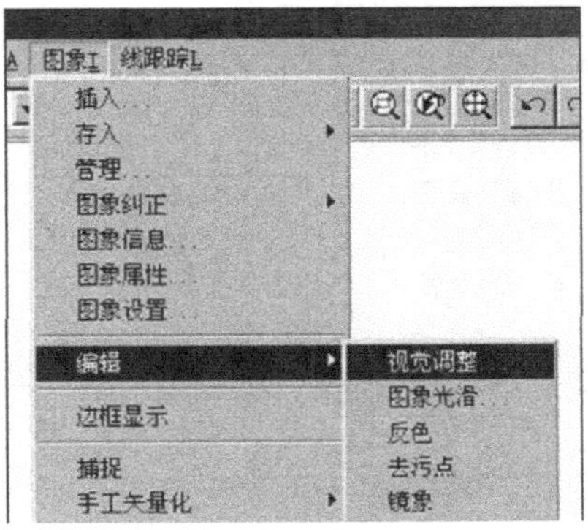

图8-68 光栅图视觉处理（二）

选取黑白光栅图拷贝的边框，并按鼠标右键进入“视觉调整”对话窗体。“视觉调整”对话窗体有四个选项卡，它们分别是“Brighterness/Contrast”亮度/对比度选项卡；“EquaLine”光度等值线选项卡；“Threshold”二进制图象转换选项卡；“Colot to GS”彩色图转换为黑白图选项卡。点击二进制图象转换选项卡（图8-69），即可将黑白光栅图拷贝转换为二进制光栅图。

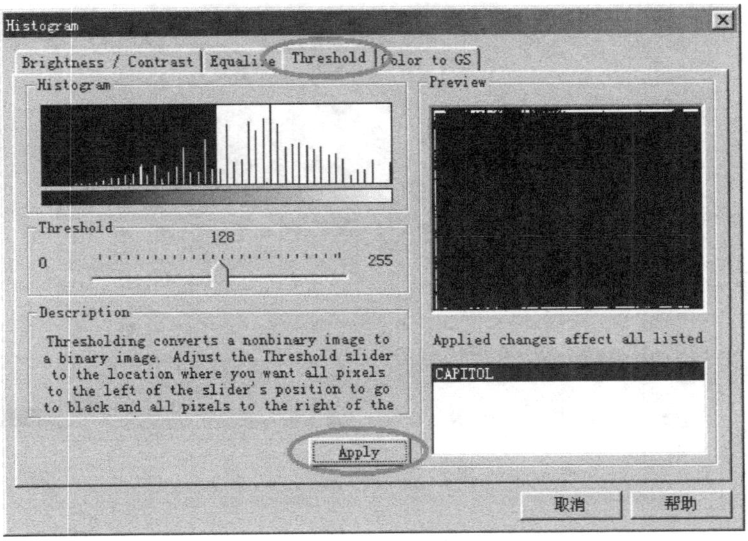

图8-69 光栅图视觉处理（三）

（2）光栅捕捉

在数字化地图的工作中，主要解决的问题就是将光栅图上的图形信息矢量化，即：光栅图转为矢量图。在这个过程中最有用的工具除了自动跟踪工具就是光栅捕捉工具。在一些复杂的地图中光栅捕捉是使用的最广泛的工具。

在 CASSCAN 中单击“图象”菜单下的“捕捉”菜单项（图 8-70）。这时会弹出光栅捕捉对话框（图 8-71），设置相应的捕捉参数。

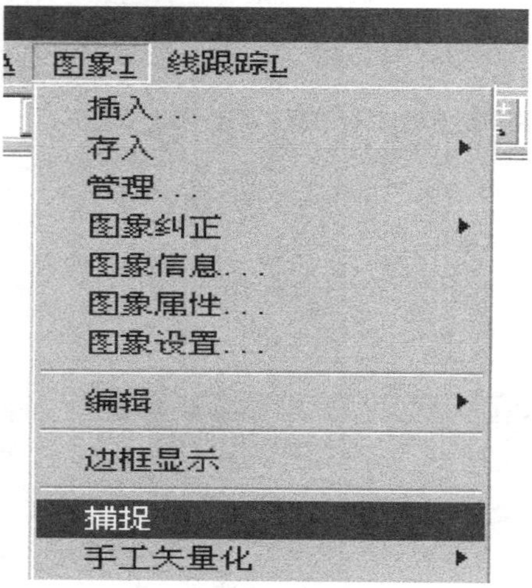

图 8-70　光栅捕捉（一）

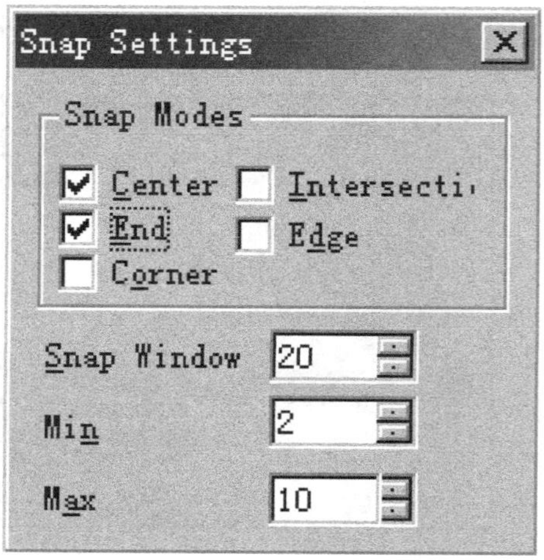

图 8-71　光栅捕捉（二）

这时光栅捕捉开启，移动鼠标光标时有一个“+”在捕捉框中一直指在光栅图上的光栅图像上（图 8-72）。

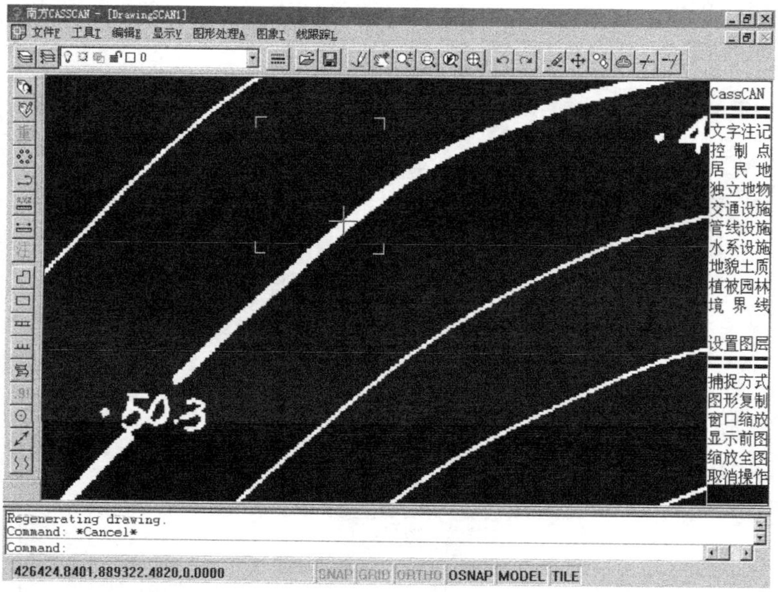

图 8-72　光栅捕捉（三）

(3) 自动跟踪

自动跟踪是扫描矢量化过程中最有意义的过程。自动跟踪将矢量化的过程大大的简化，把人们从繁重的劳动中解放出来，把工作效率提高了很多倍。

自动跟踪有三种模式，它们分别是单线跟踪、多线跟踪和部分跟踪（图 8-73）。这三种跟踪都有各自的特点。单线跟踪是对一条连续的光栅线进行跟踪。只要选取“线跟踪”菜单下的“单线跟踪”，并在要跟踪的光栅线上点取一个点，马上一整根光栅线就跟踪出来了；多线跟踪可以一次性连续跟踪多根光栅线，只要选取“线跟踪”菜单下的“多线跟踪”，并在要跟踪的多条光栅线上拉出一条与它们相交的选择线后，多条光栅线就会被一一跟踪出来；部分跟踪可以控制跟踪的范围，在跟踪过程中可以有效地进行跟踪的取舍。

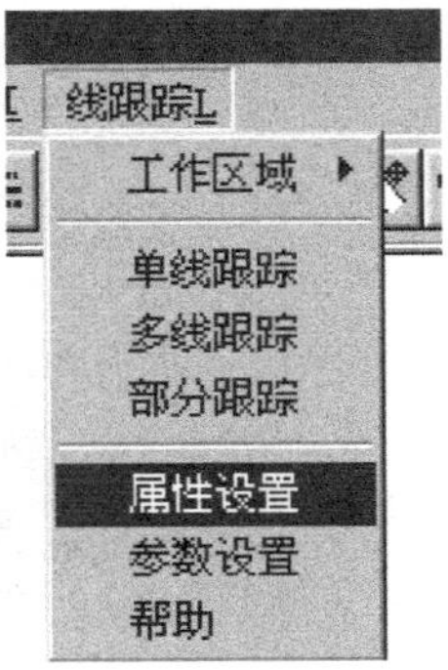

图 8-73　自动跟踪

以单线跟踪一条计曲线为例，首先，用鼠标单击“线跟踪”菜单下的“参数设置”选项。用鼠标单击“调入…”按钮，打开跟踪样式表（图 8-74）。我们可以看到在样式表中有“计曲线”、“加固陡坎”、“间曲线”、“首曲线”和“未加固陡坎”四个跟踪样式表选项。不用的样式跟踪处理生成的线的属性也不同。选择“计曲线”样式，将跟踪出一根带有高程和属性的“计曲线”。

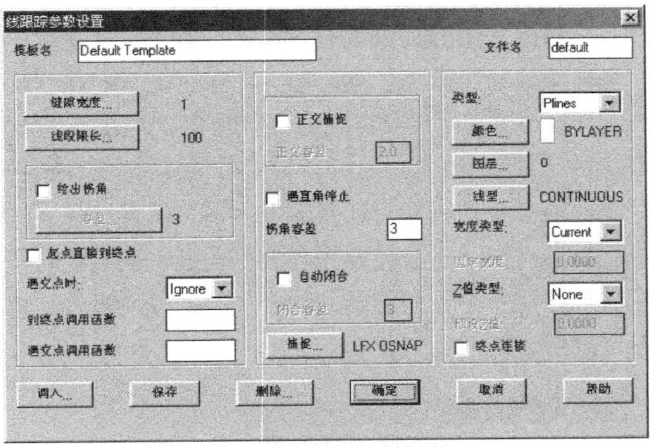

图 8-74　跟踪样式表

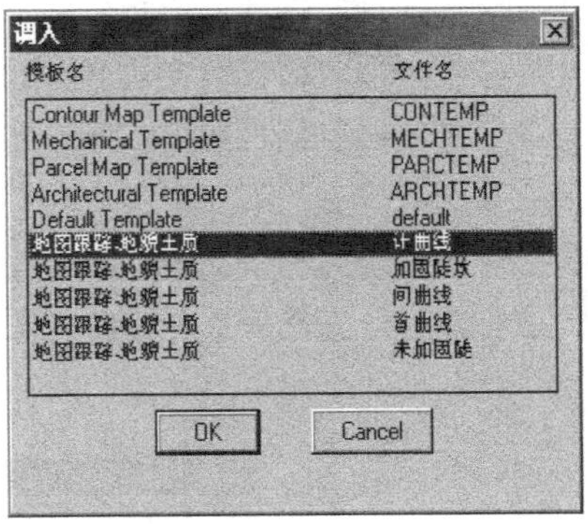

图 8-75　参数处置

跟踪样式表选择其中的“计曲线”选项，单击“OK”按钮回到“参数设置”窗口（如图 8-75）。这时“参数设置”窗口中的“模板名”文本框中出现“地图跟踪-地貌土质”在“文件名”文本框中出现“计曲线”，在“高程值”文本框处输入计曲线的高程。单击“参数设置”窗口中的“确定”按钮（图 8-76）就可以开始对光栅图上的计曲线进行跟踪，用鼠标点取光栅图上的计曲线的端点，一条线就跟踪出来了；当跟踪完一条“计曲线”时单击鼠标右键两次，一条绿色的计曲线画出来了。

(4) 手动跟踪

由于扫描的光栅图受多方面因素影响，自动跟踪有时可能不太奏效，但是我们还有一个很可靠的手段，那就是手动跟踪。手动跟踪是矢量化的一个重要工作手段，可以在自动跟踪失效的地方灵活使用，以达到事半功倍的效果。

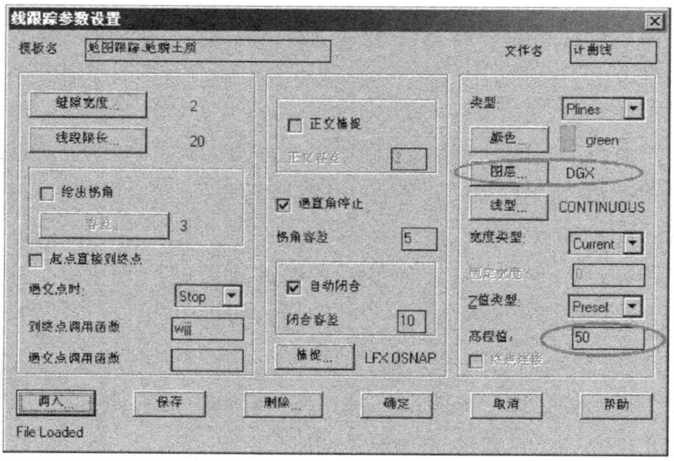

图 8-76　计曲线跟踪

手动跟踪只要将鼠标的光标指到要跟踪的图象周围就可以精确对准，不仅仅是用鼠标去指点，而且去指导计算机自动跟踪图象。手动跟踪的做法有很多种，在使用的过程中大家还可以发现有很多种不同的方法。

以房屋的手动跟踪为例。首先，我们打开光栅捕捉，开启其中的交点捕捉（Intersection）、拐角捕捉（corner）和中点捕捉（center）模式，然后关闭捕捉设置对话框；接着单击屏幕菜单上的“居民地”选项，这时弹出“居民地”图象菜单。选择四点房屋选项（图 8-77），单击“确定”按钮，这时命令行有如下提示：“1. 已知三点/2. 已知两点及宽度/3. 已知四点<1>：”根据命令行的提示我们直接按鼠标左键（选择默认的“1”选项已知三点定房屋），然后把鼠标指针放在要跟踪房屋的第一个房角点附近，这时我们就会看到鼠标指针周围出现一个捕捉框并在捕捉框中出现了另一个“+”形的指针。这个指针具有自动对准光栅图上的房角点，我们此时按下鼠标左键，这样一个点就定下来了；接着我们按照一个方向旋转（如：顺时针或逆时针）将房子的其他两个房角点也定下来了。这样我们的房屋就跟踪出来了。

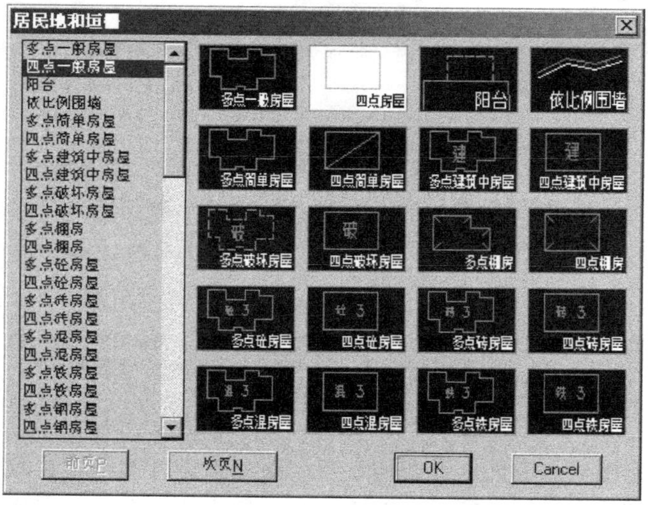

图 8-77　手动跟踪

8.6 航空摄影测量测图

8.6.1 概述

1. 航空摄影测量概念

航空摄影测量是利用航空摄影像片来绘制地形图。这种方法可把大量野外工作变为室内作业，具有速度快、成本低、精度均匀、不受季节限制等优点。国家 1∶10 万～1∶1 万的基本图，各专业部门工程规划设计使用的 1∶5000 和 1∶2000 等大比例尺地形图，均采用航空摄影测量绘制。

随着近几年轻型无人机技术的逐渐成熟，摄影测量的门槛大大降低，但成果的精度越来越高。例如，通过搭载 1.2 亿有效像素五镜头倾斜摄影相机的多轴无人机（图 8-78）对建筑物进行航拍后，借助三维建模软件可以快速地获取厘米级精度的建筑物三维模型。对于地形测绘及建筑物三维建模来说，无人机航测是一种新方法，具有航测速度快、较高的性价比与时效性、受地形方面的不利因素少、精细准确、数据量多等特点。

图 8-78 中海达倾斜相机 iCam Q5Plus 及 iFly D6 为专业级多旋翼飞行器

2. 航摄像片特点

航空像片是用航空摄影机在飞机上对地面进行摄影所得，它是测图的基本资料。航片影像要覆盖整个测区面积，在天气晴朗条件下，按选定的航高和航线连续飞行摄影。相邻两航片之间要有影像重叠，规定航向重叠不小于 60%，旁向重叠不小于 30%（图 8-79）。航片影像范围的大小，叫像幅，目前常用像幅为 23cm×23cm，像片四边的中点设用框标，对边框标的连线构成直角坐标系的轴线，依据框标可量测像点坐标。航摄影片与地形图相比有以下特点：

(1) 投影方式的差别 地形图是将地物、地貌在水平面上的垂直投影，地形图比例尺为一常数。航摄像片是中心投影。如图 8-80 所示，地面点 A 发出光线经摄影镜头 S 交于底片 a 上。摄影镜头 S 到底片的距离为摄影机焦距 f，S 到地面的垂直距离称为航高，以 H 表示。由图 8-80 可得像片的比例尺为：

$$\frac{1}{M}=\frac{ab}{AB}=\frac{f}{H}$$

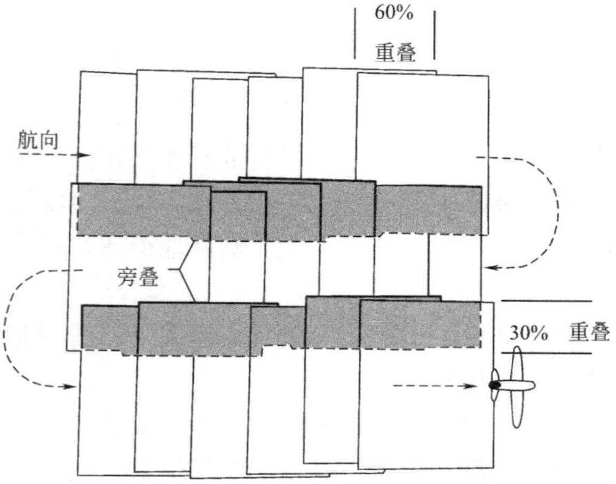

图 8-79　航空相片的航向与旁向重叠

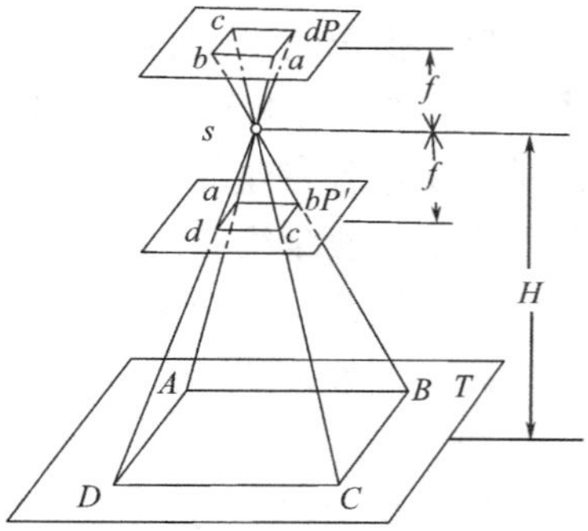

图 8-80　航片中心投影

（2）地面起伏引起的像点位移　由图 8-80 及像片比例尺的公式可知，只有当像片严格水平且地面也绝对平坦时，中心投影图才会与地形图所要求的垂直投影保持一致。当像片水平而地面起伏时，如图 8-81，地面两等长线段 AB 和 CD 位于不同的高度，它们在像片上的构像 ab、cd 却有不同的长度和比例尺。即使在地面同一水平位置而高度不同的 D、D'点，在像片上也有着不同的影像 d、d'，dd'即为因地面起伏引起的像点位移产生的误差，称为投影误差。

投影误差的大小，与地面点相对与选定的基准面 T_0 的高程 h 成正比。

（3）航摄像片倾斜误差　如图 8-82，P 和 P'分别为水平和倾斜像片，水平面上等长线段 AB、CD 在水平像片上构像为 ab、cd，在倾斜像片上构像为 $a'b'$、$c'd'$，$ab<a'b'$，$cd>c'd'$，可见倾斜像片上各处的比例尺都不相同。由于像片倾斜引起像点位移产生的误差称为倾斜误差。为此，航片内业利用地面已知控制点，采取像片纠正的方法来消除倾斜误差。

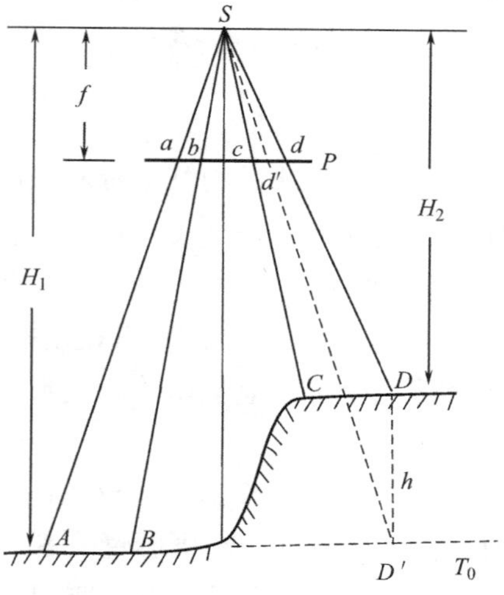

图 8-81　地形起伏产生投影误差

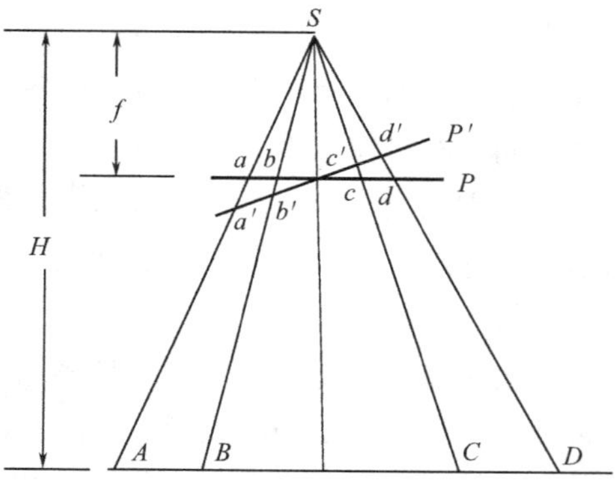

图 8-82　像片倾斜误差

(4) 表达方式不同　在地形图上，地物地貌是按确定的地物符号、地貌符号、文字注记等表达。航片上则是物体的自然影像，以相关的形状、大小、色调、阴影等表示地物、地貌。这种表达方式有一定程度的不确定性和局限性。利用航片制作地形图，需要补充地物的属性、关系和地貌的植被等资料。为此，航测通过内业判读和外业调绘的方法来识别和综合有关地物和地貌信息，并按统一的图示符号和文字注记绘注在像片上。这项工作称为像片调绘。

8.6.2　航测成图基本过程

航空摄影测量是以航片测制地形图，它包括航空摄影，航测外业，航测内业三部分工作内容。航测外业主要包括控制测量和像片调绘。航测内业则包括控制加密和测图。控制加密是在外业控制点基础上由室内进行的。主要由电子计算机来完成，俗称“电算加密”。测图有测制线划地形图、像片平面图、影像地形图以及数字地面模型（DTM）。航测成图方法已经历全模拟法、模拟-数值法、模拟-解析法及数字-解析法等几个阶段，如表 9-63 所示。不同的仪器，其测图的方法也不相同，但其测图的基本原理是一致的。目前航测成图的常用方法有：综合法和全能法。

(1) 综合法　综合法测图是航空摄影测量和地形测量相结合的一种测图方法。航片通过航测内业进行纠正和影像镶嵌，获得地面影像点的平面相关位置，镶嵌好的像片平面图拿到野外进行地物调绘和地貌测绘，得到航测地形原图（也称影像地图），其测图过程见图 8-83。综合法测图主要适用于平坦地区，多用于地形图修测和大型工程的规划设计用图。

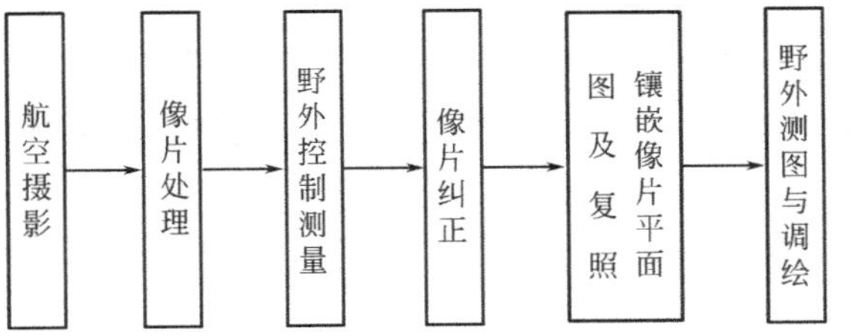

图 8-83　综合法测图过程

(2) 全能法　它是利用航片和立体测图仪，根据空间交会原理，在室内经过称为相对定向和绝对定向的工作过程，然后建立按比例缩小的且与地面完全相似的光学（或数学）立体模型，用此模型测绘地物和地貌，绘制地形图。其测图过程见图 8-84。全能法是通过测图仪器的机械补偿装置或计算机的内置解算软件对航片的倾斜和地形起伏的影响进行改正，因此它适合各类地形多种比例尺的测图。

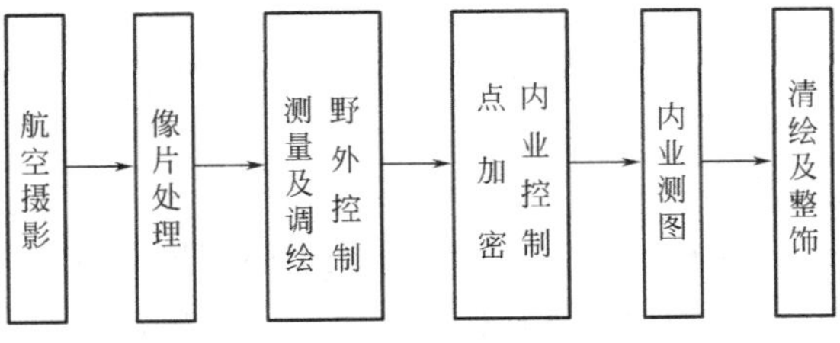

图 8-84　全能法测图过程框图

随着全球定位系统（GPS）技术的发展，利用安装在航摄飞机上的 GPS 接收机，测定摄影中心在曝光瞬间的空间三维坐标，将它们作为观测值参加空中三角测量平差，可以大大减少甚至免除地面控制测量工作。

8.6.3　轻型无人机低空航空摄影测量

通常将航高在 1000m 以内的航空摄影测量定义为低空摄影测量，常用的摄影平台包括轻型飞机、热气球、有人直升机、无人机等。低空摄影测量有如下的特点：(1) 获取成果快、生产周期短；(2) 运作成本相对较低，可操作性强；(3) 能获得更高分辨率的相片或影像，提高测量的精度。低空数字航空摄影测量技术已被非常多的用于工程困难地区测图、土地资源调查监测、数字城市建设、数字高程模型（Digital Elevation Model）、数字地面模型（Digital Terrain Model）和抗震救灾测绘等各重大测绘项目中。

1. 轻型无人机外业航拍

(1) 无人机飞行平台选择

无人机是利用无线电遥控设备和内置程序控制飞行的不载人飞行器，主要包括主机体、动力系统、起落架以及其他确保飞行平台正常工作的设备和部件。无人机按大小可以分为四种，其中重量小于 1kg，尺寸在 15cm 以内的无人机称为微小型无人机；重量一般在 1～100kg 内的无人机称为小型无人机；重量一般在 100～1000kg 内的无人机称为中型无人机；重量一般大于 1000kg 的无人机称为大型无人机。学界一般将飞行距离小于 10km、飞行高度小于 300m、起飞重量小于 30kg 及续航时间小于 20h 的无人机称为轻型无人机。测量型的轻型无人机机型则主要包括固定翼无人机和多旋翼无人机两种，图 8-85、图 8-86 为相关测量公司所研发的两款不同类型的无人机，图 8-87 为大疆精灵 4P 四轴无人机，这些测量型无人机通过搭载不同的航拍设备实现不同的航拍功能。

图 8-85　固定翼无人机航拍系统及组成

图 8-86　多旋翼无人机航拍系统及组成

(2) 地面控制系统

无人机地面控制系统（简称地面站）用于实现地面测量人员对无人机监控且发布相关飞行命令。其作用是为了了解和指挥正在执行任务的无人机，从而保护无人机正常安全地进行作业任务。地面站的基本配件有电台、计算机、遥控手柄等。正常情况下，通过地面

图 8-87 大疆精灵 4P 四轴无人机

控制系统可以实时对无人机发布任务命令，监控飞行状态，根据这些数据来判断本次航摄航片影像质量的合格程度。

无人机地面控制系统可以安装在笔记本电脑上，或者开发成一个 APP 安装在 IPAD 等平板上，图 8-88 为安装在笔记本上的某地面控制系统。图 8-89 为大疆精灵 4P 安装在 IPAD 上的地面站 APP 软件 DJI GS PRO。

图 8-88 无人机地面控制系统

2. 航拍数据处理

无人机摄影测量数据处理软件国外的有 INPHO、PixelGrid 等摄影测量数据处理系统，国内的主要有 VirtuoZo NT、MapMatrix 等摄影测量数据处理系统。图 8-90 为数字摄影测量工作站，在该工作站上安装了 VirtuoZo NT 数字摄影测量系统。

建筑物三维建模则可以借助 Smart3D Capture 软件来完成，图 8-91 为某建筑物三维模型。

图 8-89　大疆精灵 4P 地面站 DJI GS PRO

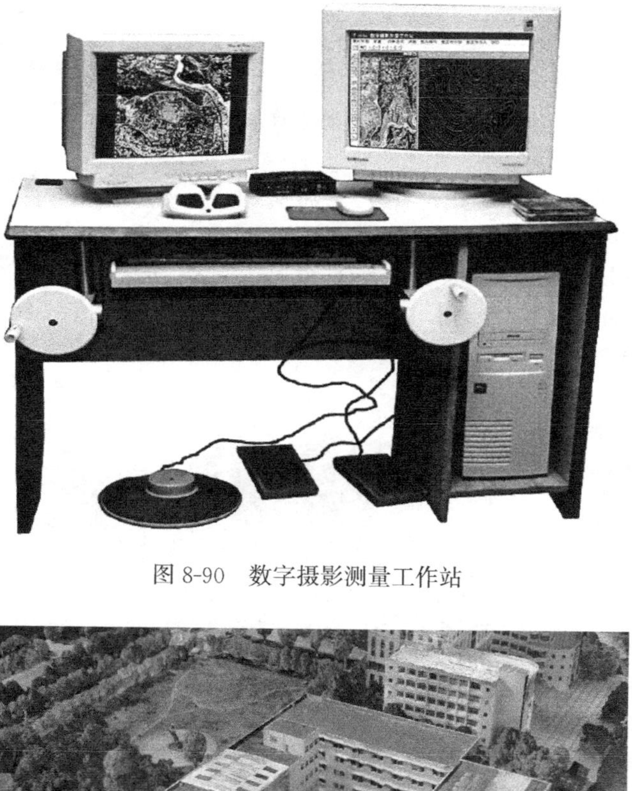

图 8-90　数字摄影测量工作站

图 8-91　某建筑物三维模型

8.6.4 航测地形图绘制

无人机航拍照片经过 Pix4D 等无人机数据处理软件处理（图 8-92）后，可以得到测区数字正射影像图（Digital Orthophoto Map，缩写 DOM）、数字表面模型（Digital Surface Model，缩写 DSM）或 OSBG 等格式数字三维模型。

图 8-92　Pix4D 无人机数据处理过程

数字正射影像图可以导入到南方测绘成图软件 CASS 中进行绘制，地面点高程则是将数字表面模型抽稀后转为 CASS 可以接受的 DAT 格式，然后再展高程点。

OSBG 等格式数字三维模型则可以直接导入到 EPS2016 三维测图软件中，直接在三维模型上绘制地形图（图 8-93）。

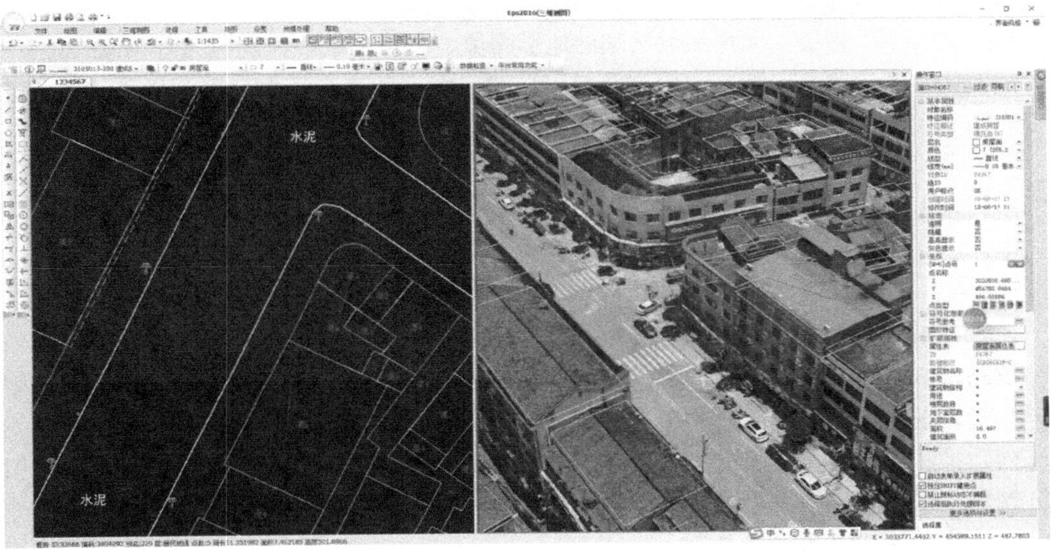

图 8-93　EPS2016 三维测图

8.7　三维激光扫描测图

8.7.1　概述

1. 三维激光扫描测图概念

三维激光扫描技术借助三维激光扫描（图 8-94）快速扫描被测物体，不需反射棱镜即可直接获得高精度的扫描点云数据，突破了传统的单点测量方法，具有高效率、高精度的独特优势。因此，可以用于获取高精度高分辨率的数字地形模型或者建筑物的三维模型。

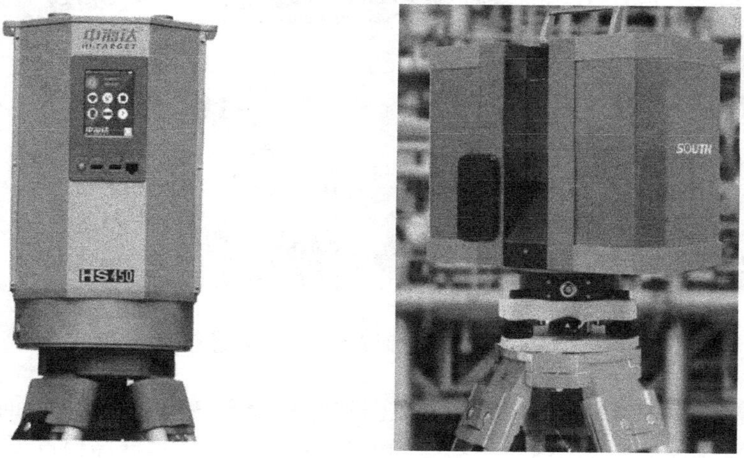

图 8-94　中海达及南方三维激光扫描仪

三维激光扫描技术在文物数字化保护、土木工程、工业测量、自然灾害调查、数字城市地形可视化、城乡规划等领域有广泛的应用。

（1）测绘工程领域：大坝和电站基础地形测量、公路测绘，铁路测绘，河道测绘，桥梁、建筑物地基等测绘、隧道的检测及变形监测、大坝的变形监测、隧道地下工程结构、测量矿山及体积计算。

（2）结构测量方面：桥梁改扩建工程、桥梁结构测量、结构检测、监测、几何尺寸测量、空间位置冲突测量、空间面积、体积测量、三维高保真建模、海上平台、测量造船厂、电厂、化工厂等大型工业企业内部设备的测量；管道、线路测量、各类机械制造安装。

（3）建筑、古迹测量方面：建筑物内部及外观的测量保真、古迹（古建筑、雕像等）的保护测量、文物修复，古建筑测量、资料保存等古迹保护，遗址测绘，赝品成像，现场虚拟模型，现场保护性影像记录。

（4）采矿业：在露天矿及金属矿井下作业，以及一些危险区域人员不方便到达的区域。例如：塌陷区域、溶洞、悬崖边等进行三维扫描。

2. 三维激光扫描测图特点

三维激光扫描技术与传统测量技术对比具有以下特点。

(1) 非接触测量

三维激光扫描技术采用非接触扫描目标的方式进行测量，无需反射棱镜，对扫描目标物体不需进行任何表面处理，直接采集物体表面的三维数据，所采集的数据完全真实可靠。可以用于解决危险目标、环境（或柔性目标）及人员难以企及的情况，具有传统测量方式难以完成的技术优势。

(2) 数据采样率高、效率高

目前，采用脉冲激光或时间激光的三维激光扫描仪采样点速率可达到数千点/秒，而采用相位激光方法测量的三维激光扫描仪甚至可以达到数十万点/秒。传统方式测量一栋房屋需要一天的时间，三维激光测量一天可以测至少十栋房屋。可见采样速率和效率是传统测量方式难以比拟的。

(3) 主动发射扫描光源

三维激光扫描技术采用主动发射扫描光源（激光），通过探测自身发射的激光回波信号来获取目标物体的数据信息，因此在扫描过程中，可以实现不受扫描环境的时间和空间的约束。

(4) 高分辨率、高精度

三维激光扫描技术可以快速、高精度获取海量点云数据，可以对扫描目标进行高密度的三维数据采集，从而达到高分辨率的目的。

(5) 数字化采集，兼容性好

三维激光扫描技术所采集的数据是直接获取的数字信号，具有全数字特征，易于后期处理及输出。用户界面友好的后处理软件能够与其他常用软件进行数据交换及共享。

(6) 可与 GPS 系统配合使用

这些功能大大扩展了三维激光扫描技术的使用范围，对信息的获取更加全面、准确。内置数码摄像机的使用，增强了彩色信息的采集，使扫描获取的目标信息更加全面。GPS 定位系统的应用，使得三维激光扫描技术的应用范围更加广泛，与工程的结合更加紧密，近一步提高了测量数据的准确性。

8.7.2　三维激光扫描测图流程

三维激光扫描测图外业首先现场踏勘，然后根据地形特点布置扫描测站，接着利用三维激光扫描仪采集地形或建筑物点云数据，利用 GPS 等测量仪器采集特征点坐标；内业利用三维激光数据处理软件将各个扫描测站数据进行拼接，然后借助采集的特征点坐标转换到相应坐标系中，同时借助特征点坐标对点云数据进行精度检验，在精度合格的基础上进行地形成图，对于扫描遗漏部分进行补测及检核（图 8-95）。

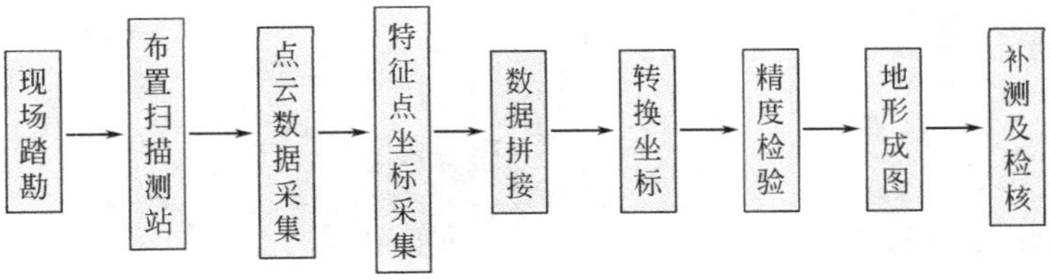

图 8-95　三维激光扫描测图流程

8.7.3　地形三维激光扫描测图

在测区根据实际情况布设控制点、检验点等特征点及扫描测站。控制点、检验点等特征点采用 GPS 进行测量，地形测量则采用三维激光扫描仪，为了方便三维激光扫描仪移动，最好将三维激光扫描仪搭载在移动设备上，组成移动测量系统。图 8-96 为中海达 SU-I 高精度移动测量系统和 RTK 设备。

图 8-96　中海达 SU-I 高精度移动测量系统和 RTK 设备

实地特征点采集和地形扫描结束后，借助三维激光数据处理软件如南方三维激光地形地籍成图软件 SouthLiDAR、中海达点云数字测图建库软件 HD PTCLOUD VECTOR（AutoCAD 版或 ArcGIS 版）或北京数字绿土科技有限公司激光雷达点云数据处理分析软件 LiDAR360 对原始点云数据（图 8-97）拼接、坐标转换等处理后，进行地形图成图（图 8-98），获取实际需要的地形图（图 8-99）。

图 8-97　原始点云数据

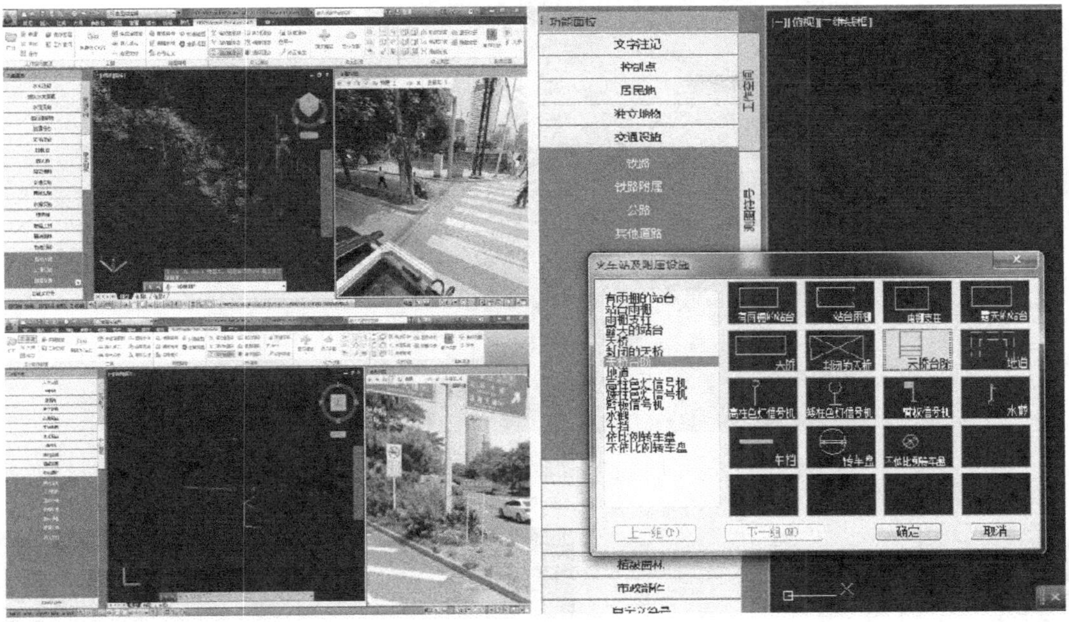

图 8-98 三维激光数据地形图成图

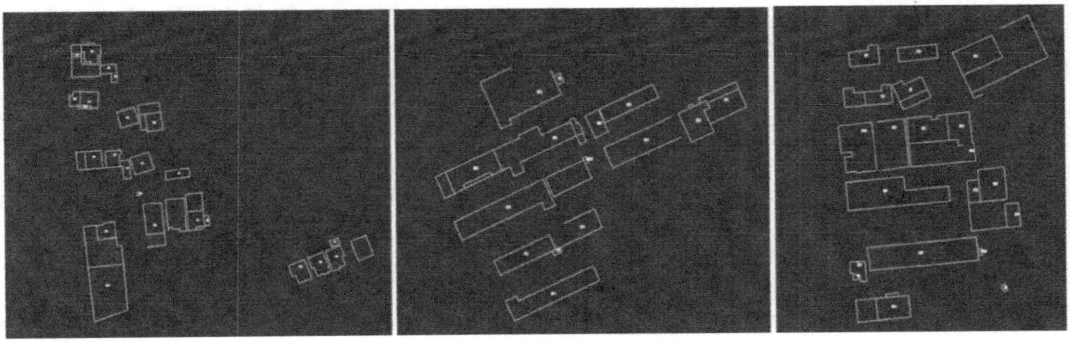

图 8-99 三维激光扫描地形图成果

8.7.4 建筑物三维激光扫描建模

建筑物立面改造时需要进行立面测量。常规测量方式进行立面面积及立面改造元素工程量测量统计很难做到面面俱到，而且常规测量方式工作效率极低。三维激光技术主要是通过外业扫描、内业成图的方式为立面改造设计提供最原始的立面图纸，效率将大幅度提高。

某小区有 9 栋居民楼的立面图绘制和建模，需采集 9 栋房屋的完整点云数据，并保证房屋点云能够有效、精确地进行拼接。首先为了更好地在点云上反映小区完整的信息，便于模型的建立，根据测试要求以及所提供的控制点个数和位置，一共架设了 22 站，站点（大圆圈）和控制点（小圆圈）的位置分布图如图 8-100。接着利用三维激光扫描仪（图 8-101）进行实地扫描。

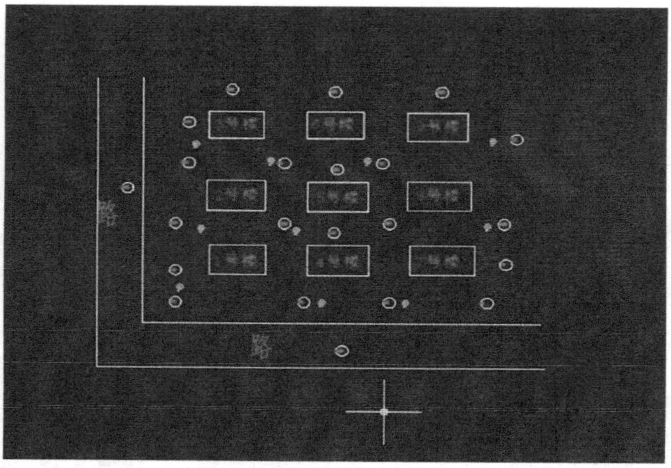

图 8-100　站点（大圆圈）和控制点（小圆圈）的位置分布图

图 8-101　三维激光扫描仪实地扫描

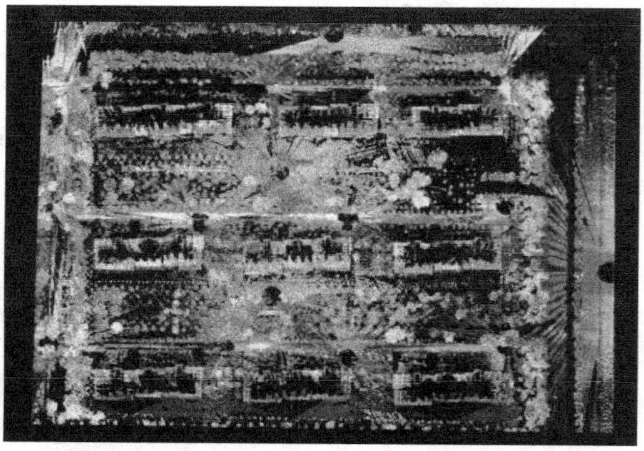

图 8-102　彩色点云俯视

接着将外业采集数据导入到三维激光数据处理软件处理（图 8-102），删除赘余点云数据（图 8-103）。

图 8-103　单栋建筑物点云图

点云导入CAD之后，使用控件，建立面片和房屋整体模型。根据导入的楼体点云数据，建立白模，并在建立好的模型上贴纹理。最后得到附有色彩信息的三维立体模型（图8-104）。

图8-104 附有色彩信息的三维立体模型

对于立面测量，则选择相应的立面，然后量取建筑立面各部位（图8-105），分别标注尺寸，形成建筑物立面图（图8-106）。

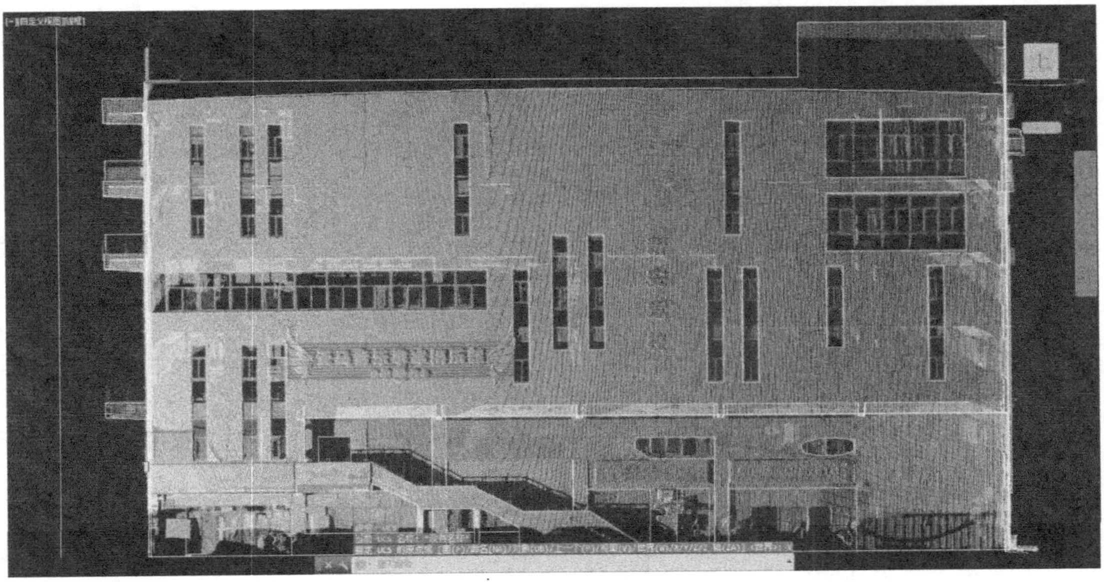

图8-105 建筑立面量取尺寸

三维激光扫描技术在古建筑等复杂建筑的三维建模方面具有极大的优势（图8-107）。

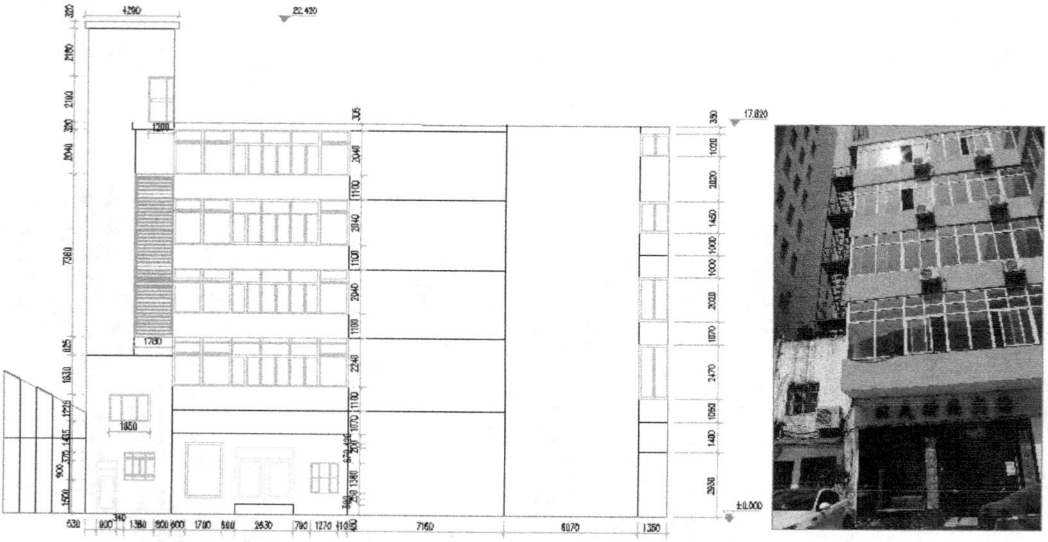

图 8-106　某建筑物立面图

图 8-107　某古建筑及其三维模型

习 题 与 思 考 题

1. 什么是地物和地貌？
2. 简述等高线有哪些特性？
3. 简述地理空间信息采集及成图作业主要几种方法？
4. 测图的准备工作有哪些？
5. 什么是山脊线？什么是山谷线？
6. 简述经纬仪测绘法测图的工作程序和方法。
7. 什么是数字测图？它有哪些特点？
8. 简述用南方 CASS 数字测图软件绘制数字地形图的程序。
9. 航摄像片有哪些特点？
10. 三维激光扫描测图有哪些特点？

第 9 章　地理空间信息的应用

地理空间信息采集及成图之后，主要有 DOM（数字正射影像图）、DEM（数字高程模型）、DRG（数字栅格地图）、DLG（数字线划地图）以及复合模式组成。这些 4D 产品有些以纸质或聚酯薄膜等模拟地形图呈现，有些以数字地图保存，有些则借助 ArcGIS、MapGIS 等地理信息系统软件进行存储。

本章首先介绍模拟地形图和数字地图的基本应用以及在建筑工程中的应用。模拟地形图主要根据图上数学要素通过数学计算获取相关应用，数字地图主要以南方数码科技股份有限公司研发的 CASS10.1 地形地籍成图软件（简称 CASS10.1）制作的 CAD 格式数字地图为例，讲解如何借助 CASS10.1 相关工具将数字地图应用于建筑工程。接着借助相关地理信息系统软件强大的分析功能，简要举例介绍如何将地理空间信息应用于建筑工程，地理信息系统软件主要以 ArcGIS 为例。

9.1　地形图基本应用

地形图基本应用主要包括获地形图上确定点位坐标、距离、坐标方位角和坡度；确定图上某点的高程，利用地形图量算面积。模拟地形图主要根据图上数学要素通过数学计算获取相关应用，CAD 格式数字地图可以借助 CASS10.1“工程应用”菜单下相关工具（图 9-1）获取相关应用。

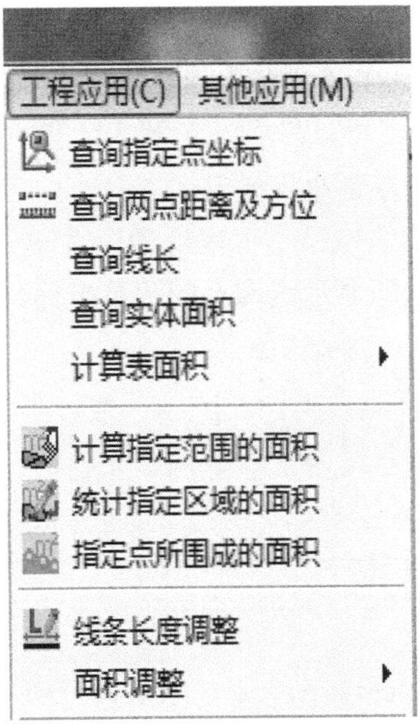

图 9-1　地形图基本应用

9.1.1　确定地形图上某点的平面坐标

1. 确定模拟地形图上某点的平面坐标

模拟地形图上点的坐标是根据地形图上标注的坐标格网的坐标值确定的。

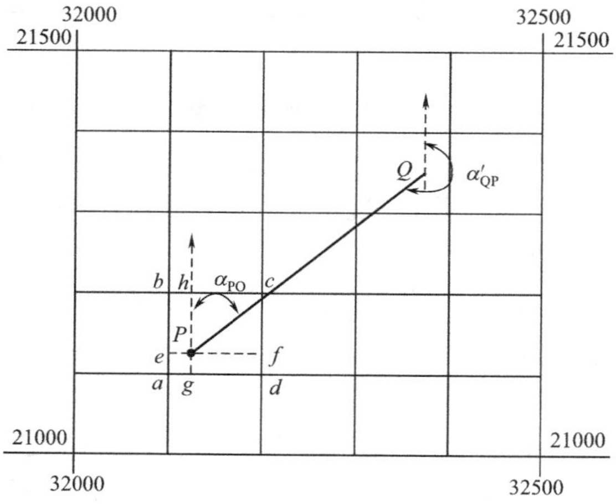

图 9-2　求图上 P 点平面坐标

如图 9-2 所示，欲求 P 点平面，可以通过从 P 点作平行于直角坐标格网的直线，交格网线于 e、f、g、h 点。用比例尺（或直尺）量出 ae 和 ag 两段距离，则 P 点的坐标为：

$$x_P = x_a + ae = 21100 + 27 = 21127\text{m}$$

$$y_P = y_a + ag = 32100 + 29 = 32129\text{m}$$

为了防止图纸伸缩变形带来的误差，可以采用下列计算公式消除：

$$x_P = x_a + \frac{ae}{ab} \times l = 21100 + \frac{27}{99.9} \times 100 = 21127.03\text{m}$$

$$y_P = y_a + \frac{ag}{ad} \times l = 32100 + \frac{29}{99.9} \times 100 = 32129.03\text{m}$$

式中，l 为相邻格网线间距。

2. 确定电子地形图上某点的平面坐标

CAD 数字地图，则可以点取 CASS“工程应用”菜单下的“查询指定点坐标”。用鼠标点取所要查询的点，命令栏立即显示查询点的测量坐标（图 9-3）。

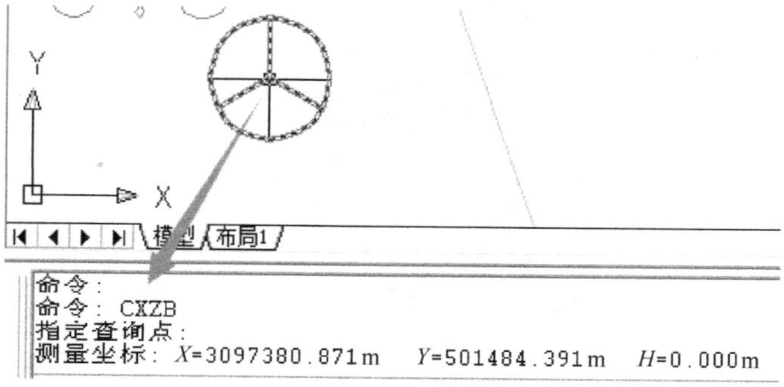

图 9-3　查询点的测点坐标

也可以点击右侧屏幕菜单中的“注记坐标”命令（图 9-4），在图上标注点的坐标（图 9-5）。

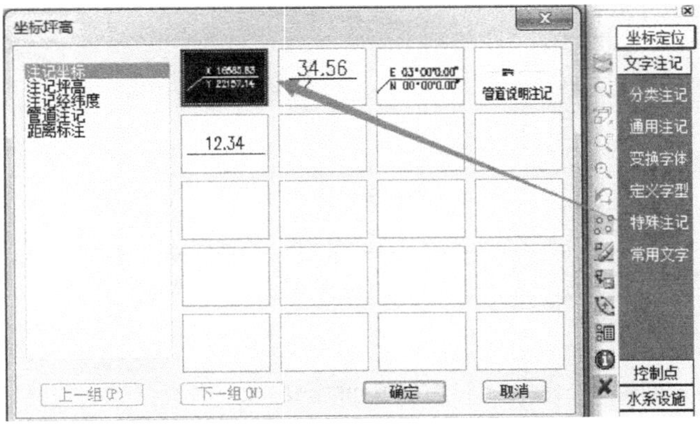

图 9-4 “注记坐标”命令

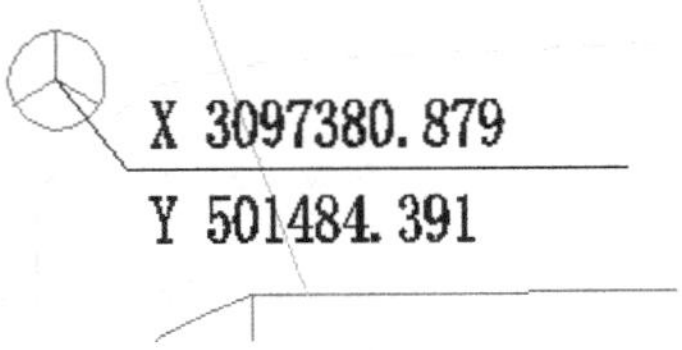

图 9-5 标注点的坐标

9.1.2 量取地形图上两点间的距离与方位

1. 量取模拟地形图上两点间的距离

如图 9-2 所示，欲求图中 P，Q 两点间的水平距离，可采用图解法或解析法。

（1）图解法

在图上直接量出 P，Q 两点间的长度，然后乘以比例尺分母，就可得到 PQ 的水平距离。

（2）解析法

首先根据前面所述方法求出 P、Q 两点的坐标 X_P，Y_P 和 X_Q，Y_Q，然后按下式计算其水平距离：

$$D_{PQ}=\sqrt{(X_Q-X_P)^2+(Y_Q-Y_P)^2}=\sqrt{(\Delta X_{PQ})^2+(\Delta Y_{PQ})^2} \tag{9-1}$$

2. 量取模拟地形图上两点间的坐标方位角

如图 9-2，欲求直线 PQ 的坐标方位角，可采用如下方法。

（1）图解法。

过 P 和 Q 点分别作坐标纵线的平行线，然后用量角器量出 α'_{PQ} 和 α'_{QP} 取其平均值作为最后结果：

$$\alpha_{PQ}=\frac{1}{2}(\alpha'_{PQ}+\alpha'_{QP}\pm 180°) \tag{9-2}$$

（2）解析法。

先求出 P 和 Q 点的坐标，再按下式计算出直线 PQ 的坐标方位角：

$$\alpha_{PQ}=\arctan\frac{\Delta Y_{PQ}}{\Delta X_{PQ}}=\arctan\frac{Y_Q-Y_P}{X_Q-X_P} \tag{9-3}$$

3. 量取地形图上两点间的距离与方位

CAD 数字地图，则可以点取 CASS“工程应用”菜单下的“查询两点距离及方位”。用鼠标分别点取所要查询的两点，命令栏直接显示两点间实地距离、图上距离以及方位角

（图 9-6）。

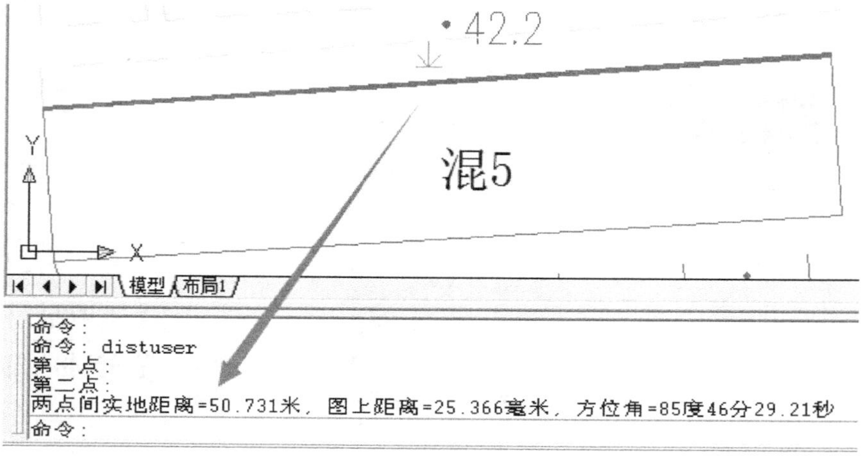

图 9-6　量取地形图上两点间的距离与方位

9.1.3　量取地形图上某直线的坡度

直线两端点高差 h 与水平距离 D 之比称为直线的坡度 i，即 $i=\frac{h}{D}$

坡度 i 一般用百分率（%）或千分率（‰）表示。

如图 9-7，设在图上量得 mn 所代表的实地水平距离为 12m，mn 的高差为 1m，则 mn 的坡度：

$$I_{mn}=\frac{h_{mn}}{D_{mn}}=\frac{1}{12}=8.3\% \tag{9-4}$$

因为位于相邻两等高线上，而相邻两等高线之间的坡度可以认为是均匀的，因此，所求得的坡度应与实地坡度相符。如果直线跨越几条等高线，而且相邻等高线之间的平距不等，则地面坡度不均匀，所求得的坡度是两点间的平均坡度。

此外，也可以利用地形图上的坡度尺求取坡度。

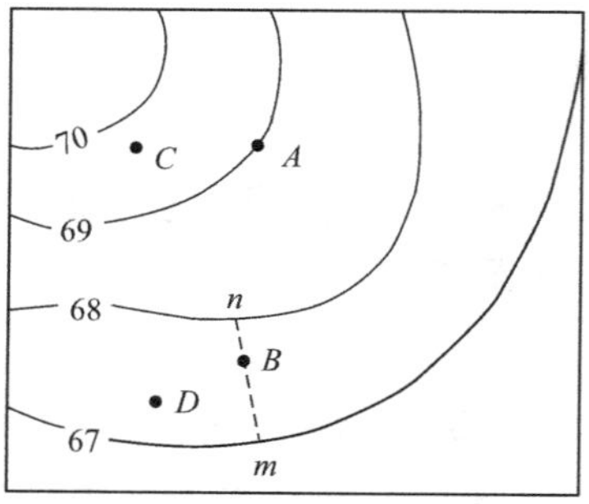

图 9-7　量取地形图上某直线的坡度

9.1.4　确定地形图上某点的高程

1. 确定模拟地形图上某点的高程

若所求点的位置恰好在某一等高线上，那么此点的高程就等于该等高线的高程，如图 9-7 中，A 点高程为 69m。

若所求点的位置不在等高线上，则可用内插法求其高程。过 B 点作线段 mn 大致垂直于相邻两等高线，然后量出 mn 和 mB 的图上长度，则 B 点高程为：

$$H_B=H_m+\frac{mB}{mn}h \tag{9-5}$$

式中　h——等高距；

H_m——m 点高程。

在图 9-7 中，$h=1\text{m}$，$H_m=67\text{m}$，量得 $mn=12\text{mm}$，$mB=8\text{mm}$，则

$$H_B=67.0+\frac{8}{12}\times1\approx67.7\text{m} \tag{9-6}$$

当精度要求不高时，也可用目估法来确定点的高程。

2. 确定数字地形图上某点的高程

在 cass10.1 中加载“高程点内插”插件，在命令行中输入“tt”调用高程点内插命令。弹出“高程点内插”对话框。选择高程参考及的高程点生成方式之后。然后选中需要加密高程点的所有高程点，回车后，即可在需要加密地方单击添加高程点（图 9-8）。

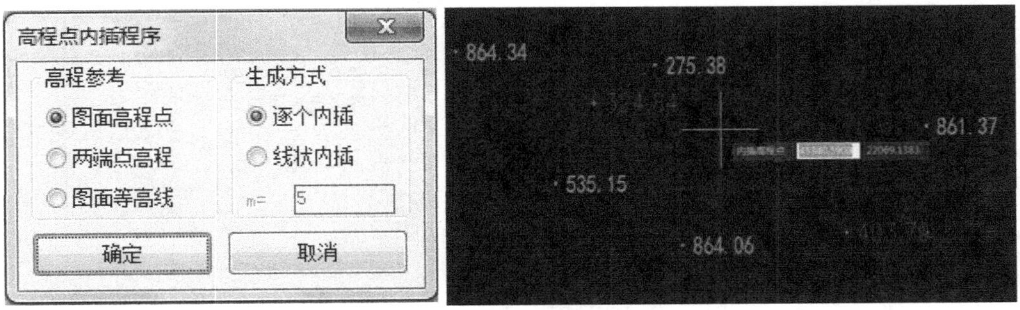

图 9-8　确定数字地形图上某点的高程

9.1.5　在地形图上量测曲线长度和折线长度

1. 在模拟地形图上量测曲线长度和折线长度

地形图上有些线是由一些线段转折后连结而成，如管线、通信线、输电线等。如果要从图上量测这些线的长度，一般是先分线段量取，然后累加，从而得到整条线路的总长度。

地形图上有些线是曲线，如河流的岸线等。曲线量测，一般是使用曲线计（图 9-9），其构造是在圆管手柄上安装一个圆形计数盘，一周为 100 格，每 10 格为一大格，在计数盘的下端安有一个转轮，转轮在图上滚动，计数盘便计数。

图 9-9　曲线计

先在纸上绘出 10cm 的一条直线，用曲线计沿直线滚动，测出计数盘上的格数，几次量测取平均值，例如为 20 格，则每小格的线长度（即分划值）q 为：

$$q=10/20=0.5\text{cm}$$

在图上量测时，沿曲线描测，读取读数 n，则曲线长度：

$$D=qnM$$

式中，M 为比例尺分母。

2. 在数字地形图上量测曲线长度和折线长度

在 CAD 数字地形图上，量测曲线或者多段线长度时，可以点取 CASS“工程应用”菜单下的“查询线长”命令，然后需要量取的曲线或者多段线。多话框和命令栏将显示该曲线或者多段线的长度（图 9-10）。

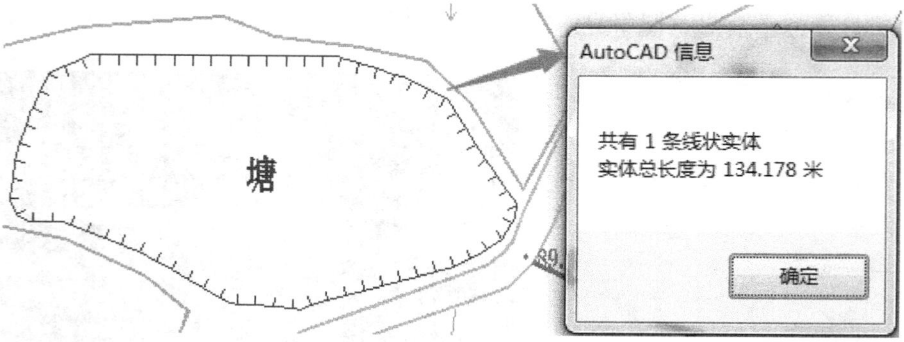

图 9-10　在数字地图上量测曲线长度和折线长度

9.2　地形图面积量算与应用

在建设工程中，经常需要计算工程的面积，面积量算方法主要有两种，即解析法面积测算（简称解析法）与图解法面积测算（简称图解法）。

根据实测的数值计算面积的方法称解析法面积测算，包括几何要素法和坐标法。从图纸上测算面积的方法称图解法面积测算。它包括膜片法、求积仪法、沙维奇法等。

9.2.1　解析法面积测算

1. 几何要素法

所谓几何要素法是指将多边形划分成若干简单的几何图形，如三角形、梯形、四边形、矩形等，在实地或图上测量边长和角度，以计算出各简单几何图形的面积，再计算出多边形总面积的方法。如图 9-11 所示，将所求多边形 12345 的面积分解为Ⅰ、Ⅱ、Ⅲ个三角形，求出各三角形面积，其面积总和即为整个多边形的面积。

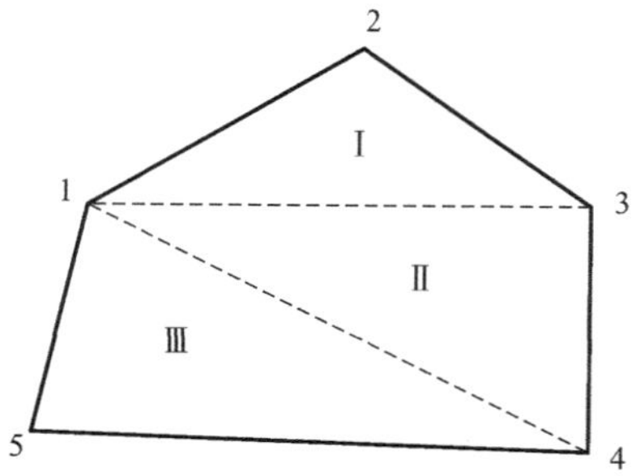

图 9-11　几何要素求面积

各三角形的面积可直接用比例尺量出Ⅰ、Ⅱ、Ⅲ每个三角形底边长 c 及其高 h，按公式 $A=ch/2$ 计算得到。

也可用边长和坐标方位角来计算每个三角形面积。在图 9-11 中，先求出多边形各顶点 1、2、3、4、5 的坐标，按式（9-3）分别求出 12、13、14、15 的长度 D_1、D_2、D_3、D_4 和坐标方位角 α_{12}、α_{13}、α_{14}、α_{14}。则各三角形的面积为：

$$S_{\mathrm{I}}=\frac{1}{2}D_1D_2\sin(\alpha_{13}-\alpha_{12})$$

$$S_{\mathrm{II}}=\frac{1}{2}D_2D_3\sin(\alpha_{14}-\alpha_{13})$$

$$S_{\mathrm{III}}=\frac{1}{2}D_3D_4\sin(\alpha_{15}-\alpha_{14})$$

图形总面积为：

$$A=S_{\mathrm{I}}+S_{\mathrm{II}}+S_{\mathrm{III}}$$

2. 坐标法

如图 9-12，已知多边形 *ABCDE* 各顶点的坐标为（X_A，Y_A）（X_B，Y_B）（X_C，Y_C）（X_D，Y_D）（X_E，Y_E），则多边形 *ABCDE* 的面积：

$$\begin{aligned}P_{ABCDE}&=P_{A_0ABCC_0}-P_{A_0AEDCC_0}\\&=P_{A_0ABB_0}+P_{B_0BCC_0}-(P_{CC_0D_0D}+P_{DD_0E_0E}+P_{EE_0A_0A})\\&=(X_A+X_B)(Y_B-Y_A)/2+(X_B+X_C)(Y_C-Y_B)/2+(X_C+X_D)(Y_D-Y_C)/2+(X_D+X_E)(Y_E-Y_D)/2+(X_E+X_A)(Y_A-Y_E)/2\end{aligned}$$

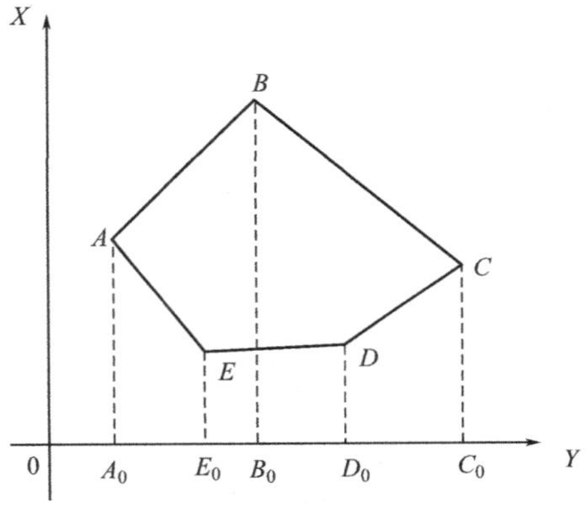

图 9-12 坐标法面积计算图示

化成一般形式：

$$2P=\sum_{i=1}^{n}(X_i+X_{i+1})(Y_{i+1}-Y_i)$$

$$2P=\sum_{i=1}^{n}(Y_i+Y_{i+1})(X_{i+1}-X_i) \tag{9-7}$$

$$2P=\sum_{i=1}^{n}X_i(Y_{i+1}-Y_{i-1})$$

$$2P=\sum_{i=1}^{n}Y_i(X_{i-1}-X_{i+1}) \tag{9-8}$$

其中，X_i，Y_i 为地块拐点坐标。当 $i-1=0$ 时，$X_0=X_n$；当 $i+1=N+1$ 时，$X_{N+1}=X_1$。

9.2.2 图解法面积测算

1. 膜片法

膜片法是指用伸缩性小的透明的赛璐珞、透明塑料、玻璃或摄影软片等制成等间隔网板、平行线板等膜片，把膜片放在地图上适当的位置进行土地面积测算的方法。常用的方法有格值法（包括格网法和格点法）、平行线法等，本书着重介绍格值法。所谓格值法是指在膜片上建立了一组有单位面积值的格子或点子，然后用这些不连续的格子或点子去逼近一个连续的图斑（地块），从而完成图上面积测算的方法。

2. 格网法（方格法）

在透明板材上建立起互相垂直的平行线，平行线间的间距为 1mm，则每一个方格是面积为 $1mm^2$ 的正方形，把它的整体称为方格网求积板。

图 9-13 中 *abmn* 为要量测的图形，可将透明方格网置于该图形的上面，首先累积计算图形内部的整方格数，再估读被图形边线分割的非整格面积，两者相加即得图形面积。

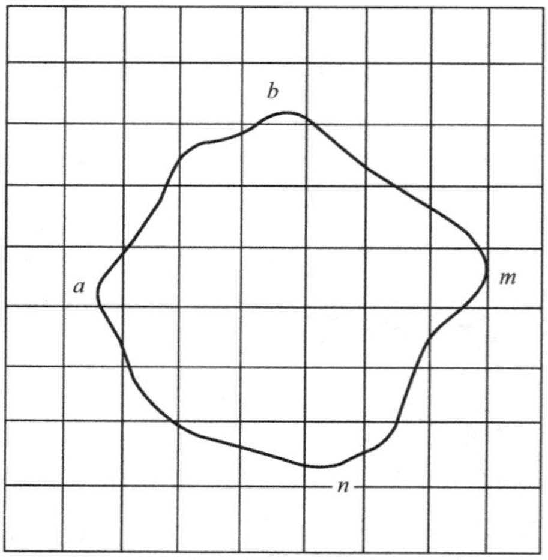

图 9-13　格网法图示

3. 格点法

将上述方格网的每个交点绘成 0.1mm 或 0.2mm 直径的圆点。去掉互相垂直的平行线，则点值（每点代表图上的面积）就是 $1mm^2$；若相邻点子的距离为 2mm，则点值就是 $4mm^2$。

图 9-14 中 *abcd* 为待测的图形，将格点求积板放在图上数出图内与图边线上的点子，则按下列公式可求出图形面积：

$$P=(N-1+L/2)D \tag{9-9}$$

式中　N——图形内的点子数；

L——图形轮廓线上的点子数；

D——点值。

从图 9-14 中得出：$N=11$，$L=2$，设 $D=1mm^2$，则 $P=11.0mm^2$。

4. 沙维奇法

沙维奇法适用于大面积的测算，其优点在于减少了所量图形的面积，因而提高了精度。其原理如图 9-15 所示。构成坐标方里网整数部分面积 P_0 不量测，只需测定不足整格部分 P_{a_1}、P_{a_2}、P_{a_3} 与 P_{a_4} 的面积以及与之对应构成整格的补格部分 P_{b_1}、P_{b_2}、P_{b_3} 与 P_{b_4} 的面积。从图上可以看出整格面积 $P_1=P_{a_1}+P_{b_1}$，$P_2=P_{a_2}+P_{b_2}$，$P_3=P_{a_3}+P_{b_3}$，$P_4=P_{a_4}+P_{b_4}$。

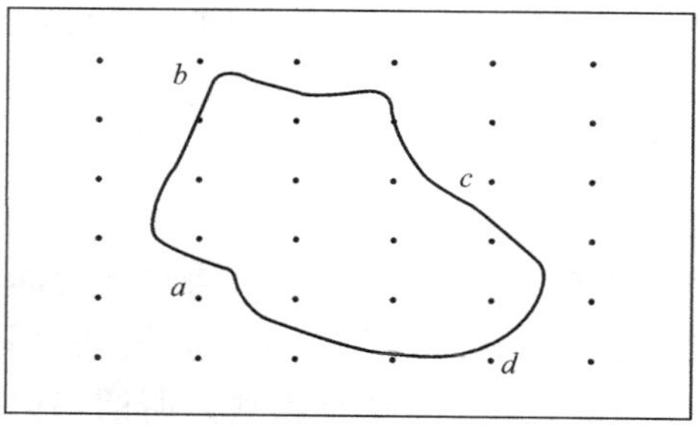

图 9-14　格点法图示

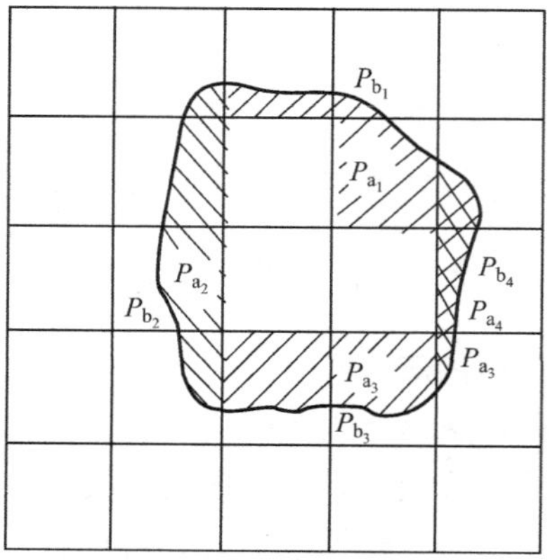

图 9-15　沙维奇法

设 P_{a_1}、P_{a_2}、P_{a_3}、P_{a_4} 面积的相应分划数为 a_1、a_2、a_3 及 a_4；P_{b_1}、P_{b_2}、P_{b_3}、P_{b_4} 面积相应分划数为 b_1、b_2、b_3、b_4 整格面积的分划数为 a_1+b_1，a_2+b_2，a_3+b_3，a_4+b_4。

已知面积与求积仪分划值读数之间有下列正比关系：

$$P_{a_i} \frac{P_i}{a_i+b_i} a_i$$

则用上式可计算不足整格部分的面积，故所求图形面积为：

$$P=P_0+P_{a_1}+P_{a_2}+P_{a_3}+P_{a_4}=P+\sum_{i=1}^{n} P_{a_i}$$

5. 求积仪法

求积仪是一种测定任意形状图形面积的仪器，它的优点是量测速度快，操作简便，能测定任意形状的图形面积。早期求积仪多为机械求积仪，读数设备为测轮、计数盘、游标等机械装置。近年来，数字式求积仪（图 9-16）逐渐取代了机械求积仪。常用求积仪有日本 KOIZUMI 公司生产的 KP-N 系列产品，哈尔滨光学仪器厂生产的 QCJ-2A 和 QCJ-2000 型数字求积仪。

图 9-16 数字求积仪

以 KP-90N 型动极式电子求积仪量测一不规则图形的面积为例（图 9-17），具体操作步骤如下：

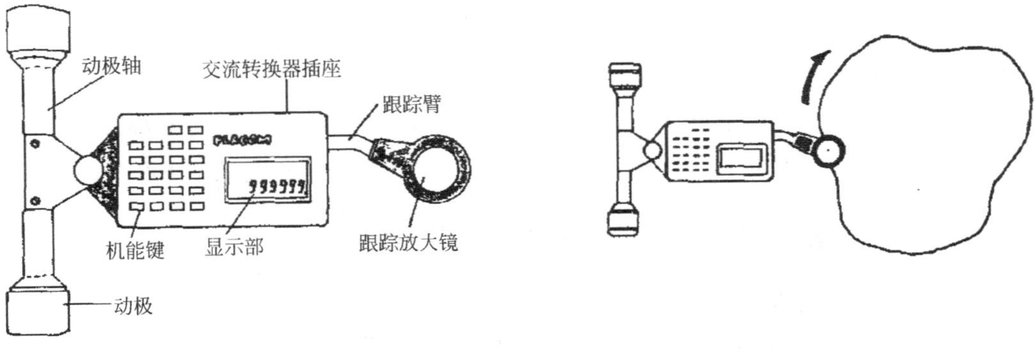

图 9-17 KP-90N 型动极式电子求积仪量测

在地形图上求取图形面积时，先在求积仪的面板上设置地形图的比例尺和使用单位，再利用求积仪一端的跟踪透镜的十字中心点绕图形一周来求算面积。

数字求积仪本身的测量精度在±0.2%以内（±2/1000 脉冲以内），但是数字求积仪在图上量测面积的过程中，受到许多因素的影响，如描迹时描迹镜中心是否与图形外廓严格一致，描迹的起终点是否为同一点，台面、图纸是否平滑，测轮转动面是否与航臂垂直，运转是否自如，仪器的其他误差，最小读数的舍入误差等。

为了保证量测面积的精度和可靠性，应将图纸平整地固定在图板或桌面上，对一图形重复测量两次取平均值。当需要测量的面积较大，可以采取将大面积划分为若干块小面积的方法，分别求这些小面积，最后把量测结果加起来。也可以在待测的大面积内划出一个或若干个规则图形（四边形、三角形、圆形等），用解析法求算面积，剩下的边、角小块面积用求积仪求取。

9.2.3　数字地形图面积应用

1. 在数字地形图上计算面积

在 CAD 数字地形图上，量测实体面积时，可以点取 CASS“工程应用”菜单下的“查询实体面积”命令，然后选取实体边线或点取实体内部点。命令栏将显示该实体的长度（图 9-18）。

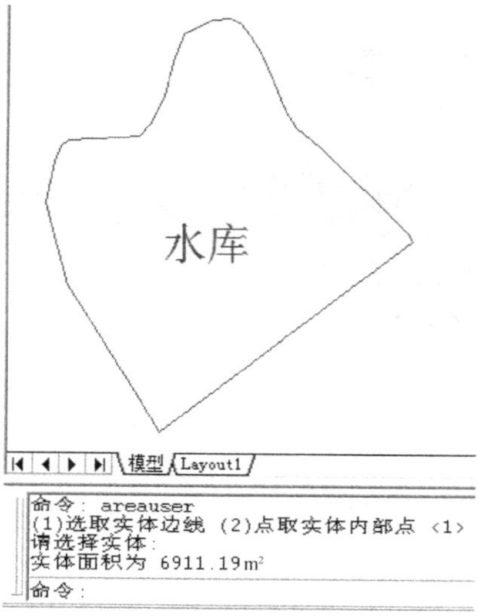

图 9-18　在数字地形图上计算面积

2. 在数字地形图上调整面积

在 CAD 数字地图中，如果要调整实体面积，CASS 提供调整封闭复合线的一点或一边，把该复合线面积调整成所要求的目标面积的功能（图 9-19）。复合线要求是未经拟合的。

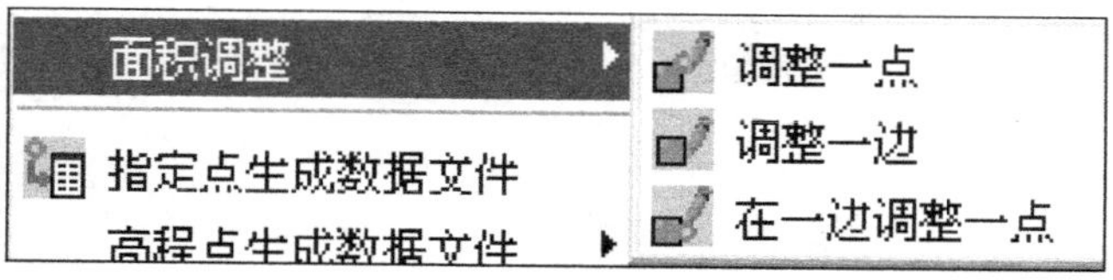

图 9-19　在数字地形图上调整面积

如果选择调整一点，复合线被调整顶点将随鼠标的移动而移动，整个复合线的形状也会跟着发生变化，同时可以看到屏幕左下角实时显示变化着的复合线面积，待该面积达到所要求数值，点击鼠标左键确定被调整点的位置。如果面积数变化太快，可将图形局部放大再使用本功能。

如果选择调整一边，复合线被调整边将会平行向内或向外移动以达到所要求的面积值。

如果选择在一边调整一点，该边会根据目标面积而缩短或延长，另一顶点固定不动。原来连到此点的其他边会自动重新连接。

3. 在数字地形图上计算和统计指定范围的面积

（1）在数字地形图上计算指定范围的面积

选择 CASS“工程应用”菜单下的“计算指定范围的面积”命令。

命令栏提示：（1）选目标；（2）选图层；（3）选指定图层的目标＜1＞。

“选实体”选项要求用鼠标指定需计算面积的地物，可用窗选、点选等方式，计算结果注记在地物重心上，且用青色阴影线标示；“选图层”选项，在输入图层名称后，可以把该图层的封闭复合线地物面积全部计算出来并注记在重心上，且用青色阴影线标示；“选指定图层的目标”选项，则先选图层，再选择目标，特别采用窗选时系统自动过滤，只计算注记指定图层被选中的以复合线封闭的地物。

命令栏提示：是否对统计区域加青色阴影线？＜Y＞默认为“是”。之后命令栏提示：总面积 = XXXXX.XX 平方米。

以统计某数字地图居民地图层为例，“选图层”选项输入“JMD”之后，接着将在数字地图上标注每栋房屋的面积（图 9-20），并在命令栏提示总面积。

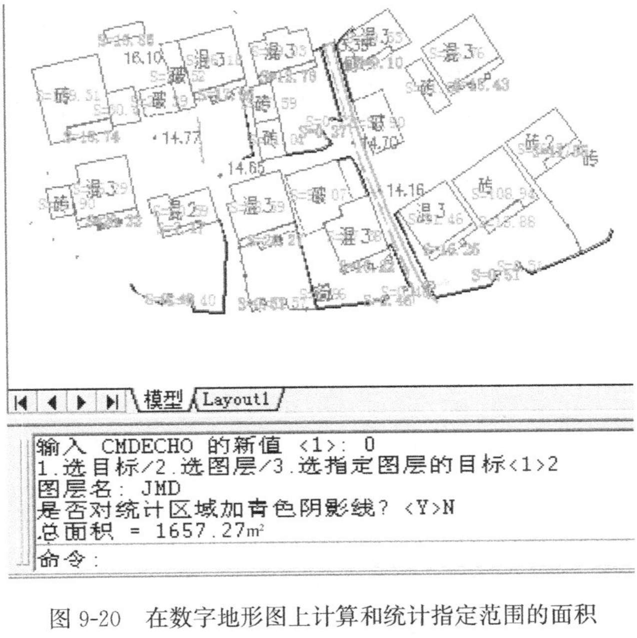

图 9-20　在数字地形图上计算和统计指定范围的面积

（2）在数字地形图上统计指定范围的面积

该功能用来将图 9-20 中数字地图上标注的图上面积累加起来。用鼠标点取“工程应用\统计指定区域的面积”。

命令栏提示：面积统计—可用：窗口（W. C）/多边形窗口（WP. CP）/等多种方式选择已计算过面积的区域，接着

命令栏提示：选择对象：选择面积文字注记：用鼠标拉一个窗口即可。

接着命令栏将显示总面积。

4. 在数字地形图上计算表面积

对于不规则地貌，其表面积很难通过常规的方法来计算，在这里可以通过建模的方法来计算，系统通过 DTM 建模，在三维空间内将高程点连接为带坡度的三角形，再通过每个三角形面积累加得到整个范围内不规则地貌的面积。如图 9-21 要计算矩形范围内地貌的表面积。

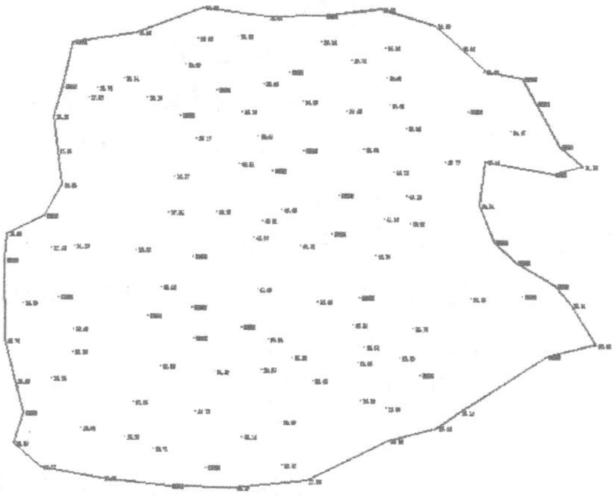

图 9-21　计算矩形范围内地貌的表面积

点击“工程应用 \ 计算表面积 \ 根据坐标文件”命令，接着选择“(1) 根据坐标数据文件 (2) 根据图上高程点”中的一种，然后选择土方边界线，并输入边界插值间隔 (米)，如 5m；最后命令栏显示表面积并将计算过程文件 surface. log 保存在 \ CASS9. 0 \ SYSTEM 目录下面。图 9-22 为建模计算表面积的结果。

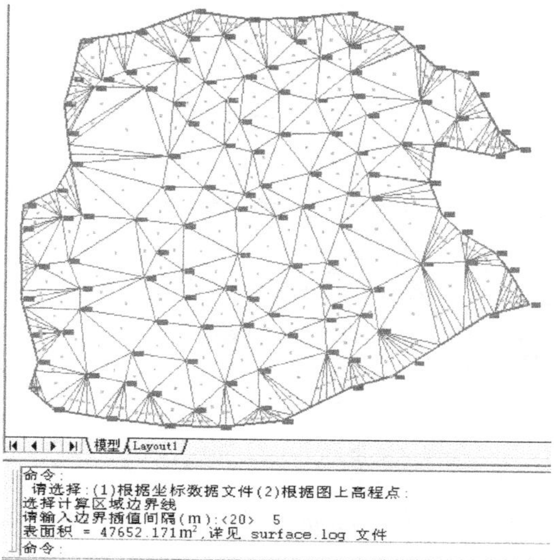

图 9-22　建模计算表面积的结果

9.3 地形图上按路线绘制断面图

地形断面图是指沿某一方向描绘地面起伏状态的竖直面图。在交通、渠道以及各种管线工程中，可根据断面图地面起伏状态，量取有关数据进行线路设计。

9.3.1 模拟地形图上按路线绘制断面图

利用模拟地形图绘制断面图时，首先要确定断面图的水平方向和垂直方向的比例尺。通常，在水平方向采用与所用地形图相同的比例尺，而垂直方向的比例尺通常要比水平方向大10倍，以突出地形起伏状况。

如图9-23（*a*）所示，要求在等高距为5m、比例尺为1∶5000的地形图上，沿*DB*方向绘制地形断面图，方法如下：

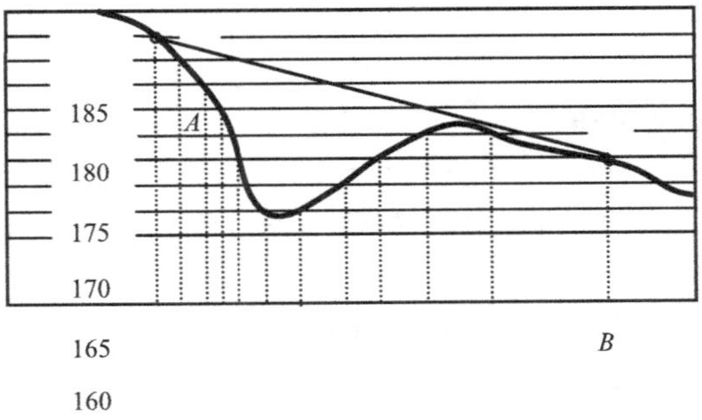

图9-23 绘制断面图

在地形图上绘出断面线*AB*，依次交于等高线1、2、3、……点。

（1）如图9-23*b*，在另一张白纸（或毫米方格纸）上绘出水平线*AB*，并作若干平行于*AB*等间隔的平行线，间隔大小依竖向比例尺而定，再注记出相应的高程值。

（2）把1、2、3、……等交点转绘到水平线*AB*上，并通过各点作*AB*垂直线，各垂线与相应高程的水平线交点即断面点。

（3）用平滑曲线连各断面点，则得到沿*AB*方向的断面图，如图9-23（*b*）。

绘制断面图同时可以确定地面上两点之间是否通视，如图9-23（*b*），则可以判断*AB*两点是否通视。

9.3.2 数字地形图上按路线绘制断面图

CASS10.1软件提供了由图面生成、根据里程文件、根据等高线及根据三角网四种方式绘制断面图。以由坐标文件生成断面图为例，方法如下：

先用复合线生成断面线，点取“工程应用\绘断面图\根据已知坐标”功能。

提示：“选择断面线”用鼠标点取上步所绘断面线。屏幕上弹出“断面线上取值”的对话框，如图9-24，如果“坐标获取方式”栏中选择“由数据文件生成”，则在“坐标数据文件名”栏中选择高程点数据文件。

输入采样点间距：输入采样点的间距，系统的默认值为 20m。采样点的间距的含义是复合线上两顶点之间若大于此间距，则每隔此间距内插一个点。

输入起始里程<0.0> 系统默认起始里程为 0。

点击“确定”之后，屏幕弹出绘制纵断面图对话框，如图 9-25。

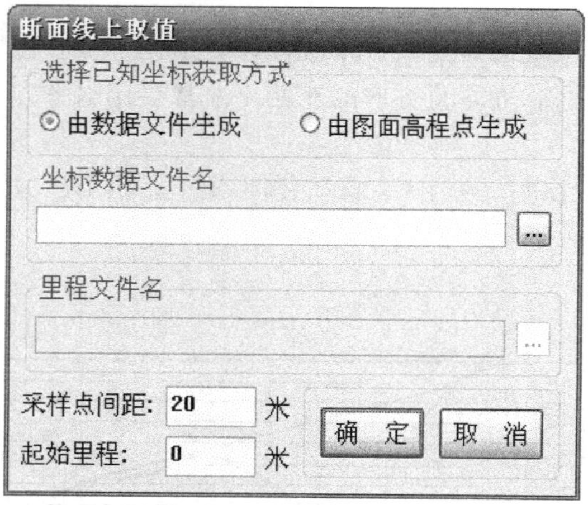

图 9-24　选择断面线对话框

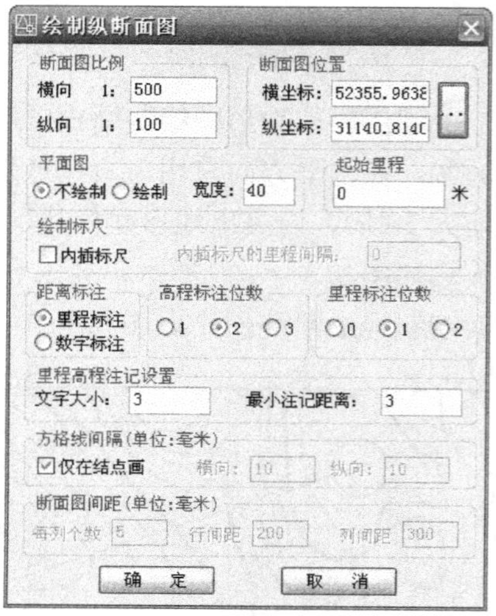

图 9-25　绘制纵断面图对话框

输入相关参数，如：

横向比例为 1∶<500>输入横向比例，系统的默认值为 1∶500。

纵向比例为 1∶<100>输入纵向比例，系统的默认值为 1∶100。

断面图位置：可以手工输入，亦可在图面上拾取。

可以选择是否绘制平面图、标尺、标注；还有一些关于注记的设置。

点击“确定”之后，在屏幕上出现所选断面线的断面图。如图 9-26 所示。

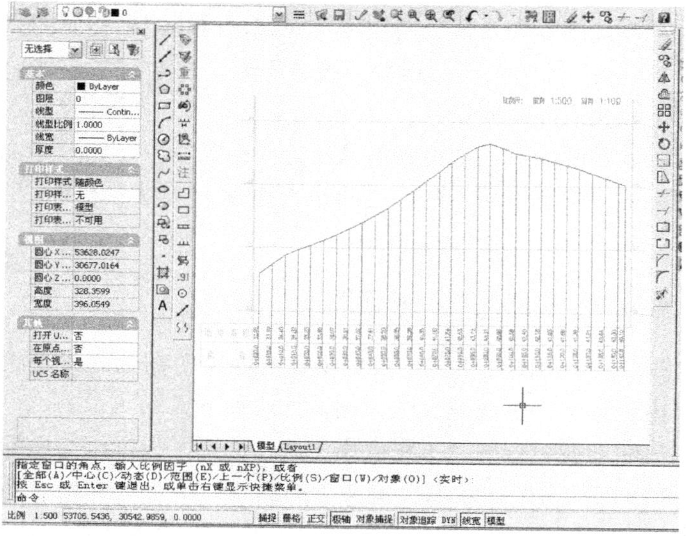

图 9-26　纵断面图

9.4 地形图在场地平整中的应用

土木工程建设中，除对建筑工程作合理的平面布置外，往往还要对原地形作必要的改造，通过挖高填低，将原始地面改造成满足人们生产、生活需要的场地平面，这种改造称为场地平整。场地平整常要把地面施工场地整理成水平面或有一定坡度的倾斜面，并且土石方挖方和填方工程量尽可能平衡以节约开支。利用地形图可进行场地平整的土石方估算。

9.4.1 模拟地形图在场地平整中的应用

模拟地形图场地平整时计算土石方量主要有方格网法、等高线法及断面法三种方法。

1. 方格网法场地平整土石方量计算

图 9-27 为 1∶1000 地形图，要求将原有一定起伏的地形平整成一水平场地，土石方量场地内平衡，步骤如下：

（1）绘制方格网：方格的边长取决于地形的复杂程度和土石方量估算的精度要求，一般取 10m 或 20m。然后，根据地形图的比例尺在图上绘出方格网。

（2）求各方格角点的高程：根据地形图上的等高线和其他地形点高程，采用目估法内插出各方格角点的地面高程值，并标注于相应顶点的右上方。

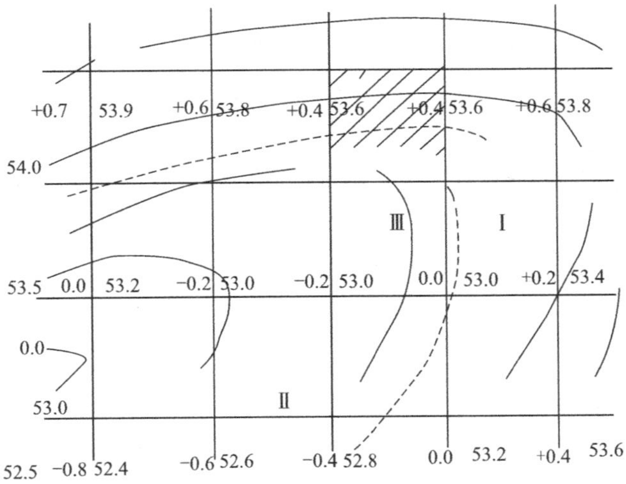

图 9-27　1∶1000 地形图

（3）计算设计高程：将每个方格角点的地面高程值相加，并除以 4 则得到各方格的平均高程，再把每个方格的平均高程相加除以方格总数就得到设计高程 $H_{设}$。$H_{设}$也可以根据工程要求直接给出。

（4）确定填、挖边界线：根据设计高程 $H_{设}$，在地形图 9-27 上绘出高程为 $H_{设}$的高程线（如图中虚线所示），在此线上的点即为不填又不挖，也就是填、挖边界线，亦称零等高线。

（5）计算各方格网点的填、挖高度：将各方格网点的地面高程减去设计高程 $H_{设}$，即得各方格网点的填、挖高度，并注于相应顶点的左上方，正号表示挖，负号表示填。

（6）计算各方格的填、挖方量：下面以图 10-27 中方格Ⅰ、Ⅱ、Ⅲ为例，说明各方格的填、挖方量计算方法。

方格Ⅰ的挖方量：$V_1=\frac{1}{4}(0.4+0.6+0+0.2)A=0.3A$

方格Ⅱ的填方量：$V_2=\frac{1}{4}(-0.2-0.2-0.6-0.4)A=-0.35A$

方格Ⅲ的填、挖方量：$V_3=\frac{1}{4}(0.4+0.4+0+0)A_{挖}-\frac{1}{4}(0-0.2-0)A_{填}=0.2A_{挖}-0.05A_{填}$

式中　A——每个方格的实际面积；

$A_{挖}$、$A_{填}$——方格Ⅲ中挖方区域和填方区域的实际面积。

（7）计算总的填、挖方量：将所有方格的填方量和挖方量分别求和，即得总的填、挖土石方量。如果设计高程 $H_{设}$ 是各方格的平均高程值，则最后计算出来的总填方量和总挖方量基本相等。

2. 等高线法场地平整土石方量计算

如果地形起伏较大时，可以采用等高线法计算土石方量。首先从设计高程的等高线开始计算出各条等高线所包围的面积，然后将相邻等高线面积的平均值乘以等高距即得总的填挖方量。

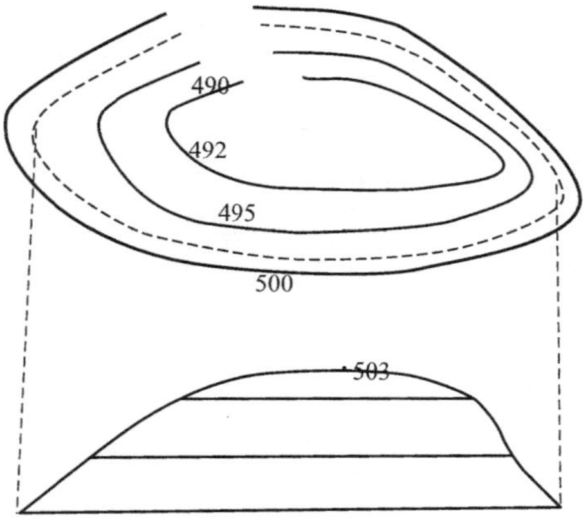

图 9-28　等高距为 5m 的地形图

如图 9-28，地形图的等高距为 5m，要求平整场地后的设计高程为 492m。首先在地形图中内插出设计高程为 492m 的等高线（如图中虚线），再求出 492m、495m、500m 3 条等高线所围成的面积 A_{492}、A_{495}、A_{500}，即可算出每层土石方的挖方量为：

$$V_{492-495}=\frac{1}{2}(A_{492}+A_{495})\times 3$$

$$V_{495-500}=\frac{1}{2}(A_{495}+A_{500})\times 5$$

$$V_{500-503}=\frac{1}{3}A_{500}\times 3$$

则，总的土石方挖方量为：

$$V_{总}=\sum V=V_{492-495}+V_{495-500}+V_{500-505}$$

3. 断面法场地平整土石方量计算

道路和管线建设中，沿中线至两侧一定范围内线状地形的土石方计算常用此法。这种方法是在施工场地范围内，利用地形图以一定间距绘出断面图，分别求出各断面由设计高程线与断面曲线（地面高程线）围成的填方面积和挖方面积，然后计算每相邻断面间的填（挖）方量，分别求和即为总填（挖）方量。

9.4.2　数字地形图在场地平整中的应用

1. DTM 法土石方计算

由 DTM 模型来计算土方量是根据实地测定的地面点坐标（X，Y，Z）和设计高程，通过生成三角网来计算每一个三棱锥的填挖方量，最后累计得到指定范围内填方和挖方的土方量，并绘出填挖方分界线。

DTM法土方计算共有三种方法，一种是由坐标数据文件计算，一种是依照图上高程点进行计算，第三种是依照图上的三角网进行计算。下面以根据坐标数据文件计算土石方量为例：

(1) 用复合线画出所要计算土方的区域，一定要闭合，但是尽量不要拟合。因为拟合过的曲线在进行土方计算时会用折线迭代，影响计算结果的精度。

(2) 用鼠标点取“工程应用\DTM法土方计算\根据坐标文件”。

(3) 提示：选择边界线 用鼠标点取所画的闭合复合线弹出如图9-29土方计算参数设置对话框。

区域面积：该值为复合线围成的多边形的水平投影面积。

平场标高：指设计要达到的目标高程。

边界采样间隔：边界插值间隔的设定，默认值为20m。

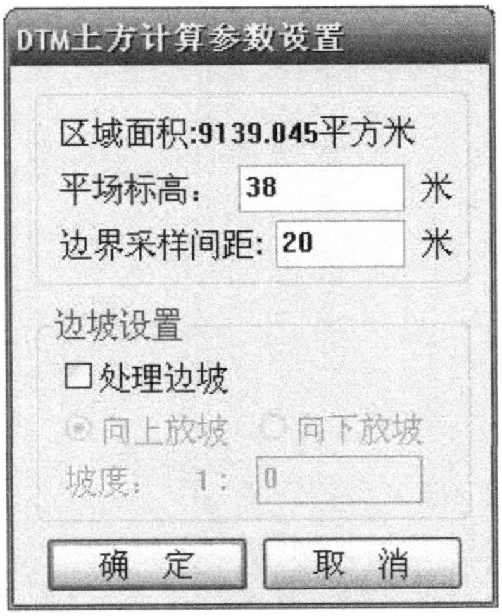

图9-29 土方计算参数设置对话框

边坡设置：选中处理边坡复选框后，则坡度设置功能变为可选，选中放坡的方式（向上或向下：指平场高程相对于实际地面高程的高低，平场高程高于地面高程则设置为向下放坡口不能计算向内放坡：不能计算向范围线内部放坡的工程）。然后输入坡度值。

(4) 设置好计算参数后屏幕上显示填挖方的提示框，同时图上绘出所分析的三角网、填挖方的分界线（白色线条）。如图9-30所示。

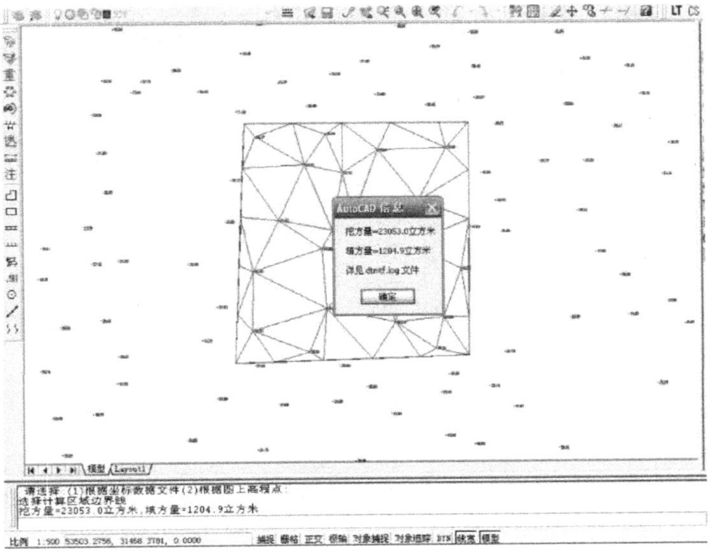

图9-30 填挖方提示框

用鼠标在图上适当位置点击，CASS 10.0 会在该处绘出一个表格，包含平场面积、最大高程、最小高程、平场标高、填方量、挖方量和图形。如图 9-31 所示。

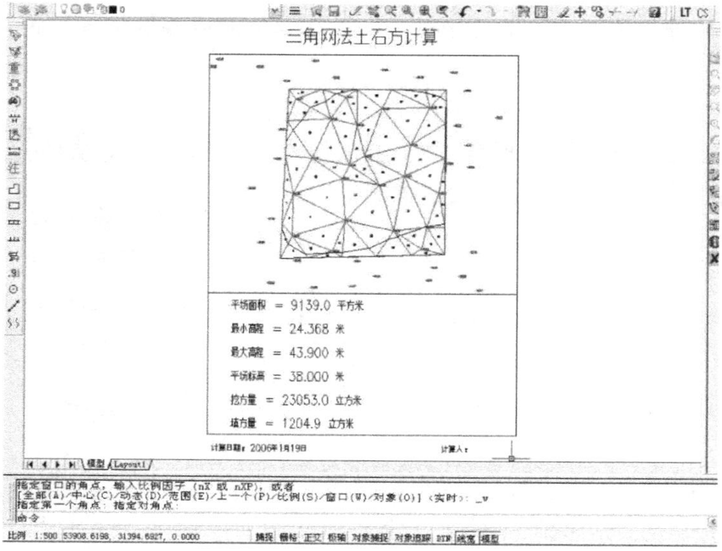

图 9-31　填挖方量计算结果表格

2. 方格网法土方计算

由方格网来计算土方量是根据实地测定的地面点坐标（*X*，*Y*，*Z*）和设计高程，通过生成方格网来计算每一个方格内的填挖方量，最后累计得到指定范围内填方和挖方的土方量，并绘出填挖方分界线。

系统首先将方格的四个角上的高程相加（如果角上没有高程点，通过周围高程点内插得出其高程），取平均值与设计高程相减。然后通过指定的方格边长得到每个方格的面积，再用长方体的体积计算公式得到填挖方量。方格网法简便直观，易于操作，因此这一方法在实际工作中应用非常广泛。

用方格网法算土方量，设计面可以是平面，也可以是斜面，还可以是三角网，如图 9-32 所示。

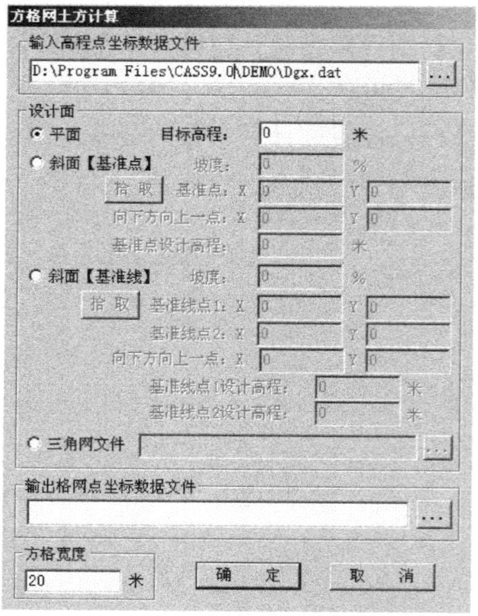

图 9-32　方格网土方计算对话框

（1）设计面是平面时的操作步骤：

1）用复合线画出所要计算土方的区域，一定要闭合，但是尽量不要拟合。因为拟合过的曲线在进行土方计算时会用折线迭代，影响计算结果的精度。

2）选择“工程应用 \ 方格网法土方计算”命令。

3）命令行提示：“选择计算区域边界线”；选择土方计算区域的边界线（闭合复合线）。

4）屏幕上将弹出如图 9-32 方格网土方计算对话框，在对话框中选择所需的坐标文件；在“设计面”栏选择“平面”，并输入目标高程；在“方格宽度”栏，输入方格网的宽度，这是每个方格的边长，默认值为 20m。由原理可知，方格的宽度越小，计算精度越高。但如果给的值太小，超过了野外采集的点的密度也是没有实际意义的。

5）点击“确定”，CAD 窗口显示方格网法土方计算成果图（图 9-33），图上绘出所分析的方格网，填挖方的分界线（绿色折线），并给出每个方格的填挖方，每行的挖方和每列的填方。

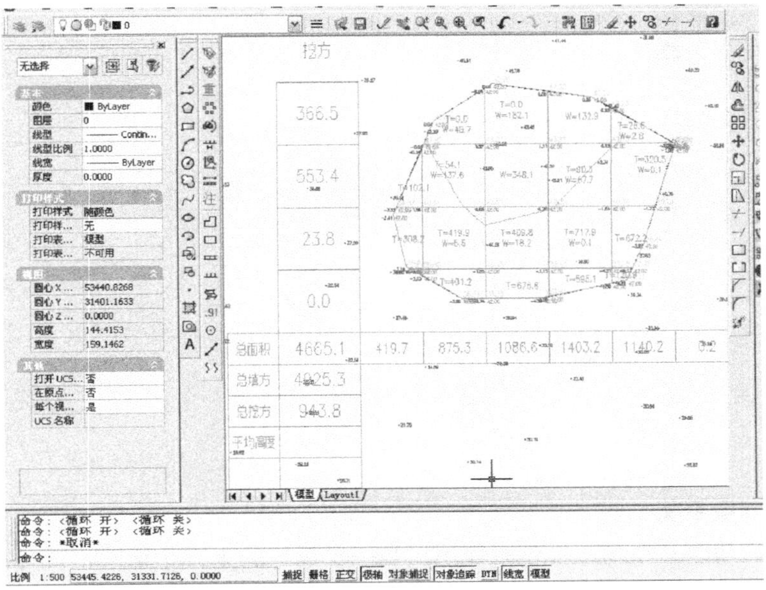

图 9-33　方格网法土方计算成果图

（2）设计面是斜面的时候的，操作步骤与平面的时候基本相同，区别在于在方格网土方计算对话框中“设计面”栏中，选择“斜面【基准点】”或“斜面【基准线】”

如果设计的面是斜面（基准点），需要确定坡度、基准点和向下方向上一点的坐标，以及基准点的设计高程。

（3）设计面是三角网文件时，选择设计的三角网文件，点击“确定”，即可进行方格网土方计算。三角网文件由“等高线”菜单生成。

3. 等高线法土方计算

用户将白纸图扫描矢量化后可以得到图形。但这样的图都没有高程数据文件，所以无法 DTM 法或方格网法计算土方量。但这些图上都会有等高线，所以，CASS 开发了由等高线计算土方量的功能。

用此功能可计算任两条等高线之间的土方量，但所选等高线必须闭合。由于两条等高线所围面积可求，两条等高线之间的高差已知，可求出这两条等高线之间的土方量。

（1）点取“工程应用”下的“等高线法土方计算”。

（2）屏幕提示：选择参与计算的封闭等高线 可逐个点取参与计算的等高线，也可按住鼠标左键拖框选取。但是只有封闭的等高线才有效。

（3）回车后屏幕提示：输入最高点高程：＜直接回车不考虑最高点＞

（4）屏幕提示：请指定表格左上角位置：＜直接回车不绘制表格＞ 在图上空白区域点击鼠标右键，系统将在该点绘出计算成果表格，如图 9-34。

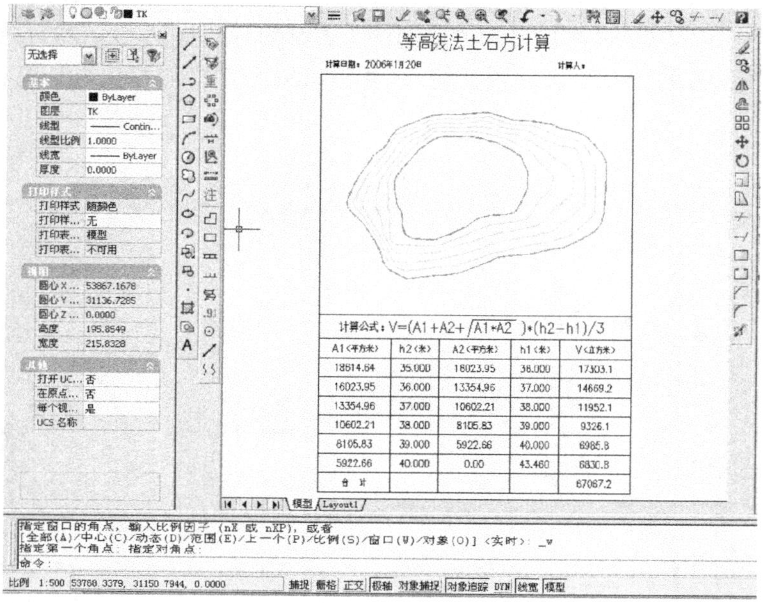

图 9-34　等高线法土方计算

4. 区域土方量平衡

土方平衡的功能常在场地平整时使用。当一个场地的土方平衡时，挖掉的土石方刚好等于填方量。以填挖方边界线为界，从较高处挖得的土石方直接填到区域内较低的地方，就可完成场地平整。这样可以大幅度减少运输费用。此方法只考虑体积上的相等，并未考虑砂石密度等因素。

（1）在图上展出点，用复合线绘出需要进行土方平衡计算的边界。

（2）点取"工程应用＼区域土方平衡＼根据坐标数据文件（根据图上高程点）"如果要分析整个坐标数据文件，可直接回车，如果没有坐标数据文件，而只有图上的高程点，则选根据图上高程点。

（3）命令行提示："选择边界线"点取第一步所画闭合复合线

"输入边界插值间隔（m）：＜20＞"

这个值将决定边界上的取样密度，如前面所说，如果密度太大，超过了高程点的密度，实际意义并不大。一般用默认值即可。

（4）如果前面选择"根据坐标数据文件"，这里将弹出对话框，要求输入高程点坐标数据文件名，如果前面选择的是"根据图上高程点"，此时命令行将提示：

"选择高程点或控制点"：用鼠标选取参与计算的高程点或控制点

（5）在图上空白区域点击鼠标左键，在图上绘出计算结果表格，如图 9-35。

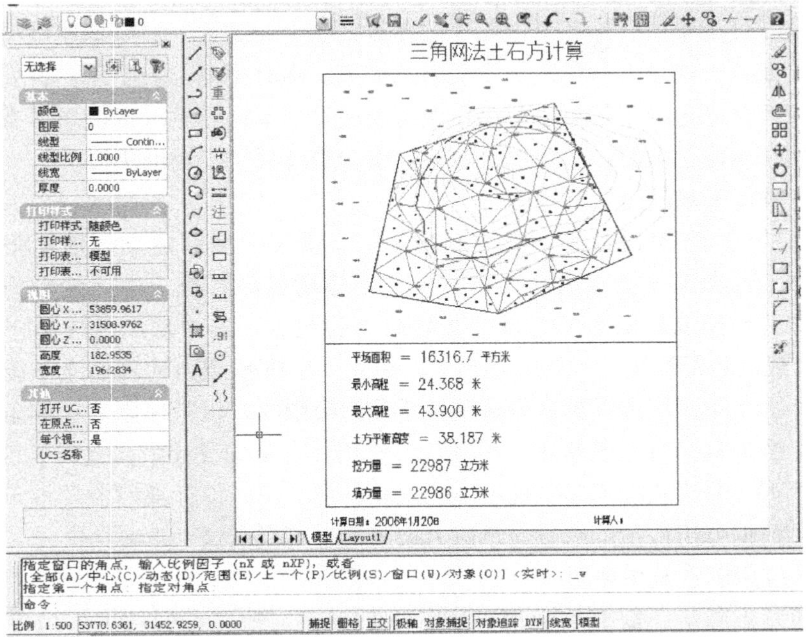

图 9-35 区域土方量平衡

9.5 地理空间信息在建筑工程中的应用

9.5.1 地理空间信息及地理信息系统在建筑工程中的应用

建筑工程领域也涉及大量的地理空间信息，可以借助地理信息系统软件进行管理，住房城乡建设部也制定了工程建设地理信息系统软件通用标准，对如何工程建设地理信息系统的建设进行规范。地理信息系统（GIS）可以实现对建筑工程领域所涉及的大量的地理空间信息进行存储管理、分析处理等，可以在建筑工程领域各个方面发挥重大作用。

1. GIS 在建筑工程中的应用场景

（1）GIS 应用于建筑施工安全管理

建设项目安全管理工作在整个施工过程中具有重要作用。当前，建设项目数量剧增，而安全监督管理的人员数量相对较少的问题已日益突出，如何有效地配置现有资源，利用先进技术手段开展安全管理工作已成为急需解决的问题。

GIS 技术应用在施工安全管理中，正好解决了管理人员少与需要管理的建设项目数量多这对矛盾，为建设管理部门提供了一个高效有力的管理手段。范丽霞等学者将 GIS 应用在日常安全管理工作中，为 GIS 开辟了一个崭新的使用平台。即把管辖区域内的建设工程项目显示在地图上，对建设工程项目进行定位查询，就能够直观、方便的掌握施工项目的现实状况，有利于安全监管人员有目的、分重点地对建设工地实施安全监督。同时，利用专业地理信息系统软件对区域地图和数据库的管理功能，一方面在用图形方式显示出管辖范围内的工程项目分布情况以外，项目周边的交通、电力、电信、燃气、供水管网的布局信息也可一目了然，为场地施工提供便利，另一方面把与工程项目有关的属性信息，比如：建设单位、设计单位、施工单位等存储在数据库中，更重要的是把建设项目的安全手续、专职人员配备、安全人员资质、安全防范措施、临时用电、安全用品、安全资料、施工机具的安放等信息记录于数据库，用户只需要通过简单操作就可以提取、查询和使用这些数据，方便了对施工项目的安全监督，又为安全管理提供了辅助决策。

（2）GIS 应用于基础设计及施工

高层建筑的层出不穷既提高了空间利用率，又缓解了城镇建设用地紧张的局面，同时，也给基础设计和施工提出更高要求。桩基础应用在高层施工中已经较为普遍，各地区、不同的试验单位也都积累了大量桩基静载试验数据，其中郝猷猷在对广东省肇庆市 971 根试桩静载试验资料统计分析的基础上，建立了单桩承载力地理信息系统和单桩承载力数据库，并提出了肇庆市计算嵌岩桩单桩承载力极限时，极限侧阻力、端阻力标准值的建议值。此专题地理信息系统的建立，将 GIS 使用在桩基础设计中，完成了 GIS 对单桩承载力信息的管理、分析和查洵，实现了不同试验单位、不同设计部门对单桩承载力信息的共享，且经过数据分析得出单桩竖向承载力极限值还可提高这一重要结论。

（3）GIS 应用于建筑物规划

高层建筑基础施工还需要重视深基坑的支护问题，这关系到施工人员安全和工程进度。中国建筑科学研究院魏巍学者经过对深圳市三家较大的基坑设计单位 100 项典型基坑支护工程设计数据的收集，建立起基坑支护数据库。在详细记录各个基坑支护工程设计与施工基础上，以该数据库为基础开发完成了深圳市基坑支护地理信息系统。该系统共包含四个专题信息库，其中，基坑概况信息库存储工程基本信息和基坑施工信息；计算参数信息库存储项目地质信息和地下水控制信息；支护结构信息库存储放坡、排板桩、连续墙、内支撑、钉锚等相关支护信息；监测数据信息库则存储基坑中监测点观测值每日的变化情况，该系统可以实现对基坑管理与基坑查询等各项功能。该系统的建立实现了对以往基坑支护工程数据收录、管理和分析，为不同设计单位提供数据共享平台，对今后基坑支护工程设计、施工、研究提供了直接的强有力的参考依据。

目前，我国在大力推进城镇化建设，但可供建设的用地却严重不足。一方面城市规划管理部门加大了旧城改造，另一方面管理者采用先进科学的管理手段对城市建筑物进行了合理规划。其中，香港将 GIS 使用在新城开发管理中，建立了以可供地的预测管理为主要功能的沙田新城开发土地地理信息系统，为管理者提供未来一段时间里可用于建造住宅的土地利用时间表，进而推测配套的基础设施建设如何布局、何时完工，以及各种商业、服务、教育、保健、公共交通设施应该建立的地点或区域，取得了很好的效果。

（4）GIS 应用于建筑审批部门的内部管理工作

伴随越来越多的建设项目破土动工，各种资质级别建筑企业涌入市场，增添了建设管理部门工作量。采用地理信息系统可实现图形与属性的交互式访问，首先，在地图上清楚地标明正在建设和上报审批需要建设的项目位置，其次，将企业资质、单位名称、经济状况、主要技术和管理人员简介等企业属性信息存放于数据库，建设管理部门的工作人员可以通过 GIS 专业软件，实现对市场现有建筑施工单位经营管理状况的即时了解，规范了市场秩序，把好了市场准入关。同时，GIS 图形显示和数据处理功能可快速、准确的查询相关信息，使资料存放简单、有序，减轻了管理人员的负担，降低了人为错误，也是政府电子政务建设的重要部分。

（5）三维 GIS 应用于城市建筑管理

建立房地产三维管理专题地理信息系统，可以真实再现楼盘三维场景，虚拟显示住宅内部结构，并且可通过互联网发布房产项目认购信息，这些功能是普通信息系统无法完成的，而且在住宅小区建成后，物业管理公司可通过房产三维管理信息系统对各种物业设施进行数字化管理，这无疑会有助于提升小区的形象地位。将 GIS 与虚拟现实技术相结合，可实现城市景观仿真，给人一种身临其境的感觉；还可对大型建设项目进行虚拟显示，动态模拟项目完工投入使用的状况，为科学的规划决策提供帮助。

2. GIS 应用于建筑工程技术案例

（1）ArcGIS 建筑场地淹没分析

ArcGIS 中可以通过相关数据对建筑工程所在区域进行分析，为建筑工程实施提供相关决策支持。图 9-36 中 ArcGIS 中三维空间可视化和分析模块 ArcScene 加载了建筑工程所在区域的地形图、数字高程模型以及数字正射影像，形成建筑工程所在区域的三维模型，接着根据洪水不同等级进行洪水淹没分析（图 9-37）。

图 9-36　建筑工程所在区域分析

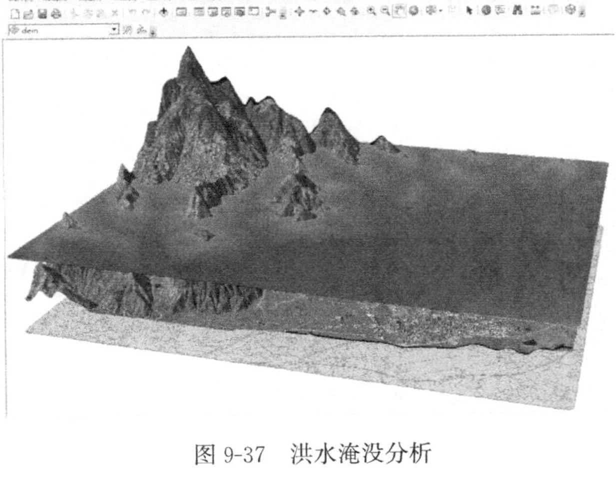

图 9-37　洪水淹没分析

(2) ArcGIS 创建地形剖面图

地形剖面图显示地表属性位沿某条线高程的变化情况，有助于评估建设道路的难度或对沿指定路径铺设公路、铁路的可行性进行评估。

1) 数据准备

图 9-38 中有某地形 TIN 数据及某段道路中线。

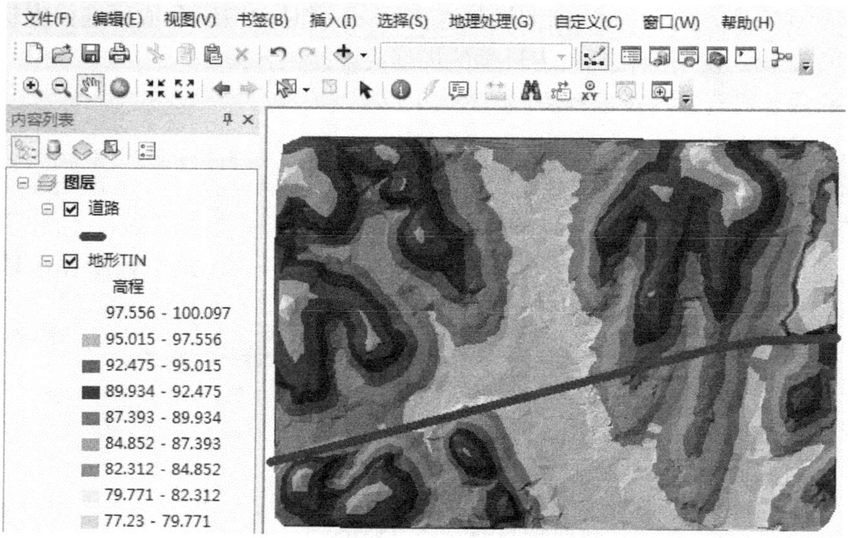

图 9-38　某地形 TIN 数据及某段道路中线

2) 软件设置

打开【菜单栏】→【自定义】→【工具条】，加载【3D Analyst】工具条，在 3D Analyst 选项卡中，设置创建剖面生成数据保存位置及生成剖面图所使用方法（图 9-39）。

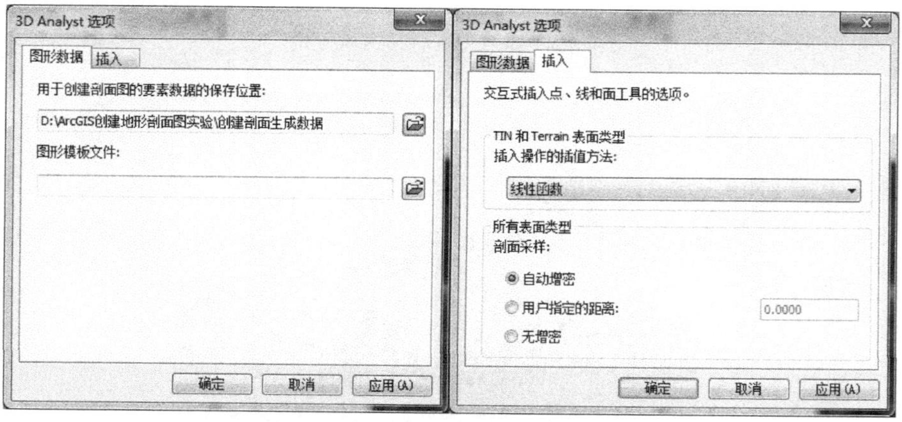

图 9-39　设置创建剖面

并在【菜单栏】→【自定义模式】→【命令】，找到【要素转 3D】命令，放到【3D Analyst】工具条中（图 9-40）。

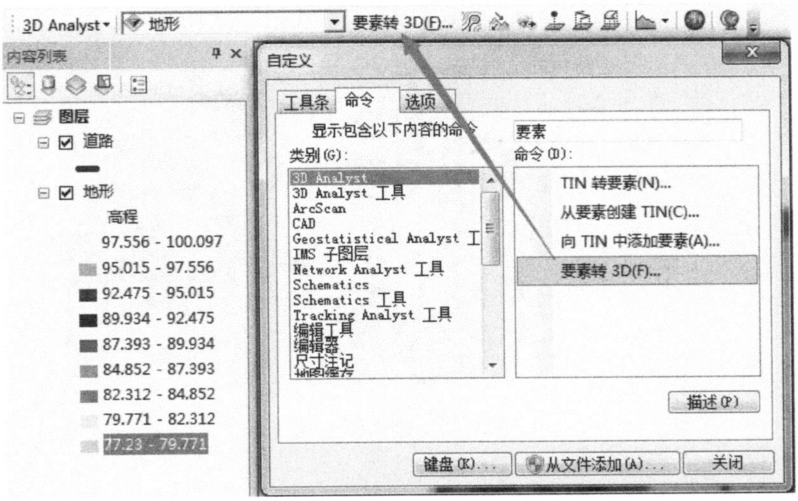

图 9-40 “要素转 3D”命领调用

3）已有的道路线转 3D

利用【3D Analyst】工具条中的【要素转 3D】，将二维的道路借助高度源转为“3D 道路”（图 9-41）。

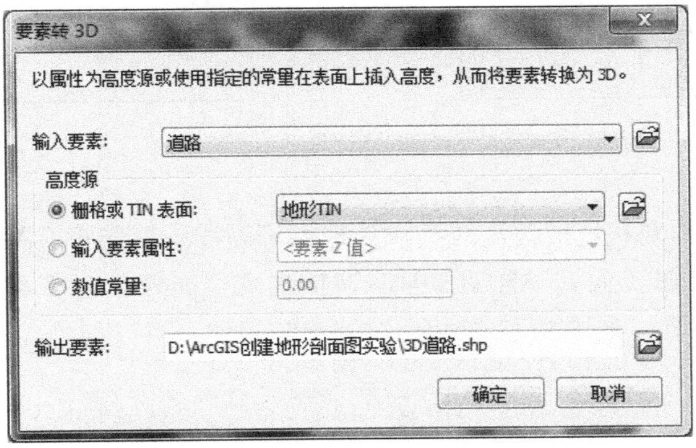

图 9-41 已有的道路线转 3D

也可以选择【3D Analyst】工具条中的【线插值】工具，自行绘制一条直线或折线。

4）剖面图生成

打开【编辑器】→【开始编辑】，选中“3D 道路”（图），之后选择【3D Analyst】中的【创建剖面图】工具（图 9-42），即可获得当前剖面线所形成的纵剖面图，如图 9-43 所示；同时该剖面线采样、插值生成的采样点数据也保存到之前设置的文件夹下，名字为“PG1. shp”，加载后打开该文件并打开其属性表，可以查看每个采样点的高程值，如图 9-44 所示。

（3）ArcGIS 填挖方计算

ArcGIS 可以利用高程点、等高线、TIN、DEM 等多种数据源计算填挖方，本文以地形测量中常见的等高线为例，讲解 ArcGIS 填挖方计算，基本流程包括由高程点、等高线矢量数据导入、生成 TIN、TIN 转为 DEM 和填挖方计算几个步骤。

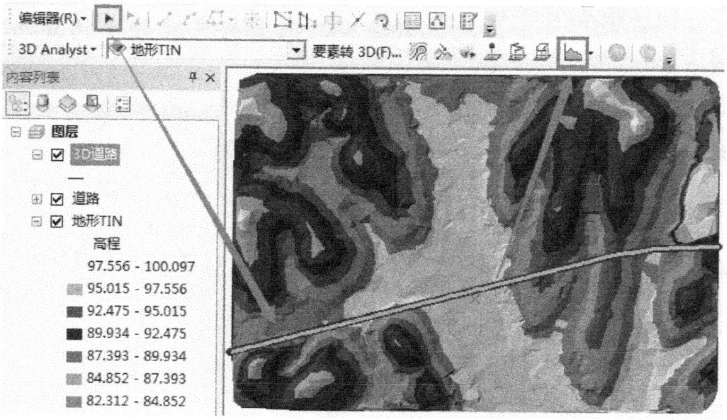

图 9-42　剖面图生成

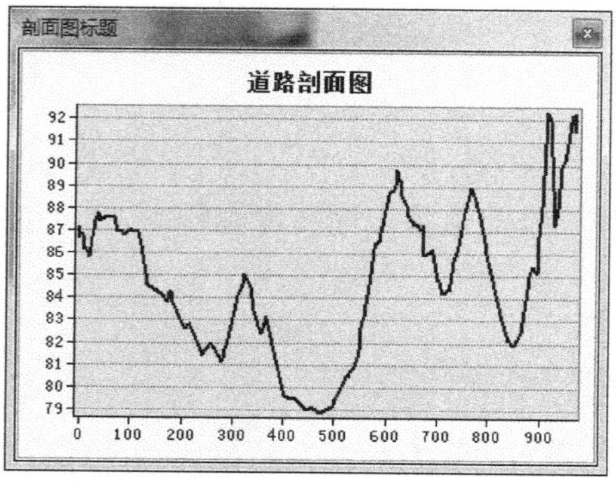

图 9-43　道路剖面图

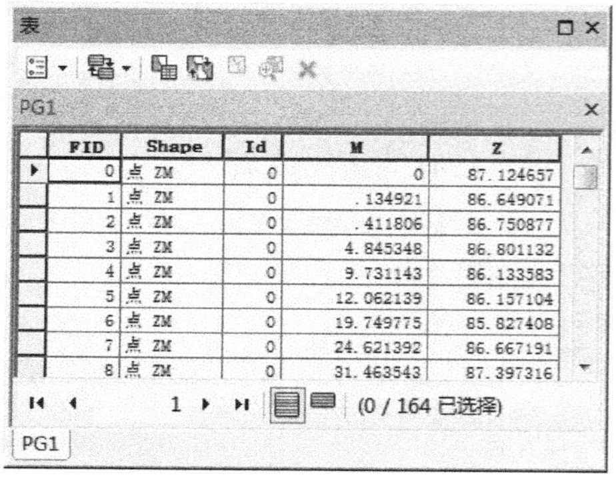

FID	Shape	Id	M	Z
0	点 ZM	0	0	87.124657
1	点 ZM	0	.134921	86.649071
2	点 ZM	0	.411806	86.750877
3	点 ZM	0	4.845348	86.801132
4	点 ZM	0	9.731143	86.133583
5	点 ZM	0	12.062139	86.157104
6	点 ZM	0	19.749775	85.827408
7	点 ZM	0	24.621392	86.667191
8	点 ZM	0	31.463543	87.397316

图 9-44　高程值

现有 CAD 格式的现状地形等高线和设计地形等高线，首先将 CAD 等格式的包含高程信息的等高线矢量数据转入到 ArcGIS 中，等高线高程属性信息保存在 contour 字段中，同时导入施工场地边界，如图 9-45 所示。

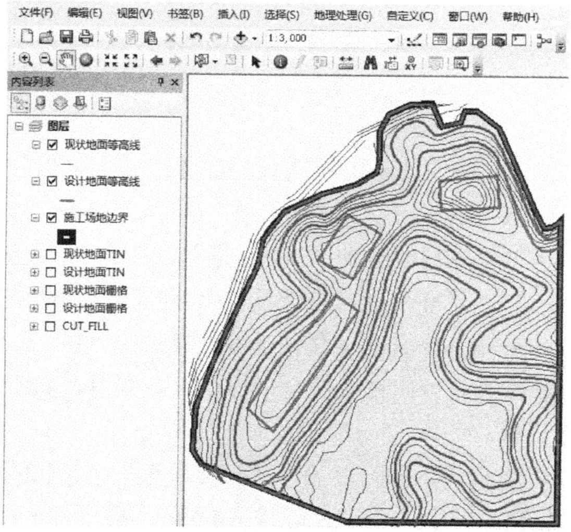

图 9-45　导入施工场地边界

在 ArcToolbox 中，执行［3D Analyst 工具］［TIN 管理］→［创建 TIN］命令，利用现状地形等高线和施工场地边界创建现状地面 TIN，利用设计地形等高线和施工场地边界创建设计地面 TIN，如图 9-46 所示。

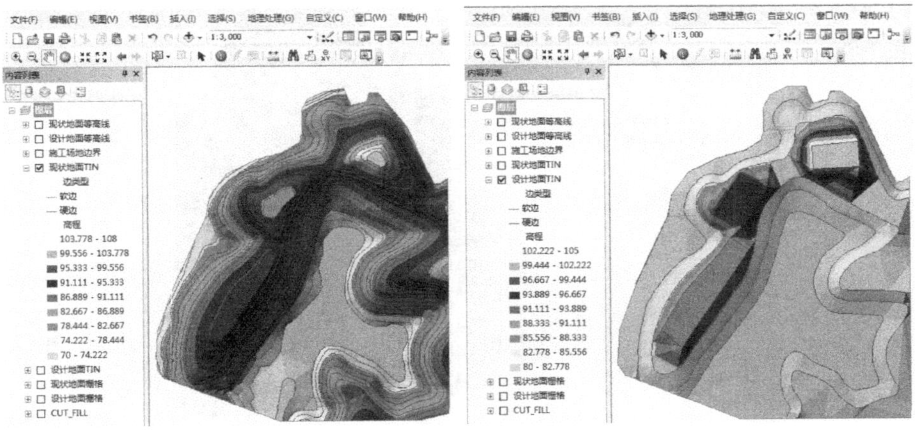

图 9-46　创建设计地面 TIN 界面

在 ArcToolbox 中，执行［3D Analyst 工具］→［转换］→［由 TIN 转出］→［TIN 转栅格］命令，采样距离选择 CELLSIZE，将现状地面 TIN 和设计地面 TIN 转为现状地面栅格和设计地面栅格，如图 9-47 所示。

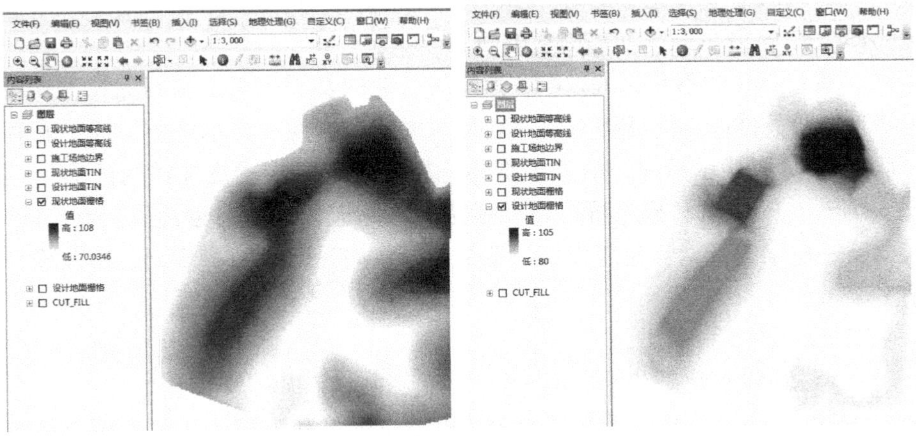

图 9-47　地面格栅

ArcToolbox 中，执行［3D Analyst 工具］→［栅格表面］→［挖填方］命令，即可计算该施工场地的挖填方（图 9-48）。

9.5.2　BIM 与 GIS 集成应用

BIM（Building Information Model）是指建筑信息模型，是在建设项目的各种相关信息数据的基础上建立模型，通过数字信息仿真模拟，表达建筑物的真实信息。它首先是通过三维图形来完整表达建筑的几何形状和空间位置关系，具有直观可视，易于理解的特点。而且其实体模型不仅有三维几何形状信息，还包含了大量的非几何形状信息，如建筑

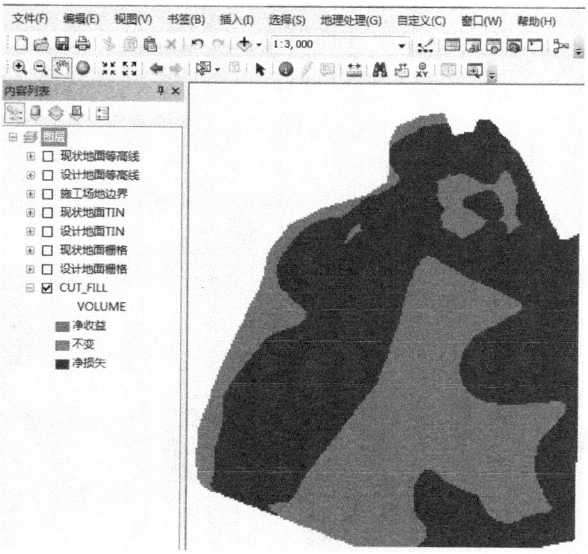

图 9-48　施工场地的挖填方

构件的材料、重量、价格、进度等信息。BIM 方便建筑设计、工程设计以及施工服务等工程各参与方依此进行规划、设计、施工和运维管理。

GIS 是指地理信息系统，是基于计算机的空间信息系统，对空间信息进行分析和处理，传统的 GIS 领域着重于宏观环境与地理空间信息及其相关应用，并没有建筑室内信息，因此 GIS 大多停留在浏览外部信息层面。

近年来，随着研究的不断深入，GIS 为建筑行业的发展提供了良好的技术支撑，由于 GIS 系统基于空间数据库，能够很有效率地显示大场景。但在显示细节方面一直存在明显的不足。而 BIM 具有显示精细、信息丰富的特点，为 GIS 技术更加深入的应用提供了有益的补充。GIS 与 BIM 的集成，可以拓展延伸 GIS 的应用，同时也可以提升 BIM 应用价值，将在道路、桥梁、管网等建筑设施建造分析、室内导航、城市规划、市政模拟、资产管理等诸多领域。

BIM+GIS 集成应用场景。

（1）BIM+GIS 在水利工程的应用

基于 BIM 技术和 GIS 技术的集成应用，可以协助水利工程的建设管理人员实现对水利工程进行全生命周期的管理与运维。BIM+GIS 在水利工程方面实现全寿命周期的集成应用框架如图 9-49 所示。

在项目可行性研究阶段，GIS 系统能够提供丰富详实的地理空间信息，用于建立各种专业的数据地图，展现水工建筑物与周围环境的空间三维关系。与 BIM 技术的结合，在精确的地理信息的基础上，模拟出场地的利用状况，为决策者提供多种备选方案（图 9-50）。

在设计阶段，BIM 能够展现出各水工建筑物的细节，其管线碰撞检测功能可以有效地降低施工过程的返工现象，从而大大地减少了因管线碰撞以及不合理布置等造成的工作量，加快了工程进度，节省了工程成本。在水工建筑物内的灾害逃生路线设计方面，

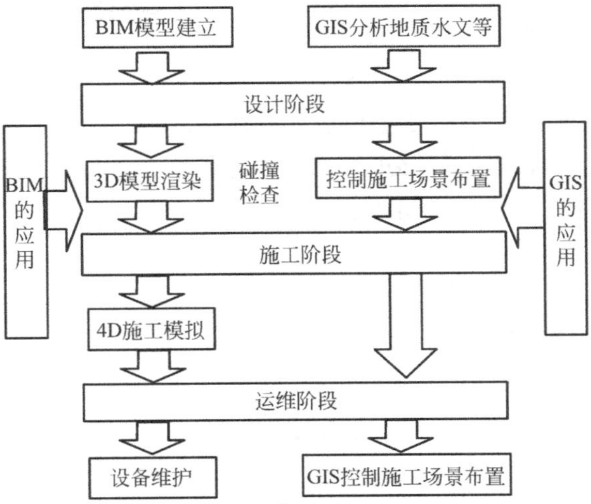

图 9-49　BIM 和 GIS 应用框架图

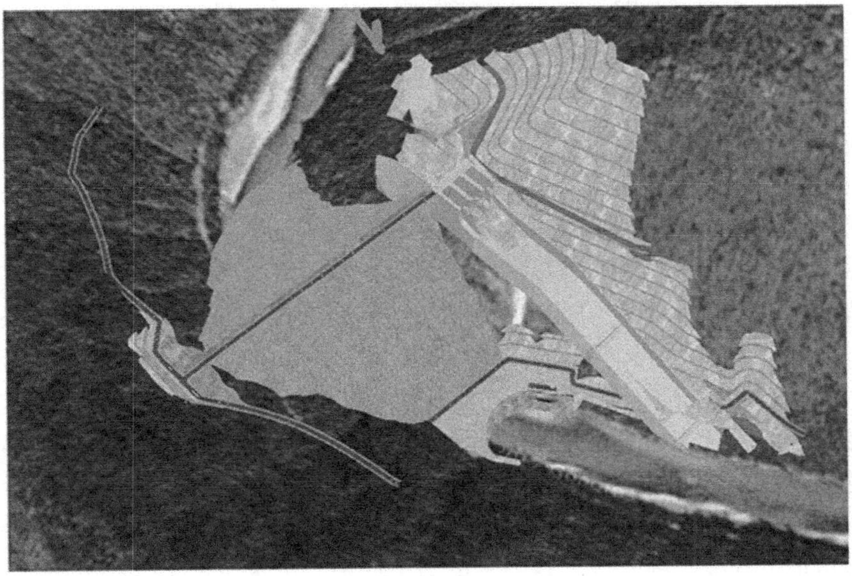

图 9-50　水利工程设计成果三维可视化

BIM+GIS 的集成，可进行高精度的仿真模拟，也可模拟整体的洪水淹没情景并进行分析，并将得到相关数据反馈给设计人员，为前期的设计工作以及后期的运营维护工作提供充足的数据保证。在施工阶段，BIM 和 GIS 的集成可以帮助设计人员择优进行水工建筑的结构选型和水利工程场地的选址，保证结构项目因地制宜，提高项目施工过程中的安全性、稳定性，以及增加项目顺利实施的可能性，与此同时，还能进行 4D 进度设计和管控，对施工进度有更好地把控。在工程施工质量和安全方面，BIM+GIS 的集成，可以实现全过程的、各环节的工程监控与预警报警，提高全过程中的安全性。

在工程后期的运维管理阶段，设计方可以向业主交付无纸化的电子模型，与以往的交付模型相比，能够更详实的展示工程成果，并且运营方利用该系统可以实现对水工建筑物内部各空间的实时监控、观测以及做到对其周围环境更好的掌控。

（2）BIM+GIS 在大型道路桥梁工程方面的应用

大型道路桥梁工程往往都是一些大体量的复杂工程，并且普遍具有构件多、结构设计复杂、体型庞大，施工环境复杂多变等特点。采用 BIM 技术，可以实现大型道路桥梁的模型信息分析，运用 GIS 技术，能够进行地理环境要素的分析，并实现大型道路桥梁位置的定位。模型的网络架构如图 9-51 所示。

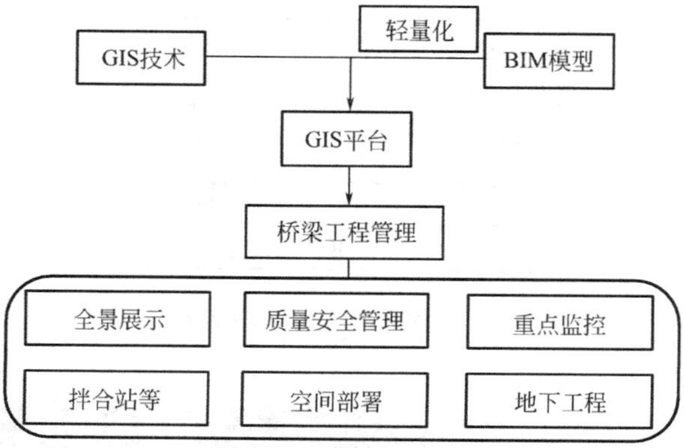

图 9-51　GIS+BIM 网 络 架 构

基于 BIM+GIS 的大型道路桥梁建设工程管理平台的建立，可实现对施工工程分标段、分工区的监控。两者的集成，实现了铁路桥梁工程项目全线的三维效果展示，便于各层工作人员更直观地了解项目概况。在施工空间方面，BIM 与 GIS 的集成，提高了工程地理定位信息的准确性，建立更详尽的标段信息和测距情况，不仅仅是单独的工程信息，而是与地理 环境相关联的各类信息。基于 BIM+GIS 的桥梁模型（图 9-52），还可以实现重点工程的实施控制、工程配套的监控以及施工质量的安全管理等，如关联拌合站实验室的信息后，大型道路桥梁工程工作段与对应的实验室、拌合站、审批查验单、施工日志等信息进行相应的匹配，能够对相应 信息进行统计、管理，如拌合站产品的合格率、不合格产品的处理等信息，对这些数据的 分析与反馈，可为管理层的决策提供依据和证据。

（3）BIM+GIS 在地下管网方面的应用

我国城市地下管线包括燃气、热力、电力、通信、供水、排水、广电、工业等 8 类。由于其建设、管理和运营涉及多个政府职能和权属部门，存在严重的信息壁垒问题，进而出现信息交流不顺畅、信息管理不到位、数据更新不及时等弊病，造成城市地下管线杂乱无章、纵横交错等问题，施工过程中出现挖断、泄漏等安全问题屡见不鲜。

BIM+GIS 的集成，可以把管道的各种信息高度集成，如管线用途分类、位置、材料、分管部门、工作状态等。通过 BIM 的防碰撞检测技术，减少施工过程中因管线位置交错穿插 造成的损失，节省成本，提高施工效率，加快工程进度。与此同时，GIS 技术与 BIM 技术的集成不仅仅能够实现对地下管网空间信息的浏览以及查询，还能够对管网实现运行状态评估、管线巡护、危险源监测、覆土分析、最佳路径分析、净距分析、关闭阀门分析等特殊功能。使地下管网实现真正意义上实现 3D 可视化（图 9-53），方便掌握地下管线信息以及事故源，使事故应急组织更行之有效。两者的集成，解决了之前对于地下管线

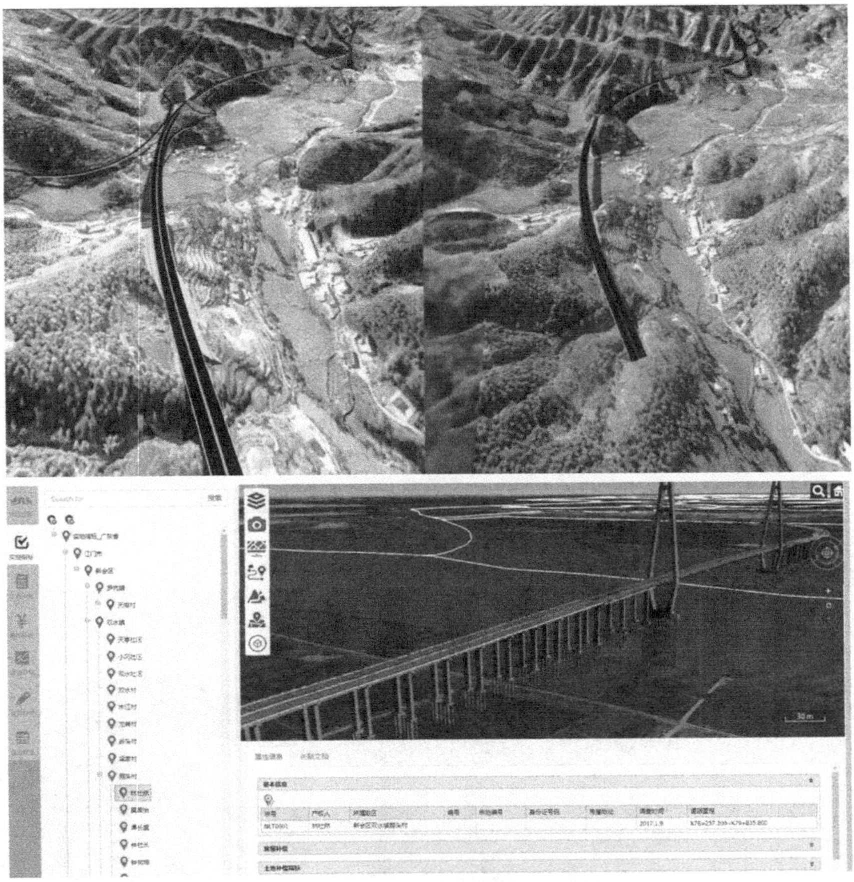

图 9-52 GIS 与 BIM 结合下大型道路桥梁工程管理

的盲点问题，实现宏观管理与微观管理的有效结合，可使各部门对地下管网信息进行动态化管理，促进了城市精细化智能管理，有效地提升城市信息化水平。

图 9-53 GIS 与 BIM 地下管网的应用

（4）BIM＋GIS 在场地分析中的应用

在建筑工程规划阶段，场地的气候、水文条件、地貌特征、植被等都是影响场地规划决策的重要因素。进行场地分析是研究建筑工程选址定位的一项重要工作，其中包含对施工配套、环境现状、景观规划以及建成后交通流量等各类因素的评价与分析。传统的场地分析中，存在着诸如定量分析不足、数据无法处理、主观因素过重等弊病。

BIM＋GIS 的集成，能够实现对场地的自然条件的分析，其中包括对地形条件、气候条件、地质条件等进行模拟分析。例如利用 AutoCAD Civil 3D 与 GIS 的集成，根据三维的地形基础数据，以及周围的环境数据，软件能够自动生成适合该场地环境的建筑形体，然后利用建筑物理模拟工具，对光环境、日照、声环境、热环境、风环境、可视度、经济性及环境影响等建筑物理环境进行模拟分析，从而可以对建筑物的耗能机制、供暖通风、舒适度等指标进行综合测评，以期更好地满足用户的要求甚至是个性化定制需求（图 9-54）。

图 9-54　建筑物三维可视化及火灾模拟

（5）BIM＋GIS 在城市建筑规划中的应用

在城市建筑规划中，以往常用的就是 GIS 技术。GIS 数据虽然集成了海量的三维地理空间空间信息数据，并为庞大的城市建筑规划数据提供了有效的管理、存储和维护手段。但 GIS 数据却不能涵盖建筑物内部的信息，如成本、设计、施工、运维等信息。BIM 技术与 GIS 的集成应用就很好地填补了这一空缺。

BIM＋GIS 的集成，将城市建筑规划从二维转换发展为三维，运用全新的数据来源及技 术手段，推动城市建筑规划新的变革。

1）在测量方面，原来的二维测量在密集、超高层建筑等情况下，测量难度较大。而进行三维测量，则很好地解决这一问题。在距离测量、高度测量以及角度测量方面，只需在软件中选择需要测量的点，将会自动得出想要的数据结果，也间接地提高了城市建筑物间距规划的审批效率。与此同时，连续点击测量区域的各个端点，便可求得所求区域的面积；

2）在通视分析和天际线分析等方面，由于目前高层、超高层建筑日益增多，建筑物的通视分析和天际线分析愈来愈重要。通视分析和天际线分析（图 9-55）目前已是城市空间结构研究的基本问题，目的是保证城市中的一些建筑物和景点都具有合适的尺度以及适宜的位置，保护最佳的视觉效果。BIM+GIS 的集成，可以基于大地坐标的通视性检查算法或其他算法，完成建筑物的通视和天际线的模拟与检查等工作；

图 9-55　城市天际线分析

3）在日照分析方面，日照分析主要包含单点分析、遮挡分析、窗洞分析及日照仿真分析 4 个方面。影响日照分析的因素有很多，例如，不同季节的不同日照情况，建筑物的高度、体积等因素影响，通过三维数字模型可以将这些因素形象化、具体化的表现出来（图 9-56）。可以根据建筑物的位置、高度、日照等因素，结合建筑物的阴影进行遮挡分析，可以根据日照分析结果判断处建筑物之间的间隔是否满足要求，为城市建筑物规划设计 提供合理地数据以及设计依据。

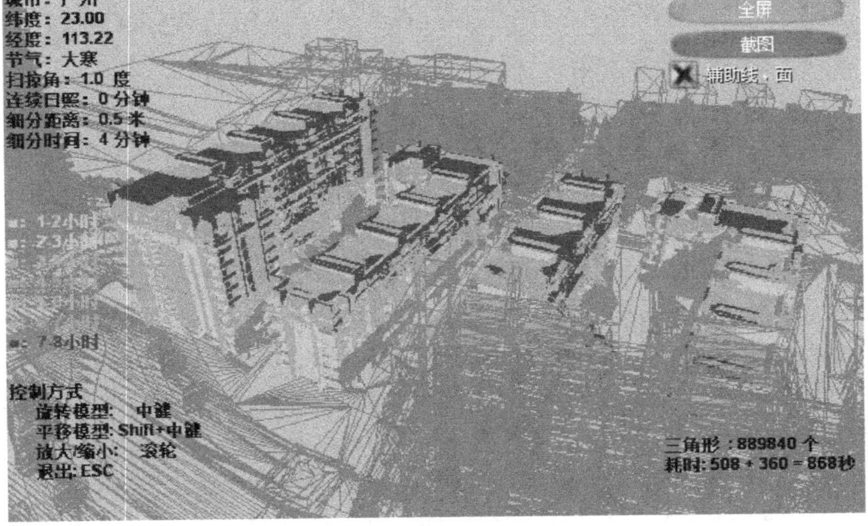

图 9-56　基于 BIM 模型的日照分析

（6）BIM+GIS 在建筑文物遗产信息化的应用

在信息化的时代背景下，传统的建筑文物遗产信息记录建档已经不能满足对建筑文物工程、建筑遗产信息的保存，应顺势升级为以数字化为基础的建筑文物遗产信息的采集、传递、存储和利用等一系列行之有效的手段、措施，以适应保护遗产信息的细化和深化工作。目前建筑文物遗产领域的核心技术是 GIS 和 BIM 技术，以及衍生的“历史建筑信息模型”（图 9-57）和“历史地理信息系统”。近年来，国内外针对 BIM 技术在建筑文物遗产方面的应用进行了若干的探索研究工作，证明其本身的适用性。基于 BIM 技术，可以建立跨平台信息化测绘、记录系统，建筑遗产信息库，保护工程勘察设计辅助。施工档案记录系统，价值评估支持系统等，使建筑文物遗产的全生命周期管理成为可能。与 GIS 技术的集成，可以形成建筑文物遗产的多方面展示、检测、日常管理平台和系统等，促进建筑文物信息走向信息化、数字化和智能化。

图 9-57　文物古建精密三维模型展示平台

（7）BIM+GIS 技术融合案例

1）ArcGIS 与 BIM 技术的融合

BIM 软件很多，例如 Autodesk 公司的 Revit 系列软件（Revit Architecture，Revit Structural 和 Revit MEP）、Bentley、Tekla、ArchiCAD、CATIA 等软件。其中，Revit 是国内主流 BIM 软件 ESRI 作为全球领先的 GIS 技术与服务提供商，在 BIM 领域与 Autodesk 公司的深入合作，ArcGIS 平台不仅支持了 Revit（Autodesk）、Microstation（Bentley）、CATIA、Tekla 等主流的 BIM 软件，还在轻量化技术、OGC I3S 标准和三维可视化方面成果卓著。

图 9-58 为 ArcGIS 中浏览古建筑 BIM 模型，图 9-59 是基于 ArcGIS 网络发布的地铁 BIM 数据展示系统。

2）SuperMap 与 BIM 技术的融合

国内 GIS 厂商 Super Map 借助的专用插件，可以很方便地导入 BIM 模型数据。同时利用实例化技术、模型轻量化技术和缓存技术，保证了 BIM 模型数据在 GIS 中浏览性能。

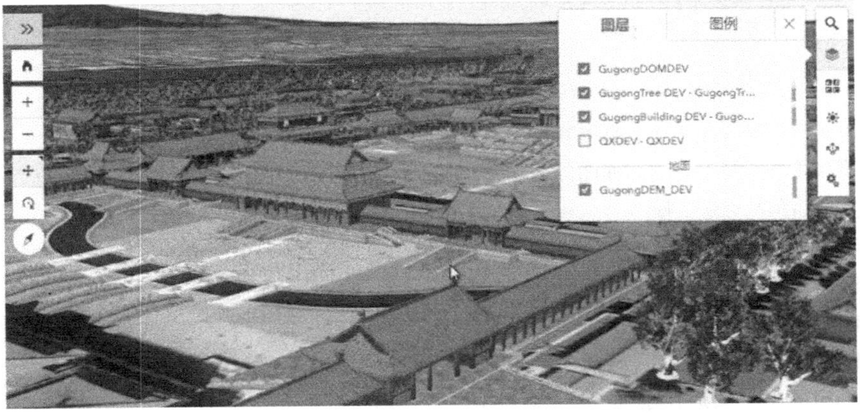

图 9-58　ArcGIS 中浏览古建筑 BIM 模型

图 9-59　基于 ArcGIS 网络发布的地铁 BIM 数据展示系统

图 9-60 SuperMap GIS 所开发基于 BIM 模型的室内逃生模拟过程。

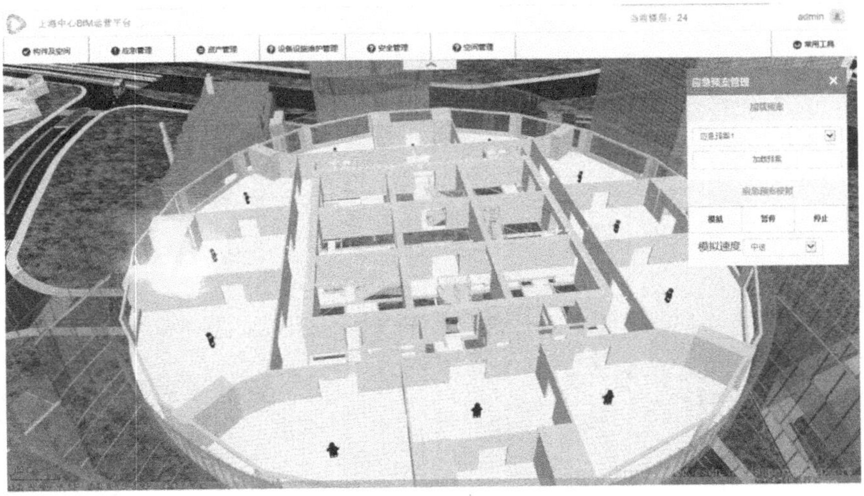

图 9-60　基于 BIM 模型的室内逃生模拟

习 题 与 思 考 题

1. 地形图面积量算方法主要有哪些?

2. 根据等高线绘制某一方向断面图的具体方法是什么?

3. 常用测量面积的方法有哪些?

4. 解析法面积测算与图解法面积测算相比，精度有何差别?

5. 土方估算有哪几种方法? 各适合于哪种场地?

6. 数字地形图计算土方量主要有哪些方法?

7. 简述地理空间信息在建筑工程中的应用。

8. 举例 BIM 与 GIS 集成在建筑工程中的应用。

9. 将某一起伏斜面整理成某一高程的水平面时，如何确定填挖分界线?

10. 在数字地形图上点取任一点的坐标，与传统的纸质地形图上图解任一点的坐标比较，哪一点的精度高? 为什么?

第 10 章　建筑工程施工测量

10.1　施工测量概述

测量工作贯穿于整个工程建设中，即勘测、设计、施工三个阶段都需要测量工作。在施工阶段所进行的测量工作称为施工测量。

10.1.1　施工测量的任务和内容

施工测量的基本任务就是放样（测设）。同地形图一样，都是以地面控制点为基础，但施工测量是根据图纸上的建筑物或构筑物尺寸，计算出各部分的特征点与控制点之间的距离、角度（或方位角）、高差等数据，将这些特征点在实地上标定出来，作为施工的依据；并在施工过程中进行一系列的测量工作，衔接和指导各工序之间的施工。

由此可见，正确地放样才能保证正确地按照设计施工。在工程建设中，施工测量是非常重要的。

从场地平整、建筑物或构筑物定位、基础施工，到建筑物或构筑物构件的安装等一系列工序，为保证建筑物或构筑物各部分的尺寸、位置与设计要求符合，都要进行施工测量。其主要内容有：建立施工控制网；建筑物、构筑物的详细放样；竣工检查、验收测量；变形观测。

10.1.2　施工测量的特点

施工测量与一般测图工作有如下特点。

1. 施工测量的目的与测图工作相反

简单说来，测图工作是以地面控制点为基础，将地面上的地物、地貌按一定的比例缩绘在图纸上，绘制成图；施工测量是根据图纸上设计好的建筑物或构筑物尺寸和位置，经过计算，将建筑物或构筑物的特征点放样到实地。

2. 施工测量精度要求较高

施工测量的精度要求主要取决于工程的性质、规模、材料以及施工方法等因素。一般施工测量精度要求有以下关系：高层建筑物施工测量精度要求高于低层建筑物施工测量精度；钢结构施工测量精度要求高于钢筋混凝土结构施工测量精度；装配式建筑物施工测量精度要求高于非装配式建筑物施工测量精度；工程的细部放样施工测量精度要求高于整体放样施工测量精度。而且，施工测量的误差不会被缩小，直接影响建筑物或构筑物的位置和尺寸。

但测图的精度要求往往与比例尺的大小有关，绘制成地形图后，测量误差会按比例缩小。

3. 施工测量的时间性比测图工作强

施工测量工序与工程施工工序密切相关，测量人员应根据工程施工进展情况，及时地进行各项测量工作，以免影响工程进度和工程质量；及时掌握工程现场进度及变动情况，使施工测量工作能够与工程施工密切配合。

4. 施工测量干扰因素较多

由于施工现场上工种多、交叉作业频繁，遇到大量土、石方填、挖，地面变动很大，又有车辆等机械振动，施工测量工作会受到现场环境、车辆、人流、施工作业等各种因素的影响，各种测量标志易遭到破坏。为尽量避免这些干扰，常将控制点远离现场，再采用二级布设的形式，设置基准点和工作点（工作点的密度应尽可能满足安置一次仪器就可放样的要求），测量标志必须埋设稳固且不易破坏。而且，为保证测量精度，测量工作人员应了解工程施工方面的有关知识，与其他工种密切配合，协同工作。

10.1.3　施工测量的原则

为减小误差积累、保证测量工作精度，与一般测图工作一样，施工测量应遵循“由整体到局部，先控制后碎部”的原则。即先在施工现场建立统一的施工控制网，然后以此为基础，放样建筑物或构筑物的细部位置。

此外，必须加强外业和内业的检核工作，检核是测量工作的灵魂。

10.1.4　施工测量的精度

施工测量的精度要求主要取决于工程的性质、规模、材料以及施工方法等因素。其精度应由工程设计人员提出的建筑限差或按照工程施工规范确定。

一般情况下，工程竣工后的最低精度要求即为建筑限差，也可理解为允许误差，即在工程项目的施工质量验收规范中，所规定的各种工程的位置、尺寸、标高的允许误差。假设建筑限差为 $\Delta_{限}$，工程竣工后的中误差为 m，则有：

$$m=\frac{1}{2}\Delta_{限} \tag{10-1}$$

工程竣工后的中误差 m 由测量定位中误差和施工中误差 $m_{施}$ 组成，而测量定位中误差又由建筑场区控制测量中误差 $m_{控}$ 和细部放样中误差 $m_{放}$ 组成，它们之间的关系如式(10-2) 所示：

$$m^2=m_{施}^2+m_{控}^2+m_{放}^2 \tag{10-2}$$

不同的工程，其控制点、控制点密度、放样点离控制点的距离、放样点的类型以及施工方法和要求都不尽相同，因此，$m_{施}$、$m_{控}$、$m_{放}$之间的比例关系并不固定。应根据工程的具体情况确定三者之间的关系，一般情况下，$m_{控}^2<m_{放}^2<m_{施}^2$。工程测量规范对部分建筑物、构筑物施工放样的允许误差予以了相关规定，可取其一半作为施工中误差 $m_{施}$。

此外，还要以每一项作业工序的“难易度、成本比”大致相当为准则，做到既保证工程质量，又节省人力、物力。

10.2　测设的基本工作

测量的基本工作是测量距离、角度、高差。与之相似，测设的基本工作即是将已知的水平距离、水平角和高程，在实地上放样出来。

10.2.1 测设已知水平距离

已知水平距离的测设，就是根据地面上已知的起点、线段方向和起点到另一点的距离，确定另一点在地面上的位置，使两点之间的水平距离等于给定的已知值。例如要在施工现场将设计的房屋轴线长度在地面上标定出来。

测设已知水平距离所用的工具主要为钢尺和光电测距仪（或全站仪）。

1. 用钢尺测设已知水平距离

用钢尺测设水平距离适用于场地平整、短距测量（不超过一尺段）的场合，以及在建筑物内部地坪上进行建筑物细部放样。

（1）一般方法

在场地平坦的地区，从起始点开始，沿着给定的方向，按已知长度值，用经过长度检定的钢卷尺，直接丈量定出另一端点。为了检核，通常应作往返丈量。当往返丈量所放样出的两点不重合时，在较差容许的范围内，取其平均值作为最终结果。

此方法也称为直接测设法。

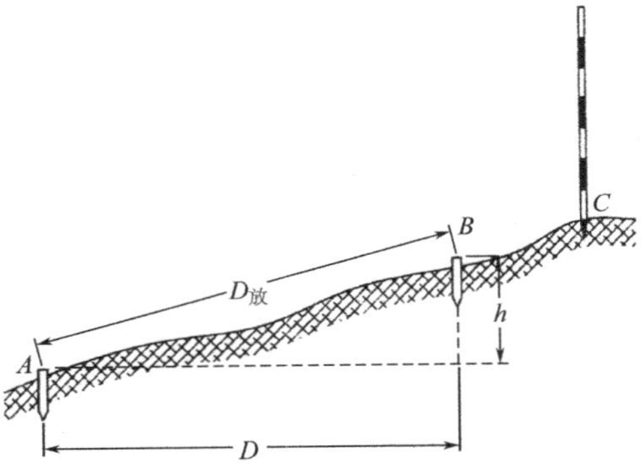

图 10-1 精密方法测设水平距离

（2）精密方法

测设精度要求较高时，应采用此方法。如图 10-1 所示，具体操作如下：先按一般方法放样；再对此距离进行三项改正，即尺长改正 ΔD_l、温度改正 ΔD_t 以及高差改正 ΔD_h。由第 4 章距离测量计算公式，可得测设水平距离 D 时，应丈量的距离如式（10-3）所示。

$$D_{放}=D-\Delta D_l-\Delta D_t-\Delta D_h \quad (10\text{-}3)$$

如果施工放样是在已经整平后的建筑场地上，则不需要进行高差改正；尺长改正和温度改正，可根据其数值大小和施工放样的精度要求进行取舍。

【例 10-1】 设要放样 AB 的水平距离 $D=50\text{m}$，使用的钢尺名义长度为 30m，实际长度为 29.997m，钢尺鉴定时温度为 20℃，钢尺的膨胀系数为 1.25×10^{-5}，A、B 两点的高差为 $h=0.385\text{m}$，实测时温度为 25℃。求放样时应在地面上量取的距离是多少？

【解】 尺长改正：$\Delta D_l=\dfrac{\Delta l}{l}D=\dfrac{29.997-30}{30}\times50=-0.005\text{m}$

温度改正：$\Delta D_l=\alpha D\ (t-t_0)\ =1.25\times10^{-5}\times50\times\ (25-20)\ =0.003\text{m}$

高差改正：$\Delta D_h=-\dfrac{h^2}{2D}=-\dfrac{0.385^2}{2\times50}=-0.0015\text{m}$

则在测设时，需要在地面上量取的距离：

$$\begin{aligned}D_{放}&=D-\Delta D_l-\Delta D_t-\Delta D_h\\&=50+0.005-0.003+0.0015=50.0035\text{m}\end{aligned}$$

当所测距离较长，且要测设的线段上高低起伏较大，难以丈量时，可采用归化法。如

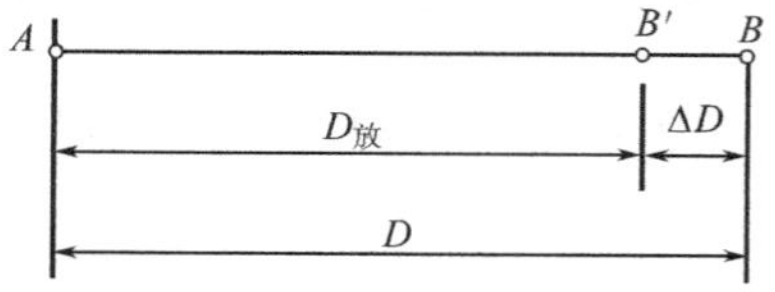

图 10-2　归化法

图 10-2 所示，先用一般方法测设出 B'；然后根据精密量距的方法，精确测出 A、B'两点的水平距离 $D_{放}$，则有：$\Delta D = D_{放} - D$；再将 B'点沿着直线方向进行修正，即归化，就可得到 B 点，此时，A、B'两点的水平距离为 D。归化时，$\Delta D > 0$，应向 AB'延长线方向改正；$\Delta D < 0$，应向 AB'内改正。

2. 用光电测距仪（全站仪）测设已知距离

用光电测距仪（全站仪）测设已知距离时，可直接测得水平距离，并可预先设置改正参数，当所测距离较长、地面不平坦时，比钢尺更方便。

如图 10-3 所示，测设时，在距离的起点 A 处安置仪器，按测设时的气温、气压设置气象改正值，设置距离显示为“水平距离”瞄准并锁定已知方向，沿此方向移动反射棱镜，当仪器显示值为所放样的水平距离时，在棱镜所在的位置定出端点 B。当棱镜位置与全站仪的水平距离和设计长度相差很小，移动棱镜调整困难时，可用钢卷尺归化。

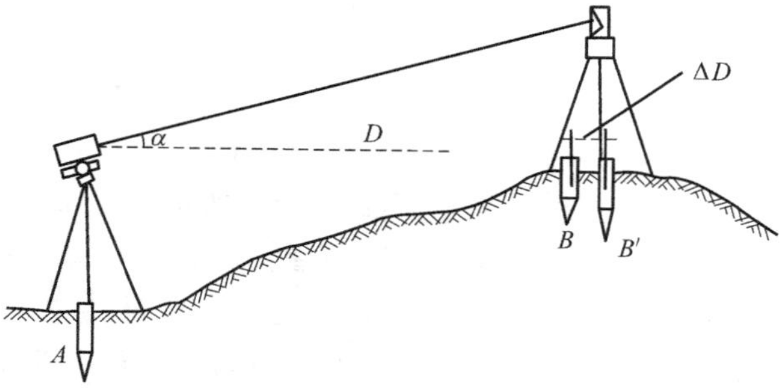

图 10-3　用光电测距仪（全站仪）测设已知距离

10.2.2　测设已知水平角

测设已知水平角，就是根据地面上的一个点和一个已知方向，定出水平角的另一个方向。已知方向一般为两个固定点，需要测设水平角的点为测站点，另一点称为定向点（或后视点）。由于测设已知水平角的精度不同，测设方法分为以下两种：

1. 一般方法

（1）半测回法测设水平角

如图 10-4 所示，设地面上已知方向 AB，A 为测站点，B 为定向点。需要顺时针测设水平角 β，并在该角方向上定出 C 点，半测回方法操作如下：在 A 点安置经纬仪，对中、整平，盘左或盘右位置，瞄准后视点 B，读取读数 b，转动照准部使水平度盘读数为 $b+\beta$，固定照准部，按视准轴方向在地面上定出 C 点。

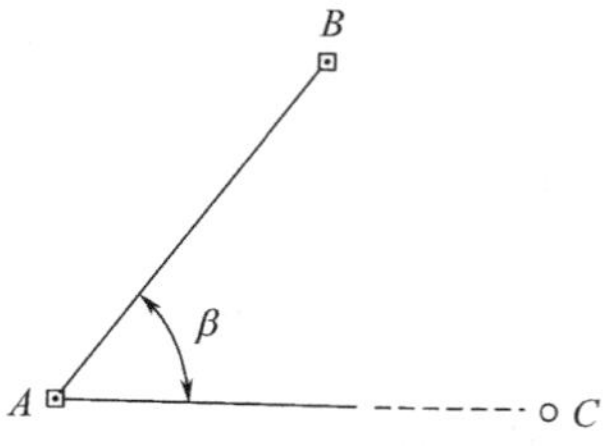

图 10-4　半测回法测设水平角

（2）一测回法测设水平角

当测设水平角精度要求较高时，采用一测回法测设水平角，此方法又称为正倒镜分中法。按上述方法，盘左位置在地面上定出点 C_1，如图 10-5 所示；盘右位置定出点 C_2；取

C_1、C_2 的中点 C，则$\angle BAC$ 即为需测设的水平角β。

采用一测回法测设水平角，可抵消测角仪器的视准轴误差和横轴误差。

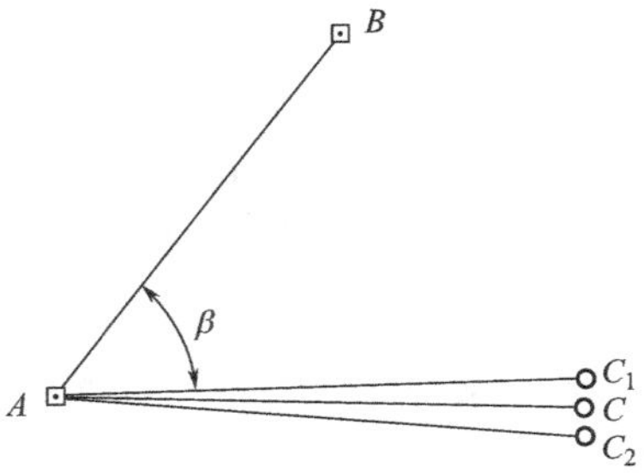

图 10-5 测回法测设水平高

2. 精密方法

当测设水平角精度要求很高，如要测设大型厂房的主轴线间的水平角度，可采用多测回测设水平角。

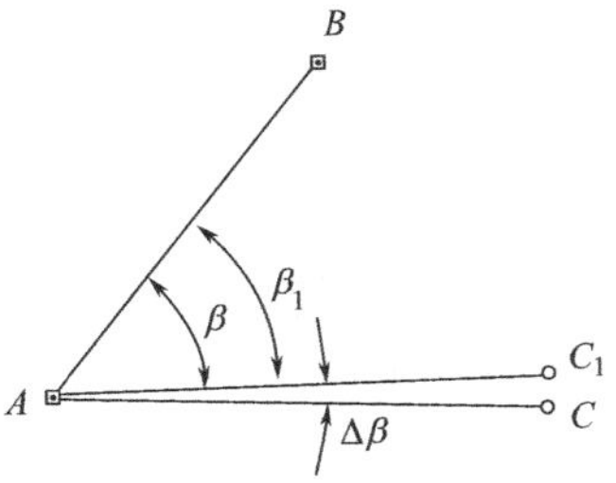

图 10-6 精密方法测设水平角

如图 10-6 所示，其操作步骤如下：

按半测回法，在地面测设出水平角 β，定出点 C_1；反复观测水平角$\angle BAC_1$ 多次测回，准确取其平均值 β_1，该平均值与设计角值的差值为 $\Delta\beta=\beta-\beta_1$；则可计算出改正距离 $CC_1=AC_1\tan\Delta\beta=AC_1\dfrac{\Delta\beta}{\rho}$，从 C_1 点沿 AC_1 的垂直方向量出 CC_1，定出 C 点，则$\angle BAC$ 即为要放样的已知水平角。

注意 $\Delta\beta>0$ 时，沿 AC_1 的垂直方向向外量取；$\Delta\beta<0$，沿 AC_1 的垂直方向向内量取。

10.2.3 测设已知高程

在工程建筑施工中，平整场地、开挖基坑、定路面坡度、定基础和地坪设计标高时，都需要测设由设计所指定的高程。测设已知高程，就是根据已知水准点，在地面上标定出某设计高程的高程位置。

如图 10-7 所示，设 A 点为已知高程点，高程为 H_A，需测设 B 桩的高程为 H_B，测设步骤如下：

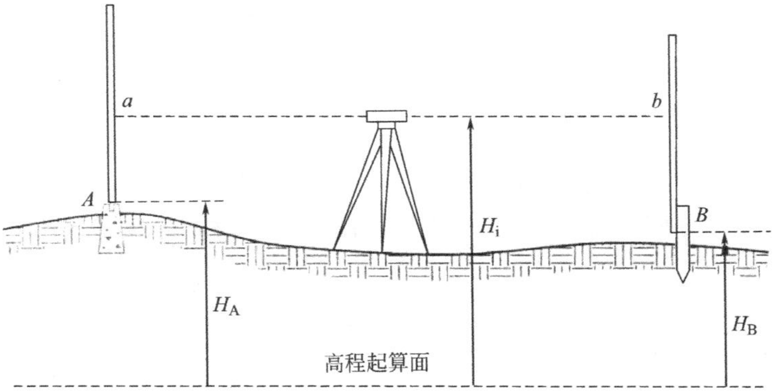

图 10-7 测设已知高程

(1) 在 A、B 两点之间安置经纬仪，A 点竖水准尺作为后视，测得其读数为 a。则水准仪的仪器高程为：$H_i=H_A+a$；

(2) 在 B 点设置木桩，桩边立水准尺，要放样出已知高程 H_B，则 B 点水准尺上的读数应为 $b=H_i-H_B$；

(3) 向下移动尺子，当读数正好为 b 时，固定水准尺。此时，尺底部高程即为 H_B；

(4) 用笔沿着尺底部在桩上做记号（如划一道红线），则记号位置高程就是设计高程 H_B。

要使桩顶高程为 H_B，可将水准尺立在桩顶上，水准仪读数小于 b 时，逐渐将桩打入土中，直到尺上读数增加到 b。此时，桩顶高程即为设计高程 H_B。

当需要测设的高程与水准点高差很大，如在深基坑或在较高的楼层面上放样高程，水准尺的长度不够，可以用垂球悬挂的钢卷尺代替水准尺，将重锤悬挂在水准尺下端。

如图 10-8 所示，以深基坑内测设高程为例。要根据地面水准点 A 放样坑内水准点 B 的高程，可在坑边架设吊杆，杆顶吊一根零点向下的钢卷尺，尺下端悬挂垂球。先在地面上安置水准仪，瞄准后视点 A（高程为 H_A），读数 a_1，前视为悬挂的钢卷尺，读数 b_1；将水准仪移至基坑内，后视钢卷尺，读数 a_2，此时，要放样出高程 H_B，则木桩旁水准尺的读数 b_2 应为：$b_2=a_2+(a_1-b_1)-(H_B-H_A)$。上下移动水准尺，使水准仪读数为 b_2，按水准尺底部在木桩侧面画线，此线所标出的高程即为设计高程 H_B。

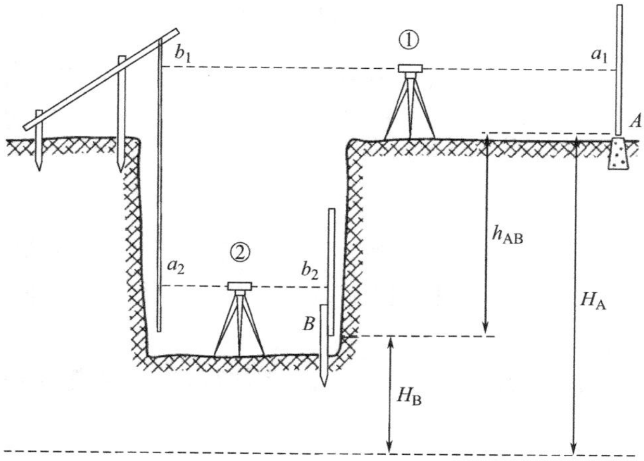

图 10-8 深基坑内测设高程

10.2.4 测设已知坡度

在一些例如铺设管道、修筑路面等的工程中，往往需要测设设计的坡度，就是根据一点的高程，在给定的方向上定出其他点的高程位置，使这些点的高程位置在设计的坡度线上。

如图 10-9 所示，设 A 点桩顶高程为 H_A，A、B 两点间的水平距离为 D，AB 之间的设计坡度为 i，则 B 点设计高程为：$H_B=H_A+i\times D$。在 B 点测设出此高程，即可定出 A、B 两点间设计坡度线。实际工作中，仅凭线路两端点的高程是不够的，还需要在它们之间定出一系列高程位置能与它们在同一条坡度线上的点。

测设时，具体操作步骤如下：

(1) 在 A 点安置水准仪（设计坡度大时，可用经纬仪），并将仪器基座上的一只脚螺旋置于 AB 方向上，使另外两只脚螺旋连线垂直于 AB 方向，量取仪器高度 h。

(2) 瞄准立于 B 点的水准尺，调节 AB 方向上的脚螺旋，十字丝的中丝在水准尺上的读数与仪器高度 h 相等。此时，仪器的视准轴与所需测设的坡度线平行。

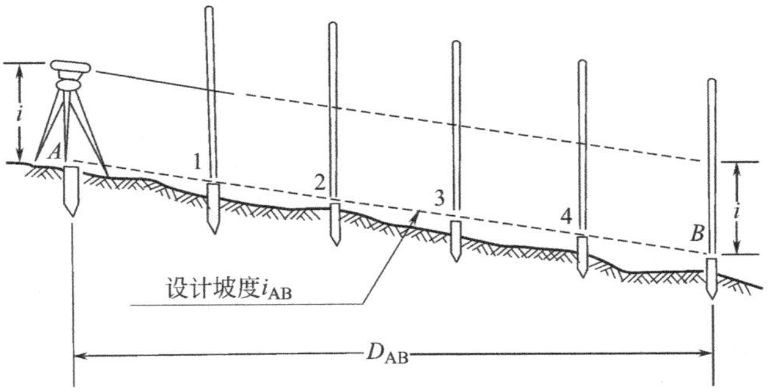

图 10-9 测设已知坡度

(3) 依次在 A、B 两点间 1、2、3、…点处的木桩上竖立水准尺，保持仪器的视准轴不动，使各点读数均为 h，则尺底部即位于设计的坡度线上。

10.3 测设点的平面位置

测设点的平面位置，即是根据已知控制点，在地面上测设出一些点（如建筑物的一些轴线交叉点、拐角点等）的平面位置。常用的方法主要有直角坐标法、极坐标法、角度交会法和距离交会法等。可根据平面控制点的分布、现场地形条件、仪器设备和测设点位的精度要求，选择合适的测设方法。

10.3.1 直角坐标法测设点位

当施工现场的施工控制网为矩形方格网时，设计的建筑物轴线垂直或平行于控制网，此时，常采用直角坐标法测设点位。

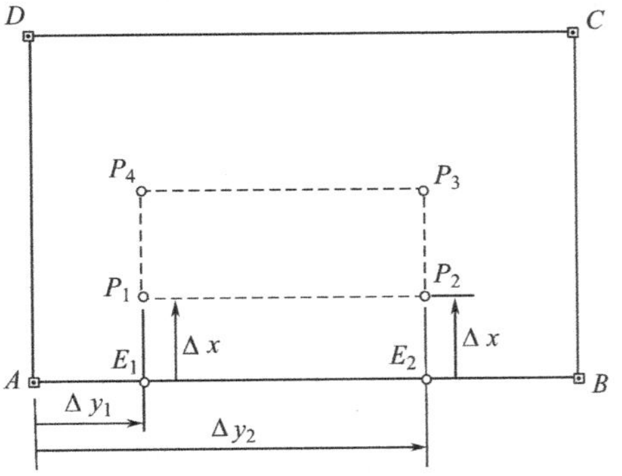

图 10-10 直角坐标法测设点位

如图 10-10 所示，A、B、C、D 四点为建筑方格网点，P_1、P_2、P_3、P_4 为设计建筑物的轴线点，其设计坐标为（X_{P_1}，Y_{P_1}）、（X_{P_2}，Y_{P_2}）、（X_{P_3}，Y_{P_3}）、（X_{P_4}，Y_{P_4}），设 A 的坐标为（X_A，Y_A）。测设步骤如下：

(1) 在 A 点安置经纬仪，瞄准 B 点，在 A 点沿 AB 方向测设水平距离 $\Delta y_{AP_1}=Y_{P_1}-Y_A$，得 E_1 点；

(2) 从 E_1 点沿 AB 方向，测设水平距离 $\Delta y_{P_1P_2}=Y_{P_2}-Y_{P_1}$，得 E_2 点；

(3) 分别将经纬仪安置于 E_1、E_2 点，测设与 AB 方向成 90°的水平角，定出垂直方向，并在此方向上测设水平距离 $\Delta x=X_{P_1}-X_A$，定出 P_1、P_2 点；

(4) 以相同的方法，测设出 P_3、P_4 点，最后可丈量 P_1P_2、P_3P_4 之间的距离与设计边长是否一致，以作为检核。

10.3.2　极坐标法

当已知点与需测设点之间的距离较小，且便于量距时，往往采用极坐标法测设点的平面位置，即根据水平角和距离来测设点的平面位置。

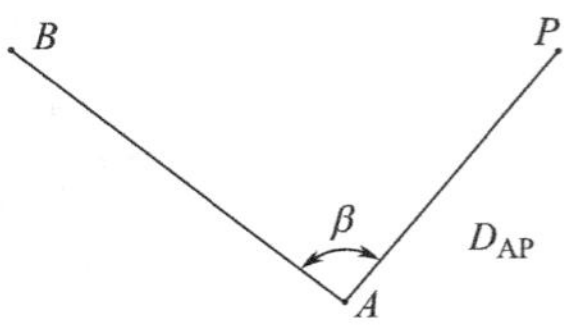

图 10-11　极坐标法

如图 10-11 所示，A、B 为平面控制点，P 为待测设的点位，其坐标均为已知。用极坐标法放样，具体步骤如下：

(1) 根据控制点 A、B 的已知坐标和 P 点的设计坐标，计算测设所需数 据 D 和 β。

$$\alpha_{AP}=\arctan\frac{y_P-y_A}{x_P-x_A} \tag{10-4}$$

$$\alpha_{AB}=\arctan\frac{y_B-y_A}{x_B-x_A} \tag{10-5}$$

$$\beta=\alpha_{AP}-\alpha_{AB} \tag{10-6}$$

$$D_{AP}=\sqrt{(x_P-x_A)^2+(y_P-y_A)^2} \tag{10-7}$$

(2) 在 A 点安置经纬仪，对中、整平，瞄准 B 点，顺时针测设角度 β 角，定出 AP 方向；

(3) 沿着 AP 方向，放样水平距离 D_{AP}，即测设出 P 点位置。

采用全站仪按极坐标法测设点的平面位置时，只需要将控制点的已知坐标及需要测设点的设计坐标输入全站仪，即可自动计算出水平角 β 和水平距离 D，此方法更为方便快捷。

10.3.3　角度交会法

当需要测设的点位距离已知控制点较远或放样地区受地形限制、量距困难时，可采用角度交会法测设点的平面位置。

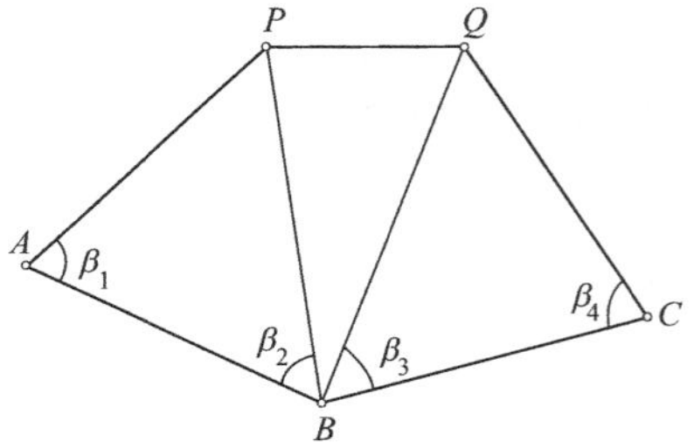

图 10-12　角度交会法

如图 10-12 所示，A、B、C 为已知控制点，P、Q 为需要测设的点。角度交会法具体操作步骤如下：

(1) 根据 A、B、C 点的已知坐标及 P、Q 点的设计坐标，用与极坐标法中相同的计算方法，计算出测设所需的数据 β_1、β_2、β_3、β_4；

(2) 在 A 点架设经纬仪，瞄准 B 点，逆时针测设出 β_1 角，定出 AP 方向；同时，将另一经纬仪架设在 B 点，瞄准 A 点，测设出 β_2 角，定出 BP 方向；

(3) AP、BP 两条方向线相交，即定出 P 点位置；

(4) 将两台经纬仪同时架设在 B、C 两点，采用与 (2)、(3) 相同的步骤，定出 Q 点。丈量测设出的 P、Q 两点的距离，与设计距离比较，作为检核。

如果仅使用一台经纬仪，则无法同时定出两条方向线。此时，常采用打骑马桩的方法。如图 10-13 所示，在 A 点架设经纬仪测设出 AP 方向后，在此方向线上，大致估计出

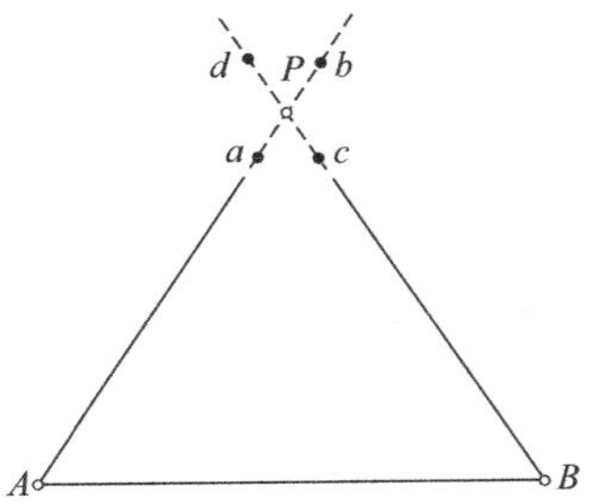

图 10-13　打骑马桩的方法

P 点位置，并在 P 点附近，在不影响施工的前提下，打两个小木桩，桩顶钉小钉作为标志，如图 10-13 中 a、b 两点；同理，经纬仪架设在 B 点，可得到 c、d 两点。然后，在 a、b 和 c、d 之间各由小钉拉出一根细线，两细线交点即为 P 点的位置。

10.3.4　距离交会法

当建筑场地平坦，量距方便，需测设点的点位与已知控制点相距较近（一般相距不超过一整尺段长度）时，可采用距离交会法测设点的平面位置。

如图 10-14 所示，A、B、C 为已知控制点，P、Q 为需要测设的点。距离交会法具体操作步骤如下：

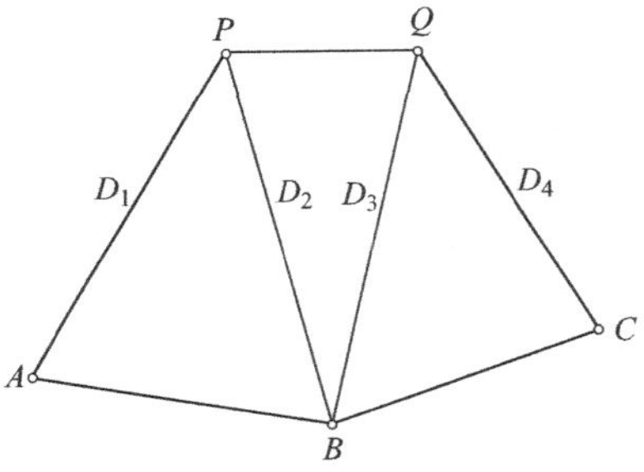

图 10-14　距离交会法

（1）根据 A、B、C 点的已知坐标及 P、Q 点的设计坐标，用与极坐标法中相同的计算方法，计算出测设所需的数据 D_1、D_2、D_3、D_4；

（2）测设时，用钢尺分别以控制点 A、B 为圆心，D_1、D_2 为半径，在地面上画圆弧，两条弧线的交点即为 P 点；

（3）同理，分别以 B、C 为圆心，D_3、D_4 为半径画圆弧，两条圆弧相交即为 Q 点；

（4）丈量 P、Q 两点的距离，与设计距离比较，作为检核。

距离交会法测设点的平面位置，不需要仪器，但是精度较低，常用于施工中测设细部。

10.3.5　全站仪测设点的平面位置

以中海达 ZTS-121 为例，点的平面坐标测设操作如下。

（1）由放样菜单　1/2，按数字键［3］（设置测设点）（图 10-15）。

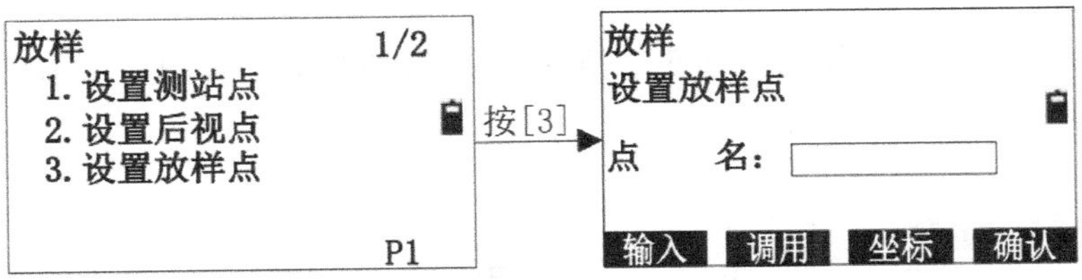

图 10-15　设置放样点（一）

（2）按［F1］（输入）键，输入好点名后［确认］（图 10-16）。

（3）按［F4］（确认）键，系统查找该点名，并在屏幕显示该点坐标，确认按［F4］（是）键（图 10-17）。

（4）输入目标高度。

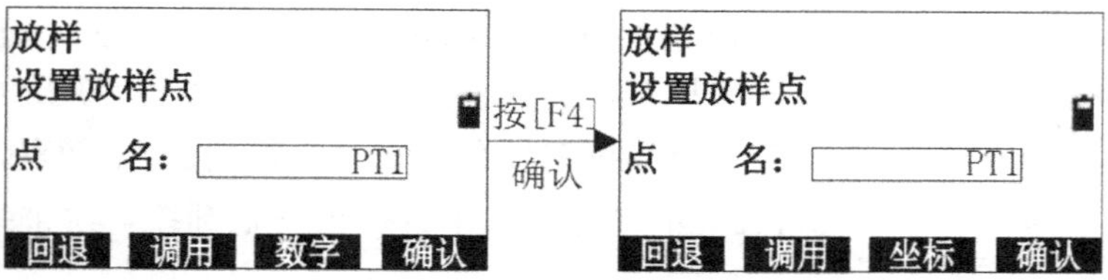

图 10-16　设置放样点（二）

（5）当放样点设定后，仪器就进行放样元素的计算（图 10-18）。

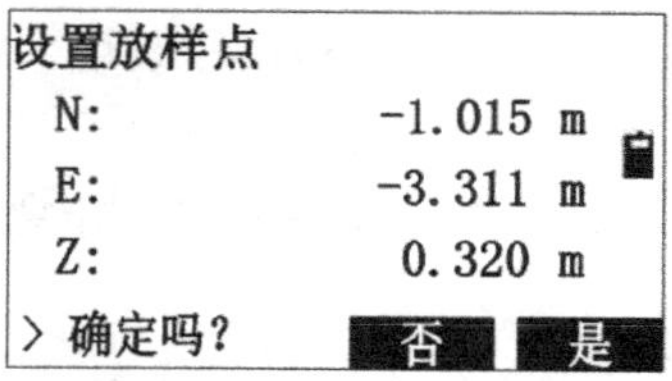

图 10-17　设置放样点（三）

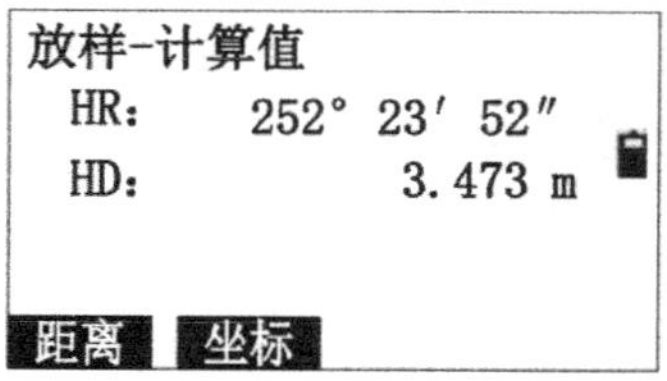

图 10-18　放样计算值

HR：放样点的水平角计算值；

HD：仪器到放样点的水平距离计算值。

照准棱镜中心，按［F1］（距离）键（或［F2］坐标）。

（6）系统计算出仪器照准部应转动的角度（图 10-19）。

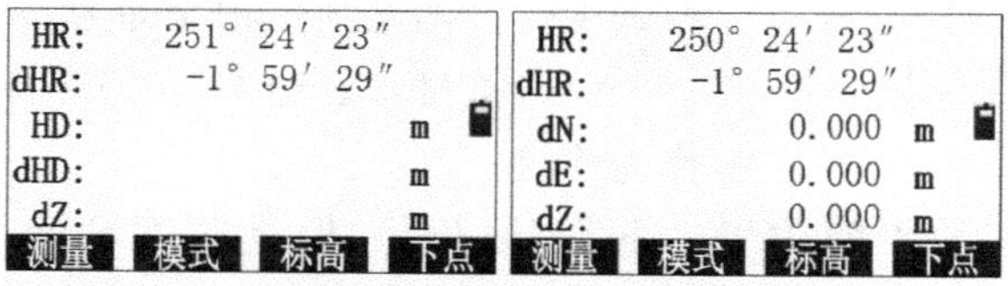

［距离模式］　　［坐标模式］

图 10-19　放样计算界面（一）

HR：实际测量的水平角。

dHR：对准放样点仪器应转动的水平角＝实测水平角－计算的水平角。

当　dHR ＝ 0°00′00″时，即表明找到放样点的方向。

（7）转动仪器，使 dHR 为 0°左右，锁定水平制动螺旋，微调使 dHR＝0°00′00″时，按［F1］（测量）键（图 10-20）。

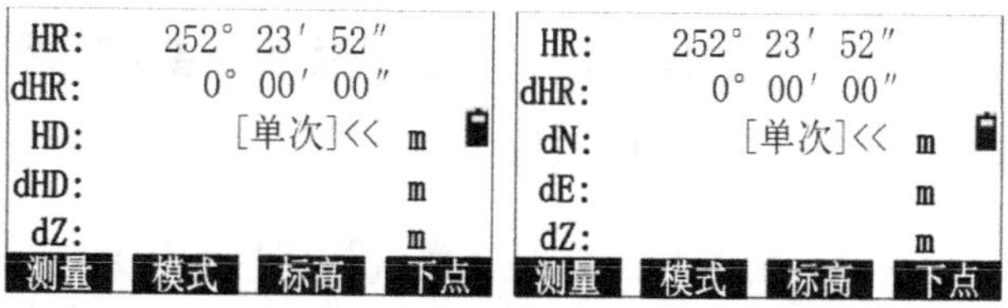

［距离模式］　　［坐标模式］

图 10-20　放样计算界面（二）

HD：实测的水平距离；dHD：对准测设点尚差的水平距离；dN=实测坐标（N）—测设坐标（N）；dE=实测坐标（E）—测设坐标（E）；dZ=实测坐标（Z）—测设坐标（Z）

（8）当显示值 dHR，dHD 和 dZ（dN、dE、dZ）均为 0 时，则测设点的测设已经完成（图 10-21）。

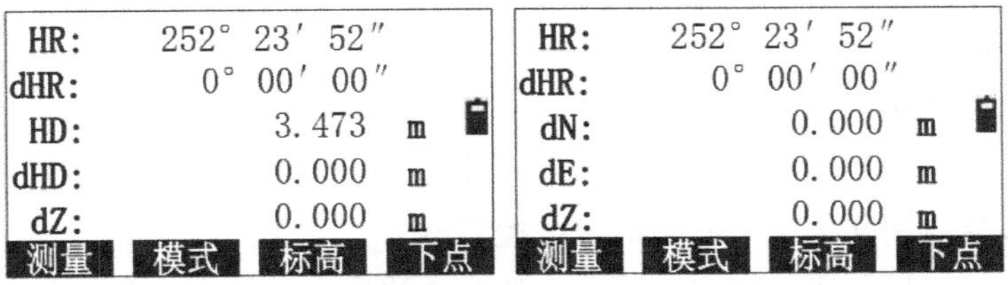

[距离模式]　　[坐标模式]

图 10-21　放样计算界面（三）

10.3.6　GPS 测设点的平面位置

以合众思壮 UFO U3 GPS 为例，移动站工作模式及数据链等设置完毕，点击【测量】—〉【点放样】—〉【坐标点库】，选择一个点进行放样，进入点放样界面，如图 10-22 所示。

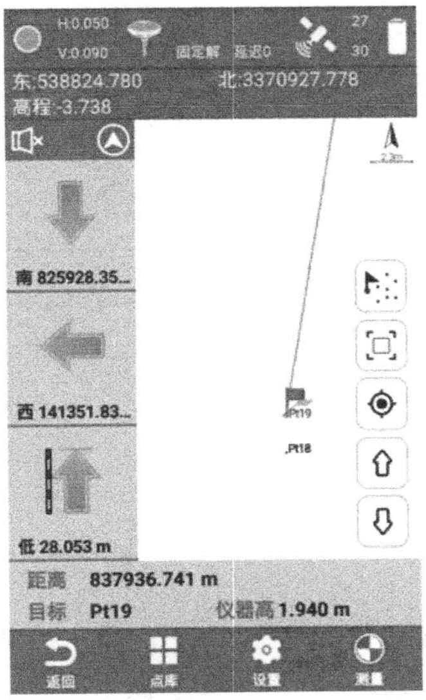

图 10-22　点放样界面

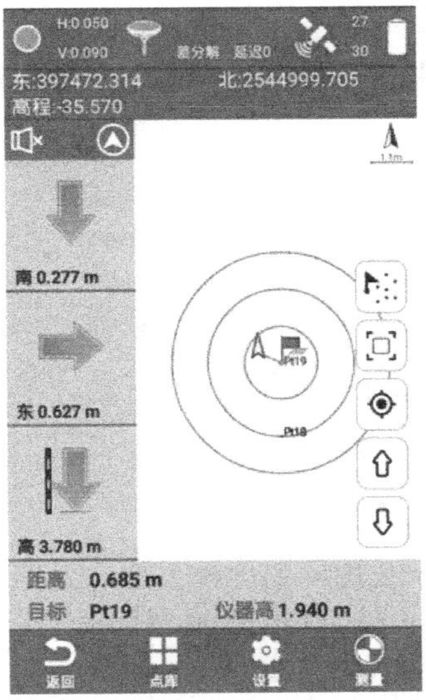

图 10-23　点放样提醒界面

红旗为放样目标点，圆圈为当前点，箭头为方向指标，表示当前移动设备的方向。当箭头方向和当前点与目标点连线重合时，沿该方向前进，可以到达目标点。根据下状态栏提示从当前点移动至放样点的坐标处，同时会根据高程的差距提示进行挖土或者填土的高度。当前点在提示范围内时，就会出现如图 10-23 所示的环形提示圈进入精准放样。到达该放样点位置后结束点放样，进行打桩。

10.4　施工控制测量

建筑施工控制测量的任务是建立施工控制网。在勘测时期已建立的控制网，由于是为测图而建立的，未考虑施工的要求，控制点的分布、密度和精度，都难以满足施工测量的要求。另外，由于平整场地，控制点大多被破坏。因此在施工之前，建筑场地上要重新建立专门的施工控制网。

施工控制网一般布置成矩形的格网，称为建筑方格网。当建筑物面积不大、结构又不复杂时，只需要布置一条或几条基线作为平面控制，称为建筑基线。当建立方格网有困难时，常用导线或导线网作为施工测量的平面控制网。

建筑场地的高程控制多采用水准测量方法。一般用三、四等水准测量方法测定各水准点的高程。当布设的水准点不够用时，建筑基线点、建筑方格网点、一级导线点也可做高程控制点。

10.4.1　平面控制测量

1. 建筑基线

建筑基线的布置是根据设计建筑物的分布、场地的地形和原有控制点的情况而定的。其布置形式有三点直线形、三点直角形、四点丁字形和五点十字形，如图 10-24 所示。布设的方法主要是较精确的 90°或 180°的水平角和距离；基线点布设在施工期间能保持稳定的地点，且相邻点通视良好，以便于建筑物轴线及其细部的施工放样。

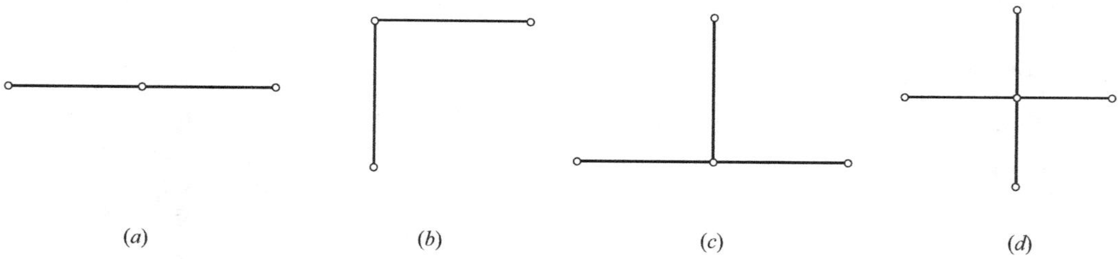

图 10-24　建筑基线布置形式

2. 建筑方格网

建筑方格网通常是根据设计总平面图上各建筑物、道路和各种管线的布置，并结合施工场地的地形情况拟定的。测设时，应先确定方格网的主轴线，然后再测设其他方格点，如图 10-25 所示。

方格网设计时应注意以下几点：

（1）方格网的主轴线应布设在整个场区中部，并与拟建主要建筑物的基本轴线相平行；

（2）方格网中水平角的测角中误差一般为±5″；

（3）方格网的边长一般为 100～300m，且方格网的边长相对精度一般为 1/20000～1/30000；

（4）方格网的边应保证通视，点位标石应埋设牢固，以便能长期保存。

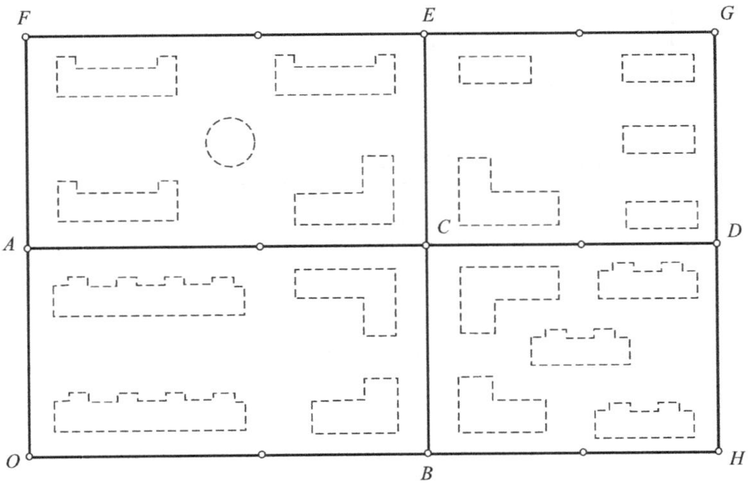

图 10-25 建筑方格网

10.4.2 高程控制测量

在建筑施工场地，用三、四等水准测量精度，从国家或城市水准点连测高程，布设若干个临时水准点，建立高程控制网。水准点的密度应尽可能满足安置一次仪器即可测设出所需的高程点。

此外，为了测设方便和减少误差，在一般厂房的内部或附近应专门设置±0.000 水准点。但需要注意设计中各建、构筑物的±0.000 的高程不一定相等，应严格加以区别。

10.5 民用建筑施工放样

民用建筑指住宅、办公楼、食堂、俱乐部、医院和学校等建筑物。施工测量的任务是按照设计的要求，把建筑物的位置测设到地面上，并配合施工以保证工程质量。

10.5.1 施工前的准备工作

1. 熟悉图纸

设计图纸是施工测量的依据，在测设前，应熟悉建筑物的设计图纸，了解施工的建筑物与相邻地物的相互关系，以及建筑物的尺寸和施工的要求等。测设时必须具备下列图纸资料。

（1）建筑总平面图

如图 10-26 所示，建筑总平面图给出了建筑场地上所有建筑物和道路的平面位置及其主要点的坐标，标出相邻建筑物之间的尺寸关系，注明各栋建筑物室内地坪高程，是测设建筑物总体位置和高程的重要依据。

（2）建筑平面图

建筑平面图给出建筑物各定位轴线间的尺寸关系及室内地坪标高等。基础平面图，给出基础轴线间的尺寸关系和编号，如图 10-27 所示。

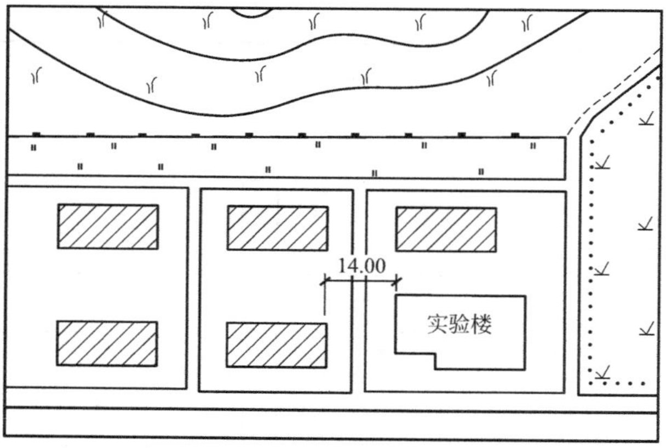

图 10-26 建筑总平面图

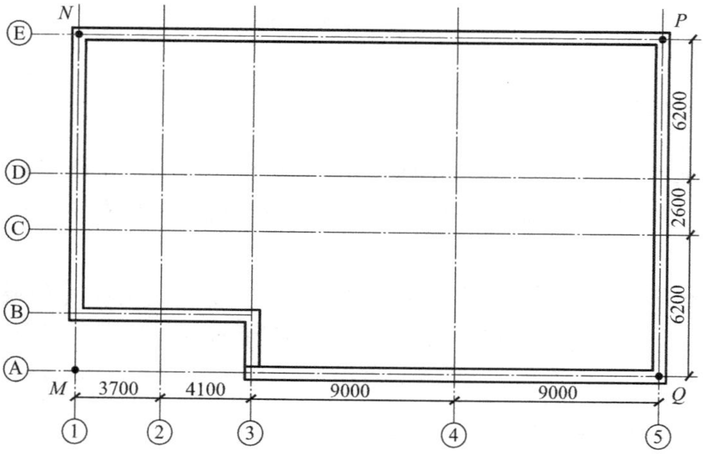

图 10-27 基础平面图

（3）基础详图

它是测设基槽（坑）开挖边线和开挖深度的依据。基础详图（即基础大样图），给出了基础设计宽度、形式及基础边线与轴线的尺寸关系。它是基础定位及细部放样的依据。

（4）立面图和剖面图

立面图和剖面图给出的是基础、地坪、门窗、楼板、屋架和屋面等设计高程。它们是高程测设的主要依据。

2. 进行现场踏勘

现场踏勘的目的是为了了解现场的地物、地貌以及控制点的分布情况，并调查与施工测量有关的问题。对建筑物地面上的平面控制点，在使用前应校核点位是否正确，并应实地检测水准点的高程。通过校核，取得正确的测量起始数据和点位。

3. 确定测设方案

在熟悉设计图纸、掌握施工计划和施工进度的基础上，结合现场条件和实际情况，拟定测设方案。测设方案包括测设方法、测设步骤、采用的仪器工具、精度要求和时间安排等。

4. 准备测设数据

在每次现场测设之前，应根据设计图纸和测量控制点的分布情况，准备好相应的测设数据并对数据进行检核，除了计算必需的测设数据外，还需要从下列图纸上查取房屋内部平面尺寸和高程数据。

10.5.2 建筑物施工放样的主要技术要求

在准备并熟悉资料之后，结合场地情况制定放样方案，并满足工程测量技术规范，见表 10-1。

建筑物施工放样的主要技术要求 表 10-1

建筑物结构特征	测距相对中误差	测角中误差(″)	在测站上测定高差中误差(mm)	根据起始水平面在施工水平面上测定高差中误差(mm)	竖向传递轴线点中误差(mm)
金属结构、装配式钢筋混凝土结构、建筑物高度 100～200m 或跨度 30～36m	1/20000	5	1	6	4
15 层房屋、建筑物高度 60～100m 或跨度 18～30m	1/10000	10	2	5	3
5～15 层房屋、建筑物高度 15～60m 或跨度 6～18m	1/5000	20	2.5	4	2.5
5 层房屋、建筑物高度 15m 或跨度 6m 及以下	1/3000	30	3	3	2
木结工业管线或公路铁路专线	1/2000	30	5	—	—
土工竖向整平	1/1000	45	10	—	—

注：1. 对于具有两种以上特征的建筑物，应取要求高的中误差值；
2. 特殊要求的工程项目，应根据设计对限差的要求，确定其放样精度。

10.5.3 建筑物的定位

建筑物的定位就是在地面上确定建筑物的位置。即根据设计条件，将建筑物外廓的各轴线交点测设到地面上，如图 10-28 中的 A 点、B 点、C 点、D 点，称为定位桩（又称角桩），作为基础和细部放样的依据。

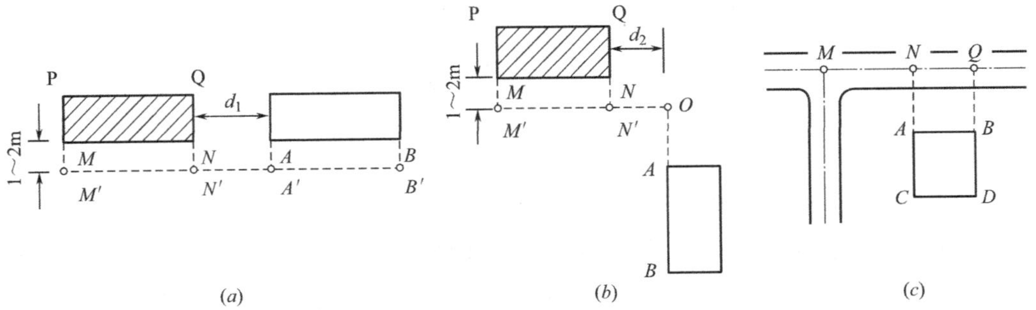

图 10-28 建筑物的定位

放样定位点的方法很多，最常见的是根据与周围原有建筑物的关系放样和根据规划道路红线进行建筑物定位这两种方法：

1. 根据与原有建筑物的关系定位

首先沿原建筑物 PM 与 QN 墙面向外量出 MM' 及 NN'，并使 $MM'=NN'$（距离大小根据实地情况而定，一般为 1～4m），在地面上定出 M'、N' 两点，用小木桩（桩上钉小铁钉）标定。将经纬仪安置于 M' 点，瞄准 N' 点，并从 N' 点沿 $M'N'$ 方向测设已知距离，定出 A' 点，用相同的方法测设出 B' 点，然后分别将经纬仪安置于 A'、B' 两点上，后视 M' 点测设水平角 90°，沿视线测设已知距离即可定出 A、B、C、D 四点。最后检查 A、B、C、D 四点位置是否符合精度要求。

2. 根据规划道路红线进行建筑物定位

靠近城市道路的建筑物设计位置应以城市规划道路的红线为依据。

10.5.4　建筑物细部轴线测设

建筑物的主轴线测设好以后，即可测设细部轴线。根据定位的主轴线桩，详细测设其他各轴线交点的位置，并用木桩（桩上钉小钉）标定出来，称为中心桩。并据此按基础宽和放坡宽用白灰线撒出基槽边界线。一般采用两种方法：

1. 在轴线延长线上打木桩，称为轴线控制桩（又称引桩）

引桩一般钉设在基础开挖范围以外 2～4m、不受施工干扰、便于引测和保存桩位的地方，如图 10-29 所示。也可以将轴线投测到周围建筑物上，作好标志，代替引桩。

2. 在建筑物外侧设置龙门桩和龙门板

在一般民用建筑中，为便于施工，在基槽外设置龙门板，如图 10-29，其设置方法如下。

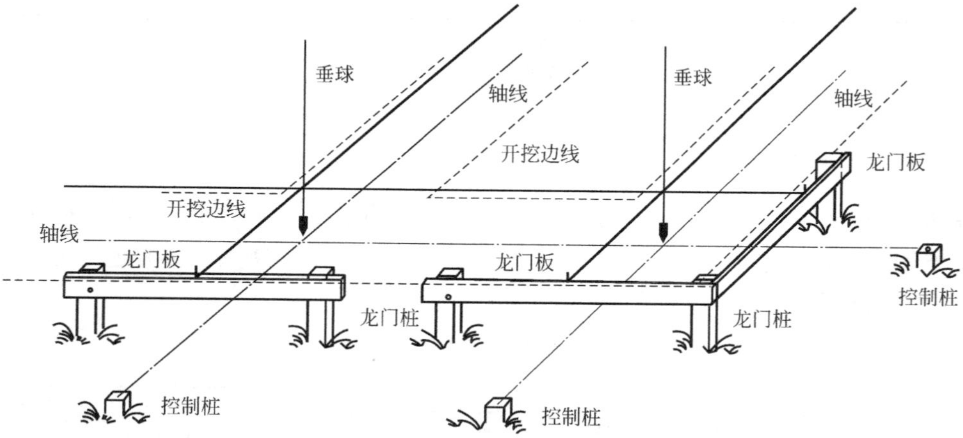

图 10-29　轴线控制桩

（1）在房屋的转角和隔墙的基槽开挖边线外 1～1.5m 处设置龙门桩；

（2）根据建筑场地的高程控制点，在每一龙门桩上测设±0.000m 标高线或某一整分米线的标高线；按标高线钉设龙门板，使龙门板的顶面代表这一标高；也可以据此测设建筑物细部点的标高；

（3）根据轴线桩，用经纬仪将墙、柱等建筑物的轴线投测到龙门板上，一般用弹墨线和打小钉标志轴线；

（4）在龙门板标志之间拉细线，随时可以恢复建筑物的轴线，并据此用悬挂垂球将轴线垂直投影到基坑底、基础面和施工中的墙基上。

10.5.5 基础施工测量

按照设计规定的基槽开挖宽度，在墙轴线两侧拉线撒石灰粉，表明基槽的开挖边线。

开挖基槽时，不得超挖基底，要随时注意挖土的深度，当基槽挖到离槽底 0.3～0.5m 时，用水准仪在槽壁上每隔 2～3m 和拐角处钉一个水平桩，如图 10-30 所示。

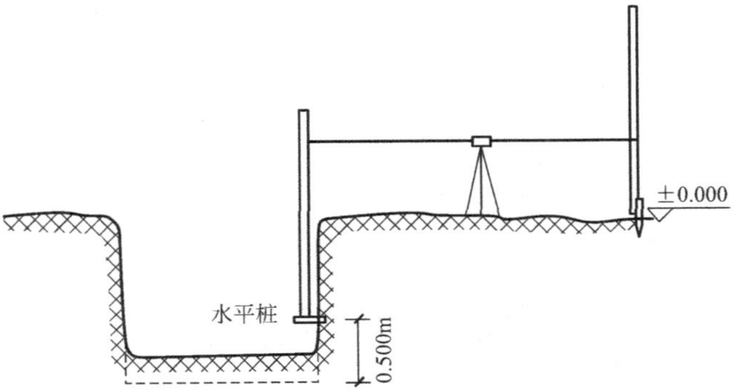

图 10-30 基槽施工测量

基槽开挖到规定深度后。按施工控制桩或龙门板的墙轴线用垂球垂直投影到基槽底部，并用木桩标志，把桩顶高度测设为垫层的高程。垫层打好后，根据控制桩在垫层上用墨线弹出墙中线和基础边线。由于整个墙身砌筑均以此线为准，这是确定建筑物位置的关键环节，所以要按设计尺寸严格校核。

10.5.6 主体施工测量

建筑物主体施工测量的主要任务是将建筑物施工层的轴线及标高正确地向上引测。

1. 轴线投测

在多层建筑墙身砌筑过程中，为了保证建筑物轴线位置正确，可用经纬仪把轴线投射测到各层楼板边缘或柱顶上。投测时，把经纬仪安置在轴线控制桩上，后视首层墙底部的轴线标志点，用正倒镜取中的方法，将轴线投到上层楼板边缘或柱顶上。控制轴线投测至施工层后，应在结构平面上按闭合图形对投测轴线进行校核。合格后，才能进行本施工层上的其他测设工作，否则应重新进行投测。

2. 高程传递

在多层建筑物施工中，要由下层楼面向上层传递高程，以便使楼板、门窗口、室内装修等工程的高程符合设计要求。高程传递的方法有以下几种。

（1）利用皮数杆传递高程

在墙身皮数杆上，根据设计尺寸，按砖、灰缝的厚度画出线条，并标明±0.000、门、窗、楼板等的标高位置。在墙身砌起 1m 以后，就在室内墙身上定出＋0.500m 的标高线，作为该层地面施工和室内装修用。一层楼砌好后，再从第二层立皮数杆，一层一层往上接。

（2）利用钢尺直接丈量

对于高程传递精度要求较高的建筑物，通常用钢尺直接丈量来传递高程。用钢尺沿某一墙角自±0.000 起向上直接丈量，把高程传递上去。

（3）吊钢尺法

用悬挂钢尺代替水准尺，用水准仪读数，从下向上传递高程。如图 10-31 所示，二层楼面的高程 H_2，可根据一层楼面高程 H_1 计算求得：

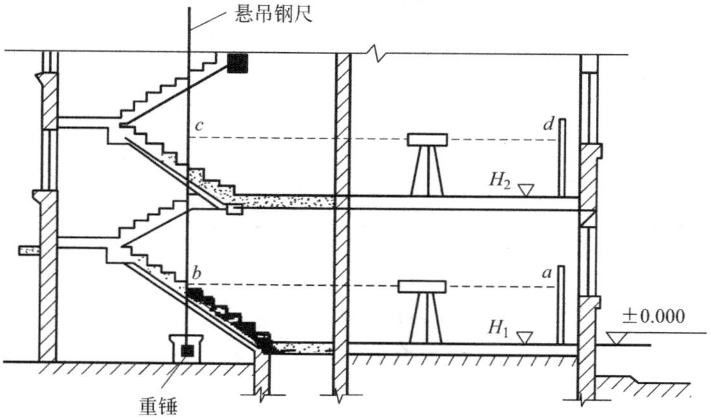

图 10-31　吊钢尺法

$$H_2 = H_1 + a + (c - b) - d \qquad (11\text{-}8)$$

（4）普通水准测量法

使用水准仪和水准尺，按普通水准测量方法沿楼梯间或者将高程传递到各层楼面上。

10.6　工业建筑施工放样

工业建筑主要指工业企业的生产性建筑，如厂房、仓库、运输设施和动力设施等。厂房可分为单层厂房和多层厂房，目前使用较多的是金属结构及装配式钢筋混凝土结构单层厂房。其施工放样主要包括厂房矩形控制网的测设、厂房柱列轴线测设、基础施工测量、厂房结构安装测量及设备安装测量等。

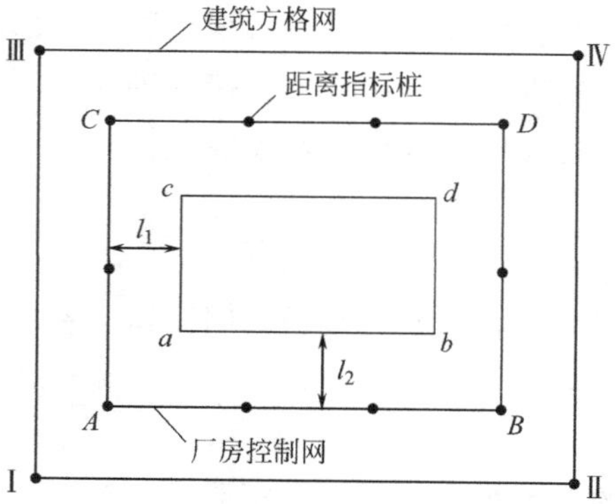

图 10-32　矩形厂房控制网

10.6.1　厂房矩形控制网的建立

工业厂房一般都应建立厂房矩形控制网作为厂房的是施工放样的依据。如图 10-32 所示，Ⅰ、Ⅱ、Ⅲ、Ⅳ为建筑方格网点，a、b、c、d 为厂房最外边的四条轴线的交点，其设计坐标已知。A、B、C、D 为布置在基坑开挖范围外的厂房矩形控制网的四个角点，称为厂房控制桩。厂房控制桩的坐标可根据厂房外形轮廓轴线交点的坐标和设计间距 l_1、l_2 求出。先根据建筑方格网点Ⅰ、Ⅱ用直角坐标法精确测设 A、B 两点，然后由 A、B 测设 C、D 点，最后校核 $\angle DCA$，$\angle BDC$ 及边长 CD。

对于一般厂房来说，角度误差不应超过±10″、边长误差不得超过 1/10000。

对于小型厂房，也可采用民用建筑的测设方法，即直接测设厂房四个角点，然后将轴线投测至轴线控制桩或龙门板上。

对于大型或设备复杂的厂房，应先测设厂房控制网的主轴线，再根据主轴线测设厂房矩形控制网。

10.6.2 厂房柱列轴线放样

厂房矩形控制网建立后，即可按柱列间距和跨距用钢尺从靠近的距离指标桩量起，沿矩形控制网各边定出各柱列轴线桩的位置，并在桩顶钉小钉，作为桩基放样和构件安装的依据。

如图 10-33 所示，P、Q、R、S 是厂房矩形控制网的四个控制点，A、B、C 和 1、2、…、9 等轴线为柱列轴线，其中定位轴线 B 轴和 5 轴为主轴线。

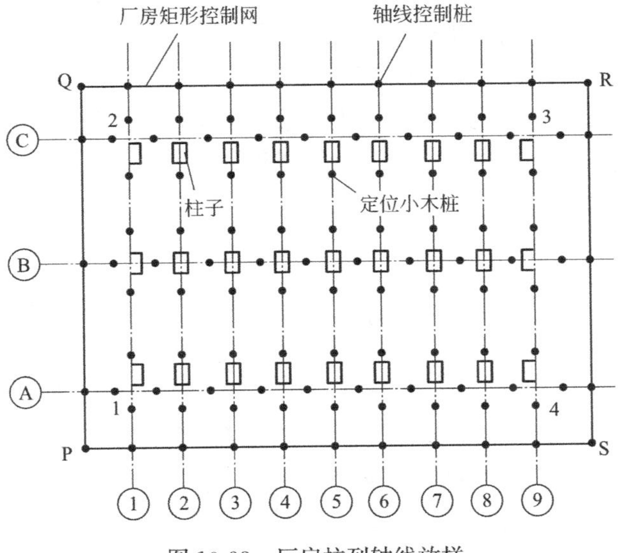

图 10-33 厂房柱列轴线放样

10.6.3 基础施工测量

1. 柱基放线

柱基的测设是在两条相应的纵横柱列轴线的轴线控制柱上各安置一台经纬仪，用方向线交会法确定轴线交点。在基坑边缘外侧约 1m 处桩钉 4 个桩基定位桩，作为修坑、立模和吊装杯型基础时的依据，并按柱基设计尺寸用石灰标示基坑开挖边线。

在测设柱基时，由于柱列轴线不一定都是柱基础中心的连线，且柱基类型、尺寸各异，故放样时需特别留意。

2. 基坑整平

如图 10-30 所示，当基坑挖到一定深度时，应在坑壁四周离坑底设计高程 0.3～0.5m 处设置几个水平桩，作为基坑修坡和清底的高程依据。此外，还应在基坑内测设出垫层的高程，即在坑底设置小木桩，使桩顶面恰好等于垫层的设计高程。

3. 基础模板的定位

基坑垫层打好以后，由坑边定位桩用拉线的方法，通过吊垂球把柱基中心线投到垫层上，并弹出墨线，用红漆画出标记，作为柱基立模板和布置基础钢筋网的依据。立模时，将模板底线对准垫层上的定位线，并用垂球检查是否竖直。最后将柱基顶面设计高程测设在模板内壁。拆模后，根据柱列控制桩用经纬仪将柱轴线测设在杯口的混凝土面上，用水准仪在杯口内壁测设高程控制线，用于调整最后的杯底高程。

4. 设备基础施工测量

设备基础施工测量主要包括基础定位、基础槽底放线、基础上层放线、地脚螺栓安装放线及中心标板投点等。其中钢柱柱基的定位、槽底放线、垫层放线以及标高测设方法与钢筋混凝土柱基的测设方法相同，不同处在于钢柱的锚定地脚螺栓的定位放线精度要求高。

(1) 小型钢柱地脚螺栓定位

小型设备钢柱的地脚螺栓的直径小、重量轻，为了节约钢材，可以不用钢筋固定架，而采用木架固定，这种木架与基础模板连接在一起，在模板与木架支撑牢固后，即在其上投点放线，如图 10-34 所示。地脚螺栓安装以后，检查螺栓第一丝扣标高是否符合设计要求，合格后即可将螺栓焊牢在钢筋上。由于木架稳定差，为了保证质量，模板与木架必须支撑牢固，在浇筑混凝土的过程中必须进行看守观测。

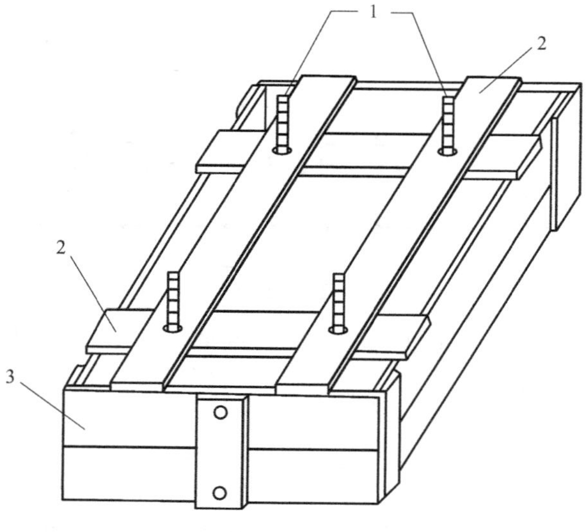

图 10-34　小型设备地脚螺栓定位

1—地脚螺栓；2—支架；3—基础模板

(2) 大型钢柱地脚螺栓定位

大型设备钢柱的地脚螺栓直径大、重量重，需要钢固支架来定位，如图 10-35 所示。

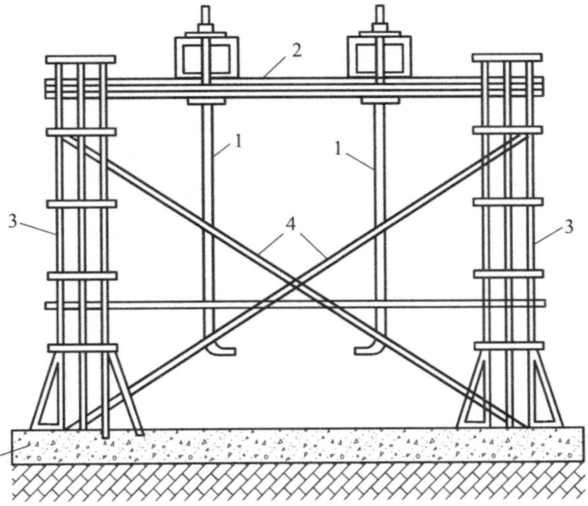

图 10-35 大型设备地脚螺栓定位

1—地脚螺栓；2—样模钢架；3—钢支架；4—拉杆；5—混凝土垫层

固定架由钢样模、钢支架及钢拉杆组成。地脚螺栓孔的位置按设计尺寸根据基础轴线精密放出，用经纬仪精密测设安装钢支架和样模，使样模轴线与基础轴线重合，如图 10-36 所示。样模标高用水准仪测设到支架上，使样模上的地脚螺栓位置及标高均符合设计要求。钢固定架安装到位后，即可立模浇筑基础混凝土。

(3) 中心标板投点

中心标板投点，是在基础拆模后进行的，先仔细检查中线原点。投点时，根据厂房控制网上的中心先原点开始，测设后再标板上刻出十字标线。

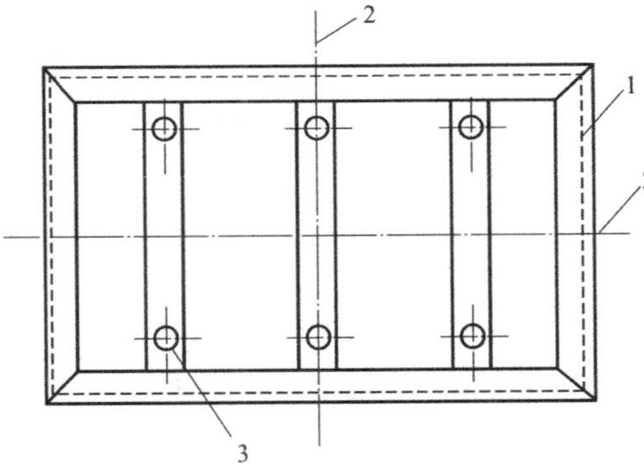

图 10-36 用经纬仪定位地脚螺栓

1—样模钢梁；2—基础轴线；3—地脚螺栓孔

10.6.4 厂房预制构件安装测量

装配式单层工业厂房主要由柱、吊车梁、屋架、天窗架和屋面板等主要构件组成。在吊装每个构件时，有绑扎、起吊、就位、临时固定、校正和最后固定等几道操作工序。

1. 柱子安装测量

首先，在钢筋混凝土柱子的三个侧面用墨斗弹出中心线；根据牛腿面设计标高，用钢尺量出柱下平线，即柱子安装后的高程控制线，如图 10-37 所示。根据柱下平线量至柱底的高差，计算出基础杯底的应有高程；根据高程控制线，在杯底用水泥砂浆补平，这样可使柱子安装后的牛腿面符合设计标高。

预制的柱子用移动吊车吊起，插入杯形基础的杯口内后，应使柱子面的中心线与杯口面所弹纵、横轴线对齐，其容许误差为±3mm，在杯口四面用木楔临时将柱子下部固定，如图 10-38 所示，柱顶在纵、横方向拉钢丝绳。然后，用两台经纬仪安置在离开柱子约

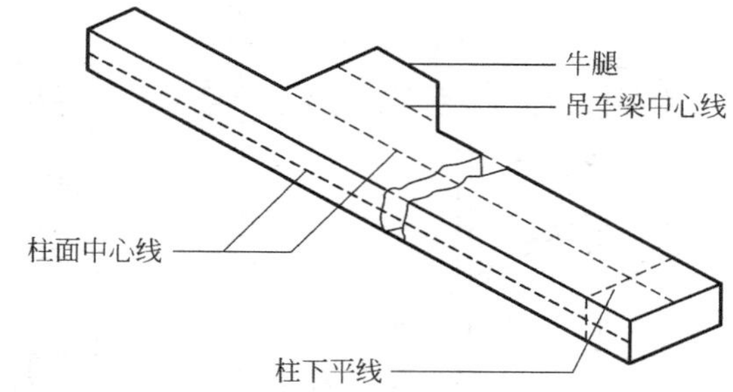

图 10-37　柱子安装测量

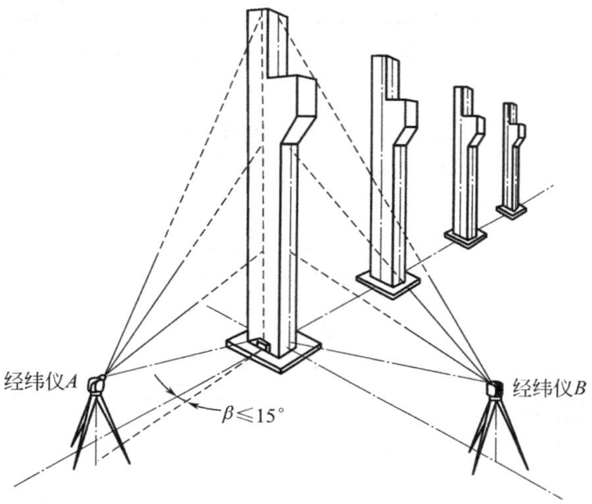

图 10-38　柱子安装

1.5 倍柱高的纵、横轴线附近，进行柱子的垂直校正。

用经纬仪作竖直校正：先用纵丝瞄准柱子根部的中心线，制动照准部，缓缓抬高望远镜，观察柱子中心线偏离纵丝的方向、指挥用钢丝绳拉直柱子，直至从两台经纬仪中观测到柱子中心线从下而上都与十字丝中丝重合为止。然后在杯口与柱子的隙缝中浇入混凝土，以固定柱子的位置。

2. 吊车梁安装测量

吊车梁安装测量的主要任务是把吊车梁按设计的平面位置和高程准确地安装在牛腿上，使梁的上下中心线与吊车轨道的设计中心线在同一竖直面内。

首先，用水准仪根据水准点检查柱子所画±0.000 标志的高程，其误差不得超过±5mm。如果误差超限，则以检查结果作为修平牛腿面或加垫块的依据，并改正原±0.000 高程位置，重新画出该标志。

利用厂房控制网的控制桩或杯口柱列中心线，按设计数据在地面上定出吊车梁中心线的两端点，打大木桩标志。然后用经纬仪将吊车梁中心线投到每个柱子的牛腿面的侧边上，并弹上墨线，其容许误差为±3mm，吊车梁安装完毕后，再用钢尺悬空丈量两根吊车梁或轨道中线间距是否符合行车跨度，其偏差不得超过±5mm。

3. 吊车轨道安装测量

轨道的安装测量主要是保证轨道中心线、轨顶标高以及轨道跨距符合设计要求。用经纬仪将吊车梁中心线投测到吊车梁顶面上，用墨斗弹线，作为安装吊车梁轨道的依据。

由于安置在地面上的经纬仪不可能处处与吊车梁通视，因此，用“中心线平移法”检查轨道中心线的平面位置和两侧吊车梁轨道的跨距。具体操作如下：如图 10-39 所示，在地面平行于 AA' 轴线、间距为 1m 处测设 CC' 轴线。然后安置经纬仪于 C 点，瞄准 C' 点进行定向。抬高望远镜，使从吊车梁顶面伸出的长度为 1m 的直尺端正好与纵丝相切，则直尺的另一端即为吊车梁轨道中心线上的点。规定轨道中心位置的偏差不应大于 3mm；两条轨道同时进行这样的操作，可以限制轨道的跨距，其偏差不应大于 5mm。

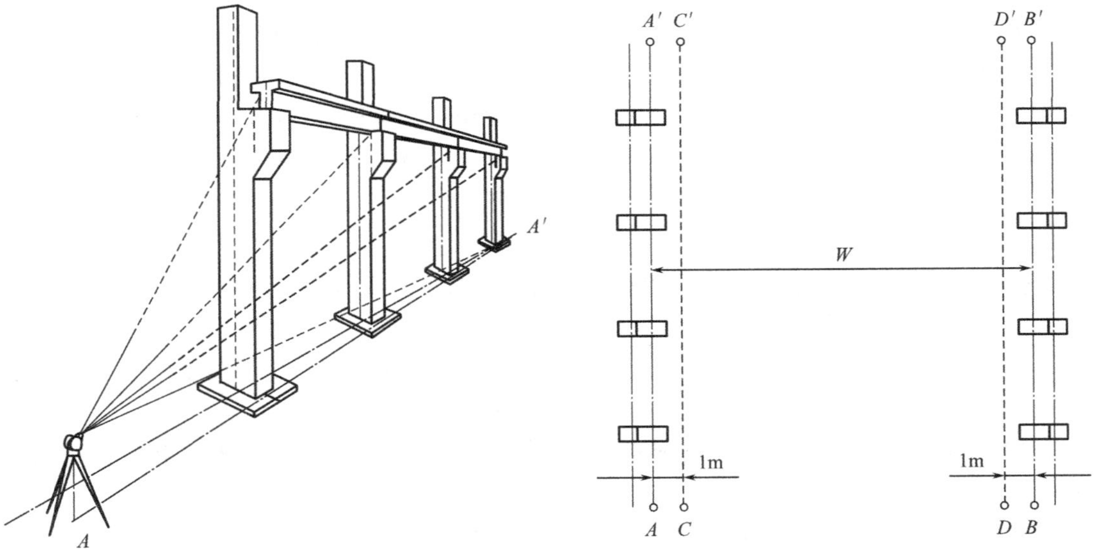

图 10-39 吊车轨道安装测量

待吊车梁轨道全部安装完毕，在梁面上每隔 3m 用水准仪检查轨道顶面的高程，容许与设计的偏差为±5mm。

10.6.5 设备安装测量

1. 设备基础中心线的复测与调整

设备基础安装过程中必须对基础中心线的位置进行复测，两次测量的差值不应大于±5mm。埋设有中心标板的重要设备基础，其中心线由竣工中心线引测，同一中心标点的偏差为±1mm。纵横中心线应检查互相是否垂直，并调整横向中心线。同一设备基础中心线的平行偏差或同一生产系统的中心线的直线度应在±1mm 以内。

2. 设备安装基准点的高程测量

一般厂房应使用一个水准点作为高程起算点，如果厂房较大，为施工方便起见，可增设水准点，但应提高水准点的观测精度。一般设备基础基准点的标高偏差，应在

±2mm 以内。传动装置有联系的设备基础，其相邻量基准点的标高偏差，应在±1mm 以内。

10.7　竣工测量

10.7.1　竣工测量

建筑物和构筑物竣工验收时进行的测量工作，称为竣工测量。竣工测量的目的是为了检查工程施工定位质量，以及为今后的扩建、改建及管理维护提供必要的资料。

竣工测量的主要内容：测定建筑物和构筑物的墙角坐标；地下管线转折点、窨井中心的坐标和高程；道路的起止点、转折点、交叉点、变坡点坐标和高程；测定主要建筑物的室内地坪高程，并附上房屋编号、结构层数、面积和竣工时间等资料；编制竣工总平面图、分类图、断面图，以及细部坐标和高程明细表。这些点位的坐标和高程与施工时的测量系统一致。如果没有变更设计，则竣工测量结果一般与设计数据吻合，超限大小可反映施工质量的优劣。如果有变更设计，竣工测量结果应与变更设计数据吻合，并附上变更设计资料。

10.7.2　竣工总平面图的编绘

竣工总平面图是设计总平面图在施工后实际情况的全面反映，所以设计总平面图不能完全代替竣工总平面图。其目的在于：

（1）在施工过程中可能由于设计时没有考虑到的问题而使设计有所变更，这种临时变更设计的情况必须通过测量反映到竣工总平面图上；

（2）它将便于日后进行各种设施的维修工作，特别是地下管道等隐蔽工程的检查和维修工作；

（3）为企业的扩建提供了原有各项建筑物、地上和地下各种管线及测量控制点的坐标、高程等资料。

对凡有竣工测量资料的工程，若竣工测量成果与设计值之比差不超过所规定的定位容许误差时，按设计值编绘；否则应按竣工测量资料编绘。

建筑物竣工总平面图的比例尺一般为 1∶500 或 1∶1000

如果施工单位较多，多次转手，造成竣工测量资料不全，图面不完整或与现场情况不符时，应进行实地测绘竣工总平面图。外业实测时，必须在现场绘出草图，最后根据实测成果和草图，在室内进行展绘，完成实测竣工总平面图。

对于各种地上、地下管线，应用各种不同颜色的墨线绘出其中心位置，注明转折点及井位的坐标、高程及有关注记。在一般没有设计变更的情况下，墨线绘的竣工位置与按设计原图用铅笔绘的设计位置应该重合。随着施工的进展，逐渐在底图上将铅笔线都绘成为墨线。在图上按坐标展绘工程竣工位置时，和在图纸上展绘控制点的要求一样，均以坐标格网为依据进行展绘，展点对临近的方格而言，其容许误差为±0.3mm。

另外，建筑物的竣工位置应到实地去测量，并在现场绘出草图，然后根据外业实测成果和草图，在室内进行展绘，便得到完整的竣工总平面图。

10.8 GPS 在建筑工程施工测量

GPS 在建筑工程施工测量，除了 11.3.6 节可以将 GPS 用于测设点的平面位置外，还可以直线放样以及场地高程控制。

10.8.1 直线放样

以合众思壮 UFO U3 GPS 为例，点击【测量】->【直线放样】->【直线库】，选择一条直线放样，进行放样设置，点击【确定】进入直线放样界面，如图 10-40 所示。

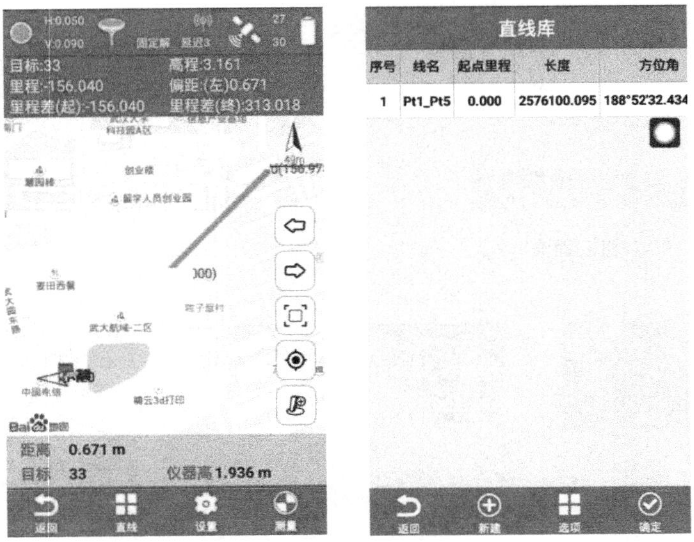

图 10-40 直线放样界面

直线放样过程中，可以点击图标进行加桩（图 10-41）。加桩模式有两种，一是通过里程和偏距计算坐标，在输入值中输入里程和偏距；二是通过坐标计算里程和偏距，在输入值中输入北坐标、东坐标、高程或者直接从坐标点库中查找或者通过获取当前 GNSS 坐标。设置完成后点击【确定】，弹出提示框如图 10-42 所示，显示计算结果，点击【放样】即可进行放样。

10.8.2 场地高程控制

场地高程控制根据已知条件，建立规则或不规则的设计面，仪器手簿实时测量数据与设计面进行对比，实时显示仪器所在点的填挖情况，有助于工程中的场地平整作业等。

点击【测量】->【场地高程控制】，选择要放样的文件，点击【确定】，进入场地高程控制放样界面，如图 10-43 所示。

点击图 10-43 中的图标场地高程控制按钮，进入场地高程控制界面（图 10-44）。点击【增加】，如图 10-45 所示，可以新建数据类型，有一点面，两点面，三角形和导入三角网文件。选中列表中的内容，可以对该内容进行编辑和删除操作。点击“导入”可以导入 TIN 文件，TIN 文件是所有的一点面、两点面、三点面形成的一个综合文件。

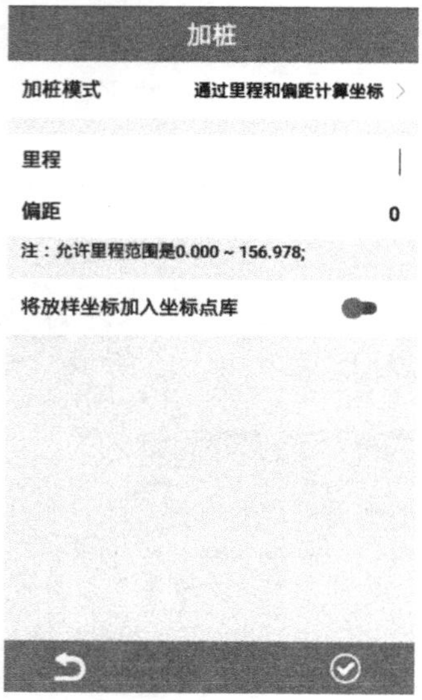

图 10-41　加桩界面

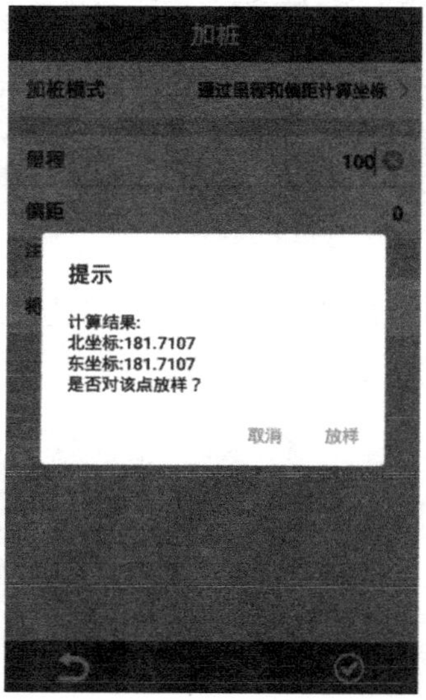

图 10-42　加桩计算结果界面

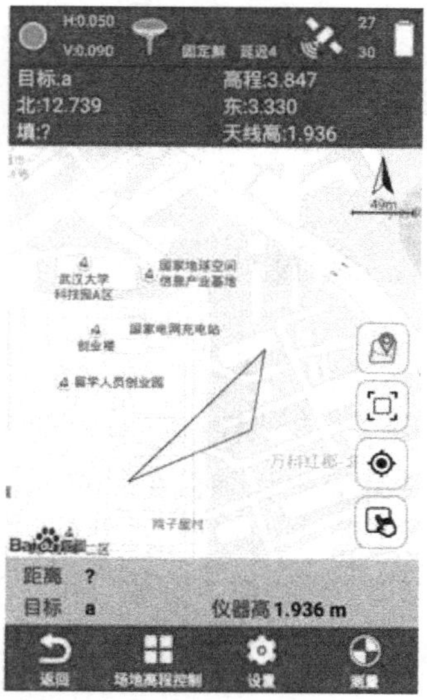

图 10-43　高程控制放样界面

图 10-44　高程控制界面

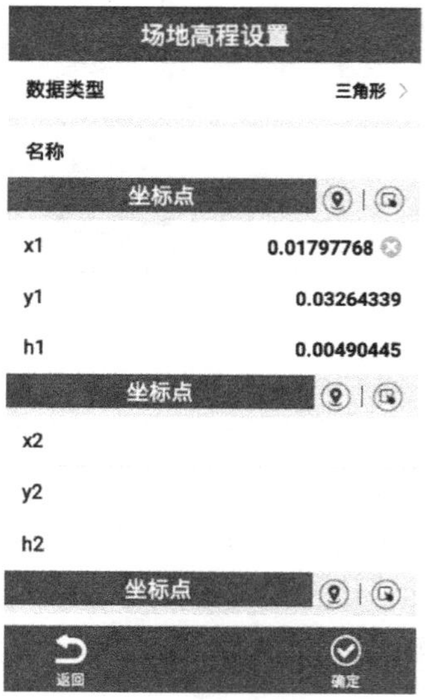

图 10-45　高程控制坐标界面

场地高程控制步骤。

(1) 进入场地高程控制库中，点击【增加】根据工程设计要求新建一点面，两点面，三角形或导入三角网文件。

(2) 点击【确定】返回场地高程控制，选中放样目标（三角形平面），点击【确定】进入放样界面，如图 10-43 所示。如果当前点在设计平面投影范围内，可以观测到当前点的高程和设计高（根据设计平面可知）和填挖方。根据工程设计要求进行场地平整。

习题与思考题

1. 施工测量包括哪些主要内容？其基本工作是什么？

2. 测设点的平面位置有哪些方法？各自的适用范围是什么？

3. 如何测设施工控制桩和龙门桩？

4. 如何进行装配式厂房安装施工测量？

5. 建筑物的定位方法有哪几种？如何测设？

6. 在工业厂房施工测量中，为什么要专门建立独立的厂房矩形控制网？为什么在网中要设立距离指标桩？

7. 简述如何根据厂房矩形控制网进行杯型柱基的放样。试述柱基的施工测量过程。

8. 为什么要编绘竣工总平面图？竣工总平面图包括哪些内容？

9. 某轴线 $A-B-C$ 三个主点初步放样后，在中间点 C 测得水平角为 $179°59'12''$。已知 $AC=CB=350m$，试计算调整数据，并说明调整方法。

10. 已知点 M 坐标为 $x_M=14.23m$，$y_M=86.71m$，待测设点 P 设计坐标为 $x_P=42.30m$，$y_P=85.03m$，$\alpha_{MP}=300°04'00''$。将仪器安置在 M 点，采用极坐标法测设 P 点所需的放样数据。

第 11 章 线路工程测量

11.1 道路工程测量概述

道路工程包括铁路和公路工程。一条道路通常由线路、桥涵、隧道及其他设施所组成，其中铁路工程分为主干铁路、高速铁路、地方铁路；道路工程分为联系城市之间的公路、城市道路、工矿企业的专用道路以及服务于农业生产和农民生活的农村道路，由此组成全国道路网。在道路的勘测设计和施工中所进行的测量工作称为道路工程测量。

道路工程测量一般分为勘测设计阶段和施工测量阶段。

勘测设计阶段道路工程测量的内容包括初测和定测。勘测前应搜集和掌握下列基本资料；各种比例尺的地形图、航测像片，国家及有关部门设置的三角点、导线点、水准点等资料；搜集沿线自然地理概况、地质、气象、地震基本烈度等资料；搜集沿线农林、水利、铁路、航运、城建、电力、通信等部门与本路线有关系的规划、设计、规定、科研成果等资料。然后，根据工程可行性研究报告拟定的路线基本走向方案，在 1∶10000～1～50000 地形图上或航测像片上进行室内研究，经过对路线方案的初步比选，拟定出需勘测的方案及需现场重点落实的问题，然后进行路线的初测和定测。公路初测和定测的内容包括：路线平面控制测量、高程控制测量、纵横断面测量、桥涵勘测等。

初测和定测之后便要进行施工，施工前设计单位把道路施工图通过业主移交给施工单位。道路施工图中包含道路测量的资料，如沿线的导线点资料、水准点资料、中线设计和测设资料、纵横断面资料及带状地形图等。施工单位在接到道路测量资料的同时，也必须到实地接受“交桩”工作。由设计单位将导线点、水准点和中桩点的实地位置在现场移交给施工单位，这个过程称为交桩。

道路工程施工测量是指道路工程在施工过程中所要进行的各项测量工作，主要包括：中线测量、纵横断面测量、路基边桩与边坡测设以及竖曲线测设等。

11.2 中线测量

道路是分布在三维空间的一条带状实体，此实体表面的中心线称为道路的中线。中线测量是把设计的路线中线在实地中进行测设的过程。道路中线由平面线形的三要素（直线、圆曲线和缓和曲线）组成，中线测量就是把这些平面线形在实地中标测出来，作为后期施工放样的依据。中线测量的任务包括：中线上的交点（JD）和转点（ZD）的测设、中线转向角的测设、平面线形的测设等。

11.2.1 交点和转点的测设

交点是路线上的转折点，作为测设直线和曲线的控制点，用 JD 表示；当两个交点距离比较远时，在中间加设内分点，称为转点，用 ZD 表示。

1. 交点的测设

对于等级较低的道路路线，其交点通常是直接在现场标定，对于高等级公路需先进行纸上定线，然后确定交点的实地位置。交点的测设主要有以下几种方法。

(1) 穿线交点法

此方法主要应用于地形不太复杂的地区，主要步骤如下：先测设路线中线的直线段，根据两相邻直线段相交在实地定出交点。

1) 如图 11-1 所示，C_1、C_2、C_3、C_4 和 C_5 为初测导线点，根据它们与中线的位置关系，分别在图上量出各点到中线的支距或极距 L 以及极角 α，用支距法放出 P_2、P_3、P_5，用极坐标法放出 P_1、P_4、P_6 点。此时，P_1、P_2、P_3、与 P_4、P_5、P_6 应分别分布在两条直线上。

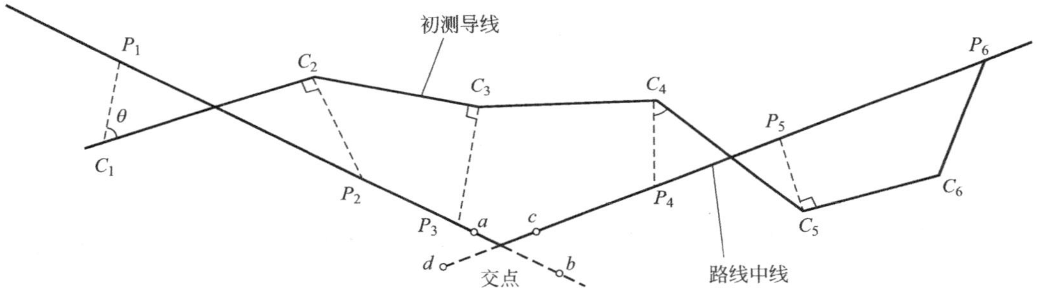

图 11-1 穿线交点法

2) 将经纬仪安置在已经放出的某个临时点上，照准大部分临时点所靠近的直线方向，该方向即为直线方向，并将临时点调整到该直线上来。

3) 上述确定的直线延长相交的点即为所求的交点。穿线交点法测设的精度较高，但是比较费时。

(2) 根据导线点测设交点法

根据已知导线点的坐标和交点的设计坐标，计算测设数据。

如图 11-2 所示，要确定 AB、DC 的交点 JD 及转角 α，可在 AB、DC 之间布设一条导线 A-B-1-2-3-C-D，将 B、C 连接起来。在 B 点建立直角坐标系，以 AB 为 X 轴正方向，此时，$X_B=0$、$Y_B=0$、$\alpha_{AB}=0$，有式 (11-1)、式 (11-2)：

$$\alpha_{CD}=\alpha_{AB}+\sum\beta\pm5\times180° \tag{11-1}$$

记转角为 α，$\alpha=\alpha_{CD}-\alpha_{AB}$

$$=\sum\beta\pm5\times180° \tag{11-2}$$

交点 JD 的坐标可由导线计算得到。推导如下：

由 B 点坐标计算 C 点坐标 X_C、Y_C，有：

$$S_{BC}=\sqrt{X_C^2+Y_C^2}$$

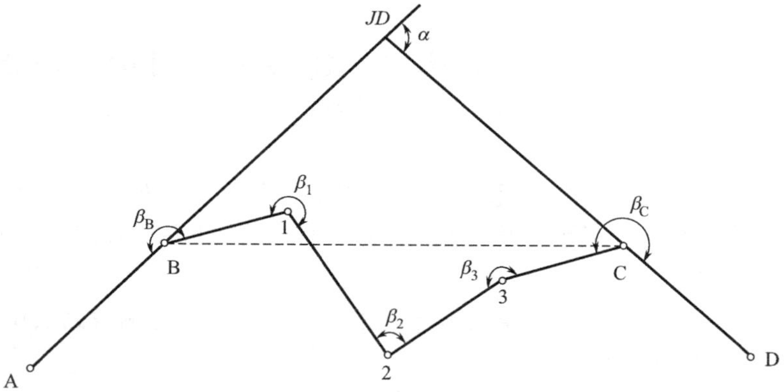

图 11-2　根据导线点测设交点法

$$\tan\alpha_{BC}=\frac{Y_C-Y_B}{X_C-X_B}=\frac{Y_C}{X_C}$$

$$S_{B-JD}=S_{BC}\ \frac{\sin\ (\alpha_{CD}-\alpha_{BC})}{\sin\alpha}$$

$$X_{JD}=X_A+S_{B-JD}\cos\alpha_{AB}=S_{BC}\ \frac{\sin\ (\alpha_{CD}-\alpha_{BC})}{\sin\alpha}=X_C-Y_C\cot\alpha_{CD}$$

$$X_{JD}=X_C-Y_C\cot\alpha_{CD}$$

$$Y_{JD}=0$$

交点的坐标计算出来后，利用其中任一与交点通视的导线点设站，运用极坐标法在实地中标定出该交点。

（3）根据与地物的关系测设交点法

如图 11-3 所示，交点 JD 的位置在地形图上已经选定，该点与两房角和电线杆的距离在图上可量出来，在现场就采用距离交会法测设 JD。

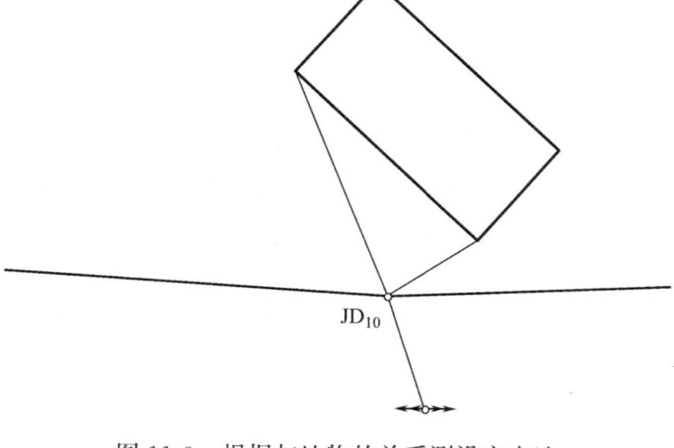

图 11-3　根据与地物的关系测设交点法

2. 转点的测设

当相邻的两个交点之间互不通视或者直线比较长时，在其连线方向上增设一个或几个转点，便于测设交点上的转向角，也可作为定线的目标。

(1) 在交点间设转点

当相邻两个交点之间相互通视时，在其中一个交点上安置经纬仪，后视另外一个交点，在视线方向上设置转点。

如图 11-4 所示，经纬仪安置在此点上，用正倒镜分中法延长直线 JD_1 至 JD_2'，若 JD_2' 与 JD_2 重合或偏差 f 在限差内时，就可确定转点的位置。若 f 较大，可采用视距法测定 L_1、L_2，此时 ZD′应横向移动的距离 e 可按式（11-3）计算：

$$e=\frac{L_1}{L_1+L_2}f \tag{11-3}$$

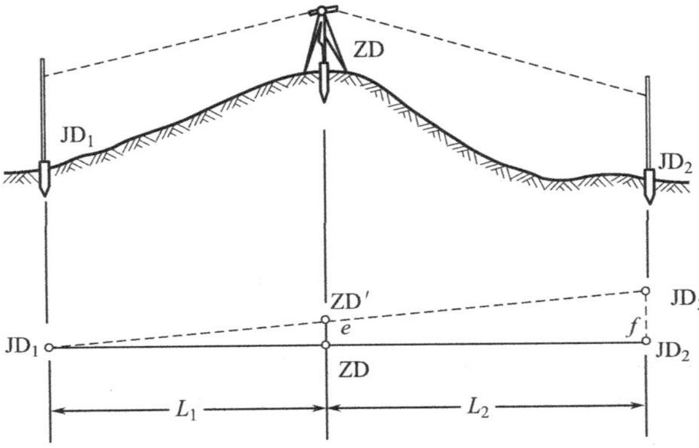

图 11-4 经纬仪安装位置

将 ZD′移动距离 e 定出新的转点 ZD 后，再将仪器移至 ZD，按照上述方法逐渐趋近，直至满足要求。

(2) 在两交点的延长线上设转点

如图 11-5 所示，JD_3、JD_4 两交点互不通视，可在两交点连线的延长线上设转点 ZD′。安置经纬仪于 ZD′，用正、倒镜照准 JD_3，并以相同竖盘位置俯视 JD_4，分中得 JD_4'，若 JD_4 与 JD_4'重合或偏差 f 较小，则转点位置即可确定。否则应重设转点，量出 f 值，采用视距法得到 L_1、L_2 后，可按式（11-4）得到横移的距离：

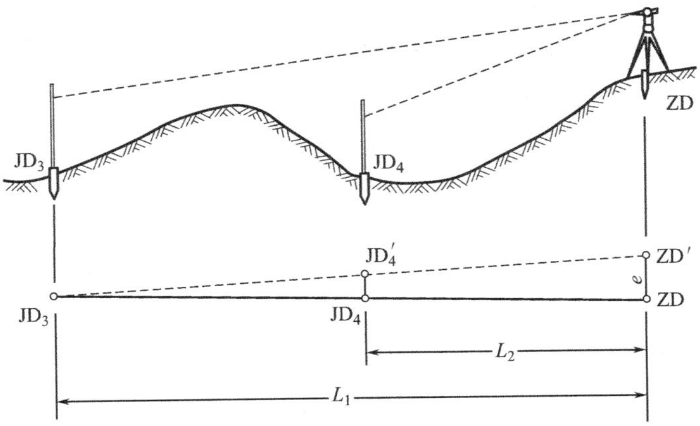

图 11-5 在两交点的延长线上设转点

$$e=\frac{L_1}{L_1-L_2}f \tag{11-4}$$

将 ZD′横移 e 至新转点 ZD，重复上述操作，反复调整，直至符合要求。

11.2.2　中线转向角测设

线路交点和转点确定之后，在线路方向变化处，需要测定线路的转向角。为得到转向角 α，首先测定线路的转折角 β，如图 11-6 所示，AB 与 BC 的夹角称作线路的转折角，通常转折角是指线路前进方向的右角。

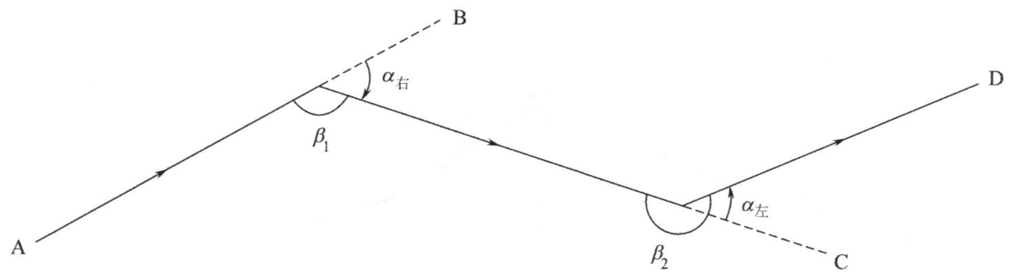

图 11-6　中线转角测设

转向角也称转角或偏角，是线路从一个方向偏转到另一个方向时，偏转后的方向与原方向的夹角。线路右转，则 $\beta<180°$，线路左转，则 $\beta>180°$。偏角常用式（11-5）、式（11-6）计算：

$$\alpha_{右}=180°-\beta \tag{11-5}$$

$$\alpha_{左}=\beta-180° \tag{11-6}$$

11.2.3　圆曲线测设

圆曲线是路线弯道中最基本的平曲线形式。其测设过程分两步进行，一是测设曲线上的主点，二是测设曲线上的细部点。

1. 圆曲线主点测设

（1）主点元素的计算　道路中线的圆曲线如图 11-7 所示，当道路两直线段和交点已定，路线的偏角 α，圆曲线半径 R 为设计值，则圆曲线的主点（如直圆点（ZY）、曲中点（QZ）、圆直点（YZ））的测设元素：切线长（T）、外矢距（E）、曲线长（L）和切曲差（q）的计算如式（11-7）～式（11-10）所示：

$$T=R\tan\frac{\alpha}{2} \tag{11-7}$$

$$L=R\alpha\frac{\pi}{180} \tag{11-8}$$

$$E=R\left(\sec\frac{\alpha}{2}-1\right) \tag{11-9}$$

$$q=2T-L \tag{11-10}$$

【例 11-1】　已知线路转向角 $\alpha=42°36'$，圆曲线半径 $R=150\text{m}$，求圆曲线主点的各测设元素。

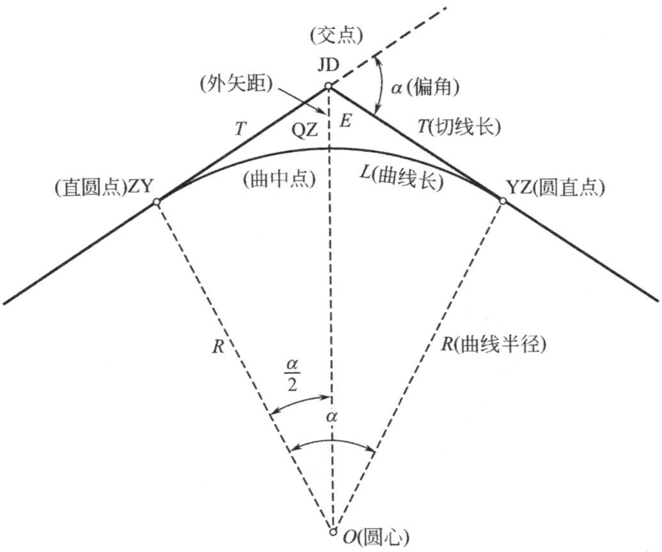

图 11-7 道路中线的圆曲线

【解】 由式（11-7）～式（11-10）可得 $\alpha=42.6°$

$$T=R\tan\frac{\alpha}{2}=150\times\tan\left(\frac{42.6°}{2}\right)=58.483\text{m}$$

$$L=R\alpha\frac{\pi}{180}=150\times\frac{\pi}{180}\times42.6°=111.527\text{m}$$

$$E=R\left(\sec\frac{\alpha}{2}-1\right)=150\times\left(\sec\frac{42.6°}{2}-1\right)=10.998\text{m}$$

$$q=2T-L=2\times58.483-111.527=5.439\text{m}$$

在测设道路主点时，还要标注根据路线交点 JD 桩号和测设元素计算的各主点的桩号，计算见式（11-11）～式(12-14)：

$$ZY_{桩号}=JD_{桩号}-T \tag{11-11}$$

$$QZ_{桩号}=ZY_{桩号}+\frac{L}{2} \tag{11-12}$$

$$YZ_{桩号}=QZ_{桩号}+\frac{L}{2} \tag{11-13}$$

$$检核：YZ_{桩号}=JD_{桩号}+T-q（其中 q 为切曲差） \tag{11-14}$$

【例 11-2】 设路线交点的桩号为 K3＋135.120，其中圆曲线的主点元素见例 12-1，求圆曲线上各主点的桩号。

【解】

$$ZY_{桩号}=K3+135.120-58.483=K3+76.637$$

$$QZ_{桩号}=K3+76.637+\frac{111.527}{2}=K3+132.401$$

$$YZ_{桩号}=K3+132.401+\frac{111.527}{2}=K3+188.164$$

$$检核：YZ_{桩号}=K3+135.120+58.483-5.439=K3+188.164$$

（2）主点的测设

1）测设直圆点（起点ZY）

如图11-8所示，将经纬仪安置在交点JD上，后视相邻交点或转点方向，量取切线长T，确定曲线的起点，即直圆点ZY。

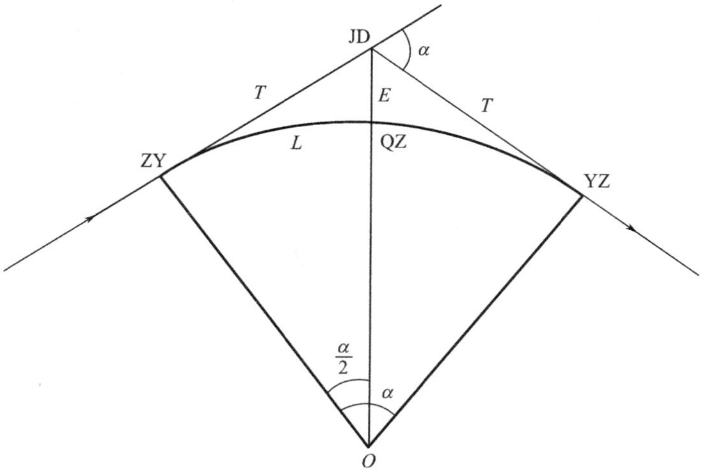

图11-8　测设直圆点

2）测设圆直点（终点YZ）

将仪器安置在交点JD上，前视相邻交点或转点方向，自交点JD沿该方向量取切线长，实地确定曲线终点，即圆直点YZ。

3）测设曲中点（中点QZ）

在确定起点和终点的基础上，将仪器安置在JD上，后视ZY点（或前视YZ点），测设水平角$\left(\frac{180°-\alpha}{2}\right)$，确定路线转折角的分角线方向，量外距$E$，标定圆曲线中点，即曲中点QZ。

2. 圆曲线细部点测设

一般地形变化较小、曲线长在40m之内时，测设曲线的三个主点就符合要求。当地形复杂、曲线较长时，需要在圆曲线上加测一定桩距的细部点，称为圆曲线的细部点测设。

圆曲线细部点测设方法多种多样，常用的有以下几种：

（1）切线支距法

这种方法通常又称为直角坐标系法。以曲线起点ZY或终点YZ为坐标原点，以两段切线为X轴，经过原点的半径为Y轴建立直角坐标系，然后依据曲线上点的坐标（x_1，y_1）进行细部点坐标测设。

如图11-9所示，待测点至原点的弧长为L_1，L_1所对的圆心角为φ_i，曲线半径为R，可得P_i的坐标如式（11-15）、式（11-16）所示。

$$x_i=R\sin\varphi_i \tag{11-15}$$

$$y_i=R(1-\cos\varphi_i) \tag{11-16}$$

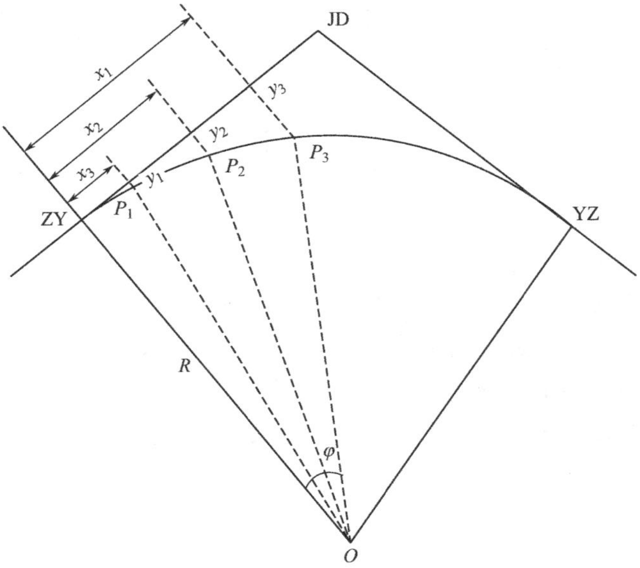

图 11-9 切线支距法

式中 φ_i—圆心角，$\varphi_i=\frac{L_i}{R}\times\frac{180}{\pi}$。

为了消除支距过大对测量结果的影响，通常采用直圆点（ZY）、圆直点（YZ）向曲中点分别施测的方法，步骤如下：

1）用钢尺从 ZY（或 YZ）点开始沿切线方向量取 M_i 的纵坐标 x_i，与切线的交点为 P_i。

2）在各交点 P_i 上架设经纬仪，定出直角方向，沿此方向量出横坐标 y_i，得到曲线上的点 P_i。

3）当测设完曲线上的细部点后，将切线支距法测设的 QZ 点与主点测设的 QZ 点进行比较。两者差值在限差之内，说明测设满足要求；差值超出界限，则应验算，给予纠正。

【例 11-3】 如图 11-9 所示，圆曲线的半径为 150m，曲线起点（ZY）桩号为 K4+075.88，终点（YZ）桩号为 K4+171.18，细部点的桩距为 20m，现用切线支距法测设圆曲线。

【解】 测设数据见表 11-1。

切线支距法测设圆曲线成果表 **表 11-1**

曲线桩号	相邻桩点间弧长(m)	各桩点至起点的弧长(m)	切线距离 X(m)	支距 Y(m)
K4+075.88	—	0.00	0.00	0.00
K4+080.00	4.12	4.12	4.12	0.06
K4+100.00	20.00	24.12	24.02	1.94
K4+120.00	20.00	44.12	43.49	6.44
K4+123.53	3.53	47.65	46.85	7.50
K4+171.18	12.18	0.00	0.00	0.00

续表

曲线桩号	相邻桩点间弧长(m)	各桩点至起点的弧长(m)	切线距离 X(m)	支距 Y(m)
K4+160.00	20.00	12.18	12.17	0.42
K4+140.00	16.47	31.18	30.96	3.23
K4+123.53	—	47.65	46.84	7.50

（2）偏角法

偏角法是以曲线起点（直圆点 ZY）或终点（圆直点 YZ）至曲线上任一点 P 的弦线与切线之间的弦切角 Δ 和弦长 c 来确定细部点 P 的位置。如图 11-10 所示，曲线上的细部点即曲线上的里程桩，各点之间为固定的桩距。取 P_1 为第一个整桩，与起点（直圆点 ZY）的弧长为 L_1，P_1 与 P_2，P_2 与 P_3……弧长都为 L_0。最后一个整桩 P_n 与曲线终点（圆直点 YZ）间的弧长为 L_{n+1}，各弧长对应的圆心角分别为 φ_1，φ_0，φ_{n+1}，由式(12-17)～式（11-19）可得：

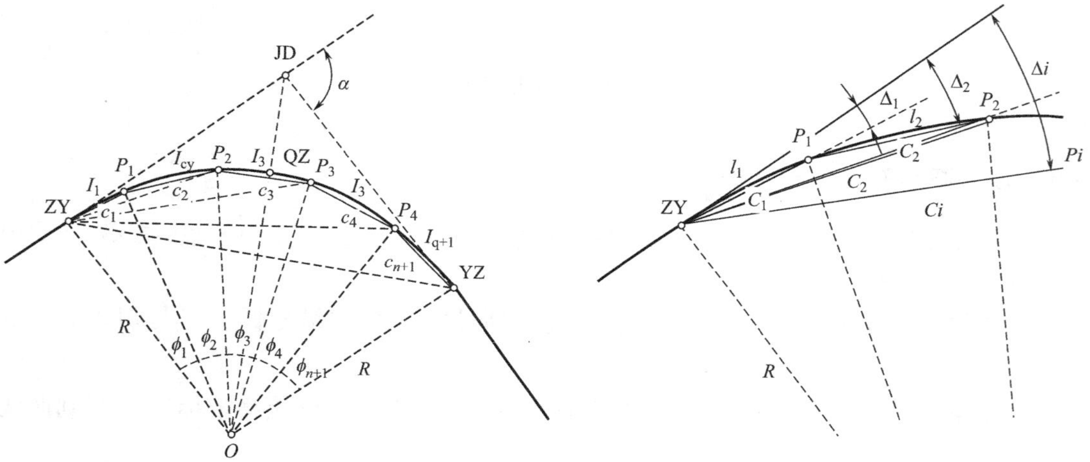

图 11-10　偏角法

$$\varphi_1=\frac{L_1}{R}\times\frac{180}{\pi} \tag{11-17}$$

$$\varphi_0=\frac{L_0}{R}\times\frac{180}{\pi} \tag{11-18}$$

$$\varphi_{n+1}=\frac{L_{n+1}}{R}\times\frac{180}{\pi} \tag{11-19}$$

由几何知识可得到，曲线起点至 P_i 点的偏角见式（11-20）：

$$\Delta_i=\frac{1}{2}\varphi_i=\frac{1}{2}\frac{L_i}{R}\times\frac{180}{\pi} \tag{11-20}$$

弦长 c 按式（11-21）计算：

$$c=2R\sin\Delta_i \tag{11-21}$$

【例 11-4】　已知一圆曲线半径为 $R=120'$m，交点桩号为 K3＋135.120，整弧长为 20m，其他相关设计数据如图 11-11 所示，采用偏角法计算圆曲线的测设数据。

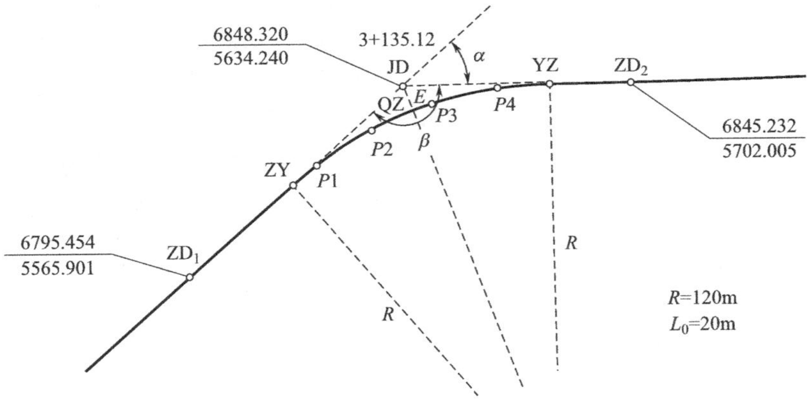

图 11-11 [例题 11-4] 图

【解】 测设数据见表 11-2：

偏角法测设圆曲线成果表 **表 11-2**

曲线桩号	相邻桩点间弧长(m)	弦偏角(° ′ ″)	弦方位角(° ′ ″)	相邻桩点间弦长(m)	待测点至起点的弦长(m)	细部点坐标 X(m)	细部点坐标 Y(m)
K3+091.047	0.00	0 00 00	52 16 30		0.00	6821.353	5599.380
K3+100.000	8.953	2 08 15	54 24 45	8.951	8.951	6826.562	5606.659
K3+120.000	20.000	6 54 43	59 11 13	19.977	28.883	6836.148	5624.186
K3+133.285	13.285	10 05 01	62 21 31	13.278	42.020	6840.848	5636.604
K3+140.000	6.715	11 41 12	63 57 42	6.714	48.614	6842.693	5643.060
K3+160.000	20.000	16 27 41	68 44 11	19.977	68.008	6846.017	5662.759
K3+175.522	15.522	20 10 01	72 26 31	15.511	82.742	6846.314	5671267

采用偏角法测设圆曲线的细部点，通常分为长弦偏角法和短弦偏角法。两种测设原理基本相同，具体步骤如下。

1）在曲线起点（ZY）上安置经纬仪，照准交点（JD），将水平度盘读数设置为 0°0′0″，水平方向转动照准部，使度盘读数为 28°08′15″，沿此方向测设弦长 $C_1=8.951$m，定出 P_1 点。

2）再次水平转动照准部，使度盘指示针指向为 6°54′43″，并测设弦长 $C_2=19.977$m，得到 P_2 点。重复此操作，得到 P_3 点、P_4 点。

3）细部点一直测设至终点（YZ），可与主点测设的终点进行比较：水平转动照准部，使度盘读数为 20°10′01″，测设弦长为 $C=15.511$m。

若此点与 YZ 不重合，其闭合差应当满足如下要求：

半径方向：不超过±0.1

切线方向：不超过$\pm\dfrac{L}{1000}$（L 为曲线长）

也可以曲中点（QZ）作为校核对象。

（3）极坐标法

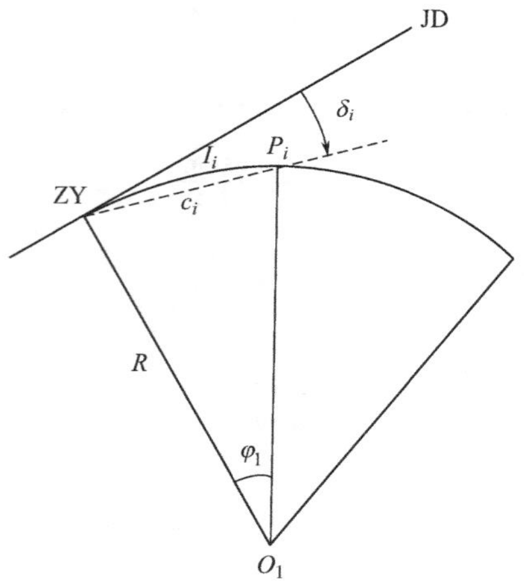

图 11-12　极坐标法

用极坐标法测设圆曲线上的细部点应用广泛，将仪器架设在任何控制点上，包括线路的交点、转点等，且它测设速度快、精度高。

如图 11-12 所示，曲线起点 ZY 至曲线上待测设点 P_1 的弦线与切线之间的夹角称为偏角。取细部点的偏角为 Δ，弧长为 l，弦长为 c，圆心角为 φ，可得式（11-22）～式（11-24）：

$$\varphi = \frac{l}{R}\rho'' \tag{11-22}$$

$$\delta = \frac{\varphi}{2} = \frac{l}{2R}\rho'' \tag{11-23}$$

$$c = 2R\sin\delta \tag{11-24}$$

【例 11-5】　如图 11-12 所示，已知圆曲线的半径 R 为 120m，曲线起点桩号为 K3＋091.047，终点桩号为 K3＋175.522，桩距为 20m，采用极坐标法测设各细部点。

【解】　采用极坐标法计算各细部点的测设数据见表 11-3。

极坐标法测设细部点成果表　　　　**表 11-3**

曲线桩号	至曲线起点的弧长(m)	偏角值(° ′ ″)	至曲线起点弦长(m)
K3＋091.047	0.00	0　00　00	0.00
K3＋100.000	8.953	2　08　15	8.951
K3＋120.000	28.953	6　54　43	28.883
K3＋133.285	42.238	10　05　01	42.020
K3＋140.000	48.953	11　41　12	48.614
K3＋160.000	68.953	16　27　41	68.008
K3＋175.522	84.475	20　10　01	82.742

采用极坐标法测设曲线细部点时，在 ZY 点上架设仪器，照准 JD 方向，调整水平度盘读数为 $0°0'0''$，依次测设 δ_i 角及相应的弦长 c 得到圆曲线上的各点。

用极坐标法测设圆曲线时，用全站仪或光电测距仪测设比较方便。

11.2.4　缓和曲线测设

车辆在驶入弯道前，都会由缓和曲线慢慢过渡，不至于由直线直接驶入圆曲线，使产生的离心力过大，造成行车不安全和不适。在直线与圆曲线之间插入一段半径由∞逐渐变化为 R 的曲线，称为缓和曲线。目前国内外多采用回旋线作为缓和曲线。

1. 缓和曲线主点测设

两段具有缓和曲线的圆曲线如图 11-13 所示，ZD_1 和 ZD_2 为道路中线的转点，JD 为交点，路线的偏角为 α，圆弧对应的圆心点为 O，圆曲线设计半径为 R，缓和曲线长度为 L_s。

计算缓和曲线的测设数据，应根据已经测定的道路中线的转点和交点的坐标，以及相关设计资料。

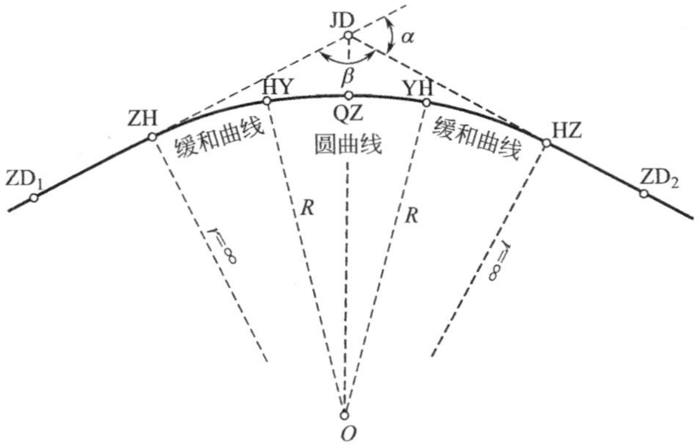

图 11-13 两段具有缓和曲线的圆曲线

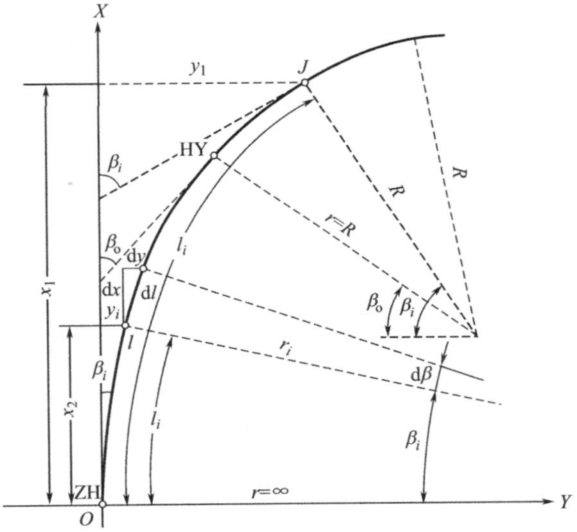

图 11-14 测设曲线上各点坐标

计算路线的偏角，如式（11-25）：

$$\alpha=\beta-180^{\circ} \tag{11-25}$$

偏角为正值，路线左偏，反之路线右偏。由此决定缓和曲线和圆曲线上各点坐标的计算方式。

为测设曲线上各点坐标，先以起点（ZH）或终点（HZ）为原点，切线方向为 X 轴建立独立直角坐标系，如图 11-14 所示，将坐标进行转化，得到各点的大地坐标。

在独立坐标系中，圆曲线半径 R、缓和曲线长度 L_s 以及原点到圆曲线上某一点的弧长 L_j 都不变，可由式（11-26）、式（11-27）计算得到缓圆点（HY）的缓和角 β_0 和圆曲线整桩点 J 的切线方位角 β_j，即：

$$\beta_0=\frac{L_s}{2R}\times\frac{180}{\pi} \tag{11-26}$$

$$\beta_j=\beta_0+\frac{L_j-L_s}{2R}\times\frac{180}{\pi} \tag{11-27}$$

得到切线方位角后，由式（11-28）～式（11-32）计算得到缓和曲线的圆曲线要素：

切线增长值：
$$q=\frac{L_s}{2}-\frac{L_s^3}{240R^2} \tag{11-28}$$

内移值：
$$p=\frac{L_s^2}{24R} \tag{11-29}$$

切线长：
$$T=m+(R+p)\tan\frac{\alpha}{2} \tag{11-30}$$

外矢距：
$$E=(R+p)\sec\frac{\alpha}{2}-R \tag{11-31}$$

圆曲线长：
$$L_c=R(\alpha-2\beta_0)\frac{\pi}{180} \tag{11-32}$$

根据交点的里程和求得的相关元素值，按式（11-33）～式（11-37）求得各主点里程桩号：

直缓点：
$$ZH=JD-T_H \tag{11-33}$$
缓圆点：
$$HY=ZH+L_s \tag{11-34}$$
圆缓点：
$$YH=HY+L_c \tag{11-35}$$
缓直点：
$$HZ=YH+L_s \tag{11-36}$$
曲中点：
$$QZ=HZ-\frac{L_H}{2} \tag{11-37}$$

【例 11-6】　如图 11-15 所示，缓和曲线与圆曲线组合的线形，交点桩号里程为 DK5

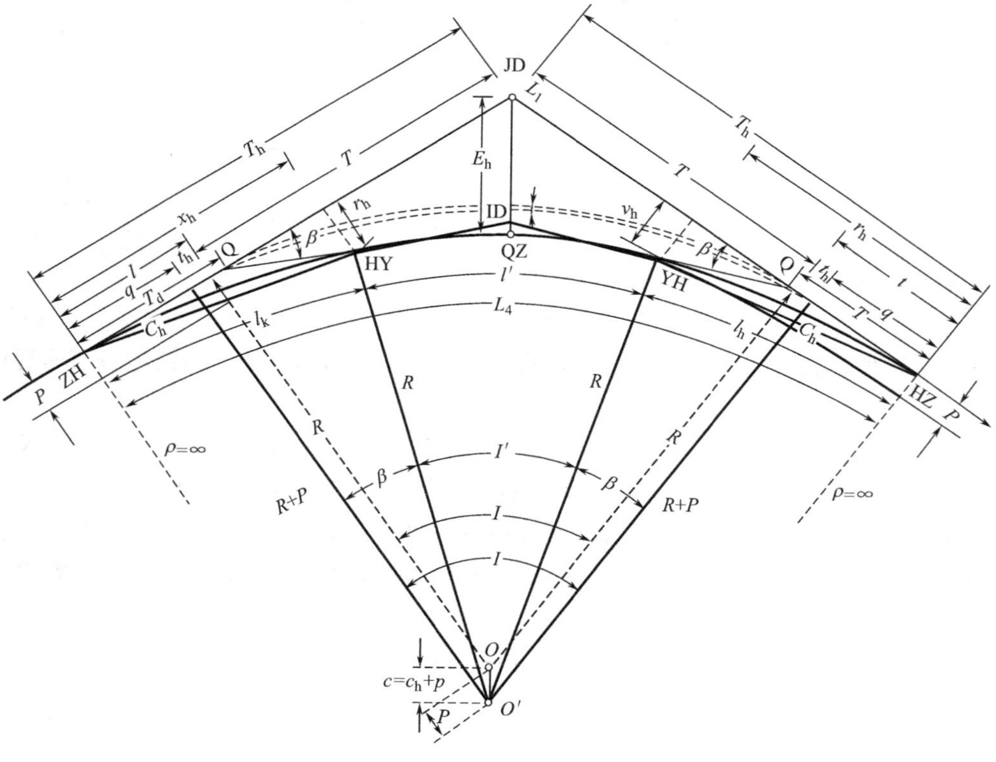

图 11-15 ［例题 11-6］图

+463.820，坐标为（5620000.000，30000.00），ZH 到 JD 的方位角为 50°13′，缓和曲线长和圆曲线半径分别为 50m 和 400m，β=3°34′51.55″，求解该线形的相关测设数据。

【解】 计算得到曲线上各主点的测设数据如表 11-4。

缓和曲线主点测设成果表 **表 11-4**

主点	桩号	X(m)	Y(m)
ZH	K5+296.231	5619892.762	29871.213
HY	K5+346.231	5619925.544	29903.995
QZ	K5+458.123	5620015.328	30019.624
YH	K5+570.015	5620066.209	30112.278
HZ	K5+620.015	5620115.072	30121.837

2. 缓和曲线细部点测设

缓和曲线和圆曲线上的细部点一般按下述规定设置：缓和曲线从起点（直缓点 ZH）或终点（缓直点 HZ）开始，每 10m 或 20m 桩距设置一点。其中缓和曲线上的点 I 按式（11-38）、式（11-39）计算独立坐标。

$$X_i = L_i - \frac{L_i^5}{40R^2L_s^2} \tag{11-38}$$

$$Y_j = \frac{L_i^3}{6RL_s} - \frac{L_i^7}{336R^3L_s^3} \tag{11-39}$$

式中 L_i——缓和曲线的起点距。

圆曲线上的细部点 J 由式（11-40）、式（11-41）求得：

$$X_j = R\sin\beta_j + m \tag{11-40}$$

$$Y_j = R(1-\cos\beta_j) + p \tag{11-41}$$

式中 β_j——切线方位角，$\beta_j=\beta_0+\frac{L_j-L_s}{2R}\times\frac{180}{\pi}$。

缓和曲线和圆曲线的细部点的起点距按点的桩号计算，细部点的独立坐标是以里程桩号为基础的。

经过两个坐标系转换可得到缓和曲线和圆曲线的测设数据。

【例 11-7】 图 11-16 为一具有缓和曲线的圆曲线，图上已注明交点和前后转点的坐

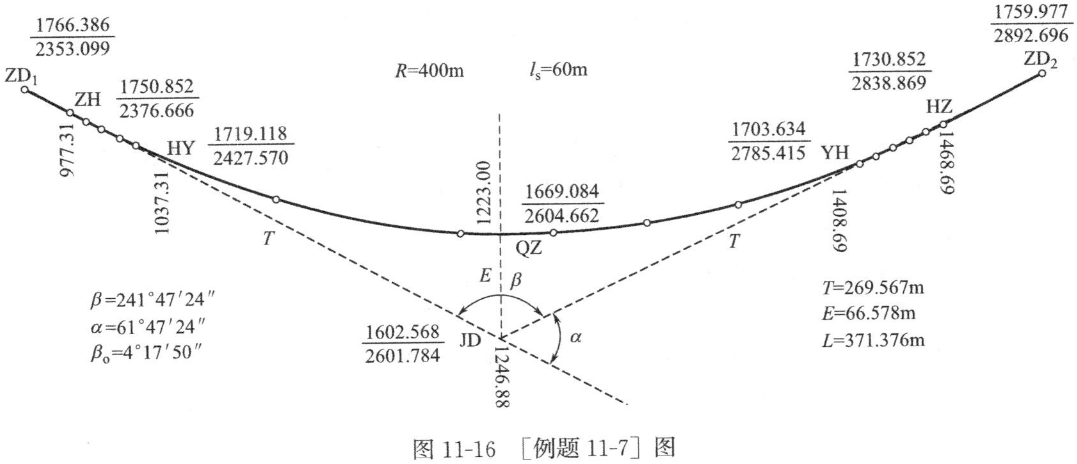

图 11-16 ［例题 11-7］图

标、曲线设计半径及曲线长度，计算缓和曲线、圆曲线上的细部点坐标。桩距分别为 10m 和 50m。

【解】 求得缓和曲线和圆曲线细部点桩号和坐标如表 11-5。

缓和曲线和圆曲线任意点的桩号和坐标　　表 11-5

桩号	X(m)	Y(m)	桩号	X(m)	Y(m)
K0+977.313	1750.852	2376.666	K1+250.00	1668.827	2631.655
K0+987.313	1745.357	2385.021	K1+300.000	1673.157	2681.434
K0+997.313	1739.897	2393.399	K1+350.000	1683.659	2273.286
K1+007.313	1734.507	2401.822	K1+400.000	1700.169	2777.446
K1+017.313	1729.223	2410.311	K1+408.689	1703.633	2785.415
K1+027.313	1724.080	2418.888	K1+418.689	1707.827	2794.493
K1+037.313	1719.118	2427.570	K1+428.689	1712.209	2803.481
K1+050.000	1713.130	2438.753	K1+438.689	1716.741	2812.396
K1+100.000	1693.063	2484.515	K1+448.689	1721.383	2821.253
K1+150.000	1678.859	2532.421	K1+458.689	1726.099	2830.071
K1+200.000	1670.738	2581.724	K1+468.689	1730.852	2838.869
K1+223.001	1669.084	2604.662			

11.3　路线纵、横断面测量

因路线是一条空间的带状曲线，路线的平面、纵断面和横断面相互影响，在线路中线施测完成后，还需要对线路的纵、横断面进行测量，为施工设计提供依据。

11.3.1　路线纵断面测量

对线路中线上各桩号地面高程测量的过程称为纵断面测量。根据“从整体到局部”的测量原则，也为了提高测量精度，路线水准测量分先基平测量，后中平测量进行。

1. 基平测量

沿线路方向设立水准点，建立线路的高程控制系统，称为基平测量。水准点分永久和临时两种，这些水准点作为纵断面测量分段闭合和施工引测高程的依据，在勘测和施工阶段都会使用到。因此，应确保水准点位置地基稳固，易于引测，同时尽量靠近线路，但需防止施工干扰。

基平测量时，高程系统一般采用 1985 国家高程系统。若在已有高程控制网的区域也可直接使用原有高程系统，首先应将起始水准点与附近国家水准点联测，以获得该点的绝对高程。其他的水准点也应当尽量与国家水准点进行联测，保证高程的准确性。

高速公路、一级公路高程水准点的测定通常按四等水准测量的方法和精度要求；二级及二级以下公路采用五等水准测量，均采用一台仪器往返测量。

2. 中平测量

根据各水准点的高程，分段进行中桩的水准测量，称为中平测量。根据中平测量的成果绘制纵断面图，供道路设计采用。

中平测量通常是用附和水准测量的方法，从一水准点开始，逐步测定线路中线各中桩的地面高程，然后附和到另一水准点上。中平测量采用 S_3 级水准仪和塔尺进行水准测量，限差为 $\pm 50\sqrt{L}$（mm）。

在观测过程中，转点作为传递高程之用，转点处应设置尺垫或将其安置在岩石等牢固实物之上。

3. 纵断面图的绘制

根据中平测量的成果绘制纵断面图，表示线路中线方向地面的高低起伏。

路线纵断面图由上、下两部分组成：上部分主要用来绘制地面线和纵断面设计线，下部分用来填写相关说明内容，如直线与平曲线，里程及桩号，地面高程，设计高程，填挖高程，纵坡/坡长等。为了使地势变化趋于明显，纵断面的高程比例尺设置为水平距离比例尺的 10 倍为宜，纵断面图使用较多的比例尺如表 11-6。

线路测图的比例尺 **表 11-6**

线路名称	带状地形图	工点地形图	纵断面图		横断面图	
			水平	垂直	水平	垂直
铁路	1∶1000 1∶2000 1∶5000	1∶200 1∶500	1∶1000 1∶2000 1∶10000	1∶100 1∶200 1∶1000	1∶100 1∶200	1∶100 1∶200
公路	1∶2000 1∶5000	1∶200 1∶500 1∶1000	1∶2000 1∶5000	1∶200 1∶500	1∶100 1∶200	1∶100 1∶200

如图 11-17 所示，水准点 BM_1、BM_2 分布于二级公路中线的两侧，现将水准仪安置在 A 点处，后视水准点 BM_1，前视转点 ZD_1，然后观测 BM_1 与 ZD_1 之间的各个中桩，并将读数分别记入表 11-7 中。第一站完成观测后，再进行第二站，将仪器安置于 B 点处，后视转点 ZD_1，前视转点 ZD_2，然后观测各中桩地面点。采用同种方法依次安置仪器向前观测，直到附和到水准点 BM_2，完成此测段的测量任务。

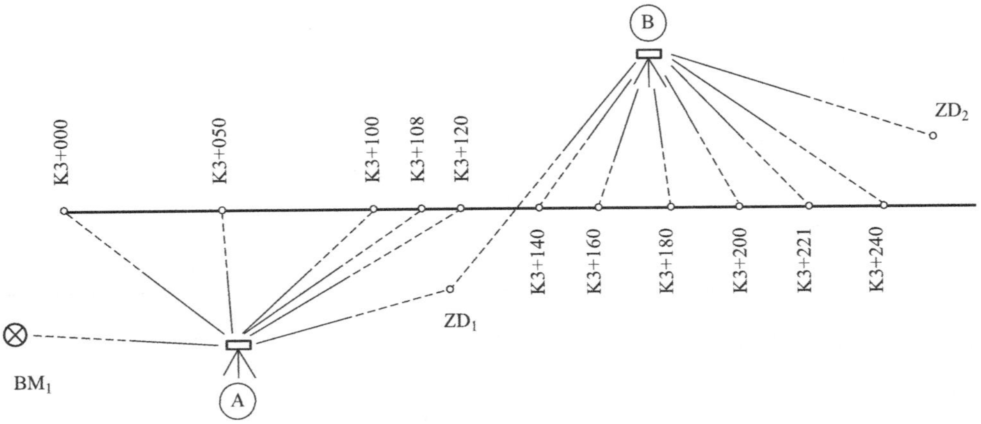

图 11-17 纵断面图的绘制

在测得各桩点高程后，每站的其他各项计算由下式求得：

（1）视线高程＝后视点高程＋后视读数；

（2）转点高程＝视线高程－前视高程；

（3）中桩高程＝视线高程－中视读数。

路线纵断面中平测量记录表 **表 11-7**

测站	点号	水准尺读数			仪器视线高程	高程	备注
		后视	中视	前视			
1	BM_1	2.191			14.505	12.314	ZY_1
	K3+000		1.62			12.89	
	+050		1.90			12.61	
	+100		0.62			13.89	
	+108		1.03			13.48	
	+120		0.91			13.60	
	ZD_1			1.006		13.499	
2	ZD_1	2.162			15.661	13.499	QZ_1
	+140		0.50			15.16	
	+160		0.52			15.14	
	+180		0.82			14.84	
	+200		1.20			14.46	
	+221		1.01			14.65	
	+240		1.06			14.60	
	ZD_2			1.521		14.140	
3	ZD_2	1.421			15.561	14.140	YZ_1
	+260		1.48			14.08	
	+280		1.55			14.01	
	+300		1.56			14.00	
	+320		1.57			13.99	
	+335		1.77			13.79	
	+350		1.97			13.59	
	ZD_3			1.388		14.173	
4	ZD_3	1.724			15.897	14.173	JD_2 (14.618)
	+384		1.58			14.32	
	+391		1.53			14.37	
	+400		1.57			14.33	
	BM_2			1.281		14.616	

本例中，观测高差 $h_{测}=2.301\text{m}$。已知水准点 BM_1 和 BM_2 的高程分别为 $H_1=12.314\text{m}$，$H_2=14.618\text{m}$，则该附合线路的高差理论值为：

$h_{理}=14.618-12.314=2.304\text{m}$。

高差闭合差：$f_h=h_{测}-h_{理}=2.301-2.304=-0.003\text{m}$

容许闭合差：$f_{h容}=\pm 50\sqrt{L}=\pm 50\times\sqrt{0.4}=\pm 32\text{mm}$

因为 $f_h<f_{h容}$，说明测量精度满足要求。在线路纵断面测量中，各中桩的高程读数只需读至厘米，所以在线路闭合差满足要求的情况下，对高差闭合差可以不进行调整，直接

以原计算的各高程点绘制纵断面图。

图 11-18 为绘制的纵断面图，图的上半部从左到右有两条贯穿全图的折线，其中，细折线表示中线方向的地面线，是根据中平测量的中桩地面高程绘制而成的；粗折线表示纵坡设计线，是根据设计要求而绘制的。在图中还标注了线路的相关设计参数以及周边附属设施的位置信息等。

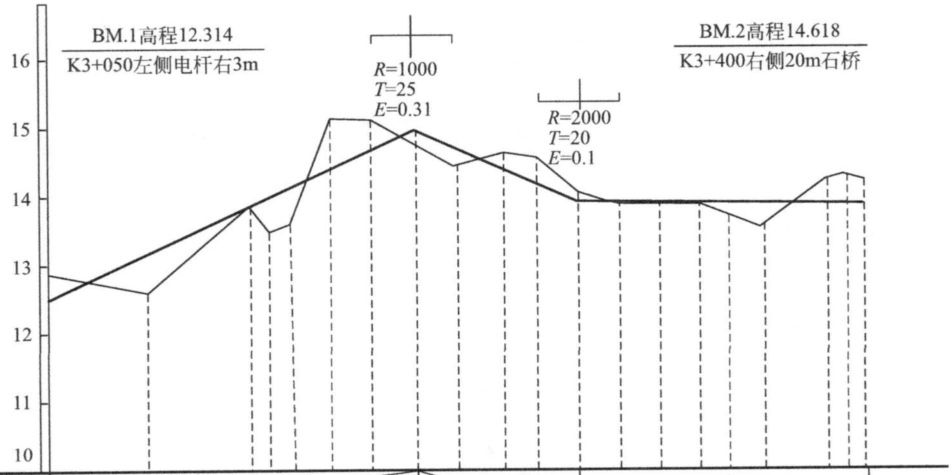

坡度与距离：1.40 / 180；1.25 / 80；0 / 140

桩号	设计高程	地面高程	填挖土：填	填挖土：挖
K3+000	12.50	12.89		0.39
+050	13.20	12.61	0.59	
+100	13.90	13.89	0.01	
+108	14.01	13.48	0.53	
+120	14.18	13.60	0.58	
+140	14.46	15.16		0.70
+160	14.74	15.14		0.40
+180	15.02	14.84	0.18	
+200	14.77	14.46	0.31	
+221	14.51	14.65		0.14
+240	14.27	14.60		0.33
+260	14.02	14.08		0.06
+280	14.02	14.01	0.01	
+300	14.02	14.00	0.02	
+320	14.02	13.99	0.03	
+335	14.02	13.79	0.23	
+330	14.02	13.59	0.43	
+384	14.02	14.32		0.30
+391	14.02	14.37		0.35
+400	14.02	14.33		0.31

直线与曲线：JD_1O+221.70　$\alpha=10°50'$(右)　$R=1200$　$T=113.78$　$L=226.90$　$E=5.39$

图 11-18　绘制的纵断面图

11.3.2　路线横断面测量

对垂直于线路中线方向的地面高低起伏进行的测量工作称为横断面测量。

道路横断面的组成包括与行车有关的路幅，还包括与路基工程、排水工程、环保工程有关的各种设施。因此，横断面图可作为路基、土石方计算、施工放样的依据。

1. 测设横断面方向

直线段上的横断面方向与线路中线方向相垂直，如图 11-19 所示，采用方向架法进行测设。将方向架放置于待测定横断面的中线桩上（图中 A 点），用方向架上的 1-1′方向线瞄准交点 ZD，则方向架的另一指标所指方向为横断面方向（图中 2-2′方向）。

圆曲线上的横断面方向与圆曲线半径方向一致，首先确定曲线的圆心，然后连接圆心与待测点。此时在方向架上增设一根可以转动的定向杆 3-3′，如图 11-20 所示，将方向架安置于直圆点 ZY 点上（即 M_0 上），用固定指标杆 1-1′瞄准切线方向，指标杆 2-2′指向 ZY 的圆心方向，然后用指标杆 3-3′瞄准圆曲线上另一桩号点 M_1，固定指标杆 3-3′，将方向架移至 M_1 点，用 2-2′指标杆瞄准 M_2 点，由几何原理可得$\angle M_0M_1O=\angle OM_1M_0$，可知 3-3′方向即为 M_1 点的圆心方向。

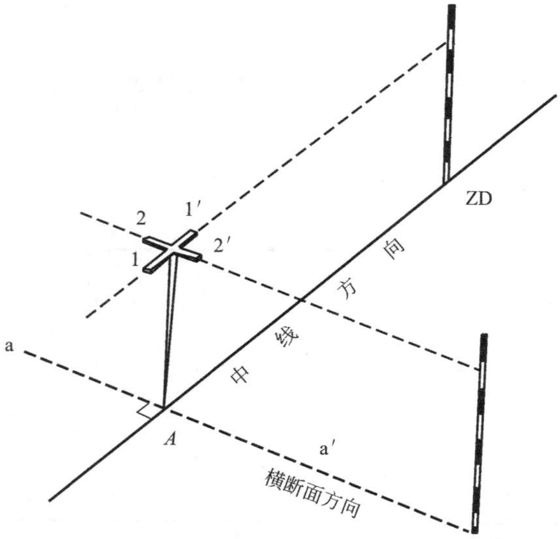

图 11-19　方向架法测设横断面

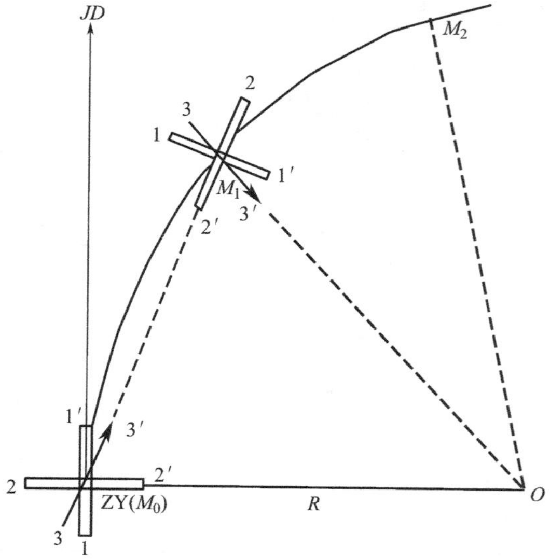

图 11-20　测设横断面

在缓和曲线段，得到桩点至前视（或后视）点的偏角后可得该点的法线方向，即为该点的横断面方向。

2. 横断面上点位的测设

在纵断面测量过程中，已经确定了中线各桩号的地面高程。横断面方向上各地形特征点距中桩的长度及高差，通常由以下方法测得：

（1）水准仪皮尺法

此法适用于横断面精度要求较高且地势平坦的区域。如图 11-21 所示，将水准仪架设

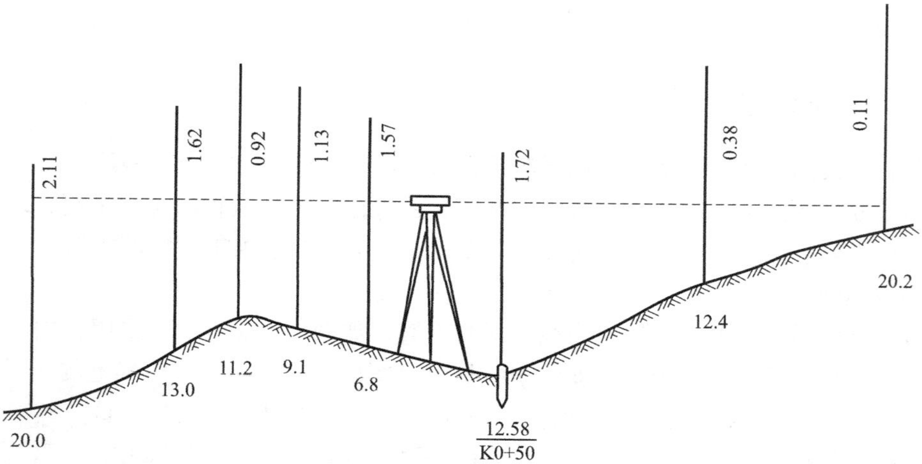

图 11-21　水准仪皮尺法

于合适位置，后视中线桩地面高程点，以中线桩两侧横断面方向上各地形特征点为中间视，得到视线高程，各特征点到中线桩的水平距离可用钢尺或皮尺量取。表 11-8 为横断面水准测量记录表。

横断面水准测量记录表　　表 11-8

测站	地形点到中桩的距离(m)	后视读数(m)	前视读数(m)	中视读数(m)	视线高程(m)	高程(m)	备注
1	K0+050	1.72			14.30	12.58	
	左+6.8			1.57		12.73	
	左+9.1			1.13		13.17	
	左+11.2			0.92		13.38	
	左+13.0			1.62		12.68	
	左+20.0			2.11		12.19	
	右+12.4			0.38		13.92	
	右+20.2			0.11		14.19	

（2）标杆皮尺法

当横断面精度要求较低时，可以采用标杆皮尺法。如图 11-22 所示，测量过程中，将标杆立于 K4+000 点上，然后使用钢尺或皮尺量取中桩至 K4+000 点的距离，高差可从标杆上直接读出。采用相同步骤测出其他各段距离和高差，直至需要的宽度。表 11-9 为记录的测量数据。

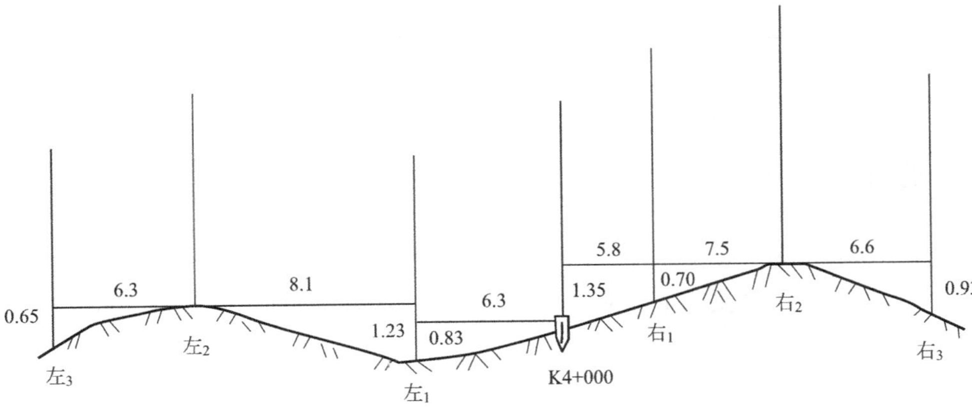

图 11-22　标杆皮尺法

横断面测量记录表　　表 11-9

左侧			中心桩号	右侧		
$\frac{-0.65}{6.3}$	$\frac{1.23}{8.1}$	$\frac{-0.83}{6.3}$	K4+000	$\frac{1.35}{5.8}$	$\frac{0.70}{7.5}$	$\frac{-0.93}{6.6}$

注：高差为正号，表示升坡；高差为负号，表示降坡。

（3）经纬仪视距法

在地形复杂、横坡轿陡地段，经纬仪视距测量法应用较多。把经纬仪架设于中线桩上，确定横断面方向后，用视距法测出横断面方向上各边坡点至中线桩的水平距离以及高差。

（4）全站仪法

采用全站仪测横断面上各点相对中线桩的水平距离及高差，可使用全站仪的“对边测量”功能。

3. 横断面上点位的绘制

横断面图是根据横断面的测量结果绘制而成，反映中线桩处垂直于线路中线方向地面起伏状况的图形。

绘图时，把中线桩的地面高程作为基准，由中桩开始，将各测点间的距离和高程一一绘制于毫米方格纸上，依次连接各点即得到地面线，如图 11-23 所示。

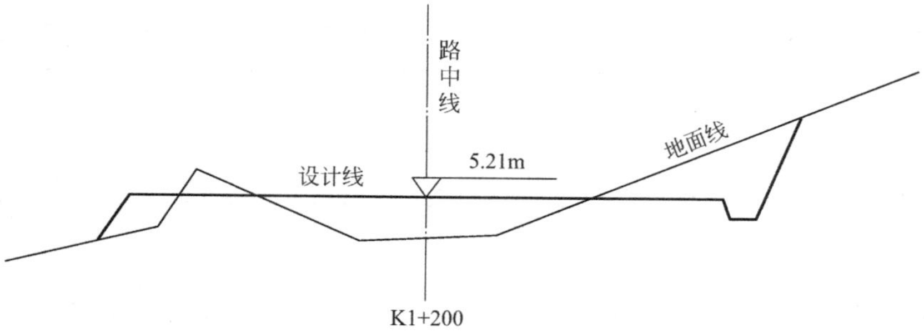

图 11-23　横断面上点位的绘制

在计算纸上绘制横断面地面线，可从大比例尺地形图上内插获得，横断面图的比例通常采用 1∶100 或 1∶200，高程和水平距离比例尺保持一致。

得到地面线后，将地面线与设计断面组合，得到各横断面的填挖面积，计算得到线路的土石方量。

11.4　道路施工测量

道路施工测量的基本任务是根据设计好的线路平面位置、纵横断面把线路放样到实地中去。主要包括：中线恢复测量、施工控制桩测量、路基边桩测量、竖曲线测设等。

11.4.1　中线恢复测量

道路中线相关参数设计出来后，在勘测时会将这条平面曲线测设于实地中，然后进行纵、横断面测量。从勘测到施工放样这段时间，由于人为或自然因素会导致部分桩点受到扰动，甚至遭到破坏。道路施工测量又必须根据这些中桩点进行引测，同时为了保证道路中线位置与设计路线相符，在施工测量过程中，必须恢复线路中线，以达到施工的需要。

在有些地方，交点桩和转点也难免会遭到破坏，为了恢复中线，首先要恢复交点和转点，否则应重新测设线路有关数据。

11.4.2　施工控制桩测量

道路在施工开挖过程中，中线桩不可避免地要被挖掉，为保证中线的准确位置，需在中线以外地方测设施工控制桩，所选之处应便于引测、易于保护及不易受施工破坏为宜。

施工控制桩的测设方法通常有以下两种。

1. 平行线法

设计路基以外，分别测设两排平行于中线的施工控制桩称为平行线法。如图 11-24 所示。平行线法在地势平坦、直线段较长的线路中应用较广。为了施工的方便，控制桩间距通常控制在 10～20m。

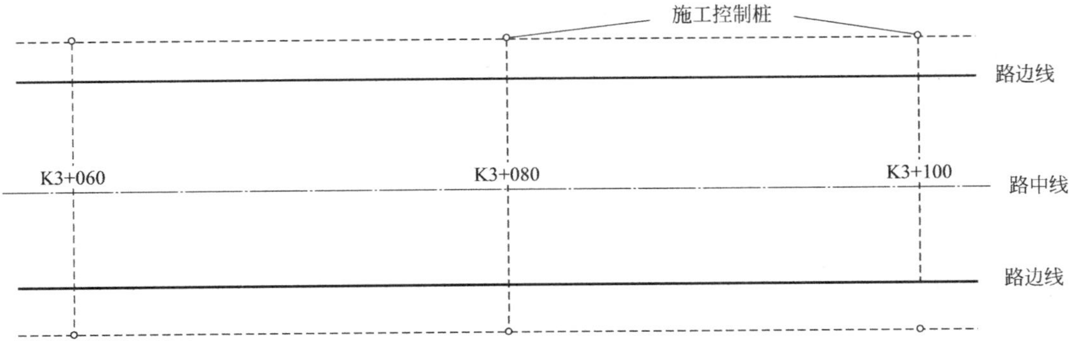

图 11-24 平行线法

2. 延长线法

在路线转折处的中线延长线上和曲线终点到交点的延长线上测设施工控制桩称为延长线法。如图 11-25 所示。延长线法在地势起伏较大、直线段较短的线路中被广泛采用。为方便恢复损坏的交点，应当量出控制桩至交点的距离并做好记录。

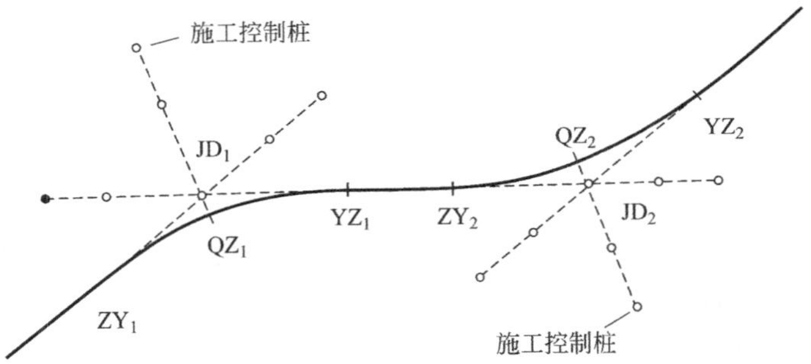

图 11-25 延长线法

11.4.3 路基边桩测量

在路基进行施工之前，应把设计路基两侧的边坡与原地面相交的点（坡脚点或坡顶点）测设出来。在该点上打下路基边桩，方便施工。至于边桩位置应当视路基的填土高度、挖土深度、边坡设计坡度及横断面地形情况而定。路基边桩测设方法一般有以下几种。

1. 图解法

道路工程在设计过程中，横断面图以及路基设计断面都已经在厘米方格纸上绘制出，只需在图上量出坡脚点（或坡顶点）到中桩的水平距离，在实地用皮尺沿横断面方向量取该长度，即得边桩位置。

2. 解析法

通过计算得到路基中桩到边桩距离的方法称为解析法。按照地形差别可由不同方法求得边桩位置。

(1) 平地路基边桩测量

如图 11-26 所示，路堤坡脚到中桩的距离，由式 (11-42) 计算。

$$l=\frac{B}{2}+mH \tag{11-42}$$

如图 11-27 所示，路堑坡顶到中桩的距离，由式 (11-43) 计算。

$$l=\frac{B}{2}+mH+S \tag{11-43}$$

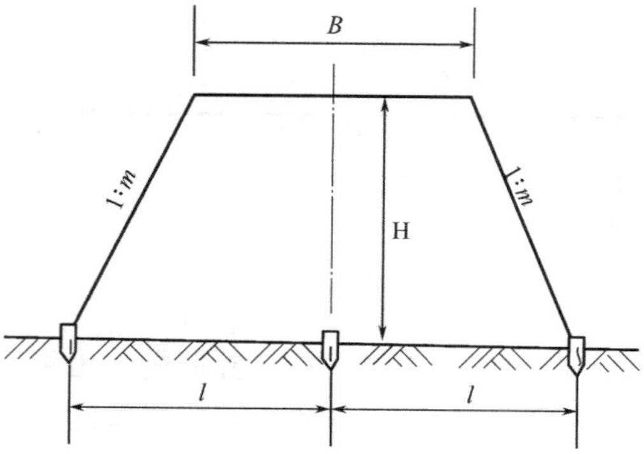

图 11-26 路堤坡脚到中桩的距离

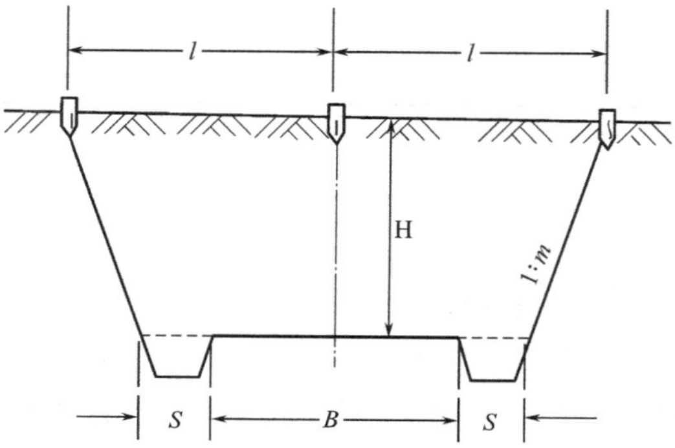

图 11-27 路堤坡顶到中桩的距离

式中 B——路基设计宽度；

m——路基边坡率；

H——填土高度或挖土深度；

S——路堑边沟顶宽。

根据计算得到的距离，从中桩开始沿横断面方向量取距离，即可得到边距。

(2) 山区路基边桩测量　在倾斜区域，边桩到中线桩的距离随着地面坡度的变化而变化，因而左右两边距离并不相等。

如图 11-28 所示，路堤坡脚桩至中桩的距离，由式 (11-44)、式 (11-45) 计算。

上侧：
$$l_1=\frac{B}{2}+m(H-H_S) \tag{11-44}$$

下侧：
$$l_2=\frac{B}{2}+m(H+H_X) \tag{11-45}$$

如图 11-29 所示，路堑所示边桩到中线的距离由式 (11-46)、式 (11-47) 计算。

上侧：
$$l_1=\frac{B}{2}+m(H+H_S)+S \tag{11-46}$$

下侧：
$$l_2=\frac{B}{2}+m(H-H_X)+S \tag{11-47}$$

式中 H_S——斜坡上侧边桩与中线桩的高差；

H_X——斜坡下侧边桩与中线桩的高差。

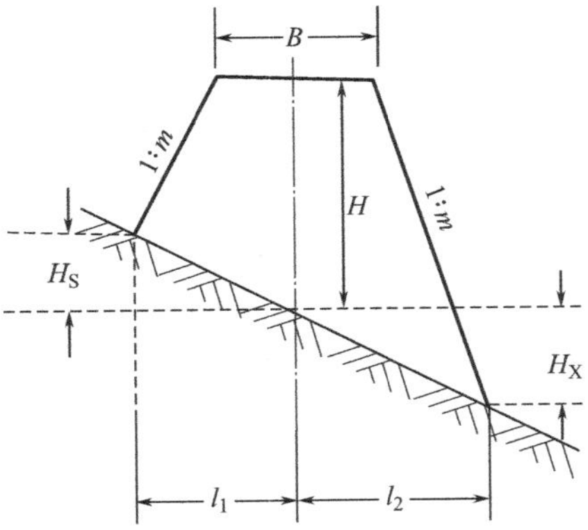

图 11-28　路堤坡脚桩至中桩的距离

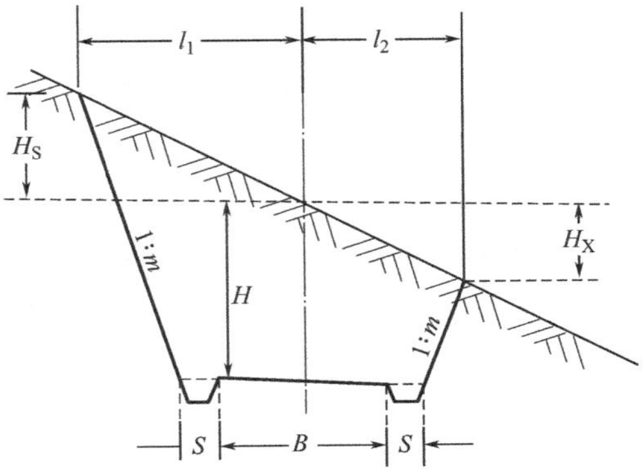

图 11-29　路堤所示边桩至中线的距离

在实际作业中，上式中的 H_S、H_X 在未测定出边桩前是未知数，所以，一般运用逐渐趋近法先测定边桩，下面结合例题讲述逐渐趋近法的步骤。

如图 11-30 所示，路基设计宽度取为 12m，中心桩挖深为 4.5m，边坡的设计坡度为 1∶1，现以中心桩左侧坡脚边桩的测设为例加以说明逐渐趋近法：

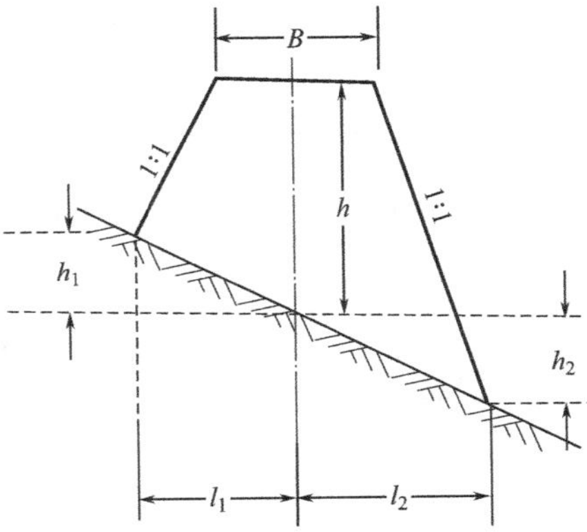

图 11-30　逐渐趋近法

1）估计边桩的位置：估计 $l_{1估}$ 为 10m，确定估计桩位；

2）实测高差：假设测得估计桩位与中心桩地面的高差 $h_1=1.5$m，就可结合相关几何原理得到

$$l_1=\frac{12}{2}+1\times(4.5-1.5)=9\text{m}$$

计算值比初次估计值（$l_{1估}=10$m）小，所以边桩的实际位置应向路基内侧移动；

3）重复上述步骤：重新估计 $l_{2估}$ 为 9.5m，测得此时高差为 1.1m，$l_1=\frac{12}{2}+1\times(4.5-1.1)=9.4$m。此次计算值与估计值比较接近，从而定出边桩的位置。

11.4.4　路基边坡测量

路基边桩测设出来后，为保证填、挖的边坡能按照设计要求进行施工，还应将设计边坡在实地中标定出来。边坡测设一般有以下两种方法。

1. 用竹竿绳索测设边坡

如图 11-31 所示，假定 O 为中桩，M、N 为边桩，由中桩沿横断面方向量取$\frac{b}{2}$的长度，定出 P、Q 两点。放样过程中，将竹竿立于 P、Q 两处，在高度等于中桩填土高度处记下 P'、Q'，将 MP' 和 NQ' 用绳索连接起来，设计边坡即可展现于实地中。

当路堤填土较低时，只挂一次线便可测出边坡，如图 11-31 所示；当路堤填土较高

时，按上述方法分层挂线，测得边坡，如图 11-32 所示。

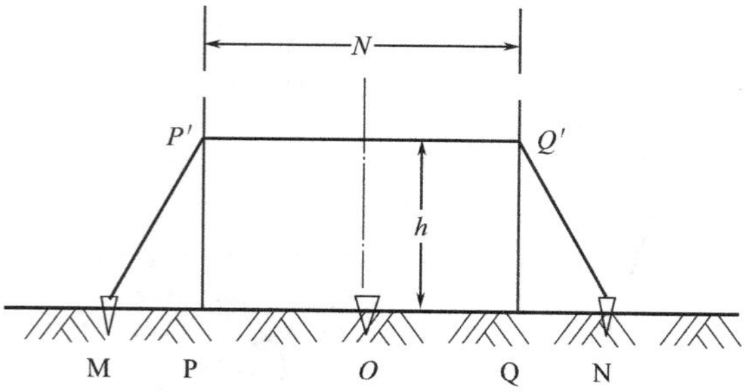

图 11-31　用竹竿绳索测设边坡（一）

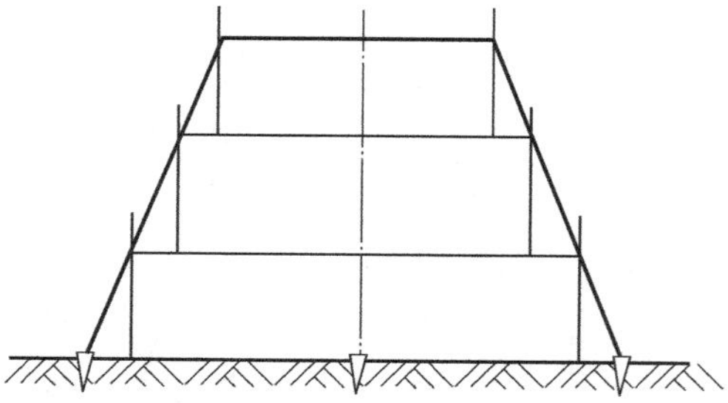

图 11-32　用竹竿绳索测设边坡（二）

2. 用活动边坡尺测设边坡

施工放样前，先按设计边坡坡度制作好样板，实地应用时，按样板进行边坡放样。

如图 11-33 所示，当水准气泡居中时，边坡样板尺的斜边指示的坡度正好为设计边坡的坡度，指示的方向即为设计边坡，按照此样板可以指导和检查路堤的填筑与施工。同理，边坡样板尺也可以应用于路堑的开挖与边坡施工中，如图 11-34 所示。

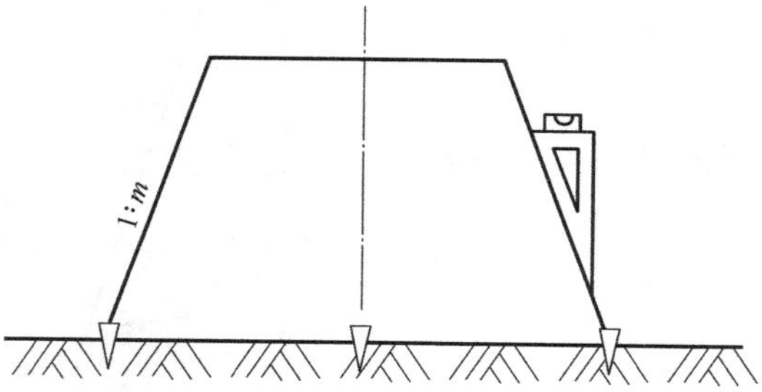

图 11-33　用活动边坡尺测设边坡（一）

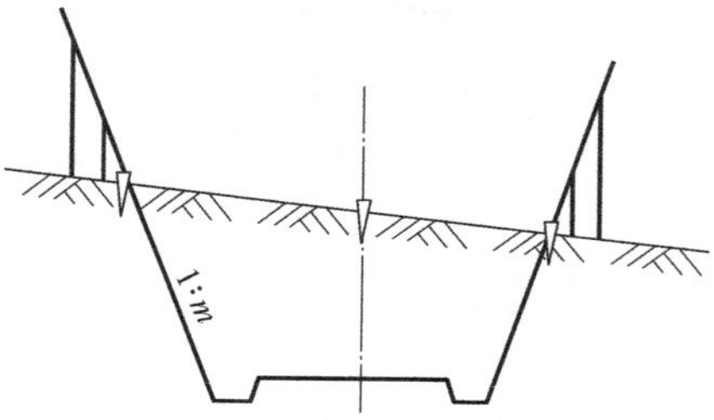

图 11-34　用活动边坡尺测设边坡（二）

11.4.5　竖曲线测设

竖曲线是指在道路纵坡的变坡处设置的竖向曲线。竖曲线的作用是为了满足行车平顺、舒适及视距的需要。一般采用抛物线连接相邻的坡道，使坡度逐渐变化。

如图 11-35 所示，线路上三段直线的纵坡分别为 i_1、i_2、i_3，它们的代数差称为坡差，用 w 表示，即 $w_1=i_2-i_1$，$w_2=i_3-i_2$，按照坡差的正负竖曲线可以分为两种：凸形竖曲线（w 为“－”）和凹形竖曲线（w 为“＋”）。

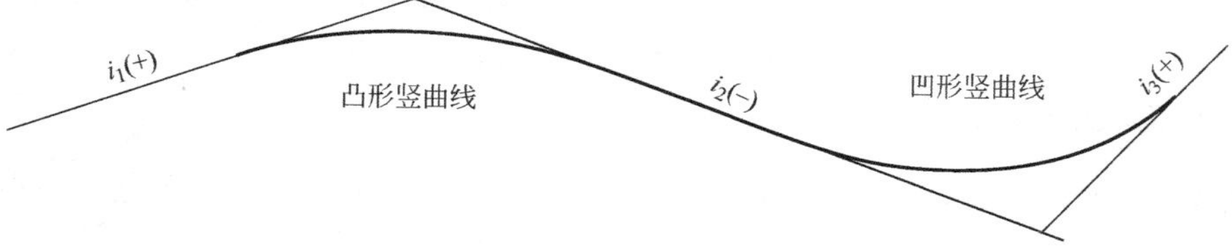

图 11-35　竖曲线测设（一）

假设竖曲线的设计半径为 R，两侧的坡度为 i_1、i_2，如图 11-36 所示，竖曲线的曲线

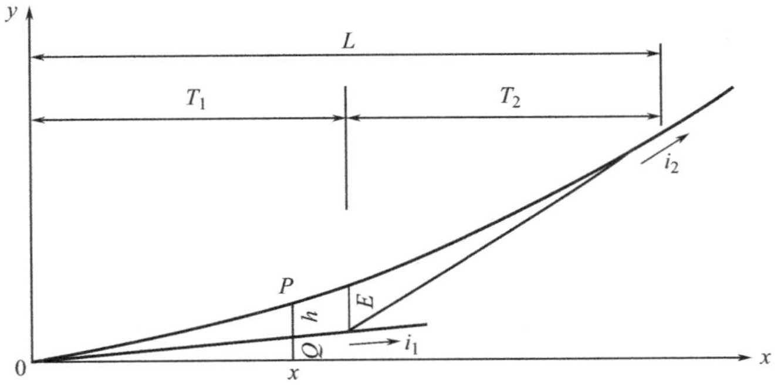

图 11-36 竖曲线测设（二）

长 L、切线长 T 和外矢距 E，见式（11-48）～式（11-50）：

$$L=Rw \tag{11-48}$$

$$T=\frac{L}{2}=\frac{Rw}{2} \tag{11-49}$$

$$E=\frac{T^2}{2R}=\frac{Rw^2}{8} \tag{11-50}$$

测设竖曲线细部点时，按照直角坐标法计算出竖曲线上某点 Q 至曲线起点或终点的水平距离 X 以及 Q 点到切线的纵距 Y，通常由式（11-51）求得：

$$Y=\frac{X^2}{2R} \tag{11-51}$$

得到 Y 值后，结合坡道的设计坡度，求得 Q 点的坡道高程，而坡道设计高程可由式（11-52）、式（11-53）求得：

凸形竖曲线：　　设计高程＝坡道高程－Y　　（11-52）

凹形竖曲线：　　设计高程＝坡道高程＋Y　　（11-53）

根据 Q 点的里程和求得的设计高程便可测设出竖曲线上的点 Q。

【例 11-8】 某山岭区二级公路一竖曲线，其变坡点桩号 K5＋030.00，设计高程为 427.68m，$i_1=+5\%$，$i_2=-4\%$，竖曲线半径为 $R=2000$m，试求该竖曲线元素、起终点桩号以及桩号为 K5＋000.00，和 K5＋100.00 处的设计高程。

【解】 （1）计算竖曲线元素

$w=i_2-i_1=-0.04-0.05=-0.09$，为凸形竖曲线

曲线长：　$L=Rw=2000\times0.09=180\text{m}$

切线长：　$T=\frac{Rw}{2}=\frac{2000\times0.09}{2}=90\text{m}$

外距：　$E=\frac{T^2}{2R}=\frac{90^2}{2\times2000}=2.03\text{m}$

（2）计算起终点桩号

起点桩号为：　K5＋030.00－90＝K4＋940.00

终点桩号为：　K5＋030.00＋90＝K5＋120.00

起点设计高程为：　427.68－90×0.05＝423.18m

终点设计高程为：　　427.68－90×0.04＝424.08m

（3）计算设计高程

1）桩号为 K5＋000.00 处：

横距：$$X_1=(K5+000.00)-(K4+940.00)=60m$$

纵距：$$Y_1=\frac{X_1^2}{2R}=\frac{60^2}{2\times2000}=0.90m$$

切线高程＝423.18＋60×0.05＝426.18m

设计高程＝426.18－0.90＝425.28m

2）桩号为 K5＋100.00 处：

横距：$$X_2=(K5+100.00)-(K4+940.00)=160m$$

纵距：$$Y_2=\frac{X_2^2}{2R}=\frac{160^2}{2\times2000}=6.40m$$

切线高程＝423.18＋160×0.05＝431.18m

设计高程＝426.18－6.40＝424.78m

11.5　管道施工测量

在城市道路中，作为附属设施的管道施工测量的主要任务有：管道中线的恢复测量、槽口测量、施工控制标志的测量等。

11.5.1　中线复核测量

与道路工程一样，在施工过程中，不可避免的会将相关中线桩损坏，所以在管道施工之前，首先进行的是管道中线的恢复测量，包括管线转点桩、交点桩以及管线转折角的复核等，使测量位置以及精度都能达到施工的要求。

在管线工程中，施工控制桩包括中线控制桩和位置控制桩两种，如图 11-37 所示：

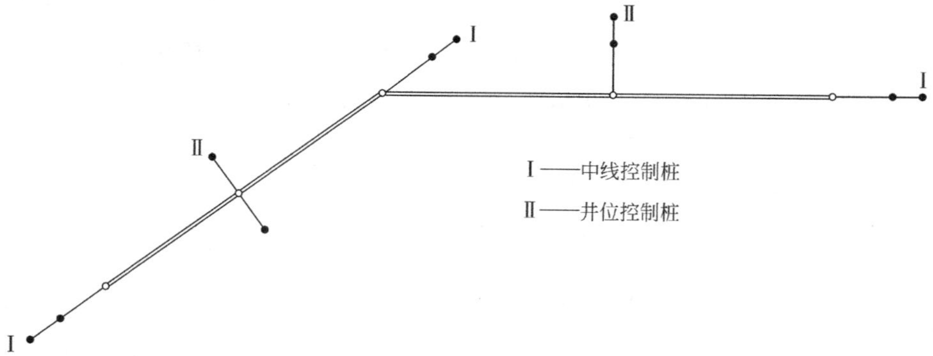

图 11-37　施工控制桩

11.5.2　槽口测量

在确定管线的位置后，需确定管道的开槽尺寸，主要根据管道设计的埋深、直径以及管道周边的土质情况而定。在确定了开挖宽度后，为了方便施工，需在地面上定出槽线的位置，作为开挖的界线。

关于槽口宽度的计算有以下几种情况：

1. 地面较平坦时

如图 11-38（a）所示，槽口断面以一个坡度放坡时，开槽宽度见式（11-54）。

$$D=B+mH \tag{11-54}$$

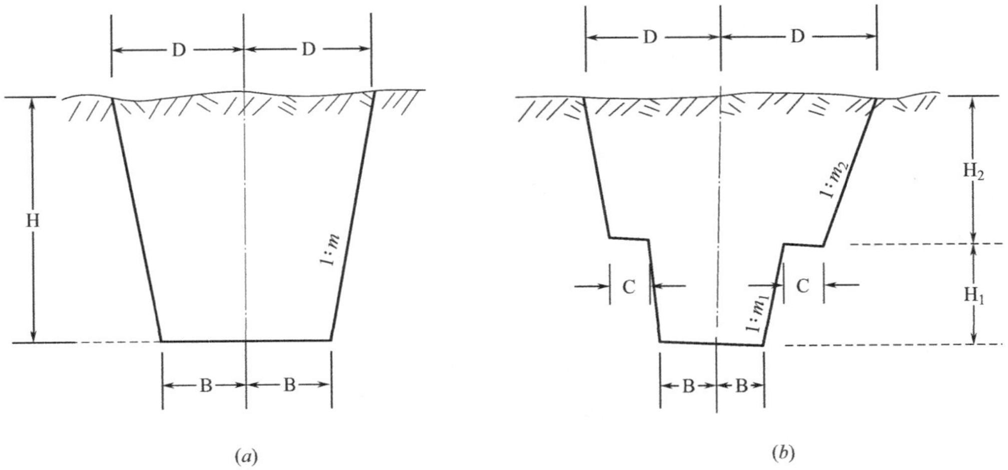

图 11-38 槽口观测

如图 11-38（b）所示，槽口断面以不同坡度放坡时，开槽宽度见式（11-55）：

$$D=B+m_1H_1+C+m_2H_2 \tag{11-55}$$

式中 D——半槽口宽度；

B——槽底宽度；

H——挖深；

C——工作面宽度；

H_1——下槽挖深；

H_2——上槽挖深；

m——槽边坡率；

m_1——下槽边坡率；

m_2——上槽边坡率。

2. 地面为倾斜面时

分别在管道横断面上量取中线两侧的槽口宽度。

11.5.3 施工控制标志的测量

施工控制标志的测量主要有以下两种方法：

1. 龙门板法

对于管径较大，精度要求比较高时，常采用龙门板法来控制管道的中心线，步骤如下。

（1）设置坡度板

如图 11-39 所示，沿着中线在槽口上每隔 10～20m 处设置坡度板。坡度板要求材质坚

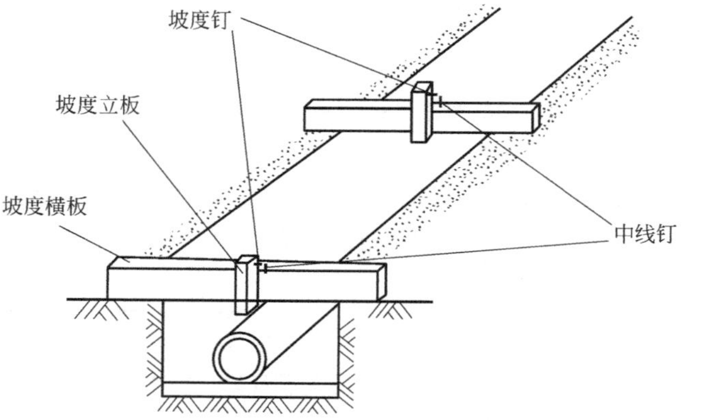

图 11-39　设置坡度板

硬，表面平滑水平。

（2）测设中线钉

安放好坡度板后，将经纬仪架设在中线控制桩上，把管道中线投影到各坡度板上，并钉上小钉确定其位置，各个小钉的连线即为中心线，这些小钉称为中线钉。确定了中心线后，在连线上挂垂线，将中心线位置投影到管槽内，方便于控制中线方向。

（3）测设坡度钉

管槽开挖过程中应根据周边的水准点，测设出各坡度板顶的高程，同时为控制管道的埋深，应将高程标志测设于坡度板上。通常将板顶高程与设计高程之差称为下返数。为了便于施工检查，通常下返数取为整分米数。在各坡度板中线钉的一侧设置高程板，称作坡度立板，在高程板上横向打一小钉，称为坡度钉，这样能很好地控制管道的埋深。

2. 平行轴腰桩法

当管道直径较小，精度要求较低时，可采用平行轴腰桩法来控制管道的中心线。

管道开挖之前，在管道中线一侧设置一排平行管道中心线的轴线桩，如图 11-40 所示，平行轴与管道中心线的距离为 a，各桩间距控制在 10～20m。

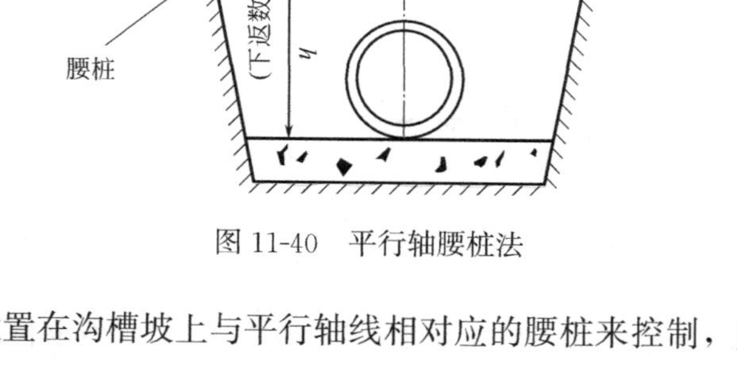

图 11-40　平行轴腰桩法

管道的高程由设置在沟槽坡上与平行轴线相对应的腰桩来控制，如图 11-40 所示，在腰桩上打一小钉，测出小钉的高程。在施工过程中，实时用水准尺检查槽底是否开挖到设计高程。

为保证腰桩法的测量与施工，通常将下返数控制为一常数，即腰桩各小钉的连线与设计坡度平行。

11.5.4 顶管施工测量

顶管是一种不开挖或少开挖的管道埋设施工技术，在城市建设中应用较广，由于各种管道横穿地下，为了确定管道的走向，避免管道相交，顶管的测量显得越来越重要。顶管的测设主要是确定顶管的走向及高程的控制，如图 11-41 所示。

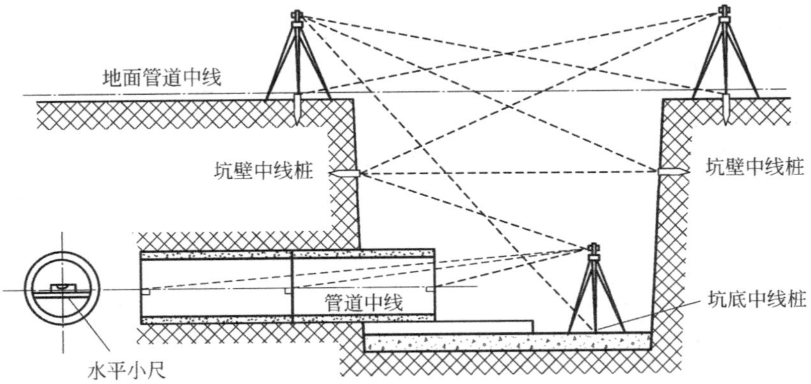

图 11-41 顶管施工测量

1. 中线测设

顶管在测量前先挖好工作坑，然后利用经纬仪将地面中线引测到坑壁、坑底，最后测设管道在坑底的中心线。如图 11-41 所示，测设出中心线后，在管内前端放一根木尺，根据尺上的刻度和标定的中心点，来检查并校正顶进方向的偏差。目前激光经纬仪在工程中应用越来越广，其发射的激光束能够更加方便的检查和校正顶管方向。

为了保证测量精度，工作坑尽量挖长些。

2. 高程测设

在确定了顶管的中线后，要进行高程的控制。首先在工作坑内设置临时水准点，在坑内架设水准仪，分别记录立于管内的短水准尺和临时水准点的读数，可得到管底的高程，通过与设计高程的比较，可得坡度校正值。

3. 竣工测量

顶管竣工测量的主要工作有管道竣工平面图和管道竣工纵断面图的测绘。需将管道的相关主点及附属建筑物的位置、高程等相关特性反映到工程图纸上。

11.6 桥梁施工测量

桥梁是公路、铁路和城市道路的重要组成部分，是道路跨越障碍、河流及山谷的主要构筑物。特别是大、中桥梁的建设对当地政治、经济、国防等都具有重要意义。桥梁按照受力体系可以分为梁、拱、索三大基本体系；按照用途可划分为公路桥、铁路桥、公铁两用桥、农桥、人行桥等；按照桥梁全长和跨径可分为特殊大桥、大桥、中桥、小桥和涵洞。主要有以下几种结构类型：梁式桥、钢架桥、拱桥、斜拉桥等。桥梁主要由 4 个基本部分组成，即上部结构、下部结构、支座和附属设施。

桥梁施工测量的主要工作有建立桥梁施工控制网、桥梁墩台中心的定位、测设桥梁中轴线和控制桩、桥梁细部放样及桥梁架设的测量。

11.6.1　建立桥梁施工控制网

1. 桥梁施工平面控制网

为保证桥梁与线路连接的整体性，同时也为桥墩、桥台定位提供控制点，需进行以桥梁轴线控制为主的平面控制。布设控制网时，根据桥址地形图拟定布网方案，也可利用勘测阶段所布设的等级控制点，但必须经过复测，且要求其满足等级和精度要求。

桥梁平面控制网通常需用三角形和四边形布设，并以跨江正桥部分为主，如图 11-42 所示，控制网的边长一般为主轴线长度的 0.5～1.5 倍。

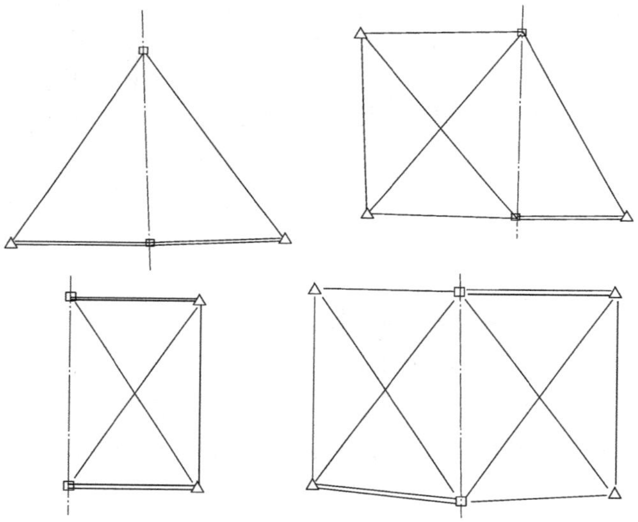

图 11-42　桥梁施工平面控制网

布设三角网后，还需进行外业和内业测量。其中外业测量主要有角度和边长的测量。在外业测量过程中，根据桥梁等级和精度要求选用角度测量和距离丈量的方法。桥梁施工控制网的等级选择应符合表 11-10 的规定。

桥梁施工控制网等级的选择　　　　**表 11-10**

桥长 L(m)	跨越的宽度 l(m)	平面控制网的等级	高程控制网的等级
$L>5000$	$l>1000$	二等或三等	二等
$2000\leqslant L\leqslant 5000$	$500\leqslant l\leqslant 1000$	三等或四等	三等
$500<L<2000$	$200<l<500$	四等或一级	四等
$L\leqslant 500$	$l\leqslant 200$	一级	四等或五等

注：L 为桥的总长，l 为桥梁所跨越的江、河、峡谷的宽度。

2. 桥梁施工高程控制网

在平面控制网建立好的基础上，还需要对高程系统进行控制。在桥梁工程中，控制高程主要目的：一是将与所建桥梁有关的高程进行统一在同一基准面上，二是在桥梁附近设立相关高程控制点。便于后期施工以及满足桥梁使用过程中变形监测的需要。桥梁高程控制网一般通过以下方法进行布设：

（1）精密过河水准测量

在水准测量过程中，为保证两岸在同一高程系统内，需将高程由河流的一侧传递到另一侧，通常采用过河水准测量。此方法应用于水面较窄、地址稳定的地段，以便视线最短。两岸的水准基点通常选在不受水淹、不受施工干扰的区域。精密过河水准测量一般在河流两岸架设同种型号的仪器进行观测减少 i 角误差的影响，标尺和测站的布置如图 11-43 所示。

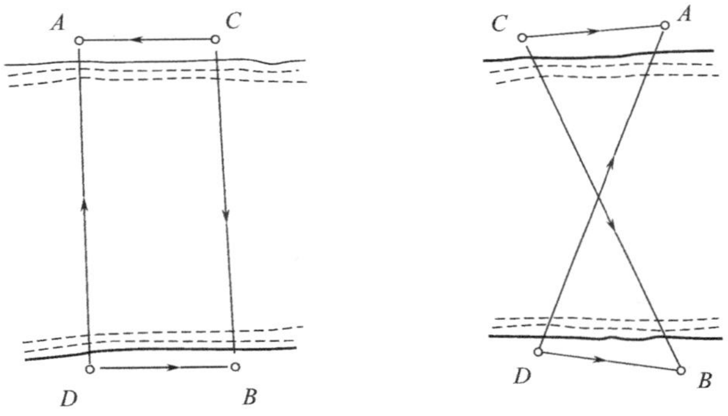

图 11-43　精密过河水准测量

（2）测距三角高程

随着电磁波测距技术的发展，测距三角高程应用越来越广泛，并且此方法受地形条件影响较小。此方法在前文已作介绍，本节不再赘述。

11.6.2　桥梁墩台中心的定位

在桥梁测量中，需要标定出桥墩、桥台的中心位置。

根据桥梁线形、设计里程桩号，应用前述的中线测量的相关方法放样两个桥台的中心位置，然后由桥台的尺寸可以测设出桥台其他部分的位置。如直线桥梁的桥台、桥墩定位所依据的原始资料为桥轴线控制桩的里程和桥墩、桥台的设计里程，根据里程可以计算出它们之间的距离，进而定出桥墩、桥台中心的位置。

11.6.3　测设桥梁中轴线和控制桩

桥梁的中轴线一般由道路的中线来决定。如图 11-44 所示，在道路中线上标定出桥墩、桥台的中心位置 M、N、O 点，并在河流两岸测设桥位控制桩位 k_1、k_2、k_3、k_4 点。然后分别将经纬仪架设在 M、N、O 点上，在与桥梁中轴线垂直方向测设桥台和桥墩的控制桩位 a_1、a_2、b_1、b_2、c_1、c_2、……，每侧要求测设两个控制桩位。

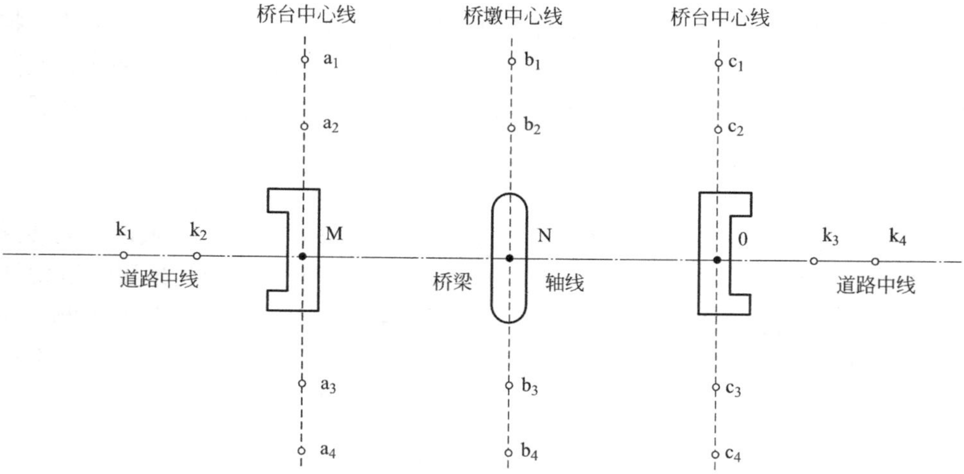

图 11-44　桥梁的中轴线

11.6.4　桥梁细部放样

依据前述，在标定桥墩、桥台的中心位置以及测设出控制桩位后，结合桥墩、桥台的设计尺寸，应用全站仪放样出桥墩、桥台的其他部位的过程称为桥梁的细部放样。

11.6.5　桥梁架设的测量

桥梁施工的最后一道工序即是架梁，而架梁的依据则是桥墩、桥台达到设计的要求。架梁需要将相邻墩台联系起来，考虑到整个测量的精度，要求在单个墩台测量过程中中心点间的方向距离和高差满足设计要求。在架设过程中，还需保证桥梁各结构偏差在容许值之内。表 11-11 为桥梁下部构造施工测量的允许偏差。

桥梁下部构造施工测量的允许偏差　　**表 11-11**

类别	测量内容		测量允许偏差(mm)
承台	轴线位置		6
	顶面高程		±8
墩台身	轴线位置		4
	顶面高程		±4
墩、台帽或盖梁	轴线位置		4
	支座位置		2
	支座处顶面高程	简支梁	±4
		连续梁	±2

桥梁中心线方向的测定，根据线形的不同分别采用准直法和偏角法测得。相邻桥墩中心间距离采用光电测距仪测设，观测过程中为保证中心点的里程与设计里程一致，可以对测设结果作适当调整。墩台顶面的高程采用精密水准测定，形成水准路线，并附合到岸边

的水准基准点上。

在梁的拼装过程中，应通过不断地测量保证钢梁始终处于正确的平面位置上，而立面位置也必须符合设计的整垮挠度的要求。

全桥架通后，对桥梁的距离和高程进行一次整体的校核，相关数据将作为桥梁进行调整的依据，这个过程也称作桥梁的贯通测量。

11.7 隧道施工测量

在地势陡峭的山岭地区，为了缩短线路长度，提高道路安全系数，常采用隧道形式穿越障碍。隧道一般由明洞、洞身、衬砌等组成。按照长度可划分为特长隧道、长隧道、中隧道和短隧道；按照用途分为交通隧道、水工隧道、市政隧道和矿山隧道等。

在隧道施工过程中，为了加快施工速度，通常采用两头相向同时开挖的方法。当隧道比较长时，还可通过竖井、斜井等方式加快进度。由于隧道工程需穿越山岭，且投资巨大，所以对测量的要求非常高，在开挖过程中，要尽量保证隧道断面和设计断面相符，不超挖也不欠挖，否则，会造成巨大的损失。

隧道施工测量的主要任务是保证隧道在相向开挖后能满足贯通的精度要求，且其他的附属设施也能达到设计要求。其主要工作有隧道洞外的控制测量、隧道开挖过程的测量、竖井联系测量等。

11.7.1 隧道洞外的控制测量

隧道洞外控制测量主要包括两方面：一是平面控制测量；二是高程控制测量。各控制网等级分别见表 11-12，表 11-13。

1. 隧道平面控制测量

隧道平面控制测量是为了测定洞外各控制点的相对位置，将洞外点的相关坐标信息引测到洞内，进行洞内施工测量，并最终确保隧道的正确贯通。平面控制测量主要有以下几种方法：

（1）直线定线法

这种方法主要应用于长度较短的直线隧道，如图 11-45 所示。M、N 两点是隧道两端的控制点，通过直线定线法将隧道的中线方向在地面上标定出来，即测设出 MN 直线上的 P、Q 两点。

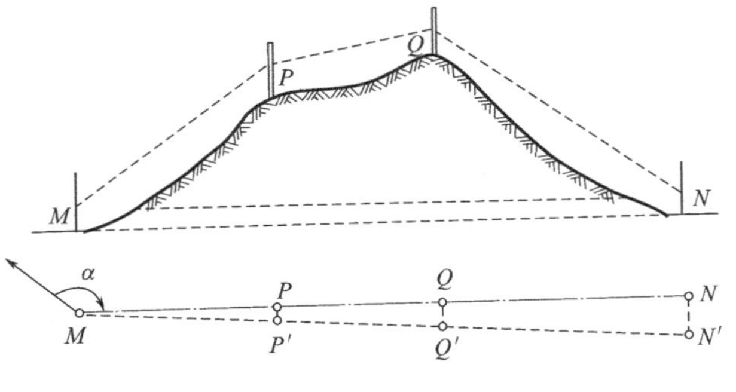

图 11-45 直线定线法

（2）导线测量法

连接两隧道洞口，布设一条导线，分别测设出导线的转折角和距离。对洞口两点的坐标进行反算，得到两点连线方向的方向角和距离，进而确定隧道的开始掘进方向。

（3）三角网法

此方法在长隧道和地形复杂地区应用较广泛。如图 11-46 所示，对组成的三角网的边长及所有角度进行测设。

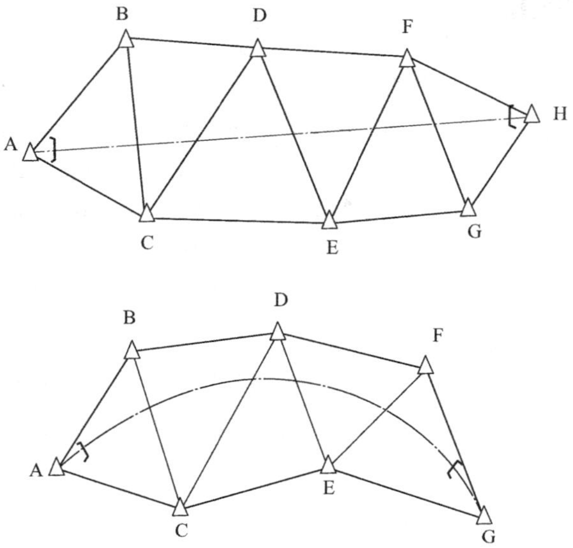

图 11-46 三角网法

（4）GPS 控制测量

GPS 控制测量是不要求点之间相互通视的，而且对于网的图形也没有严格的要求，只需要在洞口布设控制点和定向点，并与国家控制点处于同一控制系统，此种方法对于控制点的布设比较灵活，且精度较常规的平面控制网要高。

隧道洞外平面控制测量的等级 表 11-12

平面控制网类型	平面控制网等级	测角中误差(″)	隧道长度 L(km)
GPS 网	二等	—	$L>5$
	三等	—	$L\leqslant5$
三角形网	二等	1.0	$L>5$
	三等	1.0	$2<L\leqslant5$
	四等	2.5	$0.5<L\leqslant2$
	一级	5	$L\leqslant0.5$
导线网	三等	1.8	$2<L\leqslant5$
	四等	2.5	$0.5<L\leqslant2$
	一级	5	$L\leqslant0.5$

隧道洞外高程控制测量的等级　　表 11-13

高程网类型	等级	每千米高差全中误差(mm)	洞外水准路线长度或两开挖洞口间长度 S(km)
水准网	二	2	$S>16$
	三	6	$6<S\leqslant 16$
	四	10	$S\leqslant 6$

2. 隧道高程控制测量

为了将洞外控制点坐标引进洞内，在得到平面坐标后，还需将高程引测进洞内。高程控制测量的主要工作是在满足精度要求的情况下，将洞口附近水准点的高程引测进洞。

为了满足精度等要求，水准路线通常选择平坦和比较短的线路。在隧道洞口埋设的水准点一般不应少于两个，且需要方便于水准仪的联测。当洞口两端的距离在 1km 以上时，在线路中间应增设临时水准点。

在隧道施工测量过程中，高程控制一般采用三等、四等水准测量的方法，并按照往返和闭合水准路线进行施测。

11.7.2 隧道开挖过程的测量

1. 洞内中线和腰线的测设

由隧道两端的洞口控制桩和洞外线路的中线桩，可测设出洞口处的开挖中线，并逐步往洞内引测。与线路测量一样，一般每隔 20m 就埋设一个中线里程桩。

为了方便施工与保证精度，除了测设出隧道的中线外，还可通过在隧道岩壁上，每隔一定距离测设出比洞底设计高程高出 1m 的标高线来控制施工的标高和隧道横断面的放样，此标高线即是通常所说的腰线。在路线前进方向上，隧道都会带有一定的坡度，而腰线的高程也随着中线里程的变化而变化，并且与隧道底设计地坪高程线保持平行。

2. 洞内导线测量

隧道中线每隔 20m 埋设一个里程桩，但由于定线等误差，不可能确保所有中线桩严格位于设计位置上。因此，为了保证隧道控制测量的精度，隧道每前进 100m 左右，就应布设一个导线点，在这过程中，可将原中线桩作为导线点，组成洞内施工导线。

由于洞内没有已知控制点，所以洞内导线只能布设成支导线形式。由于支导线检核的局限性，所以在施测时需特别的留意，对于导线的转折角不仅要观测左角，右角同样不可少，对于导线边长应进行往返测量。导线的测量是随着隧道的掘进而及时跟上的，这也是为了保证隧道贯通的精度。

3. 洞内水准测量

隧道的施工高程由洞内的水准测量进行控制。随着隧道的掘进，不断向前建立新的水准点，并实时进行复核，以保证隧道底部达到设计要求，使其在竖向也能正确贯通。通常情况下，洞内原测设的导线点也可作为水准点，为了方便埋设和测量，通常将这些水准点埋设于洞顶或洞壁上，同时为了防止水准点遭到破坏，应保证水准点埋设稳固及便于保存。

由于洞内只能布设支水准线，且洞内外的测量等级相同，所以测量过程除了往返施测外，还需实时进行复测。

11.7.3　竖井联系测量

对于长隧道的施工，为了加快进度，通常采用增加掘进工作面的方法，即在隧道中线上开凿竖井，把隧道分成数段，各段同时相向掘进。为了保证地下各个开挖面能够准确贯通，首先必须将地面控制网中的点的相关信息经竖井传递到地下，这个过程称为竖井联系测量。其中坐标和坐标方位角的传递称为竖井定向测量，而高程的传递使洞内得到洞内的起算数据。通过竖井联系测量，使得洞内的控制网与洞外具有统一的坐标系。

1. 竖井定向测量

（1）联系三角形定向

采用联系三角形进行竖井定向时，在竖井的井筒中悬挂两个重锤，稳定后垂线，如图 11-47 所示，分别在地面和地下设置 C、C'，此时，图中三角形 ABC、ABC' 称为联系三角形。

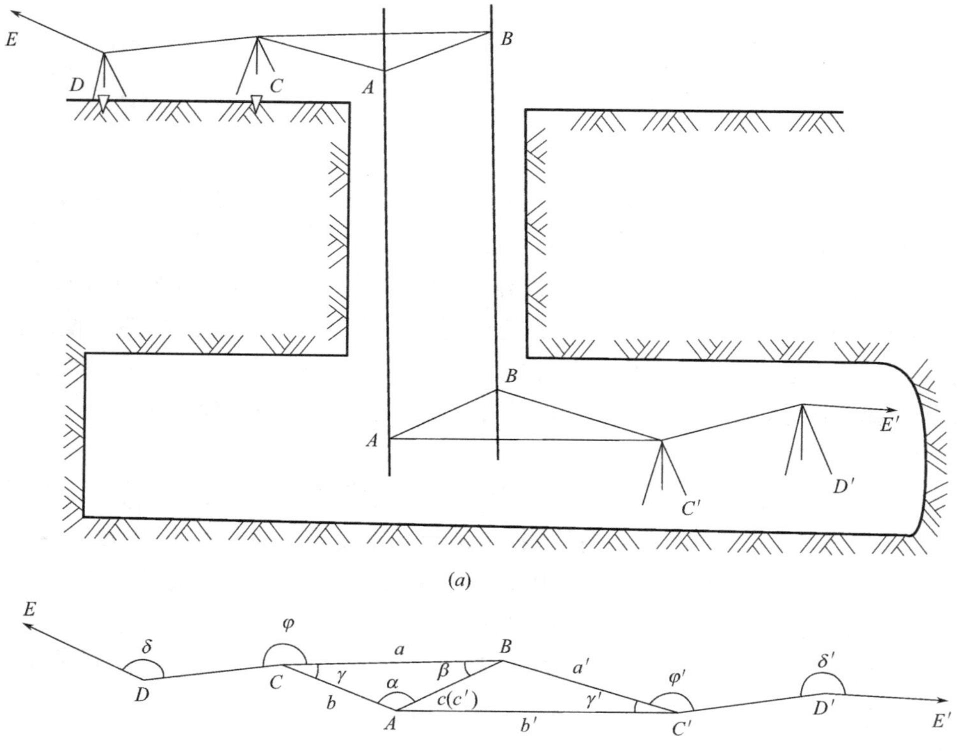

图 11-47　联系三角形定向

具体施测方法如下：图中地面点 D 的坐标和 DE 的方位角已知时，可以在地上观测联系角 δ、φ 以及联系三角形 ABC 的一个内角 γ，同时量取三角形 ABC 的边长 a、b、c 以及 CD 的长度，求出 α、β，进而计算出垂线 A、B 的坐标 AB 的方位角。然后在地下进行 δ'、γ'、φ' 和 a'、b'、c'、$C'D'$ 长度的测设，由上述计算得到的 A、B 的坐标和方位角，可以得到地下控制点 D' 的坐标和 $D'E'$ 的方位角。

（2）陀螺经纬仪法

陀螺经纬仪通常与经纬仪结合成一体测定真方位角。在陀螺仪内悬挂着三向旋转的陀螺，陀螺高速旋转会受到地球自转的影响，引起旋转轴向着测站真子午面两侧作往复摆动，经过观测可确定真北方向。结合经纬仪测出的水平方向值，得出某边的真方位角。

具体施测方法如下：如图 11-48 所示，在地面的已知点 A 上架设仪器，测出 AB 的真方位角、AB 的距离，计算得到 B 点垂线的坐标。然后将陀螺经纬仪架设于井下的 A'点，采用同样的方法量出 $A'B$ 的真方位角、$A'B$ 的距离，计算得到 A'的坐标。最后测出水平角 φ'，推算出地下边长 $A'D'$的方位角。

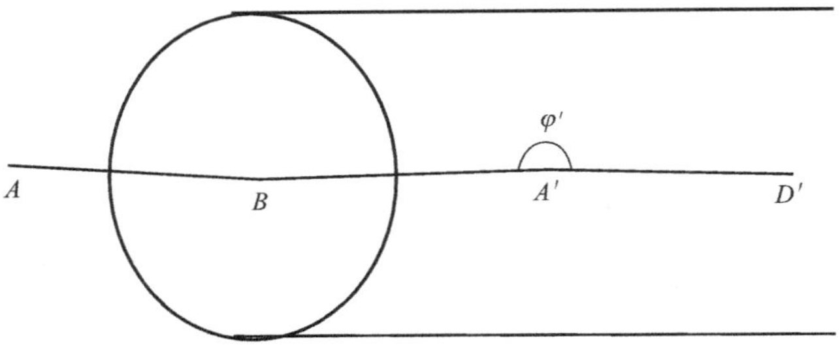

图 11-48　具体施测方法

采用此方法得到真方位角后，根据该地区的子午线收敛角，将真方位角进行转化得到坐标方位角，推算出井下各点的坐标及方位角。

2. 竖井高程传递

通过竖井联系测量，将地面控制点的高程传递到地下坑道的测量过程，也称高程联系测量。高程传递应独立进行两次，其误差需符合限差的要求。

（1）钢尺导入法

如图 11-49 所示，在井筒中悬挂一根长钢尺，钢尺的零端向下，并在该端挂上重锤。井上、井下分别架设一台水准仪，依次记录水准点上水准尺的读数 m 和 n，同时读取钢尺

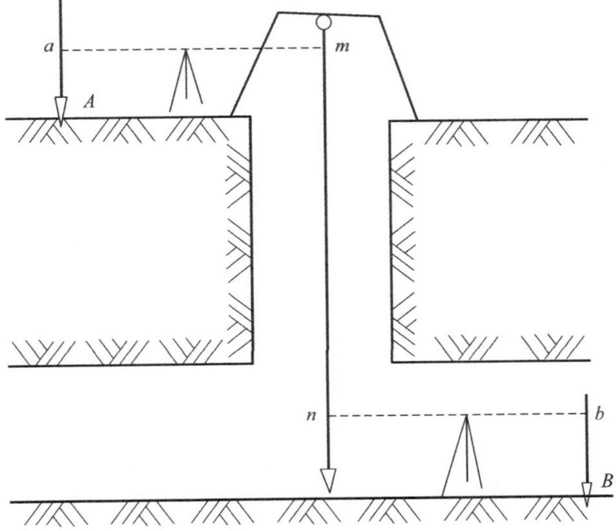

图 11-49　钢尺导入法

上的读数，记为 a 和 b。此时井下 B 点的高程由式（11-56）计算：

$$H_B = H_A + m - [(a-b) + \sum \Delta l] - n \quad (11\text{-}56)$$

式中　$\sum \Delta l$——钢尺尺长、温度、拉力等外界影响因素的改正数的总和。

（2）光电测距仪传递高程

此种方法是利用光电测距仪量取竖井的深度，操作简便，精度较高。如图 11-50 所示，将光电测距仪架设在地面井口盖板上的特制支架上，照准井下放置的棱镜，测出井深 h。在井上、井下分别架设一台水准仪，地面上水准尺的读数记录为 a_1，测距仪横轴位置水准尺的读数记录为 b_1；井下 B 点水准尺的读数为 b_2，然后将尺立于棱镜中心，读数为 a_2，最后得到井下 B 点的高程由式（11-57）计算：

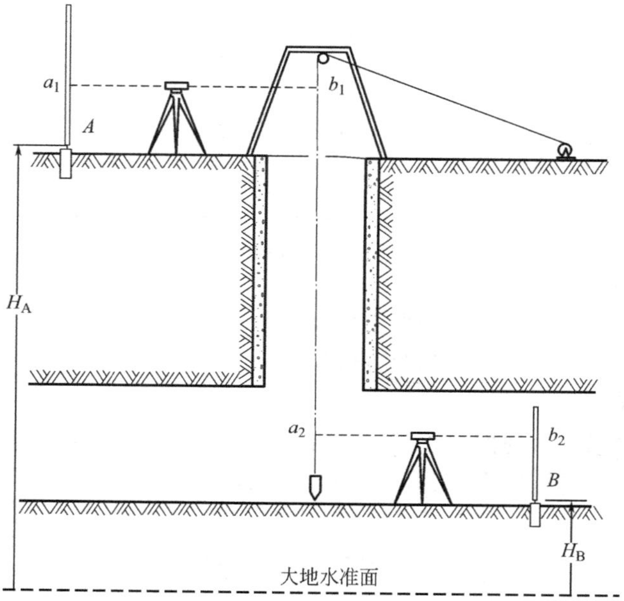

图 11-50　光电测距仪传递高程

$$H_B = H_A + (a_1 - b_1) + (a_2 - b_2) - h \quad (11\text{-}57)$$

式中　h——经气象改正及仪器加、乘常数改正后的距离值。

11.8　GPS 在线路工程测量中的应用

本节以合众思壮 UFO U3 GPS 为例，讲解 GPS 在线路工程测量中的应用。

11.8.1　线路施工放样

线路施工放样主要是解决线路工程和水利工程施工中，线路及渠道中线和边坡施工放样编辑的专用程序。

点击【测量】→【线路施工放样】，选择一条线路放样，如图 11-51～图 11-53 所示。

默认下状态栏（11-51）解析如下：

目标：当前放样道路的名称

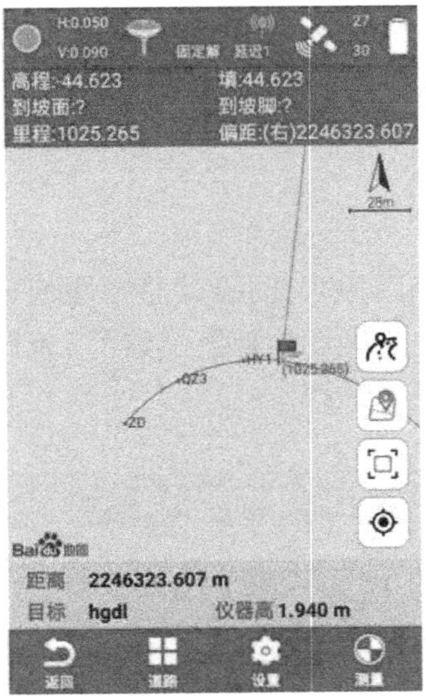

图 11-51 线路施工放样界面（一）

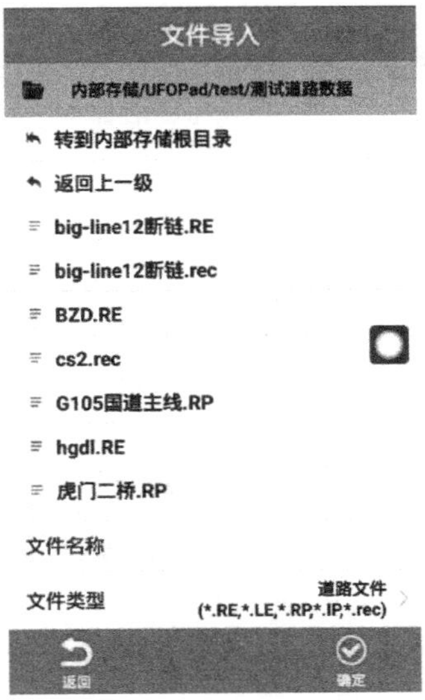

图 11-52 线路施工放样界面（二）

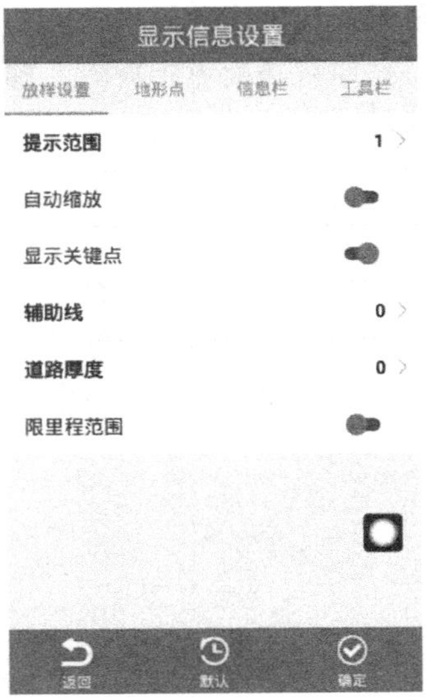

图 11-53 线路施工放样界面（三）

距离：当前点作线路垂线，当前点到垂足的距离。

北/南：指从目前接收机位置到放样点位置需要向北/南的距离。西/东：指从目前接收机位置到放样点位置需要向西/东的距离。高/低：对放样点的位置进行挖/填。

线路放样步骤：

（1）根据工程设计在线路库中设计放样线路线。

（2）选中放样线路，点击【确定】，根据状态栏提示进行放样，如图 11-54 所示。过当前点作放样线路垂线，红旗表示垂足，圆圈表示当前点，箭头表示移动设备的方向。根据箭头的方向提示和下状态栏里程、偏距提示进行线路放样。

（3）点，进入边坡放样界面，如图 11-55 所示，程序会自动根据当前计算的里程来

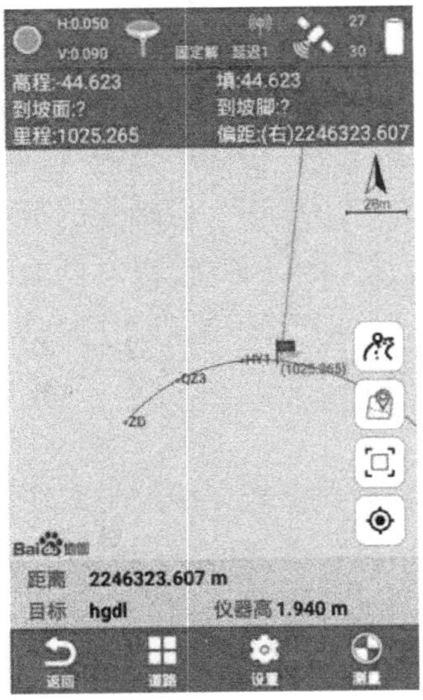

图 11-54 线路施工放样界面（四）

图 11-55 线路施工放样界面（五）

显示作用于当前里程范围的边坡图形。图中实时显示当前点处在边坡的位置，下状态栏的数据中有当前点到坡脚、到坡面、高程及填挖的具体数据可在设置中调出。图中横断面中间红色显示的是当前里程，蓝色数字是显示相关板块之间交点处的偏距。

11.8.2　线路逐点放样

线路逐点放样是针对施工需要和设计要求，对线路 20、50、100、间隔的整桩距或整桩号的特定桩位进行连续放样设定的程序。点击【测量】→【线路逐点放样】，选择一条线路放样，如图 11-56～图 11-58 所示。

图 11-56　线路逐点放样界面（一）

图 11-57　线路逐点放样界面（二）

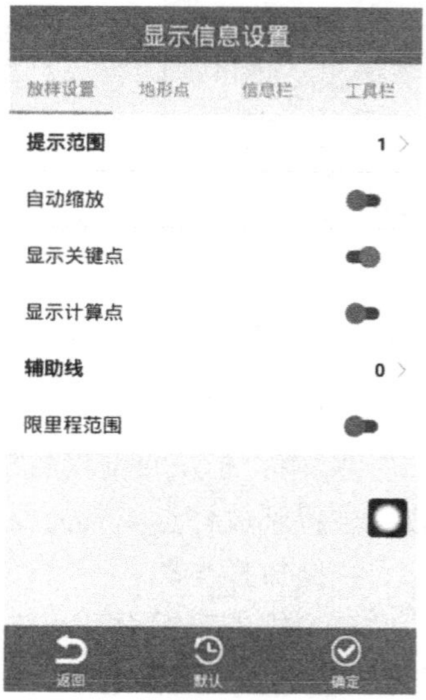

图 11-58　线路逐点放样界面（三）

线路逐点放样步骤：

（1）根据工程设计在线路库中设计放样线路。

（2）选中放样道路，点击【确定】，如图 11-59 所示，可以根据实际需要设置里程，即进入放样界面时放样点的位置；设置放样间隔，然后进行逐点放样。点击【确定】进入放样界面，如图 11-60 所示。根据箭头方向提示和下状态栏中里程、偏距等的提示，并按照逐桩坐标列表和放样设置的间隔逐点进行放样。点击输入加桩里程，自动计算出加桩点坐标，点击“确定”，返回放样界面进行放样。

11.8.3　测横断面

测横断面主要是线路工程、水利工程前期设计需要，而做出来在线路平曲线设计好之后，对中桩处测定垂直于线路中线方向原地貌的地面起伏进行测量的专用程序。横断面图是设计路基横断面和施工时确定路基挖填的依据横坡，测量完成后可输出相关设计软件的专用横断面格式。

点击【测量】→【测横断面】，选择一条线路放样，如图 11-61～图 11-63 所示。

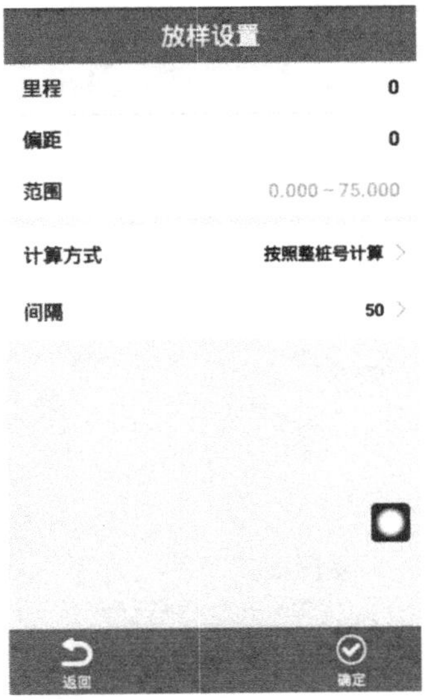

图 11-59 线路逐点放样界面（四）

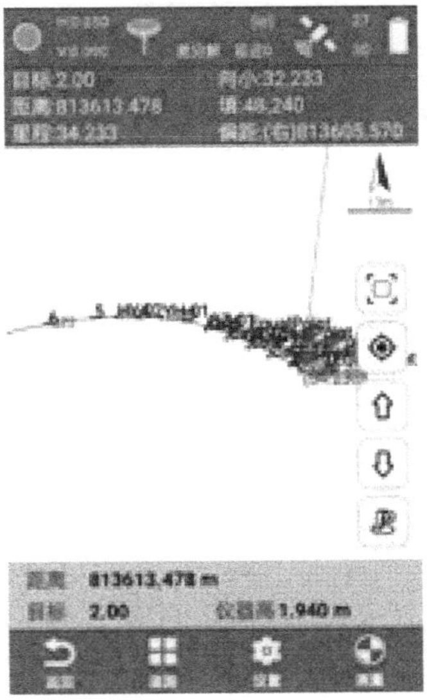

图 11-60 线路逐点放样界面（五）

图 11-61 测横断面界面（一）

图 11-62 测横断面界面（二）

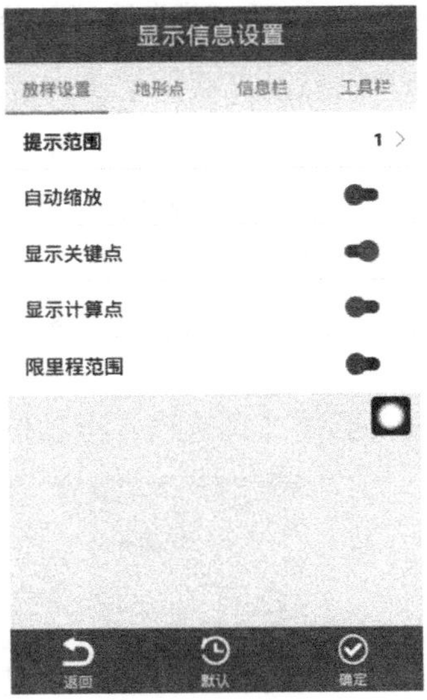

图 11-63 测横断面界面（三）

选择目标线路，点击【确定】，如图 11-64 所示，设置是否自动选择断面、计算方式、放样间隔和横断面法线长度（道路中线到横断面边点的距离）。点击【确定】进入放样界面，如图 11-65 所示。当线路垂距小于 3m 时，在横断面两侧生成平行线，进入精准定位。根据箭头方向提示和下状态栏中垂距和平距提示移动当前点，当当前点位于横断面上时，根据工程要求进行横断面数据采集和放样。点击图标，输入加桩里程，自动计算出加桩点坐标，点击【确定】返回放样界面，横断面定位在加桩里程位置，可以测量横断面。采集好的数据可在【项目】→【数据文件导出】，导出纬地、天正、南方 CASS 断面格式文件。

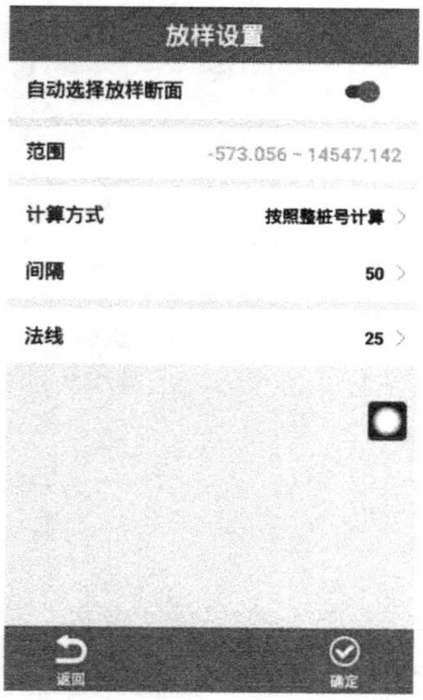

图 11-64　测横断面界面（四）

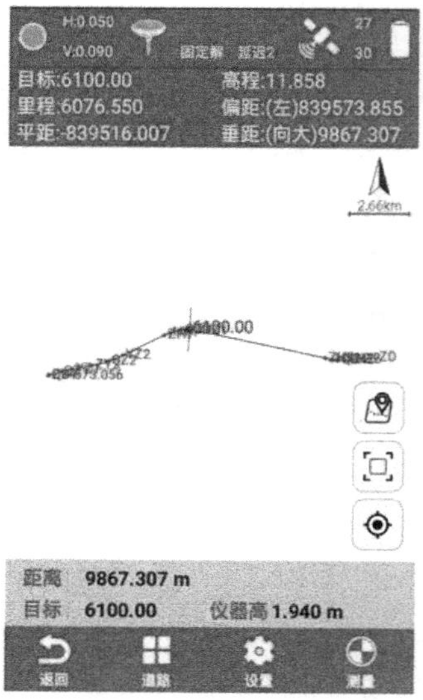

图 11-65　测横断面界面（五）

11.8.4　道路桥涵放样

道路桥涵放样主要解决道路施工中正交、斜交涵洞，涵洞中心线的定线放样。斜交涵洞是涵洞中心线与线路成一固定夹角。

点击【测量】→【道路桥涵放样】，选择一条线路，添加涵洞放样，如图 11-66 所示。

道路桥涵放样步骤：

选择目标线路点击【道路桥涵放样】进入桥涵管理库，如图 11-67 所示。点击【增加】，如图 11-68 所示，编辑涵洞，设置 A、B 两个坐标点，且连线必须与线路相交；或者设置相交里程（直接输入里程值或点击 定位当前点）、相交角和桥涵线长。点击【确定】

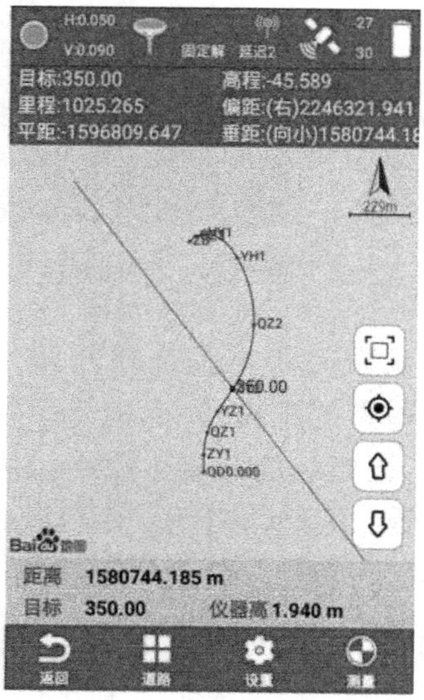

图 11-66　道路桥涵放样界面（一）

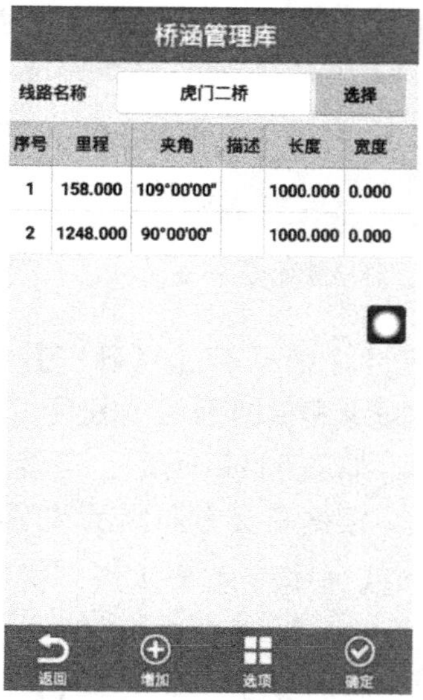

图 11-67　道路桥涵放样界面（二）

返回桥涵管理库，可以选中涵洞，点击【确定】进入放样界面，如图11-69所示。当前涵洞与线路的交点里程为2.62m（根据相交里程设置），移动当前点，当线路垂距小于3m时，在涵洞两侧生成平行线，进入精准定位。根据箭头方向和下状态栏平距和垂距提示进行涵洞测量和放样。当前点到放样点距离小于3m时，以放样点为圆心，生成环形提示圈，进入精准放样。当前点到断面的垂距小于3m时，以断面为中心，在两侧生成平行线，进入精准放样。

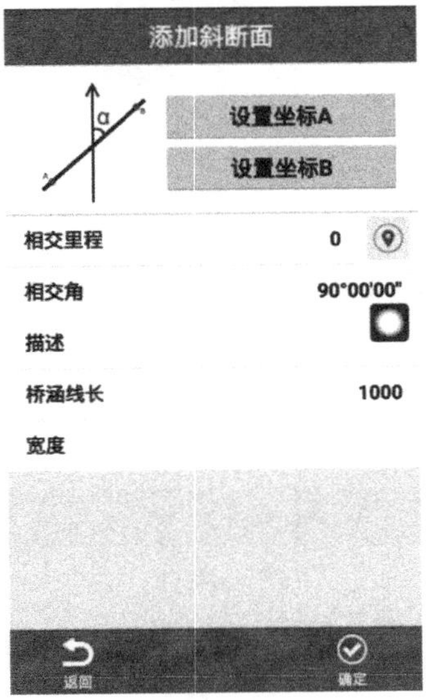

图11-68 道路桥涵放样界面（三）

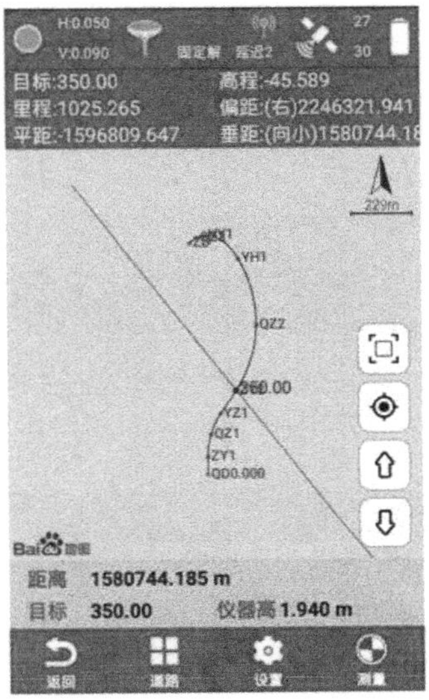

图11-69 道路桥涵放样界面（四）

11.8.5 桥台锥坡放样

桥台锥坡放样是针对道路施工中，路桥结合部桥台圆锥形斜坡面进行放样设计的专用程序。

点击【测量】→【桥台锥坡放样】，从线路库中选择桥台经过的线路或是单独增加桥台锥坡放样，如图11-70所示。

一座桥梁通常有2个桥台，分别是0号台、1号台，一般小桩号处的桥台为0号台，另一侧的桥台为1号台；锥坡是桥台两侧与路堤连接处的构造物，如台后采用挡墙形式，则锥坡不一定有；锥坡为桥梁防护工程。

桥台锥坡放样步骤：

选择目标线路点击【桥台锥坡放样】进入锥坡管理库，如图11-71所示。点击【增加】，如图11-72示，编辑桥台锥坡，设置参数后点击【确定】进入放样设置界面，如图11-73所示。当前锥坡与线路的交点里程为2.62m（根据相交里程设置），移动当前点，当线路垂距小于3m时，在斜断面两侧生成平行线，进入精准定位。根据箭头方向和下状态栏平距和垂距提示进行斜断面测量和放样。当前点到放样点距离小于3m时，以放样点为圆心，生成环形提示圈，进入精准放样。当前点到断面的垂距小于3m时，以断面为中心，在两侧生成平行线，进入精准放样。

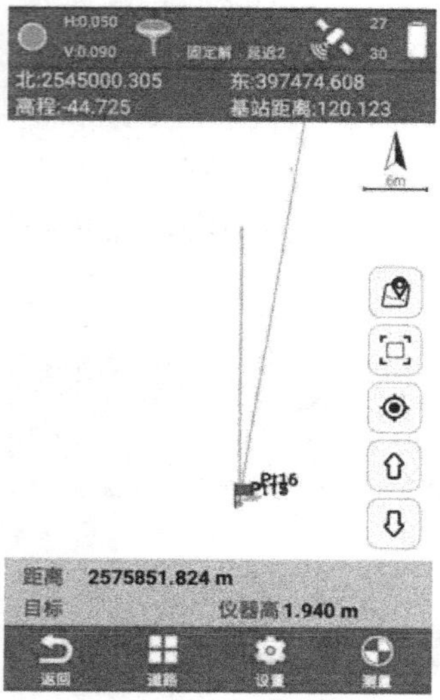

图 11-70　桥台锥坡放样界面（一）

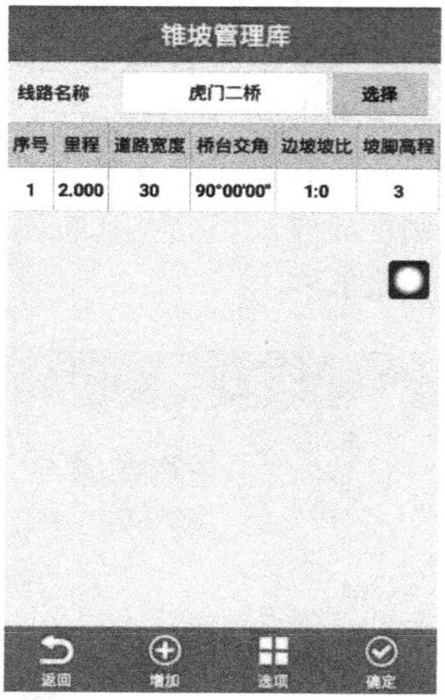

图 11-71　桥台锥坡放样界面（二）

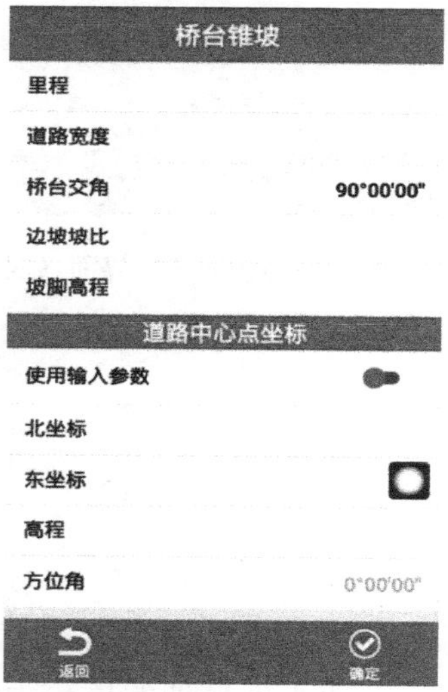

图 11-72　桥台锥坡放样界面（三）

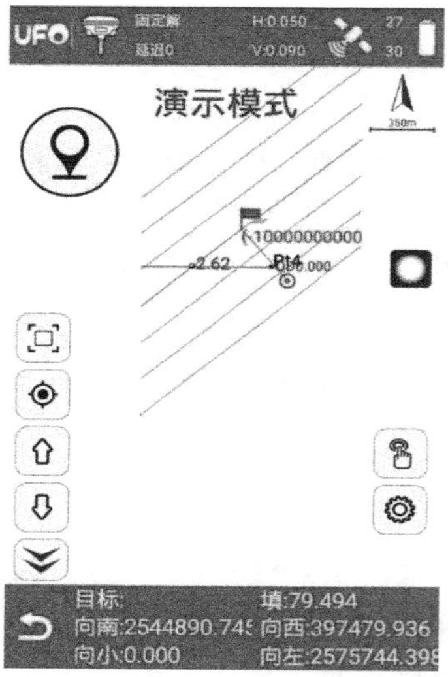

图 11-73　桥台锥坡放样界面（四）

11.9　数字地形图在线路工程中的应用

数字地形图成图软件 CASS9.0 提供了生成线路里程文件、根据断面计算土方量及公路曲线设计等工程应用功能。

11.9.1　生成线路里程文件

为了方便道路施工和计算土方量，需沿道路中线设置里程桩，在数字地形图里是用里程文件进行管理，它用离散的方法描述了实际地形。同时，在 CASS 中用断面法进行土方量计算时，需要用到该线路里程文件。

CASS9.0 提供了 5 种生成里程文件的方法，如图 11-74 所示，本书以由纵断面生成为例，讲解如何生成里程文件。

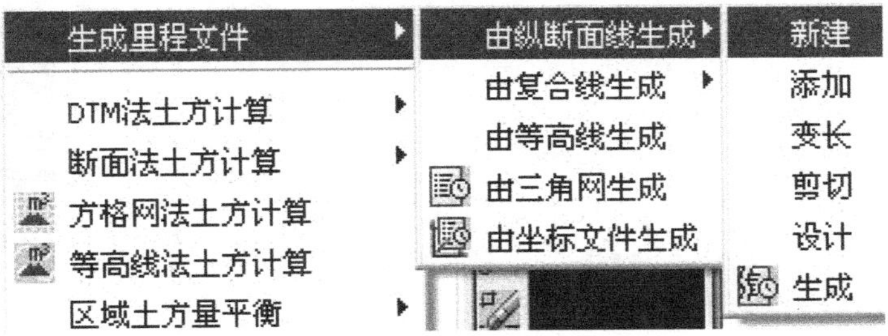

图 11-74　生成里程文件菜单

在使用生成里程文件之前，要事先用复合线绘制出纵断面线，用鼠标点取“工程应用\生成里程文件\由纵断面生成\新建”，屏幕提示：请选取纵断面线：用鼠标点取所绘纵断面线弹出如图 11-75 所示对话框。

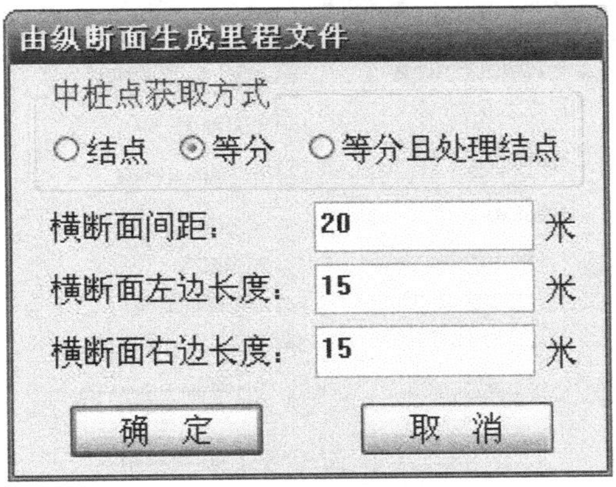

图 11-75　由纵断面生成里程文件对话框

选择中桩点获取方式，其中结点表示结点上要有断面通过，等分表示从起点开始用相同的间距，等分且处理结点表示用相同的间距且要考虑不在整数间距上的结点。接着输入横断面间距、横断面左边长度和横断面右边长度。之后 CASS 将自动沿纵断面线生成横断面线。如图 11-76 所示。

11.9.2　用断面法进行土方量计算

断面法土方计算主要用在公路土方计算和区域土方计算，断面法土方计算主要有：道路断面、场地断面和任意断面三种计算土方量的方法。CASS 断面法土方计算方法及功能菜单如图 11-77 所示。

本书以道路断面法土方计算为例，讲解断面法进行土方量计算方法。

1. 断面设计参数输入

用鼠标点取“工程应用\断面法土方计算\道路断面”。在弹出的对话框（图 11-78），

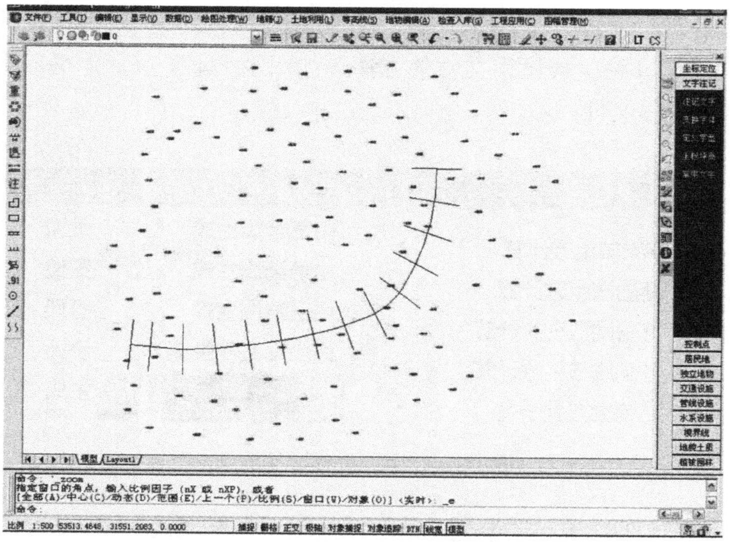

图 11-76　由纵断面生成横断面

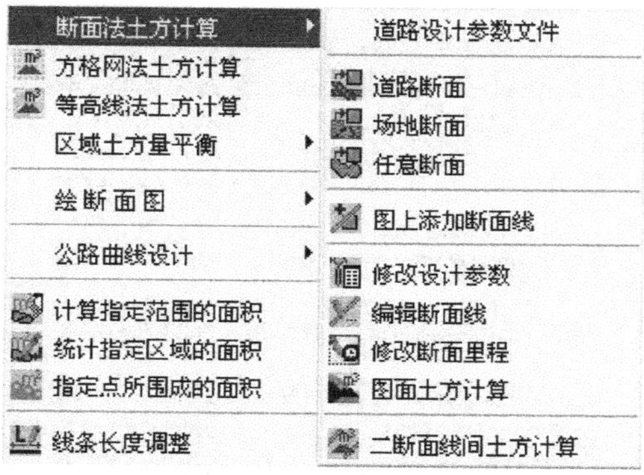

图 11-77　断面土方计算子菜单

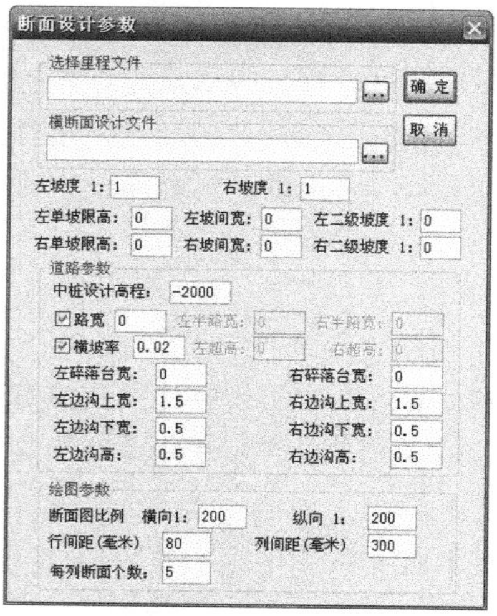

图 11-78　断面设计参数输入对话框

设置道路断面参数。

道路断面参数对话框中，首先选择选择 12.9.1 节生成的里程文件，之后选择横断面设计文件，横断面的设计参数可以事先写入到一个文件中，点击：“工程应用 \ 断面法土方计算 \ 道路设计参数文件”，弹出如图 11-79 输入界面。

如果不使用道路设计参数文件，则在图 11-80 中把实际设计参数填入各相应的位置。点“确定”按钮后，弹出对话框：

系统根据上步给定的比例尺，在图上绘出道路的纵断面，至此，图上已绘出道路的纵断面图及每一个横断面图，结果如图 11-81 所示。

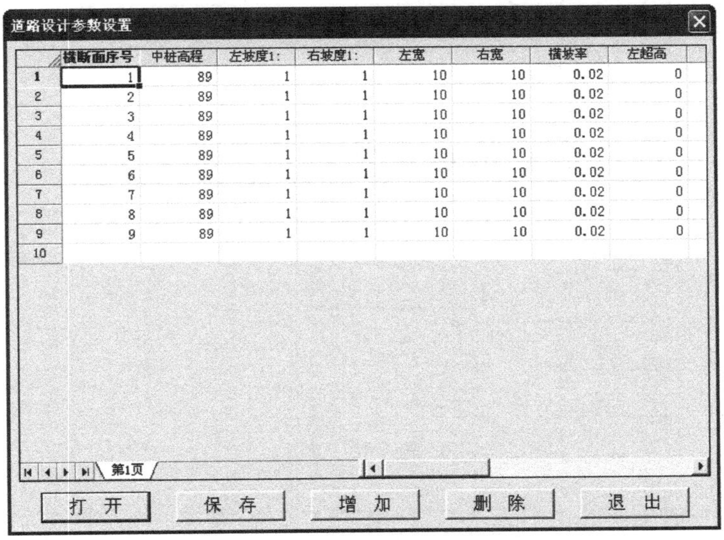

图 11-79　道路设计参数输入

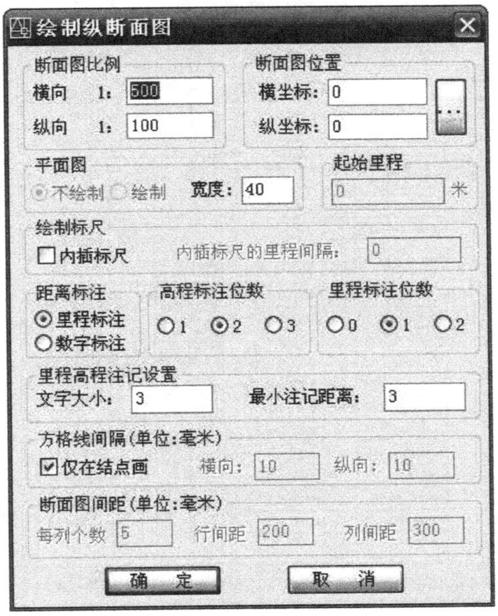

图 11-80　绘制纵断面图设置

如果生成的部分设计断面参数需要修改，CASS 提供了修改设计参数、编辑断面线、修改里程等功能。

2. 计算工程量

用鼠标点取“工程应用 \ 断面法土方计算 \ 图面土方计算”。接着根据命令栏提示，拖框选择所有参与计算的道路横断面图，并在屏幕适当位置点击鼠标定点，指定土石方计算表左上角位置。

系统自动在图上绘出土石方计算表，如图 11-82，得出总挖方和总填方。

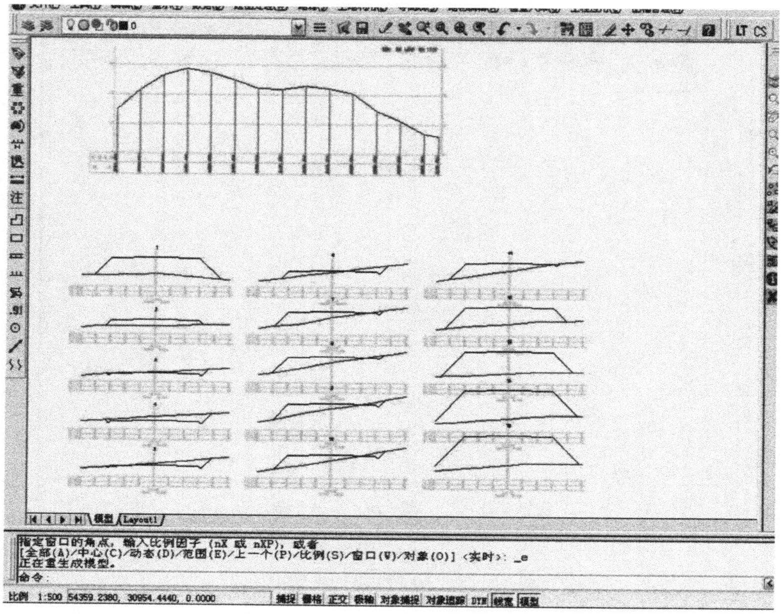

图 11-81　纵横断面图成果示意图

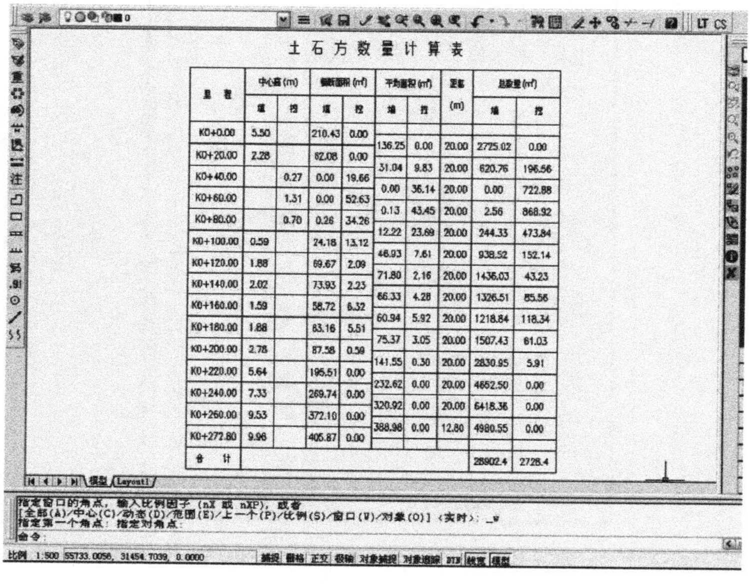

土石方数量计算表

里程	中心高(m)		横断面积(m²)		平均面积(m²)		距离(m)	总数量(m³)	
	填	挖	填	挖	填	挖		填	挖
K0+0.00	5.50		210.43	0.00					
K0+20.00	2.28		82.08	0.00	136.25	0.00	20.00	2725.02	0.00
K0+40.00		0.27	0.00	19.66	31.04	9.83	20.00	620.76	196.56
K0+60.00		1.31	0.00	52.63	0.00	36.14	20.00	0.00	722.88
K0+80.00		0.70	0.26	34.26	0.13	43.45	20.00	2.56	868.92
K0+100.00	0.59		24.18	13.12	12.22	23.69	20.00	244.33	473.84
K0+120.00	1.88		69.67	2.09	46.93	7.61	20.00	938.52	152.14
K0+140.00	2.02		73.93	2.23	71.80	2.16	20.00	1436.03	43.23
K0+160.00	1.59		58.72	6.32	66.33	4.28	20.00	1326.51	85.56
K0+180.00	1.88		63.16	5.51	60.94	5.92	20.00	1218.84	118.34
K0+200.00	2.78		87.58	0.59	75.37	3.05	20.00	1507.43	61.03
K0+220.00	5.64		195.51	0.00	141.55	0.30	20.00	2830.95	5.91
K0+240.00	7.33		269.74	0.00	232.62	0.00	20.00	4652.50	0.00
K0+260.00	9.53		372.10	0.00	320.92	0.00	20.00	6418.36	0.00
K0+272.80	9.96		405.87	0.00	388.98	0.00	12.80	4980.55	0.00
合　计								28902.4	2728.4

图 11-82　土石方计算表

11.9.3　公路曲线设计

1. 单个交点处理

用鼠标点取“工程应用＼公路曲线设计＼单个交点”，在“公路曲线计算”的对话框，输入起点、交点和各曲线要素。如图 11-83。

屏幕上会显示公路曲线和平曲线要素表。如图 11-84 所示。

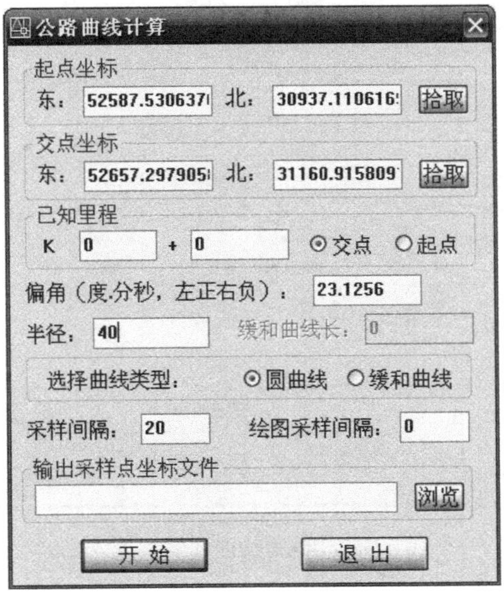

图 11-83　输入平曲线已知要素文件名对话框

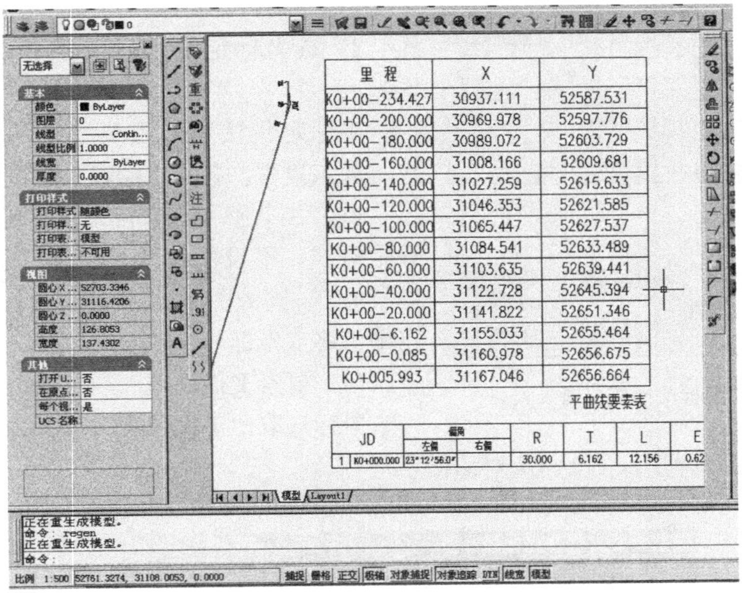

图 11-84　公路曲线和平曲线要素表

2. 多个交点处理

(1) 曲线要素文件录入

鼠标选取“工程应用＼公路曲线设计＼要素文件录入”，命令行提示：

①偏角定位　②坐标定位：<1>

1) 选偏角定位则弹出要素输入框（图 11-85）。

起点需要输入的数据：起点坐标、起点里程、起点看下一个交点的方位角、起点到下一个交点的直线距离。

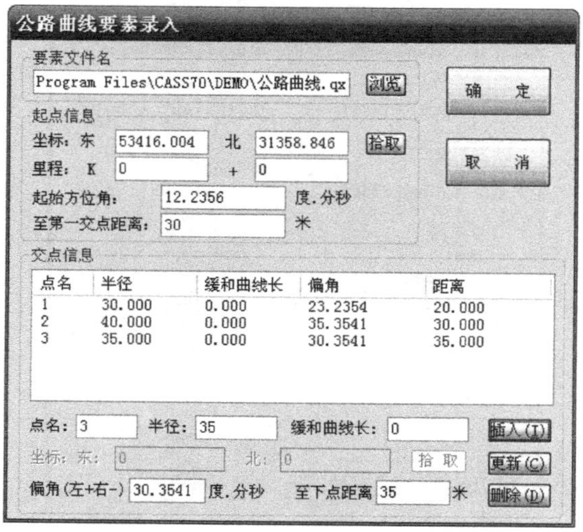

图 11-85　偏角法曲线要素录入

各个交点所输入的数据：点名、偏角、半径、缓和曲线长（若缓和曲线长为 0，则为圆曲线）、到下一个交点的距离（如果是最后一个交点，则输入到终点的距离）

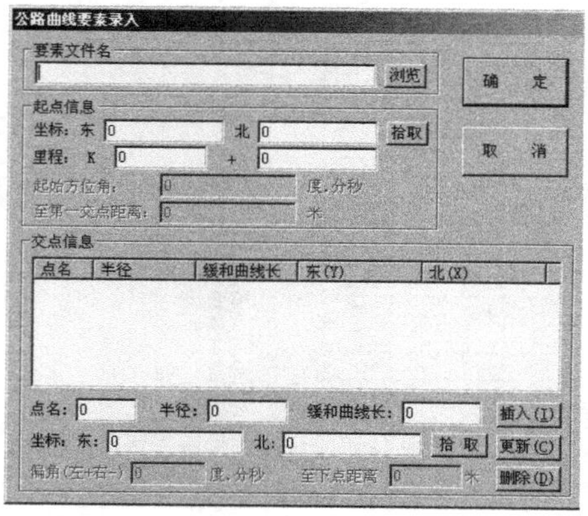

图 11-86　坐标法曲线要素录入

2）选坐标定位则弹出要素输入框（图 11-86）。

坐标定位法起点需要输入的数据：起点坐标、起点里程，各交点需输入的数据：

点名、半径（若半径是 0，则为小偏角，即只是折线，不设曲线）、缓和曲线长（若缓和曲线长为 0，则为圆曲线）、交点坐标（若是最后一点则为终点坐标）

（2）要素文件处理

鼠标选取"工程应用 \ 公路曲线设计 \ 曲线要素处理"命令，弹出如图 11-87 对话框。

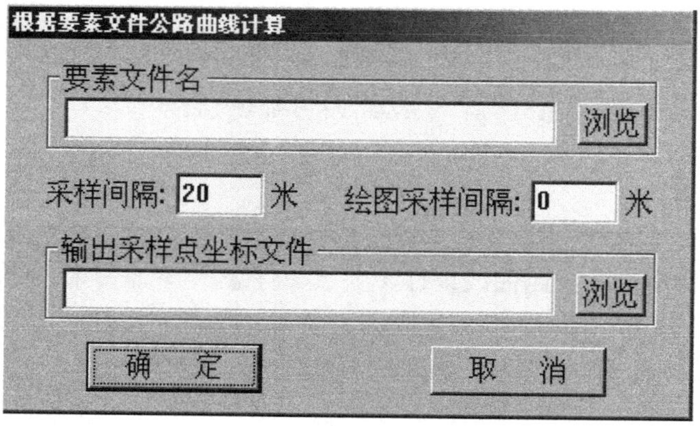

图 11-87　要素文件处理

在要素文件名栏中输入事先录入的要素文件路径，再输入采样间隔、绘图采样间隔。“输出采样点坐标文件”为可选。点“确定后”，在屏幕指定平曲线要素表位置后绘出曲线及要素表，如图 11-88 所示。

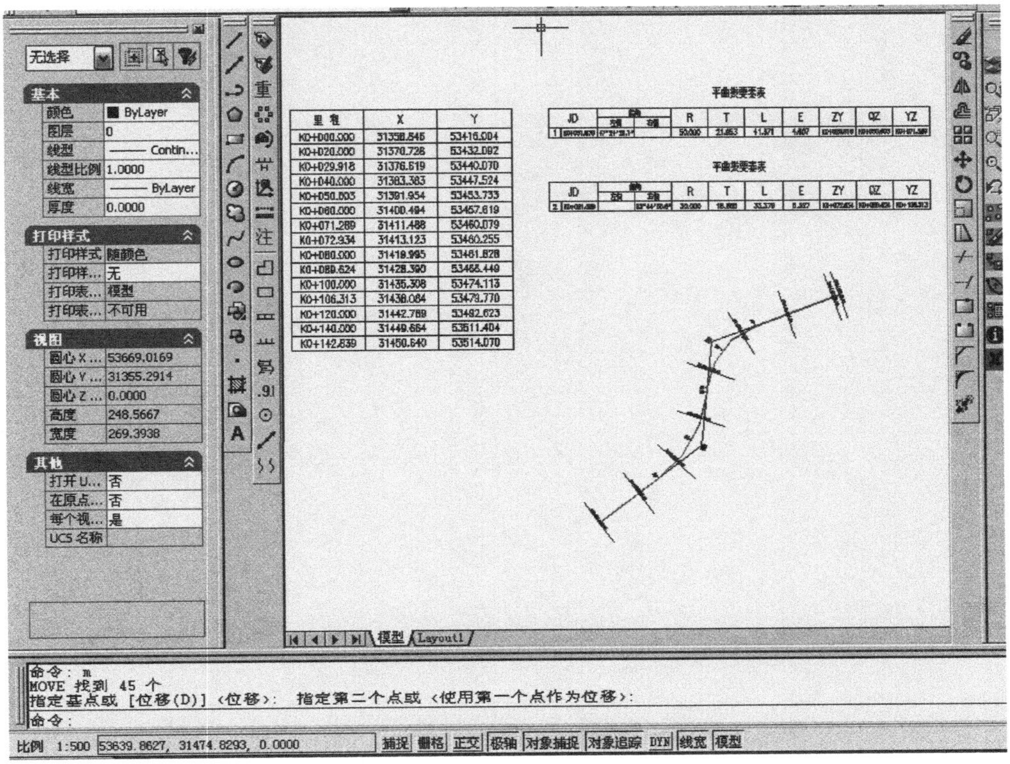

图 11-88 公路曲线设计要素表

习 题 与 思 考 题

1. 道路中线测量任务是什么？包括哪些主要工作？

2. 试述在线路的交点上，测设圆曲线主点的步骤。

3. 圆曲线包括哪些测设元素？怎么计算？

4. 路线纵断面测量包括哪些主要工作？

5. 线路横断面测量的常用方法有哪些？

6. 如何测定圆曲线段上横断面方向？

7. 已知控制点 A、B 的坐标为：$X_A=24.15$m，$Y_A=12.42$m，$X_B=4105$m，$Y_B=9127$m。待定点 P 的坐标为：$X_P=74.68$m，$Y_P=30.16$m。从 A 点用极坐标法测设 P 点，计算测设数据，叙述测设步骤。

8. 某圆曲线转向角 $\alpha=18°36'30''$，$R=400$m，ZY 点里程为 DK3+220.68。

（1）计算圆曲线要素；

（2）计算置镜于 ZY 点用偏角法测设前半个曲线的资料〔要求里程为 20m 的整倍数，计算至 QZ 点〕；

（3）叙述测设步骤。

9. 某曲线的转向角 $\alpha=29°15'00''$，$R=500$m，$l_0=60$m，ZH 点程 DK121+202.45。

(1) 计算曲线综合要素 T、L、E_0 及主点里程；

(2) 仪器安置于 HY 点测设圆曲线，计算各点的偏角至 QZ 点，〔测点里程为 20m 的整倍数〕；

(3) 叙述测设步骤。

10. 道路施工测量的工作主要包括哪些？

第12章 建筑物与深基坑变形测量

12.1 概述

12.1.1 变形测量的意义及其特点

变形是一种普遍存在的现象，大至地球板块运动、地壳变形，小至工程实践中常用的混凝土因水泥石收缩或沉降变形。变形测量是利用相关专业仪器和方法对建（构）筑物及其地基、一定范围内的岩土体的变形现象（如沉降，扰度，裂缝，位移，倾斜等）所进行监视观测的工作。

在工程建设与运行期间，受各种因素的影响，其形状及位置会随时间的变化而变化。在一定的范围内，这些变形可认为是正常现象；如果变形超过一定的限度，就会影响建筑物的使用与功能，严重时会危及建筑物的安全，给社会与人民生活带来巨大损失。尽管工程项目在设计时参照规范规定的安全系数，但设计人员不可能把所有的因素都考虑进去，加上在施工过程中的一些不可预见的因素以及施工质量不可能完美无缺，在施工过程中甚至还可能产生一些不利的因素，这就会给建筑物的安全使用埋下一定的隐患，因此，在工程施工与运行期间，都需对其进行变形测量。

由此可知，变形测量有两方面的意义：在实用层面上，主要是能够及时了解各种建筑物和地质构造的稳定性，为安全诊断提供必要的信息，以便及时采取措施处理发现的问题；在科学层面上，就是更好的理解变形的机理，验证相关工程设计的理论与地壳运动的假说，进行反馈设计及建立正确的预报变形的方法和理论。

通常情况下，建筑物的变形量很小，因此，需要较高精度的测量仪器进行测量才能到达目的。一些重要工程甚至要采用目前测量手段和仪器所能达到的最高精度，同时要求对测量的数据进行严密的分析处理。因为在测量中会有系统误差和偶然误差，若变形量和误差在同一数量级时，需要从数据中分离出变形信息，以免将误差信息当做变形信息。为了获得建筑物变形的时间特性和空间信息，还需要按设计的观测周期重复观测，同时在同一观测周期内也需重复观测，以提高测量精度。在实施变形测量前，需要设计一定的测量方案，同时要对建筑物的各方面进行深入研究，这就要求变形测量人员要有跨学科的知识，以便综合各种测量方法进行分析优化，并和其他学科方面的专家紧密合作。

12.1.2 变形测量的内容和技术要求

变形测量应做到技术先进、经济合理、安全适用、确保质量。工业与民用建筑《建筑变形测量规范》JGJ8-2016，规定的内容主要包括建筑的地基、基础、上部结构及其场地的沉降测量、位移测量和特殊变形测量。对于建筑沉降观测，可根据需要分别或组合测定建筑物场地沉降，基坑回弹，地基土分层沉降以及基础和上部结构沉降；对于建筑位移观测，可根据需要分别或组合测定建筑主体倾斜、水平位移，扰度和基坑壁侧向位移，并对建筑场地滑坡进行监测；对于建筑物的特殊变形观测，可根据需要分别或组合进行动态变形测量、日照变形观测、风振观测和裂缝观测。

测量工作开始前，应根据变形类型、测量目的、任务要求以及测区条件进行施测方案设计。重大工程或具有重要科研价值的项目，还应进行监测网的优化设计。施测方案应经实地勘选、多方案精度估算和技术经济分析比较后择优选取。

建筑变形测量的等级划分及其精度指标及其适用范围应符合表 12-1 的规定。

建筑变形测量的级别、精度指标及其适用范围　　表 12-1

变形测量等级	沉降观测	位移观测	主要适用范围
	观测点测站高差中误差(mm)	观测点坐标中误差(mm)	
特级	±0.05	±0.3	特高精度要求的特种精密工程的变形测量
一级	±0.15	±1.0	地基基础设计为甲级的建筑的变形测量；重要的古建筑和特大型市政桥梁等变形测量等
二级	±0.5	±3.0	地基基础设计为甲、乙级的建筑的变形测量；场地滑坡测量；重要管线、大型市政桥梁的变形测量；地下工程施工及运营中变形测量等
三级	±1.5	±10.0	地基基础设计为乙、丙级的建筑的变形测量；地表、道路及一般管线的变形测量；中小型市政桥梁的变形测量等

注：1. 观测点测站高差中误差，系指水准测量的测站高差中误差或静力水准测量、电磁波测距三角高程测量中相邻观测点相应测段间等价的相对高差中误差；

2. 观测点坐标中误差，系指观测点相对测站点（如工作基点）的坐标中误差、坐标差中误差以及等价的观测点相对基准线的偏差值中误差、建筑或构件相对底部固定点的水平位移分量中误差；

3. 观测点点位中误差为观测点坐标中误差$\sqrt{2}$倍；

4. 《建筑变形测量规范》JGJ8-2016 以中误差作为衡量精度的标准，并以 2 倍中误差作为极限误差。

变形测量的方法和种类有很多，各种方法的技术要求应符合《建筑变形测量规范》JGJ8-2016 如下规定。

（1）除特级控制网和其他大型、复杂工程以及有特殊要求的控制网应专门设计外，对于一、二、三级平面控制网，其技术要求应符合下列规定。

测角网、测边网、边角网、GPS 网应符合表 12-2 的规定。

平面控制网技术要求　　表 12-2

级别	平均边长(m)	角度中误差(″)	边长中误差(mm)	最弱边边长相对中误差
一级	200	±1.0	±1.0	1∶200000
二级	300	±1.5	±3.0	1∶100000
三级	500	±2.5	±10.0	1∶50000

注：1. 最弱边边长相对中误差未计及基线边长误差影响；

2. 有下列情况之一时，不宜按本规定，应另行设计：

（1）最弱边边长中误差不同于表列规定时

（2）实际平均边长与列表数值相差大时；

（3）采用边角组合网时。

(2) 导线测量技术要求应符合表 12-3 的规定。

导线测量技术要求 表 12-3

级别	导线最弱点点位中误差(mm)	导线总长(m)	平均边长(m)	测边中误差(m)	测角中误差(″)	导线全长相对闭合差
一级	±1.4	$750C_1$	150	$\pm0.6C_2$	±1.0	1∶100000
二级	±4.2	$1000C_1$	200	$\pm2.0C_2$	±2.0	1∶45000
三级	±14.0	$1250C_1$	250	$\pm6.0C_2$	±5.0	1∶17000

注：1. C_1、C_2 为导线类别系数，对附合导线，$C_1=C_2=1$；对独立单一导线，$C_1=1.2$、$C_2=2$；对导线网，导线总长系指附合点与结点或结点间的导线长度，取 $C_1\leqslant0.7$、$C_2=1$；
2. 有下列情况之一时，不宜按本规定，应另行设计：
(1) 导线最弱点点位中误差不同于表列规定时；
(2) 实际导线的平均边长与表列数值相差大时。

(3) 静力水准观测技术要求应符合表 12-4 的规定。

静力水准观测技术要求 表 12-4

级别	特级	一级	二级	三级
仪器类型	封闭式	封闭式 敞口式	敞口式	敞口式
读数方式	接触式	接触式	目视式	目视式
两次观测高差较差(mm)	±0.1	±0.3	±1.0	±3.0
环线及附合路线闭合差(mm)	$\pm0.1\sqrt{n}$	$\pm0.3\sqrt{n}$	$\pm1.0\sqrt{n}$	$\pm3.0\sqrt{n}$

注：n 为高差个数。

(4) 电磁波测距仪测距的技术要求，除特级和其他有特殊要求的边长须专门设计外，对一、二、三级位移观测应符合表 12-5 的要求。

电磁波测距技术要求 表 12-5

等级	仪器精度档次(mm)	每边最少测回数		一测回读数间较差限值(mm)	单程测回间较差限值(mm)	气象数据测定的最小读数		往返或时段间较差限值
		往	返			温度(℃)	气压(mmHg)	
一级	≤1	4	4	1	1.4	0.1	0.1	$\sqrt{2}(a+bD\times10^{-6})$
二级	≤3	4	4	3	4.0	0.2	0.5	
三级	≤5	2	2	5	7.0	0.2	0.5	
	≤10	4	4	10	14.0	0.2	0.5	

注：1. 仪器精度档次，系根据仪器标称精度 $(a+bD\times10^{-6})$，以各等级平均边长 D 代入计算的测距中误差划分；
2. 一测回是指照准目标一次、读数 4 次的过程；
3. 时段是指测边的时间段，如上、下午和不同的白天。可采用不同时段观测代替往返观测。

(5) 铟瓦尺和钢尺丈量距离的技术要求，除特级和其他有特殊要求的边长须专门设计外，对一、二、三级位移观测的边长丈量，应符合表 12-6 的要求。

铟瓦尺及钢尺距离丈量技术要求　　　　表 12-6

等级	尺别	作业尺数	丈量总次数	定线最大偏差（mm）	尺段高差较差（mm）	读数次数	最小估读值（mm）	最小温度读数（℃）	同尺各次或同段各尺的较差（mm）	成果取值精度至（mm）	经各项改正后的各次或各尺全长较差（mm）
一级	铟瓦尺	2	4	20	3	3	0.1	0.5	0.3	0.1	$2.5\sqrt{D}$
二级	铟瓦尺	1 2	4 2	30	5	3	0.1	0.5	0.5	0.1	$3.0\sqrt{D}$
	钢尺	2	8	50	5	3	0.5	0.5	1.0	0.1	
三级	钢尺	2	6	50	5	3	0.5	0.5	2.0	1.0	$5.0\sqrt{D}$

注：1. 表中 D 是以 100m 为单位计的长度；

2. 表列规定所适用的边长丈量相对中误差为：一级 1/200000，二级 1/100000，三级 1/50000。

（6）GPS 测量的基本技术要求应符合表 12-7 的规定。

GPS 测量的基本技术要求　　　　表 12-7

级别		一级	二级	三级
卫星截止高度角(°)		≥15	≥15	≥15
有效观测卫星数		≥6	≥5	≥4
观测时段长度(min)	静态	30～90	20～60	15～45
	快速静态	—	—	≥15
数据采样间隔(s)	静态	10～30	10～30	10～30
	快速静态	—	—	5～15
PDOP		≥5	≥6	≥6

12.2　建筑物及深基坑垂直位移测量

垂直位移观测是使用观测仪器连续地、定期地对建筑物及其地基有代表性的点位进行多次的垂直方向位移的测量。建筑物垂直位移观测应该在基坑开挖之前进行，并且贯穿于整个施工过程中，而且延续到建成后若干年，直到沉降现象基本停止为止。垂直位移观测的方法有两种：水准测量法和液体静力水准测量法。两者都是以起测基点高程为基准，引测建筑物变形前后的测点高程，通过计算求得该点高程变化，即为该点的垂直位移。

12.2.1　水准测量法

水准测量法是通过水准测量仪器来测定建筑物及基坑沉降的方法。垂直位移观测前需根据水准点的位置与整个观测点的布设情况，制定详细的最佳观测方案，保证既能观测到全部观测点，又能高效率的完成观测工作。

（1）水准点的布设。

水准点的设置需考虑以下因素：

1）各类水准点应设在坚实稳固之处，避开水源地、松软填土、地下管线、铁路等交通干道以及会使标志受到损坏的地点；

2）应布设在与拟监测的建筑物之间，一般在 20～60m 为宜，较大型或略有振动的工业建筑应不小于 25m，高层建筑应不小于 30m；

3）为便于相互检核判断水准点的高程是否变化，水准点的数量应不小于 3 个，视情况需适当增加水准点的数量；

4）水准点应埋设在冻土线以下 0.5m 处，距基坑开挖边线 50m 左右，以及不受施工和待测建筑物应力影响的安全点。

（2）观测点的布设。

观测点一般设置在建筑物垂直位移显著的地方。通常建筑物的四周角点、纵横墙连接处，沉降缝两侧、基础埋深相差悬殊处、人工地基与天然地基接壤处、不同结构分界处及填挖方分界处，内部承重墙或柱上、高低层建筑、新老建筑连接处以及相接处的两边均需埋设观测点。宽度大于等于 15m 或小于 15m 而地质复杂以及膨胀土地区的建筑物，在承重内隔墙中部设内气内墙点，在室内地面中心及四周设地面点。临近堆置重物处、受振动有显著影响的部位及基础下的暗沟处，框架结构建筑物的每个或部分柱基上或沿纵轴线设点；片筏基础，箱形基础底板或接近基础的结构部分之四角处及其中部位置；重型设备基础和动力设备基础的四角、基础形式或埋深改变处，以及地质条件变化处两侧；电视塔、烟囱、水塔、油罐、炼油塔、高炉等高耸建筑物，沿周边在与基础轴线相交的对称位置上布点，点数不少于 4 个。观测点沿建筑周长每隔 10～20m 布设。深基坑支护结构的观测点应埋设在锁口梁上，一般 20m 左右埋设一点，在支护结构的阳角处和原有建筑物离基坑很近处应加密设置观测点。对于一般的民用建筑，观测点大部分设置在外墙勒脚处，且立尺部位应加工成半球形或有突出之处。为方便立尺，观测点应距离墙面或柱面约 40mm。如图 12-1 所示。

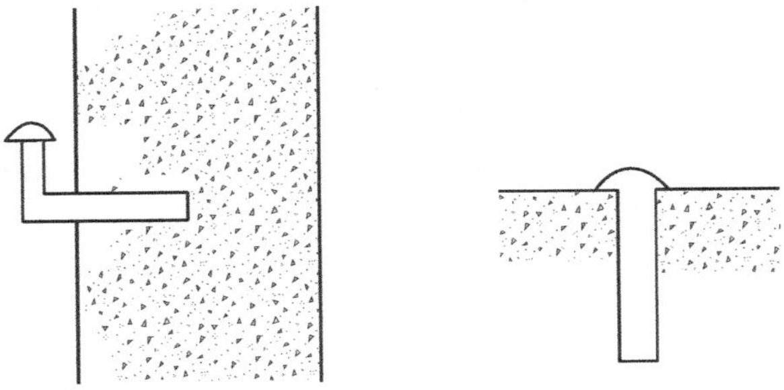

图 12-1 观测点位置

（3）测量所需的仪器和观测方式的相关规定。

各等级水准测量使用的仪器型号和标尺类型应符合表 12-8 的规定：

水准测量的仪器型号及标尺类型 表 12-8

级别	使用的仪器型号			标尺类型		
	DS05、DSZ05 型	DS1、DSZ1 型	DS3、DSZ3 型	铟瓦尺	条码尺	区格式木质标尺
特级	√	×	×	√	√	×

续表

级别	使用的仪器型号			标尺类型		
	DS05、DSZ05 型	DS1、DSZ1 型	DS3、DSZ3 型	铟瓦尺	条码尺	区格式木质标尺
一级	√	×	×	√	√	×
二级	√	√	×	√	√	×
三级	√	√	√	√	√	√

注：表中“√”表示允许使用；“×”表示不允许使用。

一、二、三级水准测量的观测方式应符合表 12-9 的规定。

一、二、三级水准测量观测方式　　表 12-9

级别	高程控制测量、工作基点联测及首次沉降观测			其他各次沉降观测		
	DS05、DSZ05 型	DS1、DSZ3 型	DS3、DSZ3 型	DS05、DSZ0 型	DS1、DSZ1 型	DS3、DSZ3 型
一级	往返测	—	—	往返测或单程双测站	—	—
二级	往返测或单程双测站	往返测或单程双测站	—	单程观测	单程双测站	—
三级	单程双测站	单程双测站	往返测或单程双测站	单程观测	单程观测	单程双测站

12.2.2　液体静力水准测量法

液体静力水准测量是较特殊的大地测量方法，与水准测量等常规大地测量方法不同的是，根据连通器原理利用导管连接两个或两个以上的容器，将此系统中处于流体静平衡状态时的液体表面作为基准面，从而测定待测平面的高差，它可以测出多个平面的高差，适用于混凝土坝基础廊道和土石坝表面垂直位移观测。该方法具有使用方便，劳动强度低、效率高、精度也高，容易克服障碍物之间的阻挡等特点。因此，应用越来越广泛。随着技术的不断进步，液面的高差变化可以转换成传感器输出，实现检测自动化。

根据贝努利方程，当液体处于流体静平衡状态时，必须满足关系如式（12-1）所示：

$$p+\rho gH=C \tag{12-1}$$

C 为常数。由于液体静力水准系统主要用于沉降观测，测区范围以及沉降幅度均有限的，所以各测点间的高程 H 变化不大。可认为重力加速度 g 和大气压力 p 近似为常数。对于两个连通的容器来说，如图 12-2 所示。

H 为相对于某一基准面的高度；ρ 为液体密度，则可得出关系式：

$$\rho_1 H_1=\rho_2 H_2 \tag{12-2}$$

$$H_2=\frac{\rho_1}{\rho_2}H_1 \tag{12-3}$$

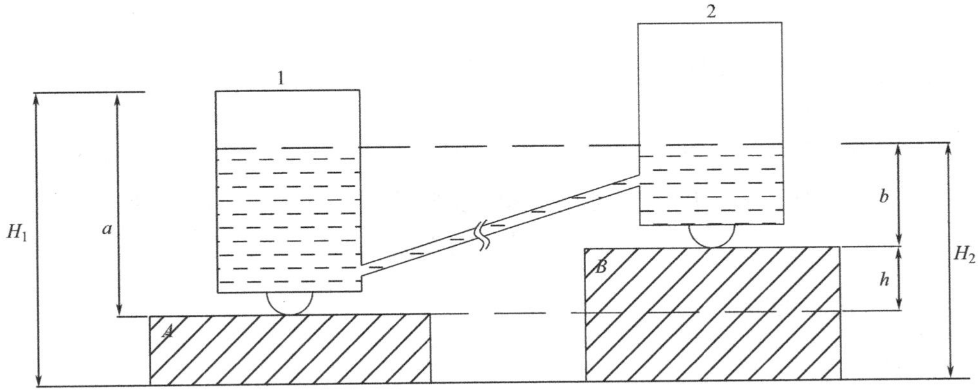

图 12-2 液体静力水准测量法

当两容器中的液体相同时，则 $\rho_1=\rho_2$，故液面高度 $H_1=H_2$。若以工作基准面作为零点，液面在两容器中的读数分别为 a 和 b，则可测得 A、B 两平面的高差如式（12-4）所示。

$$h=a-b \tag{12-4}$$

在液体静力水准测量中，首要问题是液面位置的测取。目前，测定液面高度的方法主要有以下四类：

（1）目视法。采用容器壁上分划线的读数，直接目视读取液面的位置。

（2）目视接触法。利用转动测微器，带动触针上下移动。当移动触针到尖端的两象正好接触时，由目视测定，而液面位置读数则由测微鼓读出。

（3）电接触法。采用控制电路装置带动触针上下移动，当针尖与液面（此时液体必须是导电液）接触的瞬间，电路自动记录信号，经处理后可计算出液面的位置。

（4）传感器法。利用液面上的浮体与位移传感器相连，当液面高度发生变化时，使得浮体升降，引起传感器的电量发生变化，从而完成非电量（升降值）向电量转换的过程。

液体静力水准测量一般只能测定两个点（或多个点）之间的相对高差，即两个点之间高差的变化情况，它一般不能测定测点的绝对高程及其变化。因此，当需要测定绝对高程时，需要和高程基准点进行联测。

静力水准测量作业应符合下列要求：

（1）观测前向连通管内充水时，不得将空气带入，可采用自然压力排气充水法或人工排气充水法进行充水；

（2）连通管应平放在地面上，当通过障碍物时，应防止连通管在竖向出现 n 形而形成滞气“死角”。连通管任何一段的高度都应低于蓄水罐底部，但最低不宜低于 20cm；

（3）观测时间应选在气温最稳定的时段，观测读数应在液体完全呈静态下进行；

（4）测站上安置仪器的接触面应清洁、无灰尘杂物。仪器对中误差不应大于±2mm，倾斜度不应大于 10′。使用固定式仪器时，应有校验安装面的装置，校验误差不应大于±0.05mm；

（5）宜采用两台仪器对向观测。条件不具备时，亦可采用一台仪器往返观测。每次观测，可取 2～3 个读数的中数作为一次观测值。根据读数设备的精度和沉降观测级别，读数较差限值宜为 0.02～0.04mm。

12.3　建筑物及深基坑水平位移测量

水平位移测量是房屋建筑变形测量另一项重要的内容，根据需要分别或组合测定建筑主体水平位移，基坑壁侧向位移，并对建筑物场地滑坡进行检测。建筑物及深基坑位移观测主要有基准线法、小角法、导线法和前方交会法等。其中导线法和前方交会法详见第 6 章，此处略。

12.3.1　测量方法与原理

1. 基准线法

在建筑物的一侧建一轴线与墙面大致垂直，令轴线的延长线与墙面交于点 C，在观测位移时，不需要测角，也不需要测距，将仪器安置在轴线上，沿其轴线方向进行投射至墙面一点 D，若 C、D 两点不重合，则两点间的距离为建筑物的水平位移值。这种方法方便直观，简单易行。《建筑变形测量规范》JGJ8-2016 规定：在基准线两端各自延长线上，宜埋设检核点。在观测成果的处理中，应顾及视准线端点的偏差改正。

2. 小角法

小角法和基准线法有些类似，也是需要布设一条与待测建筑边线平行的视准线。不同的是需要测量测站至位移点的距离 L，再测基准线与测站至位移点方向的角度偏离值 $\Delta\beta$，从而算出观测值的位移量。可按式（12-5）求出。

$$\Delta = \Delta\beta L / \rho \tag{12-5}$$

式中 $\Delta\beta$ 为常数，其值为 $\rho = 206265''$。

12.3.2　测点布置与要求

1. 布设要求：

（1）护坡工程应当按待测坡面成排布点，控制点的点位根据观测点的分布情况来确定。

（2）每个基坑工程至少应有 3 个稳定、可靠的点作为基准点；

（3）工作基点应选在相对稳定和方便使用的位置。在通视条件良好、距离较近、观测项目较少的情况下，可直接将基准点作为工作基点。

（4）监测期间，应定期检查工作基点和基准点的稳定性。

2. 水平位移观测点的标志和标石设置

建筑物上的观测点，可采用墙上或基础标志；土体上的观测点，可采用混凝土标志；地下管线的观测点，应采用窨井式标志。各种标志的形式和埋设，应根据点位条件和观察要求设计确定。

控制点的标石、标志，应按《建筑变形测量规程》JGJ 8—2016 中的规定采用。对于如膨胀土等特殊土地区的固定基点，亦可采用深埋钻孔桩标石，但须用套管桩与周围土体隔开。

3. 观测墩的制作与埋设

基准网的点位，宜采用有强制归心装置的观测墩，并宜采用精密的光学对中装置，对中误差不宜大于 0.5mm，变形观测墩的制作如图 12-3，水平位移观测墩埋设如图 12-4。

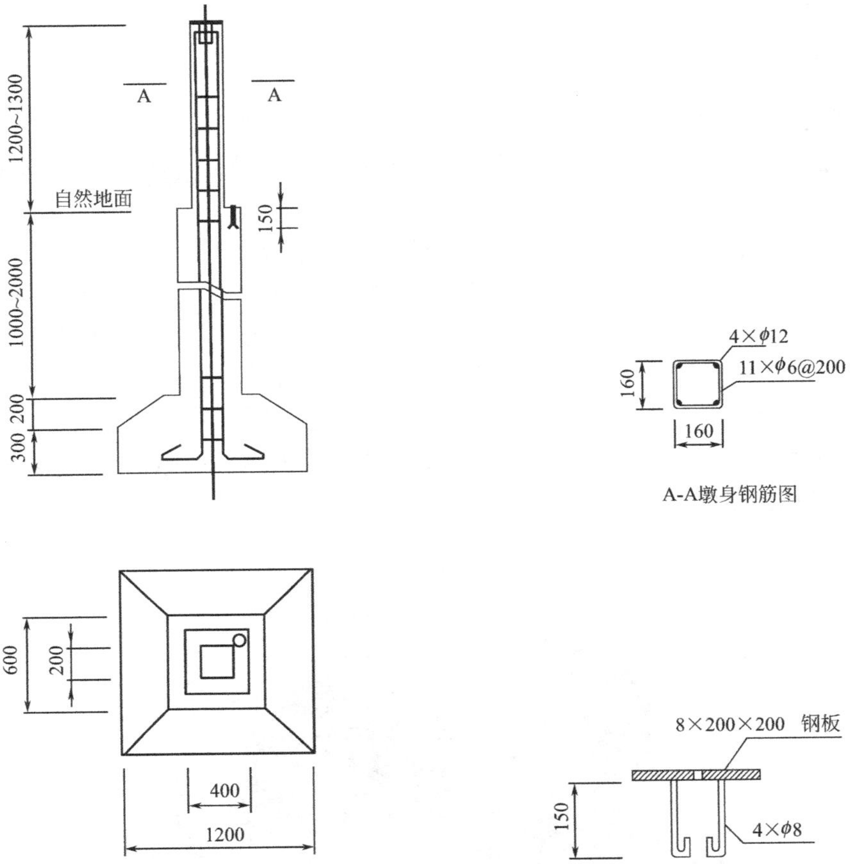

图 12-3 变形观测墩的制作

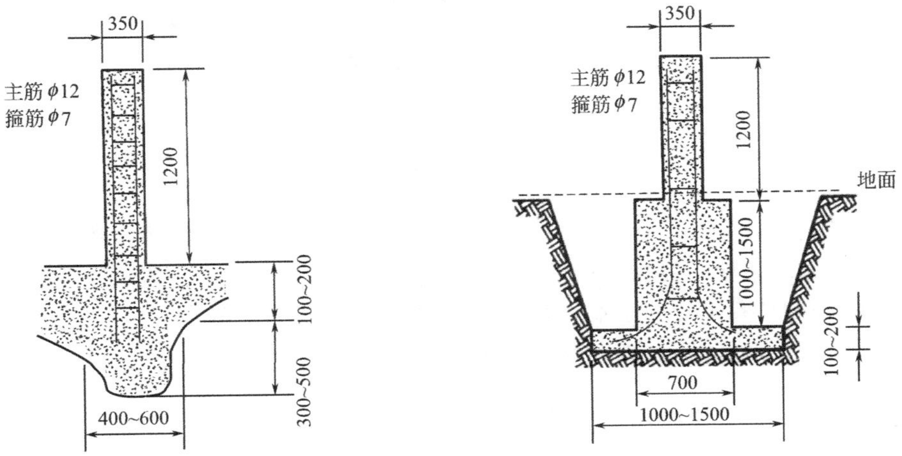

(a) 岩层点观测墩

(b) 土层点观测墩

图 12-4 水平位移观测墩埋设

12.4　建筑物及深基坑倾斜观测

12.4.1　深基坑的倾斜观测

1. 测斜仪的工作原理

锁口梁的水平位移观测反映的是支护桩顶部的水平位移量。利用钻孔测斜仪可对支护桩进行倾斜观测。

图 12-5 是我国生产的 CX-45 型钻孔测斜仪，它由探头、监视器（或微机）两部分组成。探头内装置有天顶角（竖直角）和方位角传感器，CCD 摄像系统，外侧安有导向轮。顶角传感器为一圆水准器，当探头不铅垂时，圆水准器气泡偏离零点，从而可测出钻孔轴线与铅垂线的夹角。方位角传感器为一指南针，可测定出气泡偏离零点的方位。圆水准器气泡偏离的大小和方位通过 CCD 摄像系统摄录后，经过通信线将图像显示在监视器上。摄像系统也可和微机联接，直接获得钻孔深处观测点的坐标（x，y），比较坐标的变化值即可计算观测点位移量。

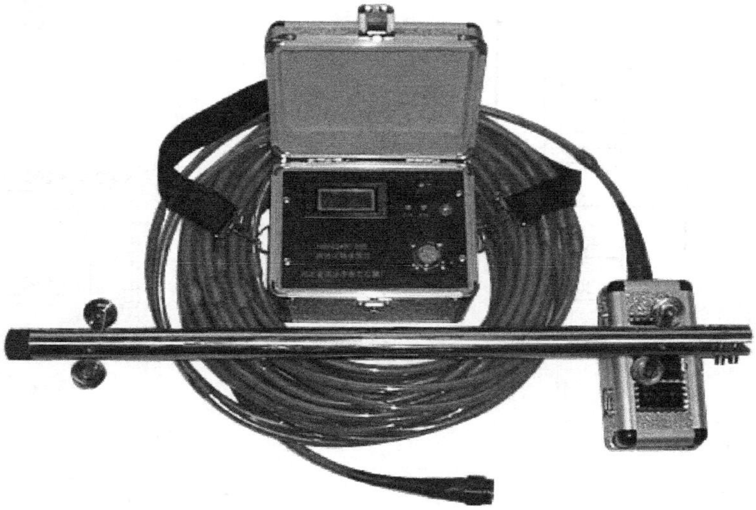

图 12-5　CX-45 型钻孔测斜仪

2. 测斜仪的安装

测斜管的安装如图 12-6 所示。测斜管有圆形和方形两种，国内多采用圆形，直径有 50mm、70mm 等，每节一般为 2m 长，采用钢材、铝合金、塑料等制作，最常用的还是 PVC 塑料管。测斜管在吊放钢筋笼之前，接长到设计长度，绑扎在钢筋上，随钢筋笼一起放入槽内（桩孔内）。测斜管的底部与顶部要用盖子封住，防止砂浆、泥浆及杂物入孔内。

12.4.2　钻孔测斜仪的测斜方法

首先，埋设测斜管。其步骤如下。

（1）在预定的测斜管埋设位置钻孔。根据基坑的开挖总深度，确定测斜管孔深，即假定基底标高以下某一位置处支护结构后的土体侧向位移为零，并以此作为侧向位移的基准；

（2）将测斜管底部装上底盖，逐节组装，并放入孔内。安装测斜管时，随时检查其内部的一对导槽，使其始终分别与坑壁走向垂直或平行。管内注入清水，沉管到孔底时，即向测斜管与孔壁之间的空隙内由下而上逐段用砂填实，固定测斜管；

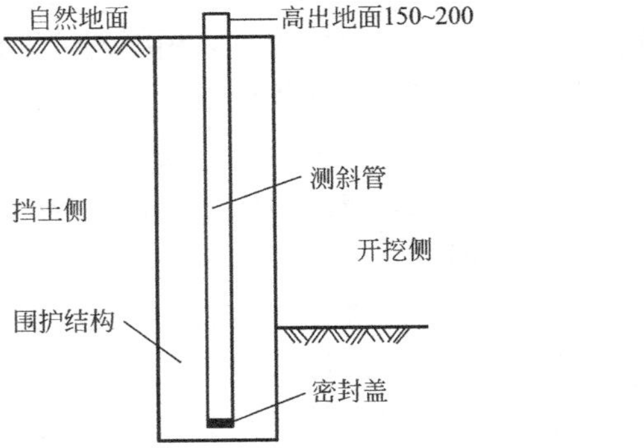

图 12-6　测斜管的安装

（3）测斜管固定完毕后，用清水将测斜管内冲洗干净，将探头模型放入测斜管内，沿导槽上下滑行一遍，以检查导槽是否畅通无阻，滚轮是否有滑出导槽的现象。由于测斜仪的探头十分昂贵，在未确认测斜管导槽畅通时，不允许放入探头；

（4）测量测斜管管口坐标及高程，做出醒目标志，以利保护管口。现场测量前务必按孔位布置图编制完整的钻孔列表，以与测量结果对应。

其次，在观测时，把探头定向导轮对准测斜管定向槽放入管内，再用细钢丝绳控制探头到达的深度，测斜观测点竖向间距为 1～1.5m。打开测斜仪摄像系统开关，反映孔斜顶角 θ 和方位角 α 的参数以及图像即显示在监视器上。如和微机连接，则直接可得到探头深度测点的坐标值（x，y）。比较坐标的变化值即可计算该观测点位移量。

图 12-7 为某测斜管监测结果示意图，可以根据图示直接得出水平位移随时间的偏移量及随深度变化偏移量的变化。

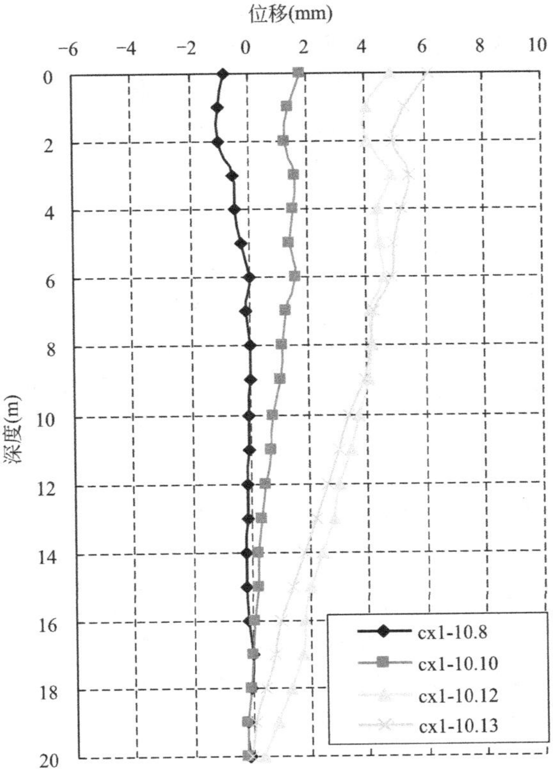

图 12-7　某测斜管监测结果

再次，在测斜仪测定基坑侧壁向位移时，应符合下列规定：

（1）测斜仪宜采用能连续进行多点测量的滑动式仪器；

（2）测斜管应布设在基坑每边中部及关键部位，并埋设在维护结构桩墙内或其外侧的土体内，其埋设深度应与维护结构入土深度一致；

（3）将测斜管吊入孔或槽内时，应使十字型槽口对准观测的水平位移方向。连接测斜管时

应对准导槽，使之保持在一直线上。管底端应装底盖，每个接头及底盖处应密封；

（4）埋设于基坑维护结构中的测斜管，应将测斜管绑扎在钢筋笼上，同步放入成孔内，通过浇筑混凝土后固定在桩墙中或外侧；

（5）埋设于土体中的测斜管，应先用地质钻机成孔，将分段测斜管连接放入孔内，测斜管连接部分应密封处理，测斜管与钻孔壁之间空隙宜回填细沙或水泥与膨润土拌合的灰浆，其配合比应根据土层的物理力学性能和水文地质情况确定。测斜管的埋设深度应与维护结构入土深度一致；

（6）测斜管埋好后，应停留一段时间，使测斜管与土体或结构固连为一整体；

（7）观测时，可由管底开始向上提升测头至待测位置，或沿导槽全长每隔 50mm 测量一次将测头旋转 180°再测量。两次观测位置应一致，依此作为一测回。每周期观测可测两测回，每个测斜导管的初测值，应测四测回，观测成果取中数。

12.4.3　房屋建筑的倾斜观测

建筑物受不均匀沉降等因素影响，可能会发生一定的倾斜，给使用带来安全隐患，所以需要对其进行定期的监测。通过监测手段测量建筑物的倾斜程度随时间变化的工作成为倾斜观测。一般在建筑物顶部相对于底部固定点设立观测点，或在上下层设立观测点来直接测定建筑物的倾斜。对于刚性建筑的倾斜，可通过测量顶面或基础的差异沉降来间接确定。

1. 直接测定法

建筑物倾斜观测的方法很多，其中最简单直接的方法是悬吊垂球，而对于高层建筑物、烟囱等构筑物，有时在其面上无法直接或支出一点悬挂垂球的钢丝，宜采用激光铅直仪法、经纬仪投影、测水平角的方法来测定它们的倾斜。

（1）测水平角法　对矩形建筑，可在每测站直接观测顶部观测点与底部观测点之间的夹角或上层观测点与下层观测点之间的夹角，以所测角值与距离值计算整体的或分层的水平位移分量和位移方向。

（2）激光铅直仪观测法　激光铅直仪是利用一条铅垂视线来测量建筑物的倾斜量。应在所测建筑顶部安装接收靶或选取特征点，在其垂线下的建筑底部安装仪器。观测时，在接收靶上直接读取或量取相应特征点的水平位移量和位移方向。

（3）经纬仪投点法　建筑的底部观测点与顶部观测点在一竖直线上，建筑物的高度 h 已知或可以测出，当建筑物发生倾斜时，用经纬仪将观测顶点投影到底部观测点的水平面上而量取 a，则其倾斜度 i 如式（12-6）所示：

$$i=\tan\alpha=\frac{a}{h} \tag{12-6}$$

2. 间接测定法

当采用相对沉降量间接确定建筑物的整体倾斜时，可采用倾斜仪测记法以及本章前面所述的液体静力水准测量方法，在此不再赘述。而倾斜仪法可采用气泡倾斜仪、水管式倾斜仪、水平摆倾斜仪或电子倾斜仪进行观测。当建筑观测点数量较多或变形量较大时，还可采用三维激光扫描方法，具体技术要求应另行规定。

3. 观测周期的确定

视倾斜速度每个月观测一次。遇基坑附近大量堆载或卸载、场地降雨长期积水等导致倾斜速度加快时，应及时增加观测次数。

4. 成果提供

倾斜观测点位布置图、观测成果表、成果图、主体倾斜曲线图和观测成果分析等资料。

5. 倾斜监测注意事项

（1）当建筑物立面上观测点数量较多或倾斜变形量大时，可采用激光扫描或数字近景摄影测量方法；

（2）倾斜观测应避开强日照和风荷载影响大的时间段；

（3）采用激光铅直仪观测法时，作业中仪器应严格置平、对中，应旋转 180°观测两次取其中数。对超高层建筑，当仪器设在楼体内部时，应考虑大气湍流影响；

（4）在布设观测点时，一定要考虑经济因素，选取少量的点能控制住一个区域的，就不应多选，以免造成经济上不必要的浪费。此外，还要考虑点位应便于观测和长时间保存。

12.4.4 塔式构筑物的倾斜观测

对塔形、圆形建筑或构件，每测站的观测应以定向点作为零方向，测出各观测点的方向值和至底部中心的距离，计算顶部中心相对底部中心的水平位移分量。

如图 12-8 所示，欲测烟囱的倾斜量 OO'，在烟囱附近选两测站 A 和 B，要求 AO 与 BO 大致垂直，且距烟囱的距离尽可能大于烟囱高度 H 的 1.5 倍。将经纬仪安置在 A 站，

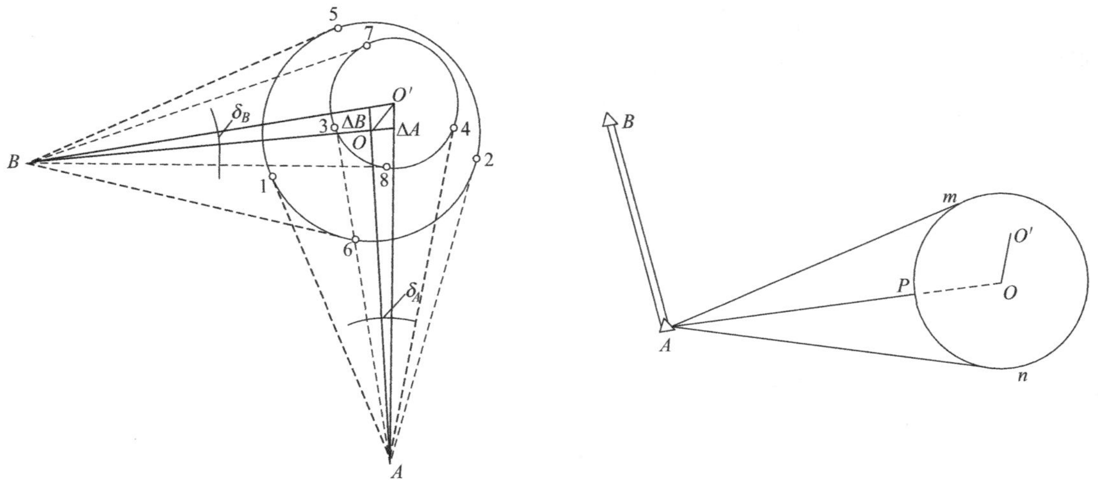

图 12-8　测烟囱的倾斜

用方向观测法观测与烟囱底部断面相切的两方向 A-1、A-2 和与顶部断面相切的两方向 A-3、A-4，得方向观测值分别为 a_1，a_2，a_3，a_4，则∠3A4 的角平分线的夹角如式（12-7）所示：

$$\delta_A=\frac{(a_1+a_2)-(a_3+a_4)}{2} \tag{12-7}$$

δ_A 即 AO 与 AO'两方向的水平角，则 O'点对 O 点倾斜位移分量如式（12-8）所示：

$$\Delta_A=\frac{\delta_A(D_A+R)}{\rho} \tag{12-8}$$

同理：

$$\Delta_B=\frac{\delta_B(D_B+R)}{\rho} \tag{12-9}$$

式中　D_A，D_B——分别为 AO、BO 方向 A、B 至烟囱外墙的水平距离；

R——底座半径，由其周长计算得到；

ρ——206265″。

烟囱的倾斜量如式（12-10）所示：

$$\Delta=\sqrt{\Delta_A^2+\Delta_B^2} \tag{12-10}$$

烟囱的倾斜度如式（12-11）所示：

$$i=\frac{\Delta}{H} \tag{12-11}$$

O'的倾斜方向由 δ_A 和 δ_B 的正负号确定。当 δ_A 或 δ_B 为正时，O'偏向 AO 或 BO 的左侧；当 δ_A 或 δ_B 为负时，O'偏向 AO 或 BO 的右侧。

12.5　挠度和裂缝观测

12.5.1　挠度测量

测定建（构）筑物或构件在水平方向或竖直方向上的弯曲值的工作叫挠度观测。对于平置的构件，如图 12-9 所示，至少在两端及中间设置 A、B、C 三个沉降点，如图 12-9 进行沉降观测，测得某时间段内这三点的沉降量，则可计算此构件的挠度，如式（12-12）所示：

$$f=\frac{h_a+h_c-2h_b}{2D_{AC}} \tag{12-12}$$

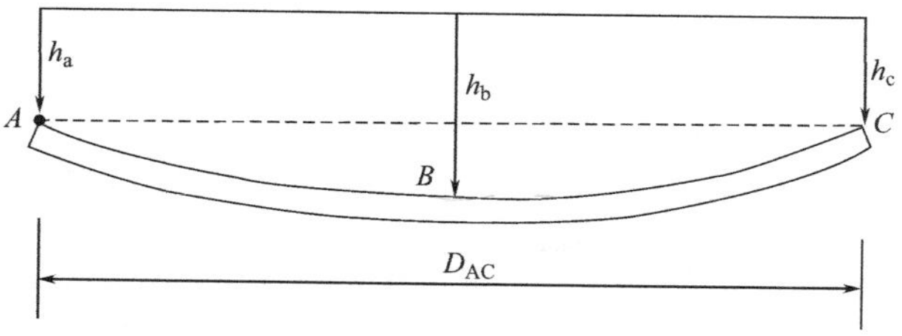

图 12-9　沉降观测

式中　h_a，h_c——构件两端的沉降量；

h_b——构件中间点的沉降量；

D_{AC}——两端点间的平距。

对于直立高大型建筑，其挠度的观测方法是测定建筑物在铅直面内不同高程点对于底部的水平位移值。观测时，通常采用前方交会法。若建筑内部有竖直管道或专用管道，观测时通常采用垂线法，代表铅垂线的金属丝一端悬挂在建筑顶部，下挂重锤，使其自由悬挂。在建筑物的不同高程点进行观测，借助光学式或机械式的坐标仪表量测出各点与铅垂线最低点的相对位移，即可求出建筑物的挠度。此外，挠度观测还应提交挠度观测点布置图、观测成果表和挠度曲线图。

12.5.2　裂缝观测

1. 裂缝产生的原因及观测方法

建筑物的不均匀沉降或受混凝土浇筑、养护，温度、湿度或其他因素的影响，其构件局部因应力过大而产生裂缝，为了分析裂缝产生的具体原因和它对建筑物安全使用的影响，需要通过观测掌握裂缝的位置、大小和走向变化情况，其观测工作称之为裂缝观测。裂缝观测应统一进行编号，需要在裂缝的最宽处和末端处分别设置一组观测标志，每组中两个对立的标志分别设在裂缝的两端。

根据裂缝观测的时间长短及裂缝分布，可在其代表性位置设置相应的观测标志。如图 12-10（*a*）所示，两侧标志的连线与裂缝走向大致垂直。短期裂缝观测时，可采用石膏标志和用建筑胶粘贴的金属片表示或油漆平行线标志。对于石膏标志，即在裂缝处糊上长约 20cm、宽度为 4～6cm 的石膏，当裂缝发展时，石膏开裂即可观测裂缝发展情况。对于金属片标志，即在裂缝两侧个各粘贴一块金属片，一块边长为 150mm 的方形，另一块为 150mm×50mm 的矩形，其中矩形金属片伸至一端与方形层叠并在重叠处画竖线，若裂缝错开，这裂缝在发展，如图 12-10（*b*）。对于油漆平行线，则在裂缝两侧相互平行各画一线，定期测量两平行线之间的距离可判断裂缝的发展情况。长期观测时，可采用镶嵌或埋入墙内的金属标志，定期用游标卡尺或比例尺测定两金属标志间的距离，即可得到裂缝宽度的变化情况，如图 12-11。

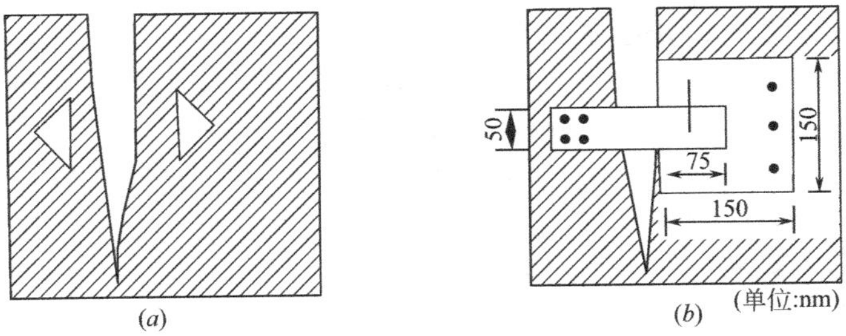

图 12-10　裂缝观测

对于数量少且测量方便的裂缝，除上述方法外，还可以采用由金属铸造的带有刻度的楔形尺，将尺插入裂缝，从侧面即可读出裂缝的宽度。对于数量较多且不便人工量测时，可采用近景摄影测量方法，当需要连续监测裂缝的发展时，可采用测缝计或传感器自动测

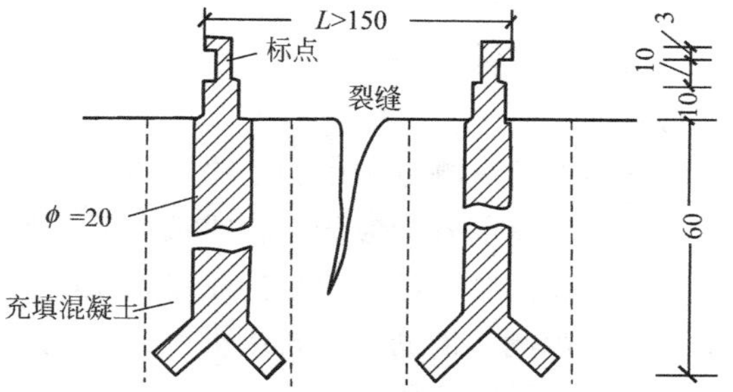

图 12-11　裂缝宽度的变化情况

记方法观测。

2. 裂缝观测注意的问题

(1) 对需要观测的裂缝应统一进行编号；

(2) 每条裂缝应至少布设两组观测标志，其中一组应在裂缝的最宽处，另一组应在裂缝的末端。每组应使用两个对应的标志，分别设在裂缝的两侧；

(3) 裂缝观测标志应具有可供量测的明晰端面或中心；

(4) 观测期较短或要求不高时，采用油漆平行标志或建筑胶粘帖的金属片标志；观测期较长时，采用嵌或埋入墙面的金属标志、金属杆标志或楔形板标志；

(5) 要求较高、需要测出裂缝纵横向变化值时，采用坐标方格网板标志。

3. 裂缝观测成果资料

裂缝观测结束后，提供裂缝分布位置图、裂缝观测成果表、观测成果分析说明资料等，当建筑物裂缝与基础沉降同时观测时，可选择典型剖面绘制两者的关系曲线。

习题与思考题

1. 建筑物变形测量包括哪些内容？
2. 简述变形测量的特点与意义。
3. 建筑物沉降观测的目的是什么？有什么特点和要求？
4. 变形监测的变形测量点有哪几类？
5. 基线法测定建筑物水平位移的基本原理是什么？
6. 由于地基不均匀沉降，使建筑物发生倾斜，现测得建筑物前后基础的不均匀沉降为 0.023m。已知该建筑物的高为 19.20m，宽为 7.20m，求倾斜量及倾斜率。
7. 简述液体静力水准测量原理及测定液面高度的方法。
8. 简述钻孔测斜仪的测斜方法与步骤。
9. 何谓建筑物的倾斜观测？倾斜观测的方法有哪几种？
10. 试简单述建筑物的裂缝观测方法。

附录A　测量中常用的计量单位和换算

在测量中，常用的计量单位有长度、面积、体积和角度四种。

1. 长度单位

国际通用长度单位为m（米），我国法定长度计量单位采用米（m）制单位。

1m（米）=100cm（厘米）=1000mm（毫米）。

1000m（千米或公里）=1km（千米或公里，公里为千米的俗称）。

2. 面积单位

我国法定面积计量单位为平方米（m^2）、平方厘米（cm^2）、平方公里（km^2）。

$$1m^2=10000cm^2$$

$$1km^2=1000000m^2$$

3. 体积单位

我国法定体积计量单位为立方米（m^3）。

4. 角度单位

测量工作中常用的角度度量制有三种：弧度制、60进制和100进制。其中弧度和60进制的度、分、秒为我国法定平面角计量单位。

（1）60进制的度。

1圆周=360°（度）

1°=60′（分）

1′=60″（秒）

（2）100进制的新度。

1圆周=400g（百分度）

1g=100c（百分分）

1c=100cc（百分秒）

1g=0.9°　1c=0.54′　1cc=0.324″

1°=1.111　11g　　1′=1.851　85c　　1″=3.086　42cc

百分度现通称“冈”，记作“gon”，冈的千分之一为毫冈，记作“mgon”。例如0.58gon=58mgon。

（3）弧度制

角度按弧度计算，等于弧长与半径之比。1弧度表示与半径相等的一段弧长所对的圆心角作为度量角度的单位，符号为ρ。按分秒计算弧度为：

1圆周=360°=$2\pi\rho$（弧度）

$$1°=\frac{\pi}{180}rad$$

$$1′=\frac{\pi}{10800}rad$$

$1''=\frac{\pi}{648000}\text{rad}$

一弧度所对应的度、分、秒角值为：

$\rho^{\circ}=\frac{180^{\circ}}{\pi}\approx 57.3^{\circ}$

$\rho'=\frac{180}{\pi}\times 60'\approx 3438'$

$\rho''=\frac{180}{\pi}\times 60'\times 60''\approx 206265''$

附录 B　凑整规则和有效数字

1. 凑整规则

为了避免凑整误差的迅速积累，使计算结果的精度受到影响，在测量计算中，通用如下规则，它与习惯上的“四舍五入”规则基本相同。

（1）如果数值中被舍去的部分，大于所保留的末位数的 0.5，则末位数加 1. 例如：$\pi=3.141\ 592\ 653\cdots\cdots$，要求保留 4 位小数，则凑整到 3.1416。

（2）如果数值中被舍去的部分，小于所保留的末位数的 0.5，则末位数不变。例如：如果 π 要保留两位小数，则凑整到 3.14。

（3）如果数值中被舍去的部分，等于所保留的末位数的 0.5（只有在有理数凑整时，才可能出现这种情况），则末位数凑整到最接近的偶数，即通常所谓的“奇进偶不进”规则，例如，0.635 凑整到小数第二位时应为 0.64，而 0.645 凑整到小数第二位时也为 0.64。

2. 有效数字

如果一个近似数的极限凑整误差不超过该数最末位的 0.5 个单位，则从这个数字起，一直到该数最左面第一个不是 0 的数字为止，都称为该数的正确有效数字，简称为有效数字。

有效数字是用位数表示的，例如：

180.65	有五位有效数字
0.00603	有三位有效数字
6.0030400	有八位有效数字

最后一个数值末尾的两个“0”都是有意义的，它说明该数已准确到 0.5×10^{-7}。但是在某些情况下，数值末尾的 0 还有两种意义。例如，$1km^2=100\ 000\ 0m^2$，数中的 0 全部都是有效数字，因为它是一个人为的规定数字。不过这种有效数字与经过凑整规则的具有一定精确度的数值不同；又如，世界上有 700 000 000 0 人口，数中 8 个 0 为未知数，表示大约的意思，因而该数值只有两位有效数字。为了避免误解，最好不要写成后面有 8 个 0 的形式。通常是用口语形式或 10 的乘方来表示，如写成 45 亿或 4.5×10^9。

参　考　文　献

[1] 潘正风编著. 数字地形测量学 [M]. 武汉：武汉大学出版社. 2015
[2] 程效军，鲍峰，顾孝烈编著. 测量学 [M]. 上海：同济大学出版社，2016
[3] 胡伍生. 土木工程测量学 [M]. 南京：东南大学出版社，2011
[4] 陈丽华. 测量学 [M]. 杭州：浙江大学出版社，2009
[5] 邹积亭. 建筑测量学 [M]. 北京：中国建筑工业出版社，2009
[6] 刘秋美. 土木工程测量 [M]. 西安：西安交通大学出版社，2011
[7] 张豪主编. 建筑工程测量 [M]. 北京：中国建筑工业出版社，2012
[8] 詹长根，唐祥云，刘丽. 地籍测量学 [M]. 北京：测绘出版社，2012
[9] 杨少伟等. 道路勘测设计 [M]（第三版）. 北京：人民交通出版社，2011
[10] 郃连河. 测量学 [M]. 哈尔滨：哈尔滨工业大学出版社，2010
[11] 岑敏仪. 建筑工程测量 [M]. 重庆：重庆大学出版社，2010
[12] 李景永等. 建筑工程测量 [M]. 北京：清华大学出版社、北京交通大学出版社，2010
[13] 刘俊岩等. 建筑基坑工程检测技术规范实施手册 [M]. 北京：中国建筑工业出版社，2010
[14] 赵吉先等. 精密工程测量 [M]. 北京：科学出版社，2010
[15] 王佩军，徐亚明. 摄影测量学 [M]（第二版）. 武汉：武汉大学出版社，2010
[16] 王依等. 现代普通测量学 [M]（第二版）. 北京：清华大学出版社，2009
[17] 王云江. 建筑工程测量 [M]（第二版）. 北京：中国建筑工业出版社，2009
[18] 侯建国等. 变形监测理论与应用 [M]. 北京：测绘出版社，2008
[19] 顾孝烈，程效军. 土木工程测量计算程序开发与应用 [M]. 上海：同济大学出版社，2007
[20] 胡伍生. 土木工程测量 [M]（第三版）. 南京：东南大学出版社，2007
[21] 何秀凤. 变形监测新方法及其应用 [M]. 北京：科学出版社，2007
[22] 陈久强，刘文生. 土木工程测量 [M]. 北京：北京大学出版社，2006
[23] 覃辉. 土木工程测量 [M]. 上海：同济大学出版社，2006
[24] 岳建平，陈伟清. 土木工程测量 [M]. 武汉：武汉理工大学出版社，2006
[25] 岳建平. 工程测量 [M]. 北京：科学出版社，2006
[26] 过静珺. 土木工程测量 [M]（第二版）. 武汉：武汉理工大学出版社，2003
[27] 林文介. 测绘工程学 [M]. 广州：华南理工大学出版社，2003
[28] 黄声享等. 变形监测数据处理 [M]. 武汉：武汉大学出版社，2003
[29] 胡伍生，潘庆林. 土木工程测量 [M]（第二版）. 南京：东南大学出版社，2002
[30] 刘玉珠. 土木工程测量 [M]. 广州：华南理工大学出版社，2001
[31] 史美生，田思进，陈宏伟. 土木工程测量与房地产测绘 [M]. 北京：中国物价出版社，1999
[32] 罗时恒. 地形测量学 [M]. 北京：冶金工业出版社，1985
[33] 高飞. 论静力水准测量 [J]. 合肥：合肥工业大学学报（自然科学版），(13)：2，1990
[34] 王树臣，刘文锋. BIM+GIS 的集成应用与发展 [J]. 工程建设，2017，49 (10)：16-21
[35] 张豪. 土木工程测量实验与实习指导教程 [M]. 北京：中国建筑工业出版社，2018
[36] 陈竹安等. 地籍测量学实习指导书 [M]. 北京：地质出版社，2018